住房和城乡建设部"十四五"规划教材
高等学校建筑学专业指导委员会规划推荐教材

Application of CAD in Architectural Design (4th Edition)

CAD 在建筑设计中的应用

（第四版）

吉国华　童滋雨　傅　筱　万军杰　编著

中国建筑工业出版社

图书在版编目（CIP）数据

CAD 在建筑设计中的应用 ＝ Application of CAD in Architectural Design（4th Edition）/ 吉国华等编著.
4 版. -- 北京：中国建筑工业出版社，2025. 7.
（住房和城乡建设部"十四五"规划教材）（高等学校建筑学专业指导委员会规划推荐教材）. -- ISBN 978-7-112-31134-7

Ⅰ. TU201. 4

中国国家版本馆 CIP 数据核字第 2025CH1040 号

为了更好地支持教学，我们向采用本书作为教材的教师提供课件，教师可实名（学校全称＋姓名）加 QQ 群 258700214 下载。

责任编辑：王　惠　陈　桦
责任校对：张惠雯

住 房 和 城 乡 建 设 部 "十 四 五" 规 划 教 材
高等学校建筑学专业指导委员会规划推荐教材
CAD 在建筑设计中的应用（第四版）
Application of CAD in Architectural Design（4th Edition）
吉国华　童滋雨　傅　筱　万军杰　编著
*
中国建筑工业出版社出版、发行（北京海淀三里河路 9 号）
各地新华书店、建筑书店经销
北京红光制版公司制版
三河市富华印刷包装有限公司印刷
*
开本：787 毫米×1092 毫米　1/16　印张：22½　字数：562 千字
2025 年 7 月第四版　　2025 年 7 月第一次印刷
定价：**59. 00 元**（赠教师课件）
ISBN 978-7-112-31134-7
　（44850）

修订版前言

自本书首次出版以来，CAD技术已经深入到建筑设计领域的方方面面。而随着技术的不断进步和创新，我们发现有必要对这本教材再次进行更新，以确保它能够反映最新的行业实践和教学需求。

本次教材修编在第三版内容的基础上进行了调整，延续了原教材的基本架构，将各种数字技术综合在一本教材之中，并根据应用目标总体上分为建筑制图与三维建模、建筑信息模型、参数化设计三大部分。由于涉及的软件较多，本教材将根据不同软件的特点和实际应用情况，以建筑设计为核心，选择典型的软件，并针对性地重点介绍其在建筑设计中的相关内容和应用方法，做到目标明确，重点突出。考虑到建筑性能评价软件Ecotect已长久不更新，且性能评价涉及内容过于庞杂，本次修编取消了这部分内容。而在Grasshopper参数化建模方面，本次修编对相关内容进行了进一步梳理，使其更符合建筑学学生的使用需求。

本教材以建筑设计应用为导向，通过相关功能需求来组织内容，综合覆盖了建筑设计中所涉及的绝大部分软件，具有先进性、系统性、针对性和高效性的特色。

1. 先进性：本教材中的Revit建模和参数化建模内容都是数字技术的最新发展，也是目前各建筑设计院十分欠缺和迫切需求的知识。南京大学建筑与城市规划学院近几年的毕业生由于对这些技术的掌握，获得了用人单位的青睐。本教材的推广使用将极大地推动我国建筑设计行业在数字技术应用方面的发展。

2. 系统性：与一般讲授软件使用的教材不同，本教材将建筑设计涉及的核心数字技术软件集合在一本教材里，根据建筑学学习的特点，由浅入深地开展相关教学，利于学生全面和系统地掌握数字技术。

3. 针对性：本教材紧紧围绕建筑设计的教学和实际应用情况，选择相关软件的最重要内容进行讲解，内容和案例围绕建筑设计案例展开，易于在建筑设计中实际使用。

4. 高效性：本教材的内容是实际教学中的经验总结，紧密结合建筑设计教学，按照建筑学的建筑设计这一主干课程的教学进度逐渐展开，相关实验可以在建筑设计教学中开展，可以在较短的课时内完成较多的教学内容，使学生能够在较短时间内掌握相关技术。

我们希望《CAD在建筑设计中的应用》（第四版）能够成为建筑学专业学生和建筑设计人员宝贵的学习资源。我们相信，通过学习本书，读者将能够更加深入地理解CAD技术，并将其有效地应用于建筑设计实践中。

本教材第1、2章的编写者是童滋雨教授，第3章的编写者是傅筱教授和万军杰建筑师，吉国华教授编写了第4章并协调全书的内容。东南大学建筑学院的唐芃教授对本教材进行了审核并提供了宝贵的修改意见，在此表示感谢。限于作者的水平，本教材难免存在错误或不妥之处，望读者不吝批评指正。

目　录

第 1 章　AutoCAD 二维制图

二维制图是 CAD 的基础功能，传统的建筑平立剖面图都是二维图形。因此，能够熟练使用 CAD 软件进行二维制图是建筑专业最基本的要求。

目前，由 Autodesk 公司出品的 AutoCAD 已经成为二维制图的主要软件，具有功能齐全、操作简便、界面友好、用户众多等特点。AutoCAD 不仅能用于二维制图，其功能同样涵盖三维建模和图形渲染。但相比较而言，二维制图功能是其最大优势所在。

本章主要讲解如何利用 AutoCAD 软件进行二维制图操作，使用的软件版本是 2020 中文版。其命令输入可以通过菜单、工具栏和命令行等不同的方式实现，其中菜单显示中文，而命令行显示英文。考虑到实际操作时的习惯和效率，本章在具体讲解命令操作时，主要以英文命令为主，仅少量操作使用菜单命令。

1.1　AutoCAD 基本设置和操作

1.1.1　AutoCAD 基本设置

1）界面设计

打开安装好的 AutoCAD2020 中文版软件，界面大致如图 1-1 所示，中央的黑色区域是图形窗口，上方是菜单栏和图标工具区，下方是命令行和状态设置栏。如果使用的版本没有菜单栏，可在软件界面最上方点击快速访问按钮右侧的下拉箭头，打开"自定义快速访问工具栏"，选择"显示菜单栏"即可在界面中显示所有菜单。

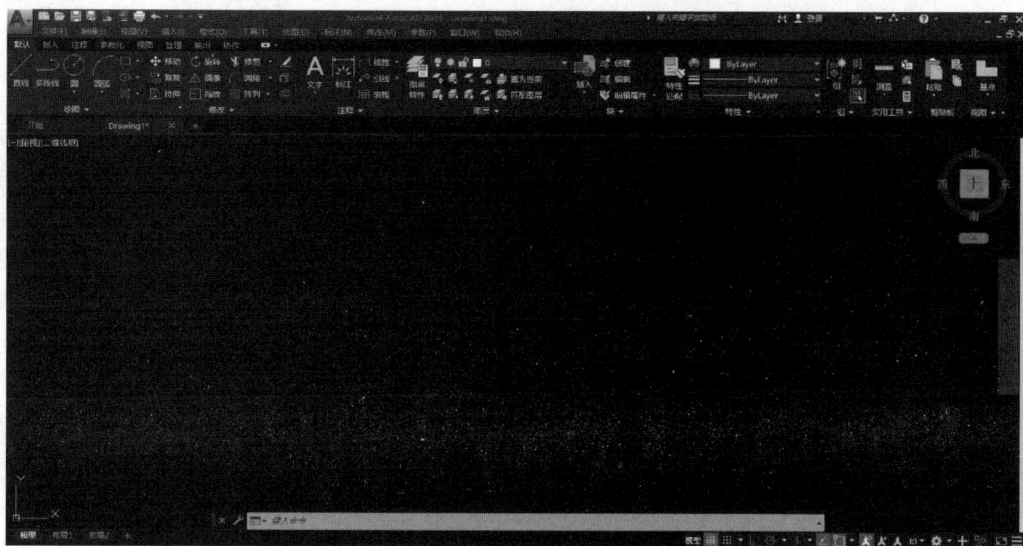

图 1-1　AutoCAD 基本界面

在操作界面中需要注意图形窗口的背景颜色是可以设置的。选择菜单"工具">"选项",在打开的选项对话框中点击"显示"标签面板,选择"颜色"按钮,在打开的图形窗口颜色对话框中选择右上角的颜色下拉框,再选择相应的颜色即可(图 1-2)。

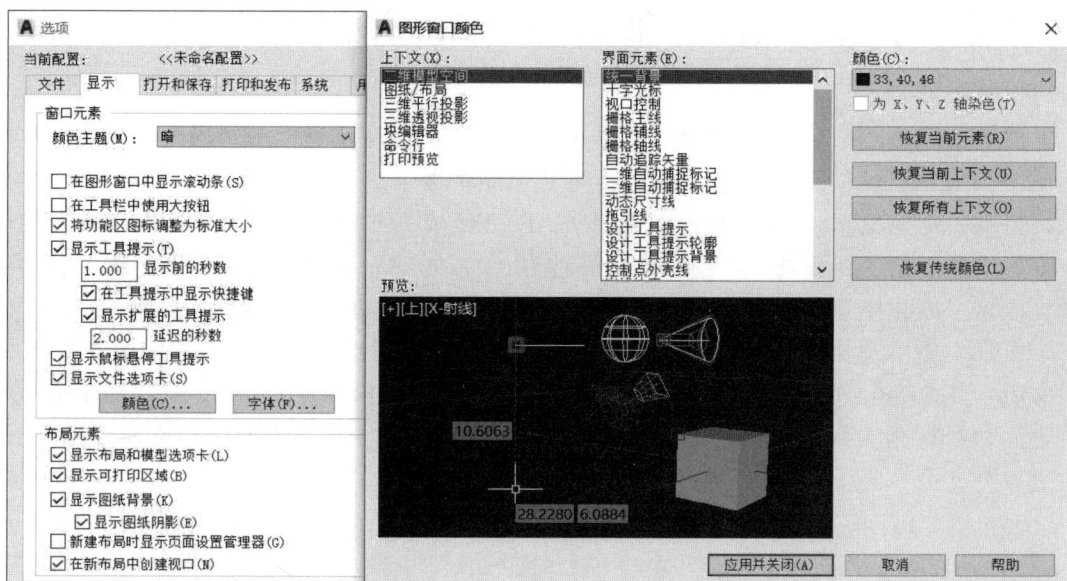

图 1-2　图形窗口背景颜色设置

注意:考虑到长时间操作对眼睛的负担,建议图形窗口采用黑色或深色背景。而在本教材中,考虑到阅读体验,截图显示均采用白色背景。

2)点的辅助定位

绘图操作时经常会有空间定位的需求,如端点的捕捉、正交状态的切换等。AutoCAD 对此有一系列的辅助定位设置,这些设置都集中在程序底部的状态设置栏中(图 1-3)。

图 1-3　状态设置栏

在这一系列定位设置中,最常用的是正交模式和对象捕捉。另外,极轴追踪和对象捕捉追踪也能有效帮助点的定位。

在正交模式下,绘制直线类图形时,不论鼠标怎么移动,线条将被限定在水平或垂直这两个方向上,也就是说只能绘制水平线或垂直线。也可以通过按"F8"打开或关闭正交模式。

除了在状态设置栏点击"对象捕捉"图标打开或关闭该功能,也可以通过按"F3"或"Ctrl+F"切换。对象捕捉必须首先设置被捕捉的点的模式。在状态设置栏"对象捕捉"图标上单击鼠标右键,在弹出的关联菜单中选择设置可以打开对象捕捉模式设置对话框(图 1-4)。AutoCAD 提供的对象捕捉点的模式包括端点、中点、圆心、交点等,根据自己的需要选择相应的点的模式即可。图 1-4 所示是我们推荐的一种设置状态。

除了通过设置对象捕捉模式外,在绘图过程中还可以临时指定捕捉方式,其操作是在

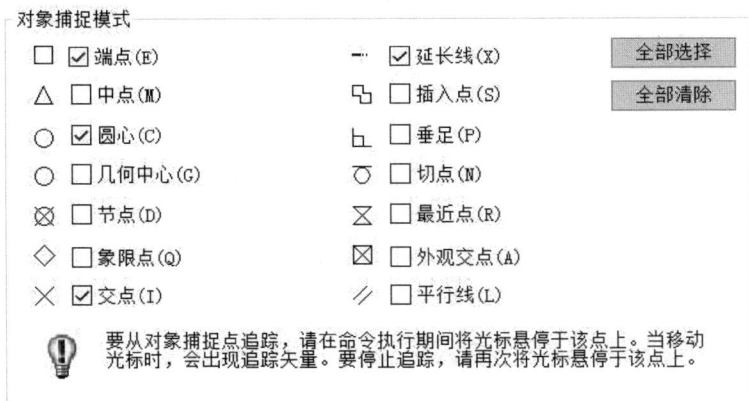

图 1-4　对象捕捉模式设置

光标位于绘图区时按"Shift"＋"鼠标右键",在随后出现的弹出菜单中选取即可(图 1-5)。要注意,临时捕捉方式优先于普通捕捉模式,所以当两者并存时,只有临时捕捉方式所设定的捕捉有效。

在状态设置栏点击"捕捉参照线"按钮可以打开或关闭对象捕捉追踪,也可以通过按"F11"切换。在对象捕捉追踪模式下,光标可以沿基于其他对象捕捉点的对齐路径进行追踪。要使用对象捕捉追踪,必须打开一个或多个对象捕捉模式。

另外,新建打开 AutoCAD 的状态下,图形窗口中会有栅格显示,可以点击"图形栅格"按钮或按"F7"关闭栅格显示。

3）快捷键设置

AutoCAD 中的命令输入有三种方式:菜单、工具栏和键盘输入。菜单输入是最常见的输入方式,程序顶部的下拉式菜单几乎包含了所有的功能;不同类型的工具栏则提供了大部分的常用功能,直接点击相应图标即可。在工具栏的空白位置单击鼠标右键可以选择需要显示的工具栏类别。

键盘输入是 AutoCAD 中非常有特色的一种输入方式,通过快捷键的设置,大部分常用功能只需要输入 1~2 个字母即可实现。与菜单和工具栏相比,左手键盘输入快捷命令配合右手鼠标绘图的操作方式,效率远远高于全靠右手鼠标点选命令加绘图的方式。因此,从提高效率的角度来说,掌握键盘输入是必要的技能。

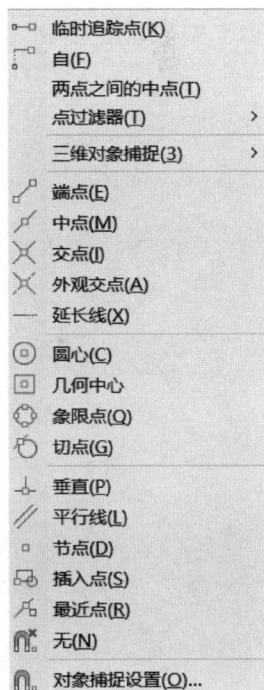

图 1-5　临时捕捉弹出菜单

```
E,          *ERASE
ED,         *DDEDIT
EL,         *ELLIPSE
ER,         *EXTERNALREFERENCES
```

图 1-6　快捷键设置示例

键盘输入提高效率的关键在于快捷键的设置。在 AutoCAD 中,选择菜单"工具"＞"自定义"＞"编辑程序参数",程序将调用操作系统自带的记事本程序打开一个名为"acad. pgp"的文件,该文件记录了所有的快捷键设置。其格式如图 1-6 所示:"快捷命令"

＋"，"＋空格＋"＊"＋"命令全称"。初学者可以查看该文件以熟悉常用命令的快捷键，熟练之后可以根据自己的习惯更改或添加相应的快捷键，只要按照上述方式修改或添加，然后保存该文件即可。命令全称和快捷键都没有大小写的区分，输入时大小写均可。

4）单位设置

通常建筑制图以毫米为单位，在绘图前需要确定当前图形的基本单位。选择菜单"格式"＞"单位"，打开图形单位对话框（图 1-7）。一般默认单位就是毫米，不需要更改。如果是规划制图，通常以米为单位，此时就要在对话框中的"用于缩放插入内容的单位"下拉框中选择"米"。

1.1.2 AutoCAD 基本操作

1）图层的设置

在开始正式绘图之前一定要先完成图层的设置。图层是 AutoCAD 组织管理图形的重要方式。通过图层的开关、冻结、锁定等操作，我们可以控制该图层上所有图形的显示与隐藏，从而方便制图操作，提高效率。

图层的相关操作通常利用图层工具栏实现。在工具栏的空白处单击鼠标右键，在关联菜单中选择"AutoCAD"＞"图层"，即可打开图层工具栏（图 1-8），也可在菜单"工具"＞"工具栏"＞"AutoCAD"＞"图层"打开该工具栏。

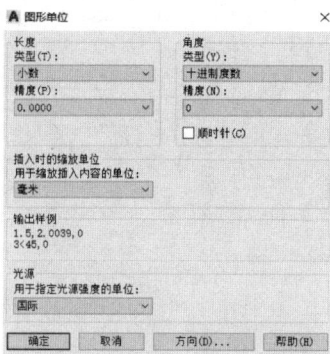

图 1-7　图形单位对话框　　　　图 1-8　图层工具栏

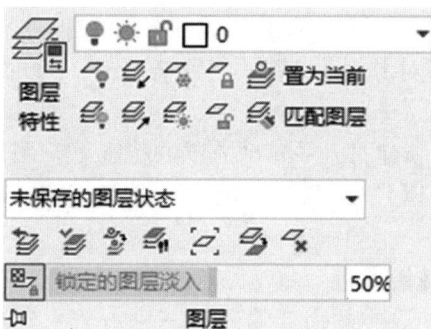

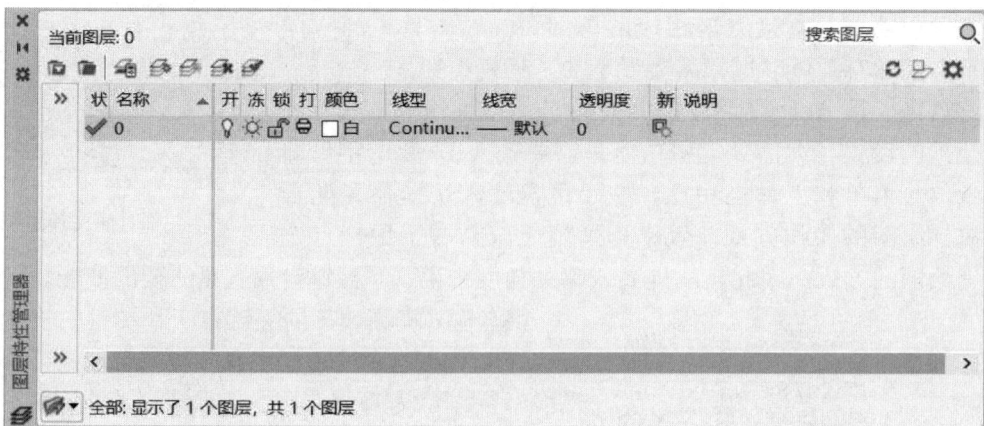

图 1-9　图层特性管理器

（1）点击图层工具栏的第一个图标 打开图层特性管理器（图 1-9），主窗口中列出了当前文件中所有的图层以及每个图层的特性设定，包括开关、冻结、锁定状态，以及颜色、线型和线宽等；窗口上方一排图标按钮用于图层的管理，包括新建、删除和设定当前图层等操作。

注意："0"图层是 AutoCAD 文件的默认图层，而且不能被删除。一般情况下，尽量不要在"0"图层上绘制图形。

（2）点击"新建图层"按钮，在图层管理器窗口中出现一个新的名为"图层 1"的图层（图 1-10）。

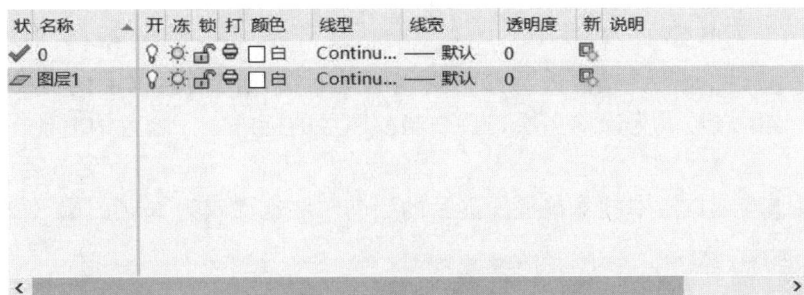

图 1-10　新建图层

（3）点击新建图层的图层名，可以对该图层重新命名，支持英文或中文的输入。在此我们将该图层重命名为"test"（图 1-11）。

（4）点击 test 图层所处行的颜色方格，打开选择颜色对话框。颜色对话框下方第一排的 9 个色块分别是 1#-9# 色，也是最常用的图层颜色。选择下方色块中的红色（图 1-12）并点击确定。

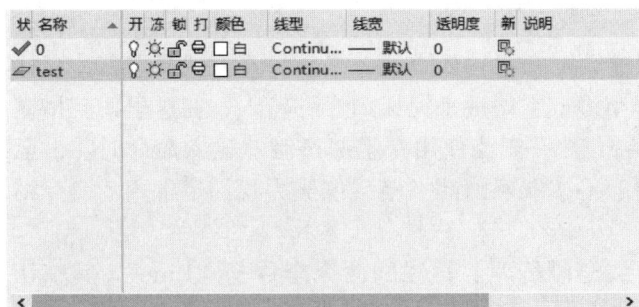

图 1-11　重命名图层为 test

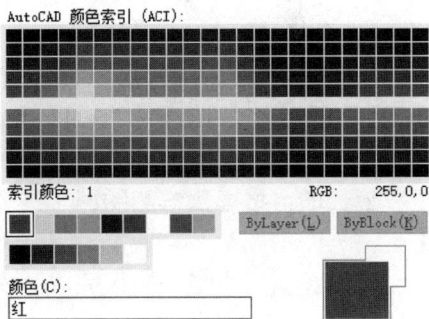

图 1-12　选择颜色对话框

（5）点击 test 图层所处行的线型"Continuous"，打开已加载的线型对话框（图 1-13），对话框中列出了当前文件已加载的所有线型，Continuous 实线是默认线型。

（6）继续点击选择线型对话框下方的"加载"按钮，打开加载或重载线型对话框（图 1-14），对话框中列出了 AutoCAD 自带的所有线型，包括点划线、虚线以及一些特殊的线型。滚动列表，选择 DASHED 虚线线型，并单击确定。

（7）回到选择线型对话框，此时 DASHED 线型被加入已加载线型列表。再次选择该线型并单击确定。

图 1-13　已加载的线型对话框

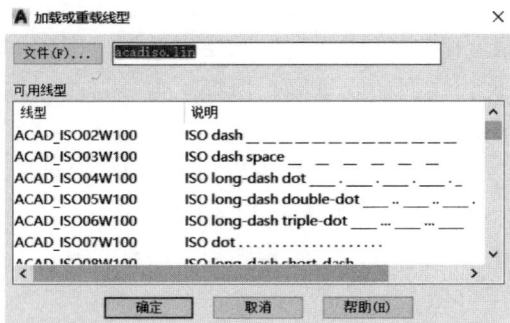

图 1-14　加载或重载线型对话框

（8）此时 test 图层特性被更改为红色虚线。最后在该图层被选中的情况下，点击置为当前按钮，该图层被设为当前图层，代表当前图层的标志——绿色钩出现在该图层之前（图 1-15）。

（9）此时图层工具栏中的下拉框所显示的当前图层也更改为 test 图层（图 1-16）。

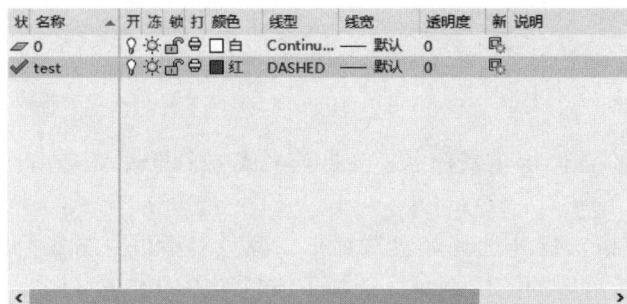

图 1-15　设置 test 为当前图层

图 1-16　图层工具栏当前显示

2）命令的输入

按照之前所述，键盘输入是我们最主要的命令输入方式。具体操作方式是，首先直接在键盘输入命令快捷键，然后可以按回车键或空格键来完成命令的输入。在这里，空格键作为命令输入的完成也是 AutoCAD 的特色之一，当使用左手通过键盘输入命令时，键盘下方最长的空格键比右侧的回车键要更容易按取，因此空格键也成为我们最常用的命令结束键。

下面我们利用键盘输入完成一次直线绘制练习。直线的命令全称是"Line"，其默认快捷键是"L"。

（1）用键盘输入"L"，按空格键，此时绘图窗口中光标由十字加方框变成纯十字，等待窗口输入。用鼠标在绘图窗口任意位置点击左键，移动鼠标，在刚才的点击位置和现在光标之间拉出一根线，该线如同橡皮筋一样会随着光标的移动而拉伸变化（图 1-17a）。如果之前已经设置了极轴追踪模式，则当光标处于适当位置时，从起点开始会显示一条虚线，指示当前线条所处位置（图 1-17b）。

（2）在任意位置再次点击鼠标左键，绘图窗口中出现一根连接此前两个点击位置的线，并且在第二个点击位置和光标之间又出现一根橡皮线，等待再次输入该线段的下一个端点（图 1-18）。

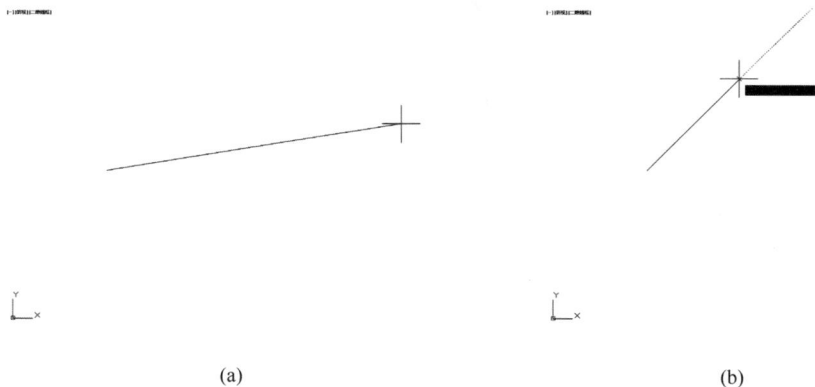

(a)　　　　　　　　　　　　　　　　　　　(b)

图 1-17

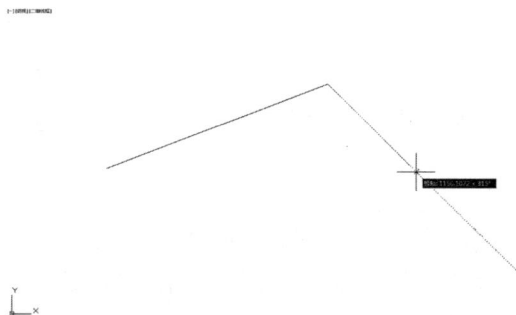

图 1-18

（3）直接按空格键或"Esc"键，退出直线命令，结束此次直线绘制练习。

注意：每一次键盘命令的输入都必须以空格或回车键作为输入的完成，在后面的教程中，为行文流畅，不再对每个键盘命令后加上"按空格键"的说明，请在自己练习时加上这个被省略的操作步骤。

命令输入还有一个重要特点是很多命令都有子选项，用以改变绘制图形的方式或编辑对象的相应属性。如仅是画圆的操作，就有圆心＋半径、圆心＋直径、两点、三点等多种画法，而这些变化，都可以在输入画圆命令后，在命令行中显示的子选项中进行选择。这些子选项通常以中文名加英文大写字母的方式显示，只需要直接输入该英文字母，即可进行下一步操作。

3）视图的缩放和平移

绘图区域通常都会超过窗口当前显示区域，对显示区域的缩放和平移也是制图过程中极为常见的操作。在 AutoCAD 中，借助于带滚轮的鼠标可以很容易实现视图的缩放和平移。

鼠标滚轮向上滚动，则视图以光标当前所在位置为中心放大；滚轮向下滚动，则视图以光标当前所在位置为中心缩小；按住滚轮，则光标变为手掌图形，可以平移当前视图。

除了鼠标滚轮操作外，使用"Zoom"命令，可以实现更多的视图缩放功能。

（1）键盘输入"Z"，此时命令行显示缩放命令的子选项并等待输入，每个子选项后括号内的字母就是该选项的键盘输入值（图 1-19）。

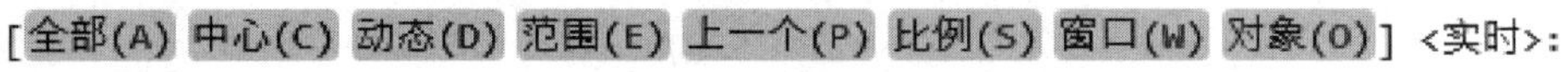

[全部(A) 中心(C) 动态(D) 范围(E) 上一个(P) 比例(S) 窗口(W) 对象(O)] <实时>：

图 1-19 缩放命令子选项

（2）输入"W"，命令行提示指定第一个角点。用鼠标在图形窗口任意位置点击左键。

（3）命令行提示指定对角点。移动鼠标，光标以刚才点击位置为起点拉出一个矩形框。再次点击鼠标，视图以刚才矩形框为基准放大，同时结束缩放命令。

（4）按空格键再次进入缩放命令。

注意：当执行过一个命令之后，再次按空格键或回车键，等同于再次执行上一个命令。

（5）输入"E"，图形窗口内最大化显示所有图形，同时结束缩放命令。

注意：在缩放命令子选项中，比较常用的是范围（E）和窗口（W），配合滚轮操作基本可以满足视图的缩放要求。尤其是范围选项，当图形内容大大超过当前窗口时，仅仅使用滚轮缩小无法显示所有图形，此时就必须使用缩放命令中的范围命令，可以将所有图形全部显示在当前窗口中。而联合使用范围和窗口两个缩放模式，我们可以在整体和局部放大显示之间快速来回切换。

4）坐标的定位

AutoCAD 中所有的图形都具有明确的空间位置，由世界坐标系（WCS）进行定位。在绘图操作时，直接用鼠标在屏幕上点取不能保证制图的精确性，但用坐标输入的方式则可进行准确定位。

AutoCAD 对二维空间中的点有两种坐标表示法：直角坐标表示法和极坐标表示法。直角坐标是以点与坐标原点在 X 和 Y 两个轴线方向的投影距离值 x 和 y 来定位和表示。其中 x 为正数时点在坐标原点右侧，x 为负数时点在坐标原点左侧，y 为正数时点在坐标原点上侧，y 为负数时点在坐标原点下侧。极坐标是以点与坐标原点的距离和角度来定位和表示，AutoCAD 中极坐标表示形式为 $d<a$，其中 d 表示点与原点的距离，a 表示点与原点的连线与 X 轴的夹角。

（1）输入"L"，在提示输入直线第一个点时输入"10，10"。图形窗口从该点的位置拉出一根橡皮线。

（2）再次输入"100，100"，完成直线的绘制。

上述两种坐标表示法都是相对于原点而言的，所以被称为绝对坐标。AutoCAD 中还能够随时动态存储最近一次输入的点坐标，相对于该点表示的坐标则被称为相对坐标，其表示形式是在绝对坐标表示方式之前加上一个"@"符号。无论是相对直角坐标还是相对极坐标，在绘图中使用都非常广泛。

（1）输入"L"，直接在图形窗口任意位置点取第一点。

（2）输入"@100，100"，观察绘图效果。

（3）输入"@200<30"，观察绘图效果。

5）用户坐标系的设定

AutoCAD 中默认坐标系是世界坐标系。然而，我们在制图过程中经常会碰到要绘制的图形与世界坐标系存在一定角度的情况。此时，在绘图窗口中，绝大部分线条都将是斜线。这样的线条非常影响绘图效率。因此，如果大部分斜线本身都是平行或垂直的关系，我们可以利用改变坐标系的方式，将坐标系旋转到与我们要绘制的线条相平行的状态，这样我们就可以利用正交体系进行绘图操作。这就相当于将绘图纸转个角度，此时我们绘制的水平或垂直的线相对于图纸来说实际上还是斜线。

"UCS"是改变用户坐标系的命令，其常用子选项为"E"，表示选择场景中已有线条作为坐标系的参考；"3"表示分别指定原点、X 轴方向点和 Y 轴方向点 3 个点来定义新坐标系。

（1）在绘图窗口中画一条斜线。然后输入"UCS"，继续在命令行的子选项中输入"E"，选择该斜线，可以看到绘图窗口左下角表示坐标系的图标已经移动到斜线端点处，并自动旋转至 X 轴与斜线重合（图 1-20）。

（2）输入"PLAN"命令，连续按两次空格，整个场景将被旋转，原来的斜线现在被显示为水平线（图 1-21）。

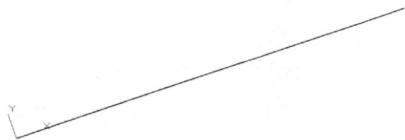

图 1-20　　　　　　　　　　　　　　　　　　　　图 1-21

如果要恢复世界坐标系，只需要再次输入"UCS"命令，然后连续按两次空格，坐标系将变为世界坐标系 WCS。然后再利用"PLAN"命令就可以恢复最初的显示状态。

6）选择操作

许多编辑操作都需要选择编辑对象。AutoCAD 的选择操作主要有点选和框选两种。

点选很简单，直接用鼠标点击相应物体即可；框选则是用鼠标在绘图窗口的空白处先后点击两次，由这两个点作为对角点构成的矩形框作为选择的依据。框选又可分为两种，当第一个点在左侧，第二个点在右侧时，称为"window"窗口框选，反之则是"crossing window"交叉窗口框选。两者的区别在于，"window"框选模式下，物体必须完全被矩形框包围才能被选中；"crossing window"框选模式下，物体即便只有部分处于矩形框中也会被选中。

（1）在 AutoCAD 中随意画几条线条。输入"M"（移动 Move 的快捷键），命令行提示选择对象。

（2）用鼠标从左到右拉一个矩形框，该框为实线，表示这是一次"window"框选，只有完全处于该框之内的物体才被选中，选中的物体呈现虚线状态。

（3）再次用鼠标从右到左拉一个矩形框，该框为虚线，表示这是一次"crossing window"框选，所有处于框内或与框相交的物体都被选中。

（4）按"Esc"键取消此次移动操作。

7）查看文本窗口

AutoCAD 的命令行不仅是命令输入的区域，而且也是一些查询信息的显示区域。然而通常命令行只有 2～3 行高，不能将需要的信息全部显示出来，此时需要调用文本窗口来显示更多的信息。

在 AutoCAD 中，提供了"F2"作为调用文本窗口的切换按钮。只需要直接按"F2"即可显示文本窗口，再次按"F2"则将文本窗口置后，而将图形窗口重新放置在上面。

1.2 AutoCAD 图形要素

AutoCAD 最基本的图形要素是点、线和圆弧，通过这些基本图形要素的组合又构成了一些复杂的图形要素，而各种图形要素组合在一起形成了完整的图形。我们将首先介绍这些不同类型的图形要素及其基本绘制方式。

1.2.1 基本图形要素

AutoCAD 中的基本图形要素包括直线、圆、圆弧和点，这些基本要素都是无法再细分的图形，是构成所有其他图形的基础。

1）直线

AutoCAD 中的直线包括直线、射线和构造线三种，其中使用最多的是直线，由起点和终点定义。绘制直线命令为"L"（直线 Line 的快捷键），通过该命令可以连续绘制直线，直到按空格键结束命令或"Esc"键退出命令（图 1-22）。直线本身没有宽度属性，但可以有不同的颜色和线型变化。

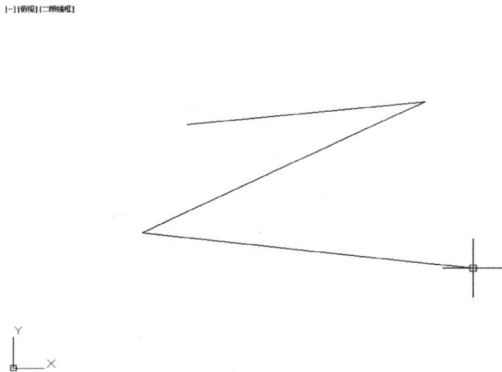

图 1-22

2）圆与弧线

圆和弧线也是基本线条，有多种绘制方式，在此分别介绍最常用的绘制方式。

输入"C"（圆 Circle 的快捷键），指定圆心位置，然后用鼠标点击或命令行输入的方式指定圆的半径，圆绘制完成（图 1-23）。这是一种圆心/半径的绘制方式，此外还有圆心/直径、两点/三点、相切/半径等方式，可以通过菜单或命令行子选项选择。

输入"A"（圆弧 Arc 的快捷键），按顺序用鼠标点击的方式分别指定圆弧的起点、第二点和终点，圆弧绘制完成（图 1-24）。这是一种三点的绘制方式，此外还有起点/圆心/端点、起点/端点/角度、圆心/起点/长度等方式，可以通过菜单或命令行子选项选择。

另外还有一种特殊的圆——椭圆，输入"EL"（椭圆 Ellipse 的快捷键），按顺序用鼠标点击的方式分别指定椭圆一轴的两个端点和另一轴的半长，椭圆绘制完成（图 1-25）。

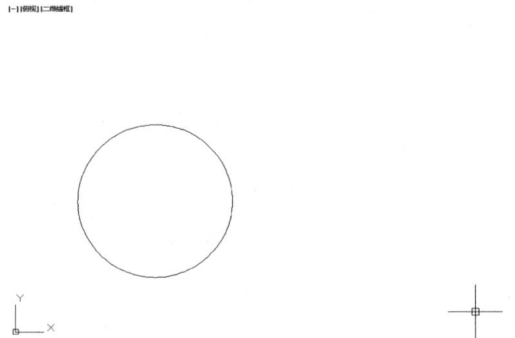

图 1-23

这是一种轴/端点的绘制方式，此外还有圆心和圆弧方式，可以通过菜单或命令行子选项选择。

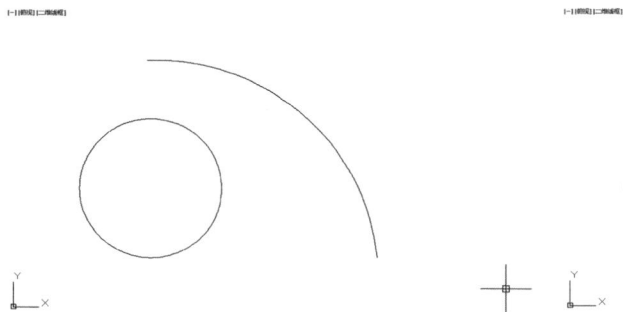

图 1-24

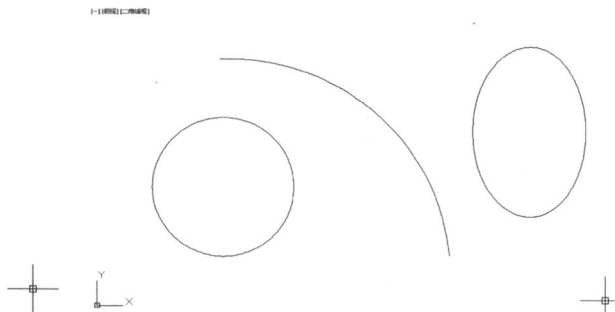

图 1-25

与直线类似，圆和圆弧都没有宽度属性，但可以有不同的颜色和线型变化。

3）点

与线相比，点在 AutoCAD 中的使用较少，而且打印时一般也看不出点的存在，因此点通常被用于辅助定位。对点的捕捉需要在对象捕捉模式设置中将"节点"选上。

输入"PO"（点 Point 的快捷键），用鼠标在图形窗口任意位置点击，完成点的绘制。由于点很小，在屏幕上几乎看不出。此时选择菜单"格式"＞"点样式"，打开点样式对话框，可以选择不同的预设样式（图 1-26）。选择的样式将作为当前图形中所有点的显示方式。

注意：由于点本身是没有大小的，当选择不同的显示样式时，其大小的设定有两种方式，"相对于屏幕设置大小"意味着点样式的大小按屏幕尺寸的百分比设定，当进行缩放时，点的显示大小并不改变。即便在执行缩放操作时、窗口中的点看似也在改变，但只要重新生成（Regen）图形，点样式的大小就会恢复原状。"按绝对单位设置大小"则意味着点样式的大小是绝对值，进行缩放时，显示的点的大小随之改变。

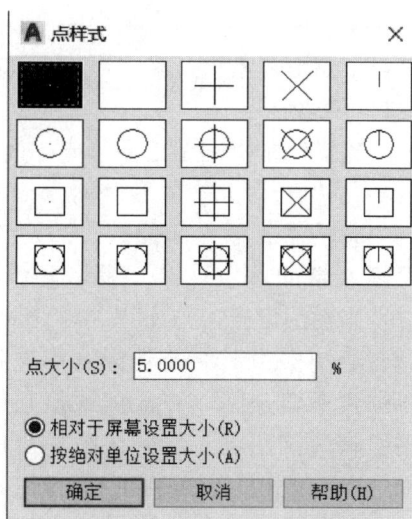

图 1-26　点样式对话框

除了使用点命令外，定数等分和定距等分两个命令也可用于插入点，并且主要是用于沿某条特定路径插入。定数等分是沿路径按指定数值等分后在等分处插入点；定距等分是沿路径的长度按指定距离等间隔插入点。

先在绘图窗口中任意绘制一条多段线，然后输入"DIV"（定数等分 Divide 的快捷键），选择该多段线为定数等分对象，输入需要等分的线段数目，如"8"，软件根据多段线的长度将其等分为 8 份，并在 7 个等分点处分别插入点（图 1-27）。为便于观察，图中的点的样式已经被更改。

重新绘制一条多段线，输入"ME"（定距等分 Measure 的快捷键），选择该多段线为定距等分对象，输入需要等分线段的长度，如"600"，软件将沿路径每间隔 600 单位插入一个点（图 1-28）。

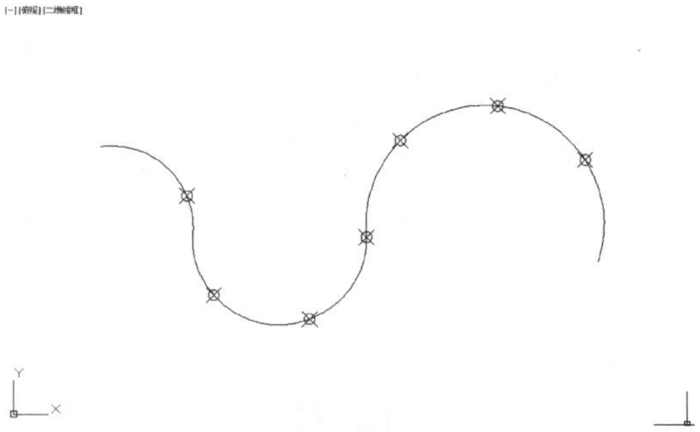

图 1-27　定数等分点的插入

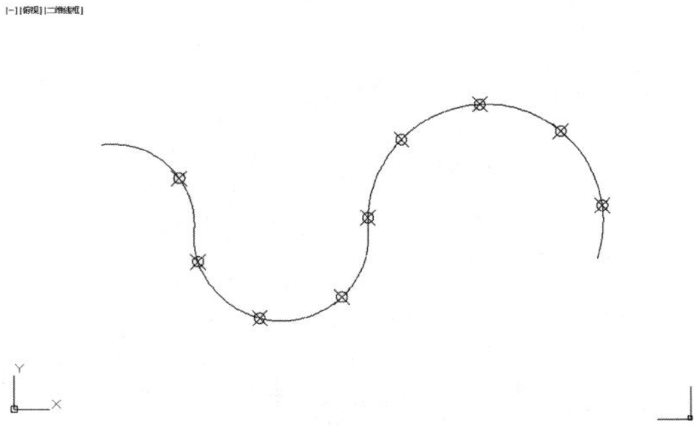

图 1-28　定距等分点的插入

注意：由于线条总长度并不总能被指定的等分长度整除，所以在线条的一端会留下一段小于指定长度的线段。选择线段时，距离捕捉点近的那个端点将被视作距离的起始计算点。

1.2.2　复合型图形要素

复合型图形要素是由基本图形要素简单连接而成的，并可以被分解为基本图形。常用的复合型图形要素包括多边形、多段线、样条曲线和多线。

1）多边形

多边形通常指的是正多边形，且边的数目可以在绘图过程中指定。

输入"POL"（多边形 Polygon 的快捷键），命令行中显示需要输入侧面数，初始的默认值是 4，此时输入新的数字"7"，表示要绘制正七边形。接着直接在图形窗口点击以指定多边形的中心点。之后在绘制多边形的两种方式中选择，分别是内接于圆和外切于圆，初始默认值是前者，直接按空格键确认该选项。最后在图形窗口点击以指定圆的半径，正七边形绘制完成（图 1-29）。

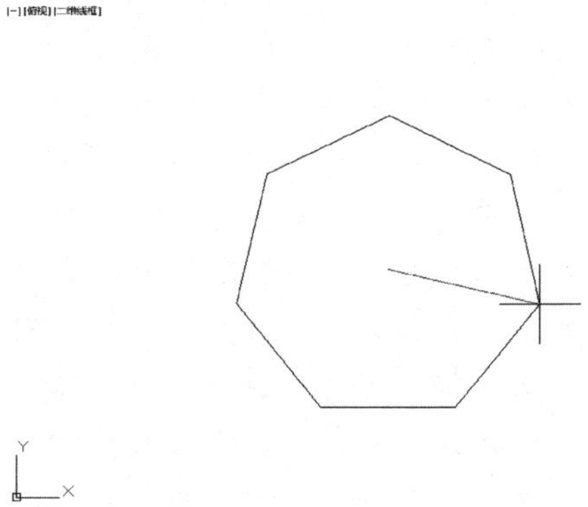

矩形也是一种多边形，而且其不受长宽比的限制。输入"REC"（矩形 Rectangle 的快捷键），在图形窗口中分别指定矩形的两个对角点即可完成绘制。

图 1-29

2）多段线

多段线是一种比较特殊的图形要素，由一系列直线和圆弧连接形成，并且具有一些特殊的属性，包括图形的闭合或打开、线条的宽度等。

输入"PL"（多段线 Pline 的快捷键），在图形窗口点击以指定多段线的起点，然后命令行会显示相关子选项（图 1-30）：

默认选项为指定下一个点，此时直接在绘图窗口点击可以连续绘制直线，直到按空格

指定下一个点或 [圆弧(A) 半宽(H) 长度(L) 放弃(U) 宽度(W)]:

图 1-30

键结束命令或"Esc"键退出命令。
完成绘制后所得到的图形与直线命
令操作得到的图形看上去完全一
样，但点选该图形，可以看到几条
直线是一个整体（图 1-31）。
　　如果在多段线绘制过程中输入
了"A"，则可以在多段线中绘制
圆弧。此时命令行如图 1-32 所示，
增加了定义圆弧的子选项，绘制出
的图形如图 1-33 所示。同刚才的
直线多段线一样，所有的圆弧也是
前后按序连接在一起构成一个整体。

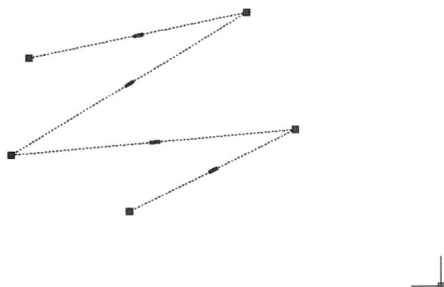

图 1-31　多段线

[角度(A) 圆心(CE) 方向(D) 半宽(H) 直线(L) 半径(R) 第二个点(S) 放弃(U) 宽度(W)]:

图 1-32

　　在多段线绘制过程中，输入"A"可以绘制圆弧，再输入"L"则可以重新绘制直线，
如此可以绘制出直线段与圆弧混杂的多段线（图 1-34）。

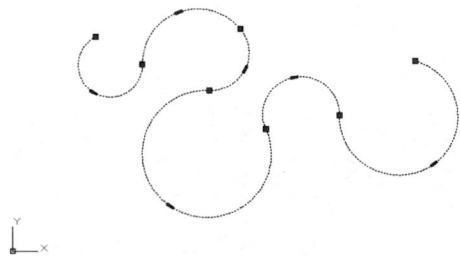

图 1-33　圆弧多段线

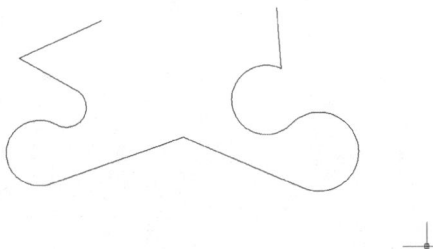

图 1-34　直线段与圆弧混杂的多段线

　　如果在绘制多段线的最后输入"C"，则多段线自动闭合并退出多段线的绘制，此时
得到的是一个闭合的多段线（图 1-35）。
　　注意：多段线的闭合特性是内在属性，如果在绘制过程中最后点击起点得到的图形，
尽管看上去是个闭合的图形，但其在属性上还是一个打开的多段线，而非闭合的多段线。
这一属性在以后的填充等操作中有重要的区别。因此，如果要绘制的是一个闭合的多段线
图形，建议最后通过子选项"C"完成闭合操作。
　　多段线还具有宽度属性。在绘制过程中输入"W"，即可按要求输入下一条线段的宽

度。要注意的是，线段宽度的输入分起点宽度和终点宽度，两者可以相同，也可以不同。宽度属性既适用于直线段，也适用于圆弧段（图 1-36）。

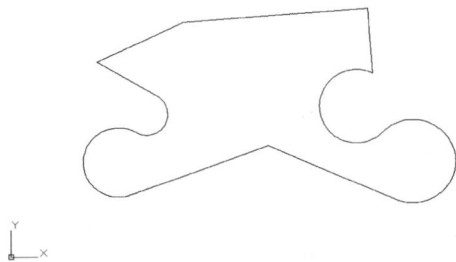

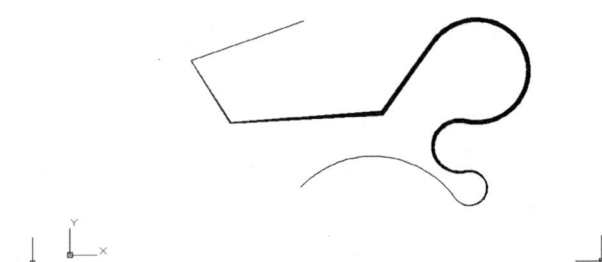

图 1-35　闭合的多段线　　　　　　　图 1-36　具有不同宽度的多段线

3）样条曲线

样条曲线全称是非均匀有理 B 样条（NURBS）曲线，是经过一组拟合点或由控制框顶点所定义的平滑曲线。默认情况下，拟合点与样条曲线重合，而控制点定义控制框。

输入"SPL"（样条曲线 Spline 的快捷键），在图形窗口中依次点击绘制样条曲线，直至按空格键或"Esc"键结束命令（图 1-37）。

4）多线

多线是由多条平行直线组成的一个图形要素，可被直接用于绘制双线墙体，同时多线的样式也可以被定制。

输入"ML"（多线 Mline 的快捷键），在图形窗口依次点击绘制多线，直至按空格键或"Esc"键结束命令（图 1-38）。

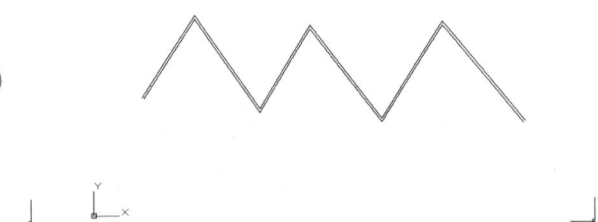

图 1-37　样条曲线　　　　　　　　　图 1-38　多线

绘制多线在指定起点时，还可以设定绘制的三个参数：对正（J）、比例（S）和样式（ST）。

对正方式设置有上、无和下三种，"上"表示光标位置定在自左向右水平多线的顶线上；"无"表示光标位置定在多线的中线上；"下"表示光标位置定在多线的底线上。

比例是对多线样式定义中建立的宽度的缩放。比例因子为"2"绘制多线时，其宽度是样式定义的宽度的两倍。负比例因子将翻转偏移线的次序。比例因子为"0"将使多线变为单一的直线。

样式用于指定多线的样式。多线样式必须预先在多线样式对话框中定义，包括定义元素的数目和每个元素的特性，以及端点封口的状态。

选择菜单"格式" > "多线样式"，打开多线样式对话框（图 1-39）。

样式框中显示已加载到图形中的多线样式列表。点击"新建"按钮，输入需要新建多线样式的名称，或直接点击"修改"按钮，可以打开新建或修改多线样式对话框（图1-40）。

封口用于控制多线起点和端点的封口情况，并有直线、外弧、内弧和角度四种模式。填充用于设定多线内的填充颜色。图元显示了当前多线的所有元素特性，包括其偏移中心线的距离、颜色和线型。添加和删除可以进一步调整多线中的元素组成。

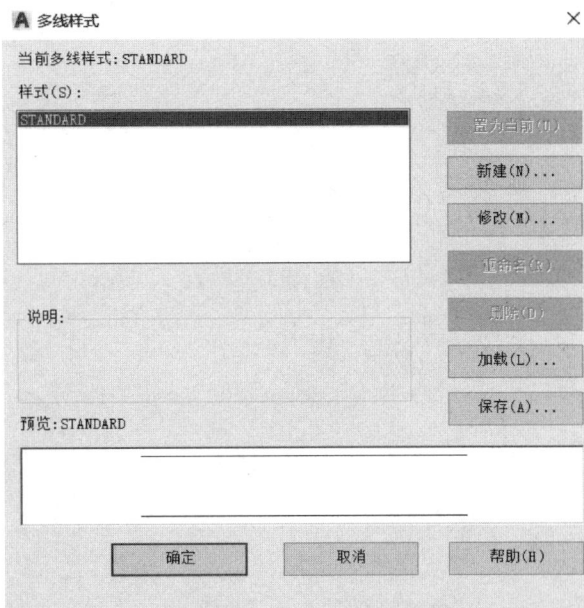

图 1-39　多线样式对话框

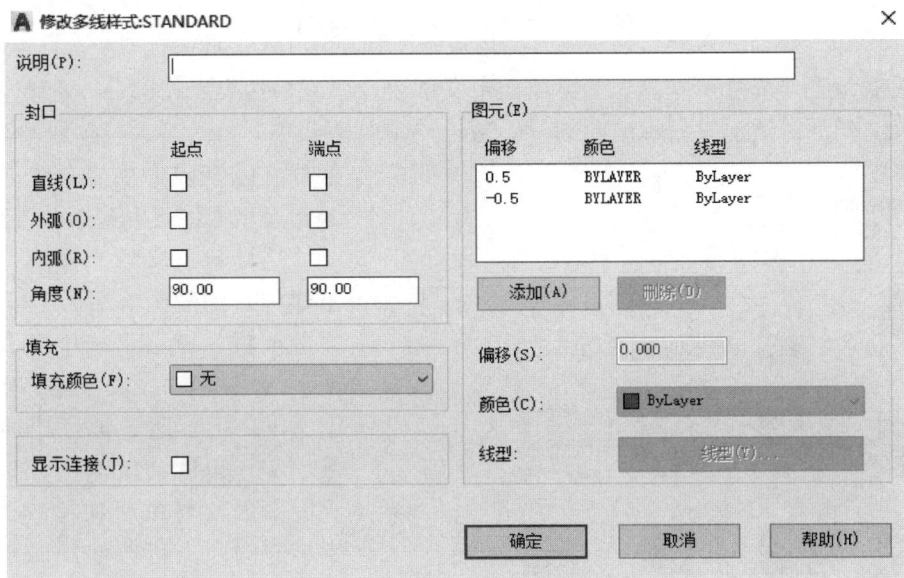

图 1-40　修改多线样式对话框

1.2.3　区域型图形要素

区域型图形要素是指用一系列预设好的图案通过复制的方式填满某个封闭的区域，这类要素最常用的是填充。在建筑图中，填充经常被用于表达某些区域的材质。

直接输入"H"（填充 Hatch 的快捷键），绘图窗口上方图标工具区自动出现"图案填充创建"标签，并列出相关工具。为便于操作和讲解，可直接点击其中"选项"右下角的箭头打开图案填充和渐变色对话框（图 1-41）。

图 1-41　图案填充和渐变色对话框

对话框分三个部分，左侧为图案填充定义部分，中间为边界操作部分，右侧为高级选项。一般情况下对话框只显示前两部分，通过点击对话框右下角的箭头可以显示高级选项部分。填充操作主要分两步，选择并定义填充图案和选择填充区域。

选择并定义填充图案：直接点击样例右侧的图案可以打开填充图案选项板，显示系统中已有的填充图案（图 1-42）。其中第一个填充图案"SOLID"通常被用于将整个区域填实。角度和比例则分别调整填充图案的旋转角度和缩放比例。图案填充的原点可以使用图形坐标原点，也可以单独指定。

选择填充区域有两种方式：拾取点和选择对象。点击拾取点前的按钮，将自动切换回图形界面，在希望填充的区域内任意点取一点，软件会自动确定包围该点的填充边界，并以高亮显示。若软件无法在

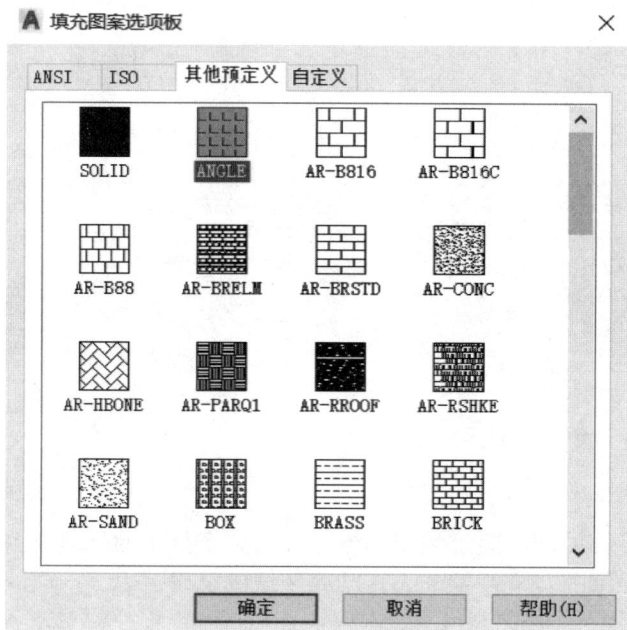

图 1-42　填充图案选项板

当前点取情况下找到封闭的填充区域，则会弹出边界定义错误对话框，否则会继续等待拾取封闭区域，直到按空格键结束区域选择返回图案填充对话框。

选择对象方式则是通过直接点取封闭的图形来完成填充区域的设定。所谓封闭的图形包括圆、多边形和闭合的多段线等。

当选定了填充图案和填充区域后，对话框左下角的预览按钮被激活，此时可以点击该按钮查看填充的效果，并可通过按空格键或"Esc"键返回对话框。

填充操作在某些环状嵌套区域时，会有孤岛效应，因此需要设定孤岛显示样式。在对话框的孤岛栏内，设定了三种样式：普通样式、外部样式和忽略样式。普通样式表示从外部边界向内填充时，如果遇到内部孤岛，就不填充，当再遇到孤岛中的另一个孤岛，再次填充。外部样式表示从外部边界向内填充时，只填充鼠标指定的区域，不填充内部孤岛。忽略样式表示从外部边界向内填充时，忽略所有内部对象，全部填充。

此外，在高级选项栏内还有两个值得注意的选项：保留边界意味着在填充的同时创建包裹填充图案的对象，对象类型通常采用多段线；允许的间隙意味着当填充区域并没有完全封闭时，其可以被忽略的最大间隙，该设定有效降低了对填充区域的精度要求。

1.2.4　组合型图形要素

与复合型图形要素相比，组合型图形要素更为复杂，它是由若干基本图形要素组合而成的图形单元，其内部不但可以有基本图形、复合图形、区域图形，还可以包括组合型图形，形成嵌套图形。在 AutoCAD 中，块（Block）是最重要的一种组合型图形要素，往往在图形中被多次重复使用。若干个小块还可以组成一个大块，构成嵌套块。在建筑制图中，门、窗、家具等通常都会用块来表达。此外，图形文件整体也可被视为一个组合型图形要素，可以通过插入块文件或外部参照的方式被其他图形文件调用。

尽管块是由若干图形组合而成，块本身被视作一个单独的对象，可以进行移动、复制等一系列的编辑操作。每个块有一个插入点，以该点为基础进行调用和插入。

1）块的定义

输入"B"（块定义 Block 的快捷键），可以打开块定义对话框（图 1-43）。

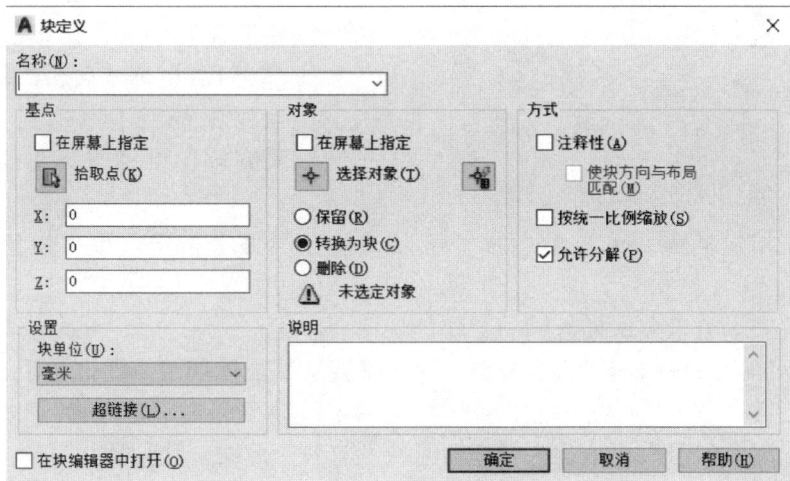

图 1-43　块定义对话框

对话框中比较常用的选项包括：

名称输入框用于指定块的名称。在一个图形文件中块的名称是唯一的，一个块不能有两个不同的名称。

基点用于指定块的插入点，默认值是（0，0，0）。通常利用拾取点按钮返回图形界面以在当前图形中拾取插入基点。

对象用于指定新块中需要包含的对象，以及创建块之后如何处理这些对象，是保留还是删除选定的对象，或者是将它们转换成块实例。通常利用"选择对象"按钮返回图形界面以在当前图形中选择块对象。选择完对象后，按空格键可返回对话框。

2）块的插入

定义好的块除了直接用复制等编辑操作在图形中使用外，还可以通过插入命令被调用。输入"I"（插入块 Insert 的快捷键），可以打开插入块对话框（图1-44）。

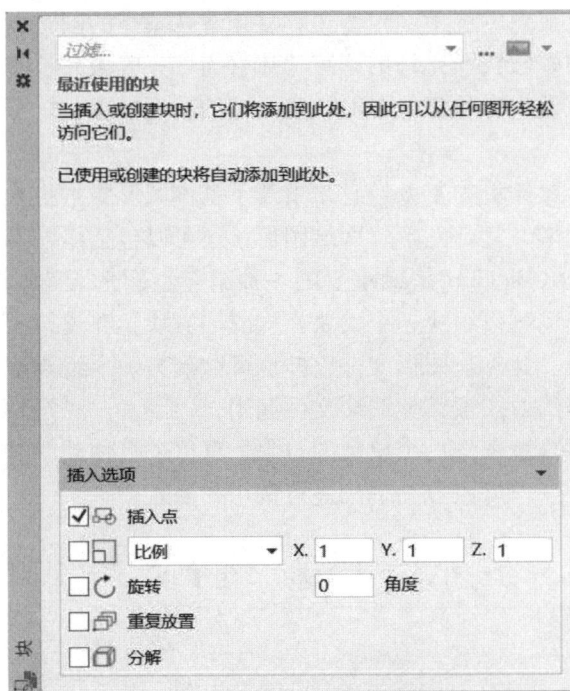

图1-44　插入块对话框

对话框中比较常用的选项包括：

名称下拉框用于选择要插入的块的名称，选定之后会在下侧显示该块的预览图。下拉框右侧的浏览按钮可以打开"选择图形文件"对话框，选择要插入的图形文件。这也意味着可以直接将另一个图形文件作为块整体插入当前图形文件中。

插入点用于指定块的插入点。通常采用在屏幕上指定的方式，可以在点击确定后直接在图形窗口中选择插入点。另外也可以手动输入 X、Y 和 Z 绝对坐标值来指定块的插入点。

比例用于指定插入块的缩放比例。一般直接采用与原定义块等比例，按默认设置设定 X、Y 和 Z 缩放比例因子都为1。也可给 X、Y 和 Z 设定不同的缩放比例因子以达到特殊的要求。如果缩放比例因子为负值，则插入块的镜像图像。

旋转用于指定插入块的旋转角度，可以直接在屏幕上指定，也可以手动输入旋转角度。

重复放置表示可以多次插入同一个块。

分解表示插入该块的同时将其分解，该选项要求只能使用统一比例对块进行缩放。

除了使用插入命令外，之前插入点时用到的定数等分和定距等分命令也可以插入块，这在某些情况下，如沿人行道插入行道树时特别有效。此时，块位置由其插入点所决定。

创建一个名为"test"的长方形块，指定其中心点为插入点。另外绘制一条任意多段线。使用定数等分或定距等分命令，选择该多段线为等分对象，然后在输入等分数目或长度时，输入"B"表示切换到块插入，然后输入需要插入块的名称"test"，根据需要设定是否对齐块和对象，之后再根据提示输入等分数目或长度，即可完成块的插入（图 1-45）。其中对齐块和对象意味着插入的每一个块将围绕其插入点旋转，保证每一个块的水平轴线会在插入点位置与等分对象对齐并相切绘制（图 1-45a）；不对齐块和对象则意味着每一个块都保持原方向不变（图 1-45b）。

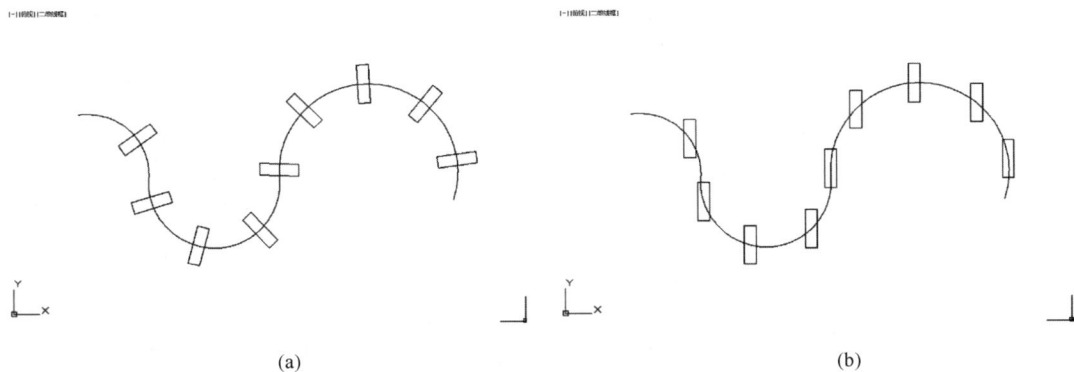

(a)　　　　　　　　　　　　　　　(b)

图 1-45　块的定距等分插入

（a）对齐块和对象；（b）不对齐块和对象

3）块文件的定义

之前提到插入块时可以将整个图形文件当作块插入，相应的，也可以通过类似定义块的方式将图中的一部分图形导出成新的文件。

输入"W"（写块 Wblock 的快捷键），打开写块对话框（图 1-46），其中对象的选择和基点设置与定义块完全相同，只是在目标区设定导出块文件的文件名和路径。

4）外部参照

外部参照（External Reference，Xref）是 AutoCAD 提供的另一种图形调用方法，可以将整个图形文件作为参照图形附着到当前图形中。通过外部参照，参照图形中所作的更改将同

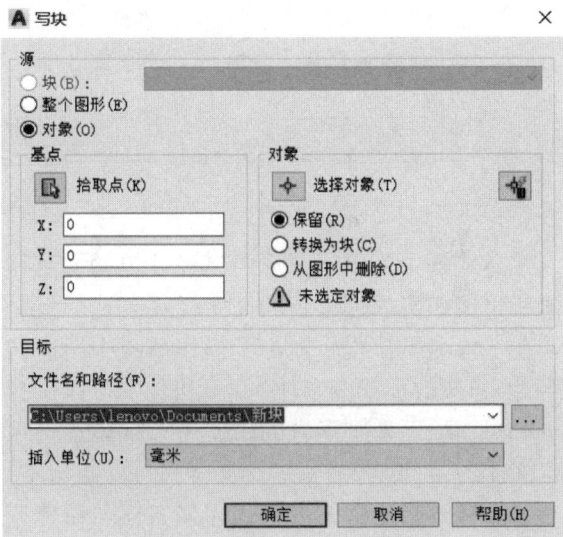

图 1-46　写块对话框

步反映在当前图形中。附着的外部参照链接至另一图形，并不真正插入。因此，使用外部参照可以看到参照图形而不会显著增加当前图形文件的大小。

与其他图形调用方式相比，外部参照通过在图形中参照其他用户的图形协调用户之间的工作，从而与其他用户所做的更改保持同步。打开图形时，将自动重载每个参照图形，从而反映参照图形文件的最新状态。

插入外部参照图形可以选择菜单"插入"＞"DWG"参照，在选择参照文件对话框

中选择相应的文件即可。之后通过菜单"插入">"外部参照"可以打开外部参照选项板，以组织、显示和管理附着到当前图形的所有外部参照文件。

1.2.5 标注型图形要素

标注型图形要素也是 AutoCAD 中比较特殊的图形要素，包括文字和尺寸两种标注。

1）文字

文字是 AutoCAD 中一种特殊的图形要素，输入文字前要设定相应的文字样式，文字的输入还有单行文字和多行文字的区分。

（1）文字样式

输入"ST"（文字样式 Style 的快捷键）或选择菜单"格式">"文字样式"，打开文字样式对话框（图 1-47），对文字样式进行设定。

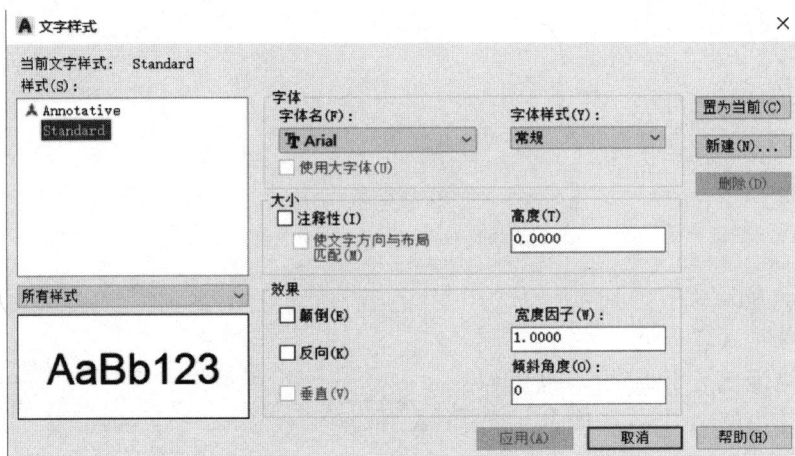

图 1-47　文字样式对话框

在样式框中列出了图形中已经设定的文字样式，其中"Standard"为默认样式。点击右侧新建按钮可以创建新的文字样式。

在字体名下拉框中列出了操作系统中所有的 TrueType 字体和所有编译的形字体（后缀名为 .shx 的那部分字体），从列表中可以选择相应的字体名称。如果选择了形字体（如"acaderef. shx"），则下方的"使用大字体"选项被激活。"大字体"通常用于中文等亚洲语言字体。

字体样式指定字体的格式，如斜体、粗体或者常规字体。选定"使用大字体"后，该选项变为"大字体"，用于选择大字体文件，建议选择其中的"gbcbig. shx"，对中文的支持较好。

高度、宽度因子和倾斜角度分别用于设定该文字样式的默认高度、字符间距和倾斜角。颠倒、反向和垂直则分别用于设定文字是否颠倒显示、反向或垂直对齐。

设置的不同样式都可以在左下角的预览框内看到文字效果。在左侧样式框中选择样式，并点击右侧置为当前按钮，可以将该样式设定为当前所使用的样式。

注意：使用"大字体"能有效提高 AutoCAD 的运行效率，尤其在图形中有较多文字时，建议使用"大字体"。

（2）单行文字

单行文字只能包含一行文字，如果有多行文字，每行都是一个单独的单行文字对象。

输入"DT"（单行文字 Text 的快捷键），依次指定文字的起始点、高度和旋转角度后，在图形窗口可以直接输入文字（图 1-48）。

CAD在建筑设计中的应用

图 1-48 单行文字

粘贴其他文件中的文字，还可以设置文字字体、制表符、调整段落、行距与对齐等，与 Microsoft Word 类文字处理软件类似。

（3）多行文字

不同于单行文字，多行文字可以包含一个或多个段落，并且每个文字都可以有不同的样式。输入文字之前，应指定文字框的对角点。文字框用于定义多行文字对象中段落的宽度。多行文字对象的长度取决于文字量，而不是边框的长度。

输入"T"（多行文字 Mtext 的快捷键），分别指定文字框的对角点，多行文字编辑器被打开（图 1-49），可以输入或

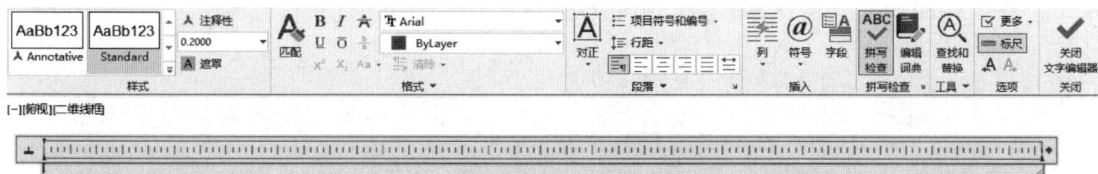

图 1-49 多行文字编辑器

2）尺寸标注

尺寸标注是对绘制的建筑图形进行尺寸注释，用来度量和显示对象的长度或角度。与文字标注一样，尺寸标注也有尺寸标注样式。

（1）尺寸标注样式

尺寸标注样式是各种标注要素的组合，包括尺寸线、尺寸界线、箭头形状、文字等，这些要素的具体含义如图 1-50 所示。

（2）尺寸标注样式设置

尺寸标注样式中各要素的变化决定了标注样式的差异，其具体设置是通过标注样式管理器完成。通过菜单"格式"＞"标注样式"，或样式工具栏中的样式工具可以打开标注样式管理器（图 1-51）。

标注样式管理器中，左侧样式栏列出了当前文件中所有的标注样

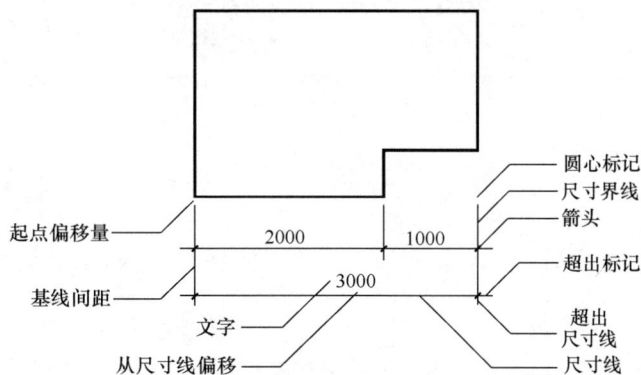

图 1-50 尺寸标注样式中的基本要素

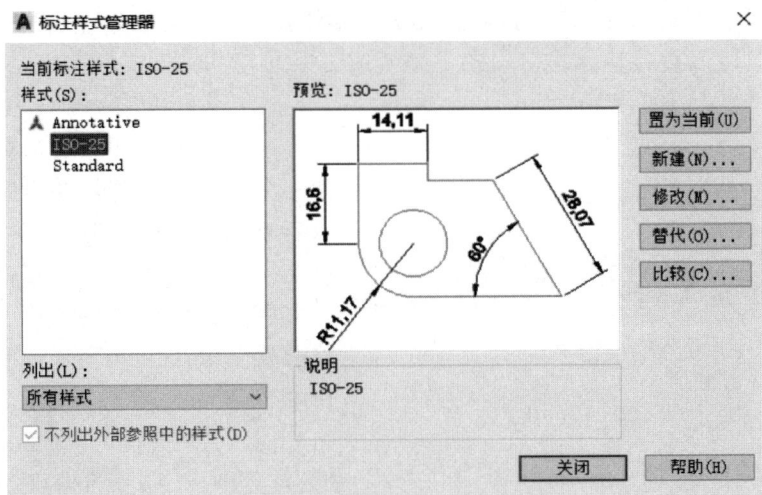

图 1-51　标注样式管理器

式，选择某一样式则其具体形式会在预览窗口中显示。右侧一列为针对所选择样式的功能按钮。其中新建和修改将打开相应的新建或修改标注样式对话框（图1-52）。

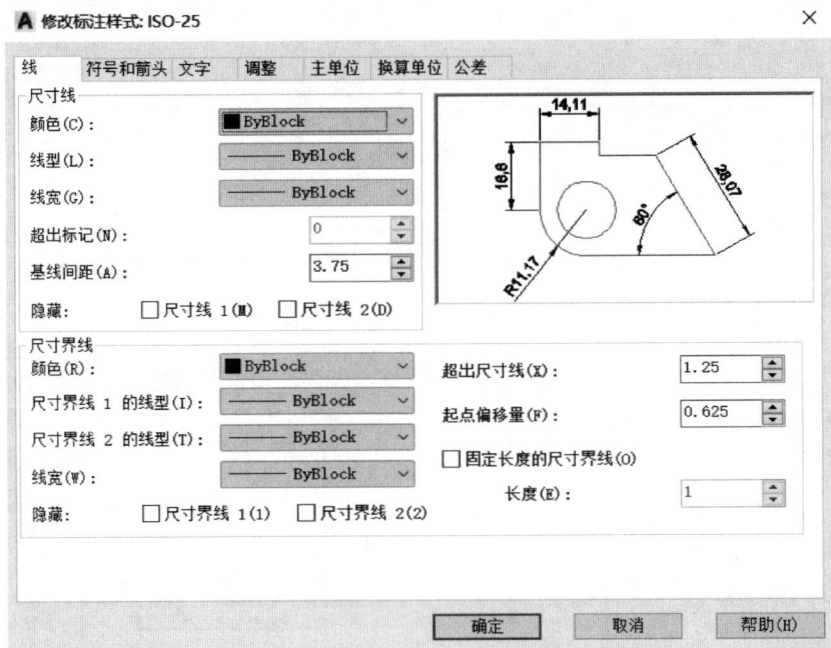

图 1-52　修改标注样式对话框

　　修改标注样式对话框包含 7 个选项卡对标注样式的各要素进行设置。其中线选项卡是对尺寸线和尺寸界线的格式和特性的设置；符号和箭头选项卡是对箭头和中心标记的格式和特性的设置；文字选项卡是对标注文字的格式、位置和对齐方式的设置。这些选项卡中一些名称的具体含义可以参考图 1-50。

调整选项卡中，最重要的设置是标注特征比例中的使用全局比例，通过设定相应的数值，可以在不改变其他选项卡中数值的情况下，使不同比例的建筑图均呈现尺寸标注的最佳显示效果。一般而言，以毫米为单位作图时，按什么比例出图，就设置什么样的全局比例。如以 1：100 的比例出图，则此处全局比例设为 100。

主单位选项卡中主要设置标注单位的格式和精度，并设置标注文字的前缀或后缀。其中要注意其默认精度为小数点后两位，这与建筑制图通常的整数表达有差异，需要调整精度为 0。其他选项卡中的设置一般不用调整。

（3）尺寸标注

AutoCAD 提供了多种尺寸标注方式，其中常用的包括线性、对齐、半径、角度、连续等。各种尺寸标注操作主要通过注释工具栏进行选择。

① 线性标注（Dimlinear）：用于标注对象的水平或垂直尺寸，这是在建筑制图中用得最多的一种尺寸标注方式。分别指定尺寸界线的两个原点，然后拉出指定尺寸线的位置即可（图 1-53）。在需要指定第一个尺寸界线原点时直接按回车键，表示进入选择对象模式，可以通过选择标注对象来自动确定尺寸界线的两个原点。如果选择直线或圆弧，将使用其端点作为尺寸界线的原点。对多段线和其他可分解对象，仅标注选中的直线段和圆弧段。

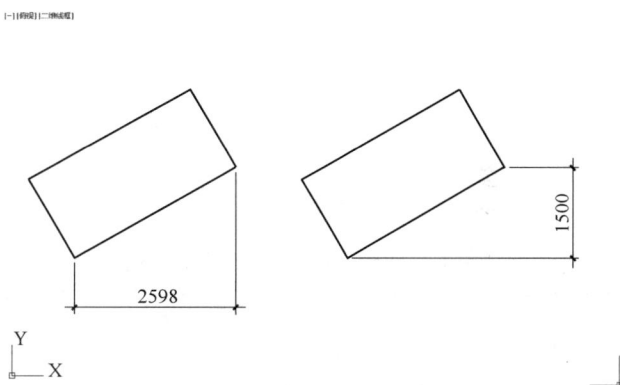

图 1-53　线性标注

② 对齐标注（Dimaligned）：用于创建与标注对象对齐的线性标注。对齐标注与线性标注的区别在于对齐标注的尺寸线与指定的两个尺寸界线原点的连线相平行，而不限定于水平或垂直方向（图 1-54）。对齐标注中也可以应用选择对象模式。

③ 半径标注（Dimradius）：用于标注选定圆或圆弧的半径，并在标注文字前自动添加半径符号"R"（图 1-55）。

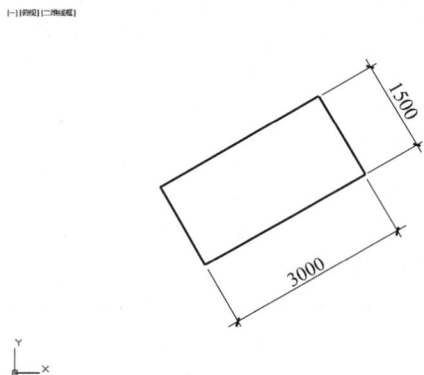

图 1-54　对齐标注

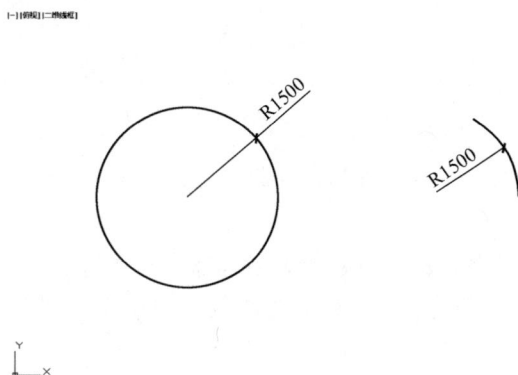

图 1-55　半径标注

④ 角度标注（Dimangular）：用于标注圆弧或两条直线之间的角度，可以直接选择圆弧，或两条直线，或一个顶点两个端点这三种方式来指定角度标注的对象（图1-56）。

⑤ 基线标注（Dimbaseline）：这是一种连续的尺寸标注操作方式，它以基线标注命令之前的一次标注的第一尺寸界线为起点，通过指定新的第二尺寸界线原点完成标注（图1-57）。也可以在命令初始按回车键进入选择模式，选择图形中某个现有标注作为基线标注的起点。

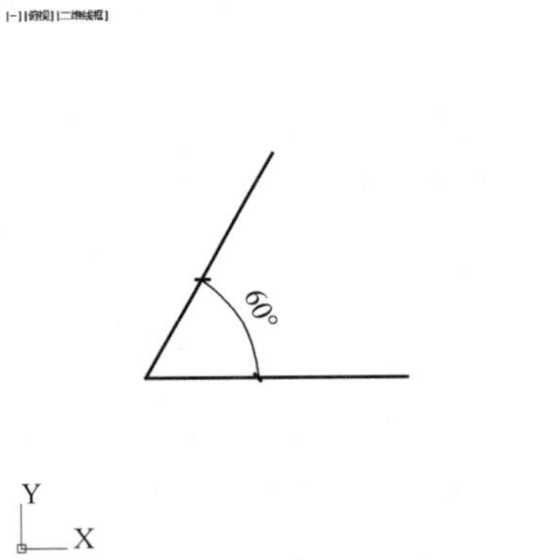

图 1-56　角度标注

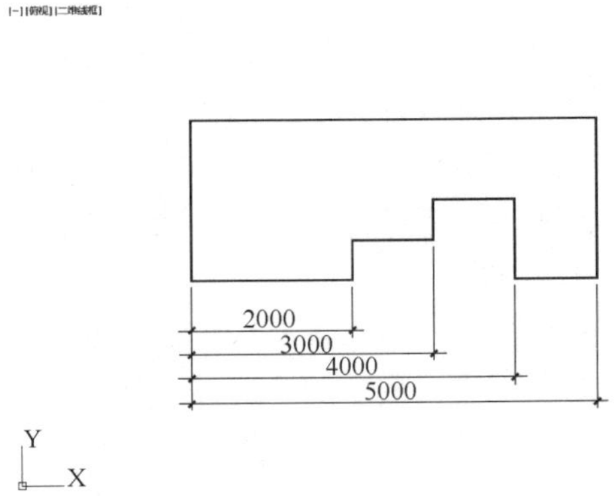

图 1-57　基线标注

⑥ 连续标注（Dimcontinue）：与基线标注类似，也是一种连续的尺寸标注操作方式，区别在于连续标注是以前一次标注的第二尺寸界线为起点，通过指定新的第二尺寸界线位置完成标注（图1-58）。也可以通过选择模式选择图形中某个现有标注作为连续标注的起点。

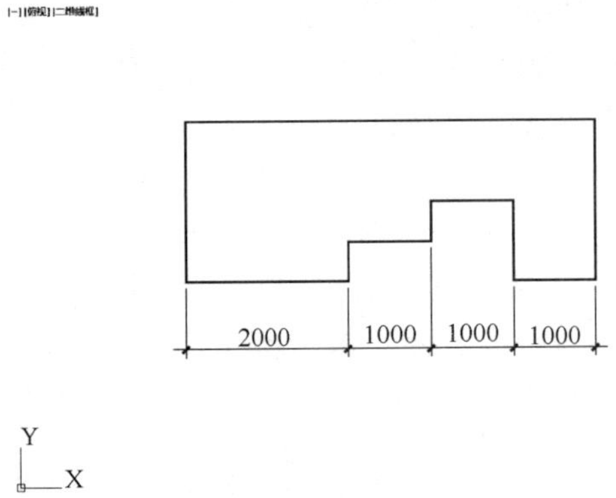

图 1-58　连续标注

1.3　AutoCAD 图形编辑

除了基本图形要素的绘制外，对这些图形的编辑也是完成制图的重要步骤。Auto-CAD 提供了一系列功能强大的图形编辑工具，配合之前的选择操作，可以帮助我们快速高效地完成图形的绘制。

注意：对图形的编辑，通常是采用先输入命令，后选择对象的方式。AutoCAD 还提供了另一种编辑方式，可以先选择需要编辑的对象，然后输入编辑命令，完成编辑操作。

此外，大部分编辑操作中都包含放弃这一子选项，即可以通过输入 "U" 来撤销编辑中的前一步操作。

1.3.1　对象的删除与恢复

1）删除

对于绘制错误的图形或不再需要的图形，都可以通过删除操作将其从当前图形中去除。输入 "E"（删除 Erase 的快捷键），选择需要删除的对象即可。删除操作的对象可以是单个图形，也可以是多个图形。

2）放弃

在制图过程中，我们难免会有一些误操作，比如删除了有用的图形。此时我们可以通过放弃命令来撤销之前的编辑操作。输入 "U"（放弃 Undo 的快捷键），即可撤销之前的一次操作。多次执行放弃命令，可以实现多次撤销操作。

3）重做

重做命令是对放弃命令所撤销的操作的恢复，该命令必须紧跟随在放弃操作之后才能生效，而且只能恢复最后一次的放弃操作。重做的命令为 "REDO"。

1.3.2　对象的变换

1）移动

移动是在指定方向上按指定距离移动对象。输入 "M"（移动 Move 的快捷键），选择要移动的对象，在绘图窗口指定移动基点，然后指定第二点作为目标点。

在移动操作中，可以利用第一节介绍过的对象捕捉方式，捕捉现有图形中的特征点进行精确的移动；还可以利用第一节介绍过的相对坐标定位法，在指定第二点时输入相对坐标，完成精确的移动操作。

2）旋转

旋转是使选中的对象绕指定基点旋转一个指定的角度。输入 "RO"（旋转 Rotate 的快捷键），选择要旋转的对象，在绘图窗口指定旋转基点，然后在绘图窗口指定旋转位置或在命令行输入旋转角度。

旋转操作也可以利用对象捕捉来基于现有图形完成精确的角度旋转，此时需要在指定旋转基点后，输入 "R" 进入参照角选项，并依次指定参照角线条的起点、终点和新角度，新角度和参照角之间的差值即为旋转的角度（图 1-59）。要注意的是，在指定参照角的起点时，最好与之前指定的旋转基点是同一个点，这样有利于对旋转角度的控制。

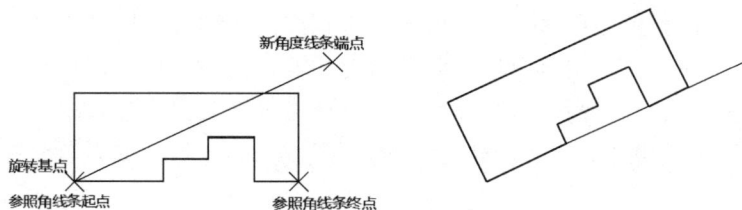

图 1-59　利用参照角进行旋转

3）缩放

缩放是使选中的对象以指定基点为中心，按指定倍数放大或缩小，并且缩放后的对象比例保持不变。输入"SC"(缩放 Scale 的快捷键),选择要缩放的对象,在绘图窗口指定缩放基点,然后在绘图窗口指定缩放大小或在命令行输入缩放倍数。

与旋转操作类似,缩放也可以通过参照长度来指定缩放比例。

4)对齐

对齐是综合了移动、旋转和缩放的变换操作,通过指定一对、两对或三对源点和目标点,使得选择对象和目标对象能保持局部的对齐。在二维制图中,一般只需要指定两对源点和目标点。

输入"AL"(对齐 Align 的快捷键),选择要对齐的对象,然后分别指定源点和目标点,指定两对点之后,按空格键,系统会给出缩放对象的提示:是否基于对齐点缩放对象?输入"Y",则将源对象移动、旋转并缩放,使两对源点和目标点重合。如果输入"N",则仅第一对源点和目标点重合,而第二对源点和目标点在方向上对齐(图 1-60)。

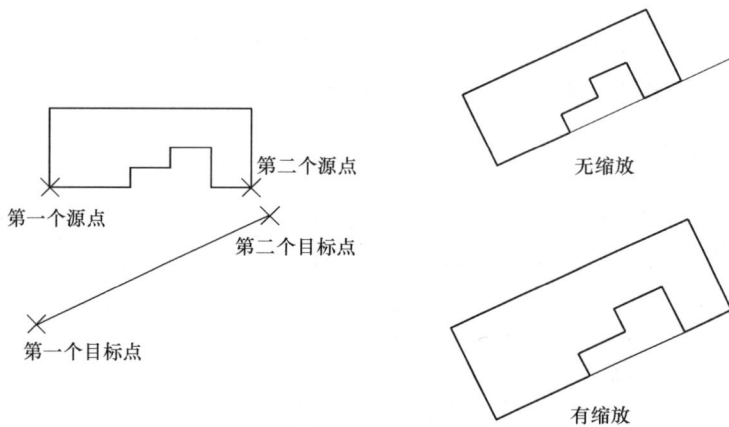

图 1-60 对齐操作与是否缩放的结果

对齐命令同时兼具移动、旋转和缩放的功能,因此,在某些特定的对齐操作中特别有用。

1.3.3 对象的复制

1)复制

复制是在指定方向上按指定距离复制对象。输入"CO"或"CP"(复制 Copy 的快捷键),选择对象,在绘图窗口指定基点,然后指定第二点作为目标点。指定完基点后,可以持续点击不同的目标点完成多次复制操作,直到按空格键或"Esc"键结束命令。

与移动操作相同,复制也可以通过对象捕捉或输入相对坐标实现精确的复制操作。

复制命令还隐含了一个简单线性阵列操作。在指定复制基点后,输入"A"进入阵列选项,输入要进行阵列的项目数,然后指定第二个点来确定阵列的方向和距离,完成阵列操作。

2)阵列

阵列用于创建阵列排列的对象,与复制中的阵列选项不同,完整的阵列命令包括矩形阵列、路径阵列和环形阵列三种,并以子选项的方式在阵列命令中出现。

输入"AR"(阵列 Array 的快捷键),选择对象,输入阵列类型,矩形为 R,路径为

PA，环形为 PO。

当采用矩形阵列时：再按空格键选择计数方式，分别输入阵列的行数和列数，再按空格键选择指定间距的方式，然后分别输入阵列的行距和列距，完成阵列操作（图 1-61）。

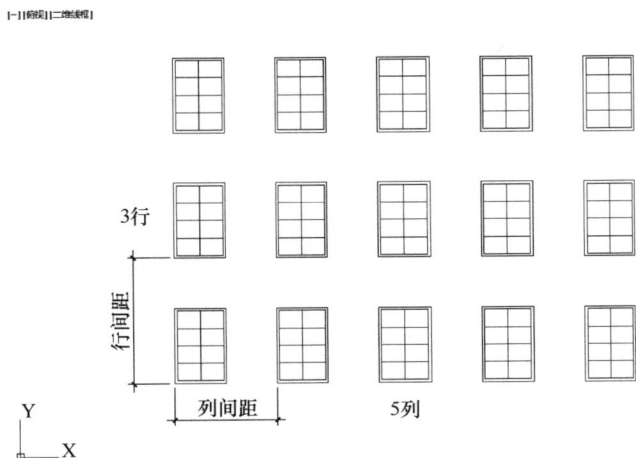

图 1-61　矩形阵列

当采用路径阵列时：首先保证图中已有一条路径，选择该路径，输入沿路径的阵列项数，指定沿路径项目之间的距离或选择默认的沿路径平均定数等分选项，完成阵列操作（图 1-62）。

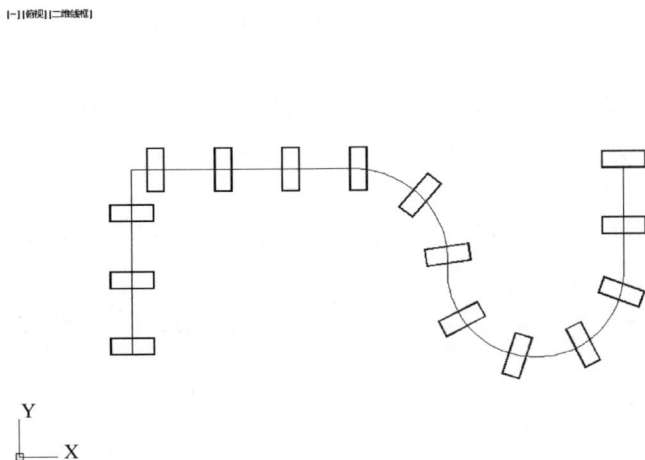

图 1-62　路径阵列

当采用环形阵列时：在绘图窗口指定阵列中心点，输入阵列的数量，指定阵列填充的角度，完成阵列操作（图 1-63）。

阵列操作还要注意两点：一是默认设置下，阵列对象相互间具有关联性，可以通过点击阵列对象，拉动其蓝色关键夹点再次改变阵列状态，可以通过分解命令取消其关联性；另一个是对于路径阵列和环形阵列，其阵列对象默认状态下是随着路径的转折或旋转角度的转动而转动，保持其与路径或旋转中心点之间的相对方向不变，即对齐项目设置，要取

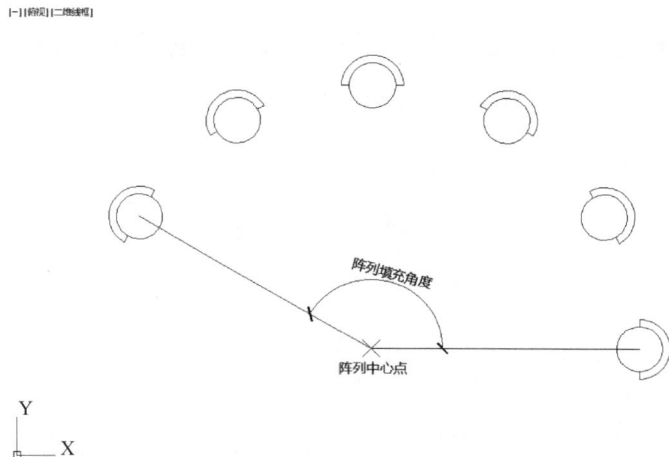

图 1-63　环形阵列

消对齐，则需要在阵列操作的最后一步输入"A"旋转对齐项目选项，然后输入"N"设置为不对齐。

3）镜像

镜像是按指定的对称轴将选择的对象进行镜像复制。

输入"MI"（镜像 Mirror 的快捷键），选择对象，分别指定镜像线的第一点和第二点，选择是否要删除源对象，默认为否，即镜像复制，如果选择是，则删除原选择对象。

注意：默认情况下，镜像文字对象时，不更改文字的方向。

4）偏移

偏移是对选择对象进行平行或等距复制，主要用于创建同心圆、平行线和平行曲线。

输入"O"（偏移 Offset 的快捷键），在命令行指定偏移距离，选择要偏移的对象，指定偏移方向，完成偏移操作。或者在指定偏移距离时，输入"T"设置偏移子选项为通过，然后在选择偏移对象后，直接在绘图窗口点击鼠标左键，则偏移后的对象将通过指定的点。

完成一次偏移操作后，偏移命令还将不断重复，直到按空格键或"ESC"键结束命令。

1.3.4　对象的变异

1）拉伸

拉伸命令将移动位于交叉窗口框选到的端点，其他端点保持不变，从而产生物体的形变。

输入"S"（拉伸 Stretch 的快捷键），必须通过从右到左的交叉窗口框选方式选择需要移动的端点，指定基点，指定第二点（图 1-64）。

在拉伸操作过程中选择对象时，必须是交叉窗口选择，而且与普通窗口选择不同的是，此时选择的实际对象是线条的端点，而不是线条本身。因此，如果选择时将对象整体落在框选范围内，其结果等同于移动，而不是拉伸。此外，有些对象无法被拉伸，如圆、椭圆和块。

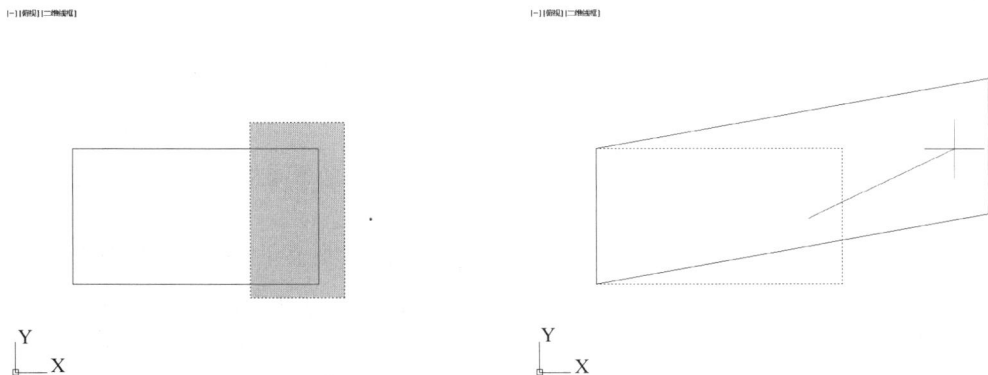

图 1-64　拉伸操作

2）延伸

延伸用于延长直线或圆弧，使其延伸至指定的边界。

输入 "EX"（延伸 Extend 的快捷键），选择延伸边界，选择要延伸的对象，此时可以用框选方式选择多个要延伸的对象，并且不受鼠标方向的限制（图 1-65）。对于圆弧，如果其半径不够大，不能与延伸边界形成交叉，则延伸命令对其无效。

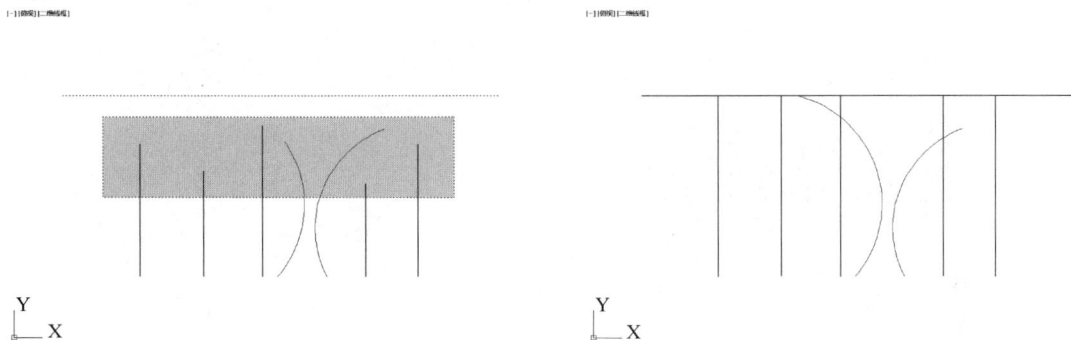

图 1-65　延伸操作

延伸操作还有一个隐含的子选项，在选择延伸对象之前输入 "E"，选择隐含边延伸模式，再次输入 "E" 表示边界对象除了实体本身，其所在直线的无限延长线都可以作为边界，输入 "N" 则表示不考虑边界的延长，指定对象只能延伸到与其实际相交的边界。

此外，如果在选择延伸边界时不做任何选择，直接按空格键，则表示当前窗口内所有物体都作为延伸边界。指定对象将延伸到距离其最近的一条边。

3）拉长

拉长用于更改直线的长度或圆弧的角度。拉长有 DE 增量、P 百分数、T 全部和 DY 动态四种方式。其中增量表示以指定增量值修改对象的长度或圆弧的角度，正值为增长，负值为缩短；百分数表示以指定对象总长度或总角度的百分比来改变其长度或角度；全部表示指定对象修改后的总长度或总角度；动态则通过拖动选定对象的端点来更改其长度或角度。

输入 "LEN"（拉长 Lengthen 的快捷键），输入子选项选择拉长的方式，按其要求输入相应的数值，然后选择要拉长的对象。在拉长方式和具体数值输入后，可以持续点击不同的对象进行相同方式的拉长。

1.3.5　对象的断切

1）打断

"打断"用于在两点之间打断选定的对象。根据断点的不同指定方式，打断操作也有不同的结果。

输入"BR"（打断 Break 的快捷键），用鼠标选择要打断的对象，并且软件将自动选择该点击位置作为打断的第一点，此后如果直接指定第二点，则两点之间的部分被删除。

然而由于选择对象时无法应用捕捉点的方式，导致第一点的位置无法精确定位，因此在选择对象后，可以输入"F"表示重新选择第一个打断点，然后再指定第二个打断点，从而可以更精确地选择打断部分。

如果在选择第二个打断点时直接输入"@"，则表示第二个打断点和第一个重合，也就是说将对象在第一个打断点处断开。

2）修剪

修剪是与延伸相对的一个编辑操作，通过指定边界来剪切对象。

输入"TR"（修剪 Trim 的快捷键），选择剪切边，选择要修剪的对象，此时可以用框选方式一次选择多个要修剪的对象，并且不受鼠标方向的限制（图 1-66）。

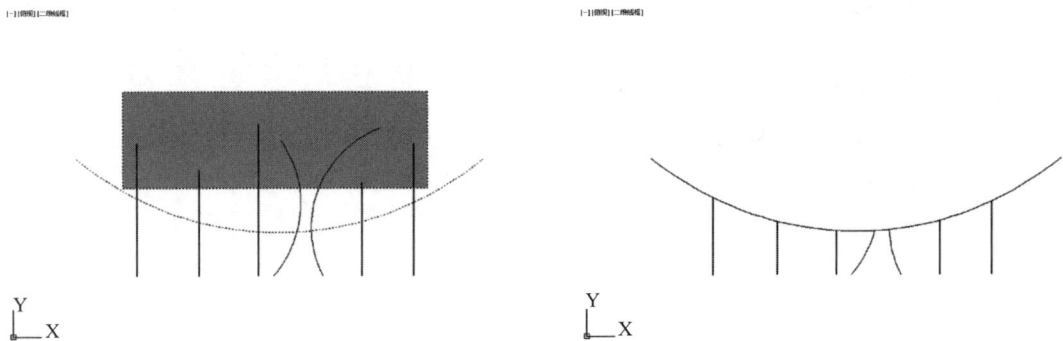

图 1-66　修剪操作

与延伸类似，修剪操作也有一个隐含的子选项，在选择修剪对象之前输入"E"，选择隐含边延伸模式，再次输入"E"表示边界对象除了实体本身，其所在直线的无限延长线都可以作为边界，输入"N"则表示不考虑边界的延长，只能修剪与边界实际相交的对象。

此外，如果在选择剪切边界时不做任何选择，直接按空格键，则表示当前窗口内所有物体都作为剪切边界。

3）分解

分解用于将复合对象分解为简单对象。除基本图形要素外，几乎所有其他对象都可以被分解。如果复合对象中包含嵌套的子复合对象，则需要多次使用分解命令，将其一层层地进行分解。

输入"X"（分解 Explode 的快捷键），选择要分解的对象即可。

1.3.6　对象的倒角

1）圆角

圆角是指在两线段相交的交点处用一段圆弧来平滑交角的处理方法。

输入 "F"（圆角 Fillet 的快捷键），输入 "R"，设定圆角半径："1000"，分别选择圆角的两个对象（图 1-67a）。另外，如果半径为 0，则显示为三角形尖端的形状。上一次圆角操作中设定的半径将在下一次圆角操作中自动作为默认值。

设定半径后，输入 "P" 并选择多段线，则多段线中两条直线相交的每个顶点处插入圆弧；如果多段线中有圆弧段连接两条直线段，则圆角操作将删除该圆弧段并按设定的半径重新插入圆弧（图 1-67b）。

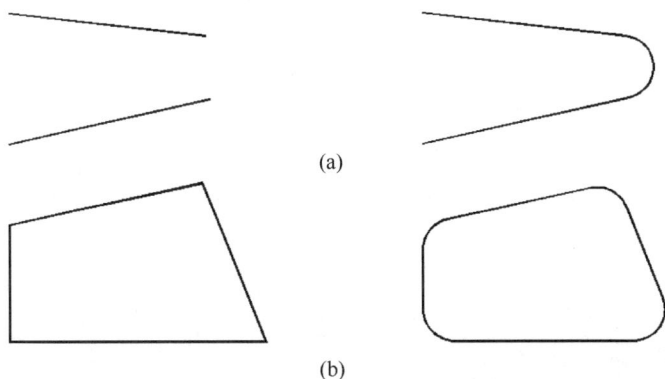

(a)

(b)

图 1-67　圆角操作

2）倒角

倒角操作与圆角类似，区别在于倒角是用一段直线来平缓两条线段的相交（图 1-68）。

输入 "CHA"（倒角 Chamfer 的快捷键），输入 "D"，分别指定倒角至选定边端点的距离，分别选择倒角的两条直线段。

类似的，如果将两个倒角距离都设为 0，则两条直线段将延伸并修剪至无出头线的相交状态。上一次倒角操作中设定的距离将在下一次倒角操作中自动作为默认值。还可以对整个多段线进行倒角。类似的，如果将两个倒角距离都设为 0，那么倒角结果与半径为 0 的圆角操作结果相同，都呈现三角形尖端的形状。

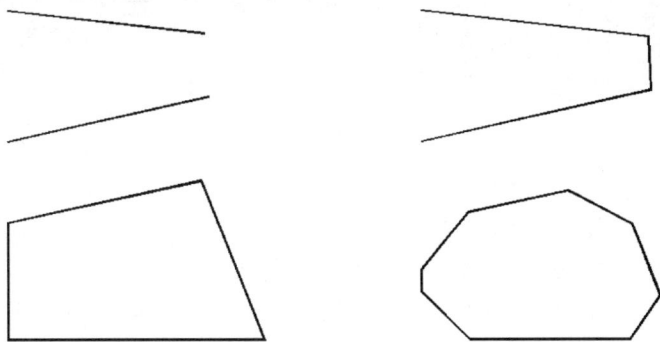

图 1-68　倒角操作

1.3.7　对象的特性修改

1）特性

AutoCAD 中的对象都有相应的特性，包括图层、颜色、线型等。这些特性都可以在特性面板中修改。

输入"PR"（特性 Properties 的快捷键）或"Ctrl"+"1"，打开特性面板，选择任意对象，特性面板中显示其特性并可接受更改（图 1-69）。如果选择多个对象，特性面板中将只显示它们特性相同部分的内容。

2）特性匹配

特性匹配用于将选定对象的特性应用于其他对象，类似于 Office 软件中的格式刷。输入"MA"（特性匹配 Matchprop 的快捷键），选择源对象，然后再选择目标对象。

3）图层、颜色及线型修改

除了利用特性面板修改对象的特性外，对于图层、颜色和线型这些重要特性的修改还可以利用图层工具栏和特性工具栏来完成。

在工具栏的空白处单击鼠标右键，在关联菜单中选择"AutoCAD"，然后分别选择"图层"和"特性"，打开图层工具栏（图 1-70）和特性工具栏（图 1-71）。

先选择需要编辑的对象，可以是单个对象，也可以是多个对象，然后直接在图层工具栏中单击下拉框右侧箭头，在所列出的所有图层中选择需要的图层，则当前所选择的对象

图 1-69　特性面板

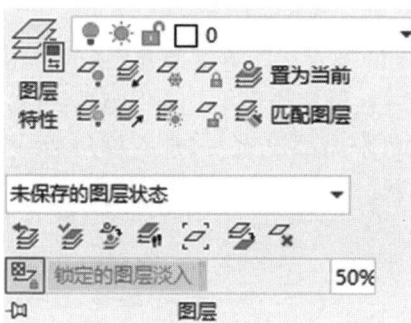

的图层属性都将被更改。选择需要编辑的对象后，单击特性工具栏中颜色下拉框或线型下拉框，在所列出的颜色或线型中选择，当前所选择对象的颜色和线型属性都将被更改。

图 1-70　图层工具栏

图 1-71　特性工具栏

1.3.8　多段线编辑

多段线因其特殊性，在编辑时也有较多的子选项。

通常情况下多段线的编辑只针对单一对象。输入"PE"（多段线编辑 Pedit 的快捷键），选择多段线，此时如果选择的对象并不是多段线，则可以输入"Y"或直接按空格键将其转换为多段线。之后将出现多段线编辑的子选项（图 1-72）：

输入选项 [闭合(C) 合并(J) 宽度(W) 编辑顶点(E) 拟合(F) 样条曲线(S) 非曲线化(D) 线型生成(L) 反转(R) 放弃(U)]：

图 1-72　多段线编辑子选项

其中对于闭合的多段线来说，第一个子选项为"打开"，而对于非闭合的多段线，第一个子选项为"闭合"。该选项可以控制多段线的闭合或打开状态。

合并用于将当前多段线和其他首尾相连的直线、弧形或多段线连接成新的多段线。

宽度用于为整个多段线指定新的统一宽度。

编辑顶点将进入新的编辑选项，包括移动当前点标记的位置、打断多段线、插入顶点、拉直线段等一系列操作（图 1-73）。必须输入"X"才能退出顶点编辑状态。

[下一个(N) 上一个(P) 打断(B) 插入(I) 移动(M) 重生成(R) 拉直(S) 切向(T) 宽度(W) 退出(X)] <N>：

图 1-73　编辑顶点子选项

拟合和样条曲线是两种不同的将直线转换为曲线的方式，依据其内部算法的不同，得到的曲线形态也有较大差异（图 1-74）。

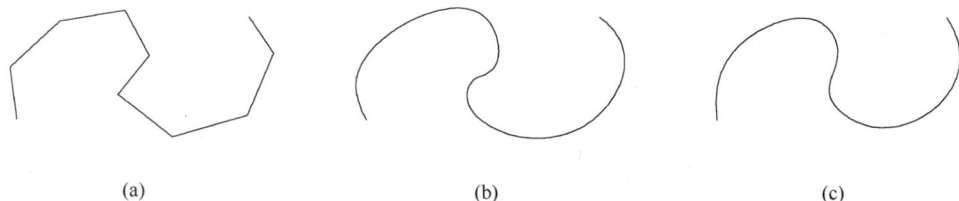

(a)　　　　　　　　　　(b)　　　　　　　　　　(c)

图 1-74　多段线转换为曲线的不同方式
(a) 原多段线；(b) 拟合曲线；(c) 样条曲线

非曲线化则可以恢复拟合或样条曲线操作前的多段线状态。

线型生成用于生成经过多段线顶点的连续图案线型，当此选项关闭时，将在每个顶点处重新开始生成线型（图 1-75）。

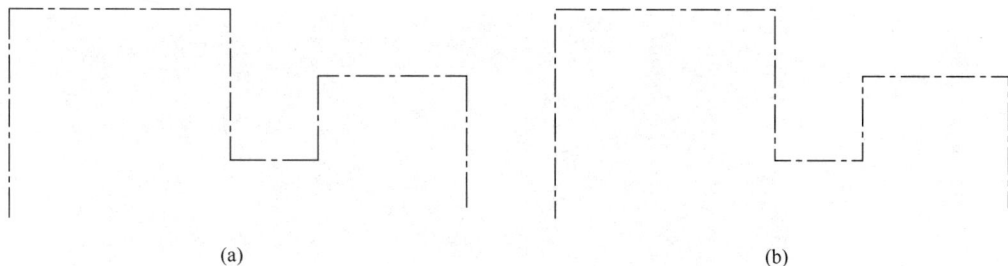

(a)　　　　　　　　　　　　　　　(b)

图 1-75　多段线线型生成的不同方式
(a) 线型生成关闭；(b) 线型生成打开

多段线编辑还可以针对多个对象进行，在选择多段线之前先输入"M"，则可以选择多个对象，此后的编辑操作与单个对象相同。

1.3.9 块编辑

块在定义完之后可以重复插入，而通过对块定义的编辑可以一次性改变所有该块的插入对象，这也是块的重要特征和优势。

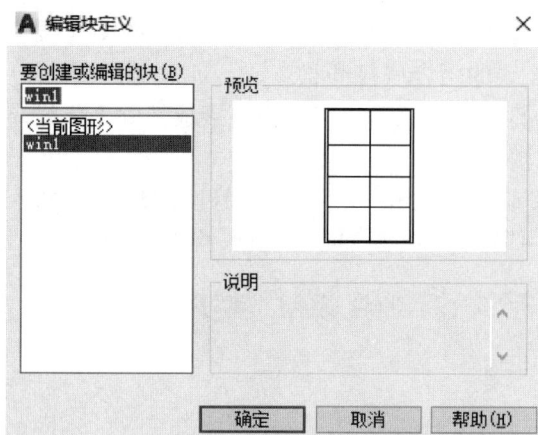

图 1-76　编辑块定义对话框

输入"BE"（块编辑器 Bedit 的快捷键），打开编辑块定义对话框（图 1-76），选择要编辑的块，点击确定可以打开块编辑器。也可以直接双击需要编辑的块，然后在打开的编辑块定义对话框中单击确定来打开块编辑器。

块编辑器实际上相当于一个新的 AutoCAD 绘图窗口，在该窗口中，可以添加图形对象，也可以对其进行编辑（图 1-77）。编辑完成后，点击工具栏上的关闭块编辑器按钮，选择保存更改，则场景中所有该块定义的插入块都将更新为新定义的图形。

1.3.10　标注编辑

AutoCAD 针对文字和尺寸标注有着不同的编辑方式。

1）文字编辑

文字编辑主要指的是对文字内容的编辑。输入"ED"（文字编辑 Ddedit 的快捷键），选择需要编辑的文字进入编辑状态，直接在图形窗口中显示的文本上编辑即可。该命令对单行文字和多行文字都适用。另外，直接双击需要编辑的文字，也可进入该文字的编辑状态。

2）尺寸标注编辑

对尺寸标注的编辑最简便的方法需要应用下一小节关于夹点编辑的内容。直接单击需要编辑的尺寸标注，分别在两个圆心标记、两个箭头中心和一个文字中心出现 5 个蓝色夹

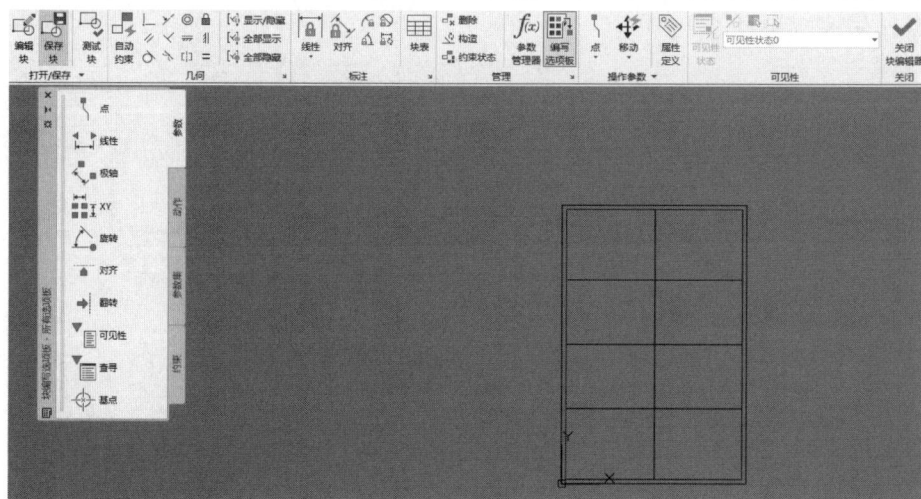

图 1-77　块编辑器

点，单击任一夹点，然后移动鼠标，可改变标注线或文字的位置（图 1-78）。其中移动圆心标记夹点时，标注文字会根据标注范围的改变而自动更新。

如果要手工编辑标注文字的内容，直接在文字上双击鼠标即可。编辑完文字，在编辑范围之外单击鼠标完成操作。要注意，如果采用这样的方式改变标注文字，其与标注的真实数据之间的关联性被打破，此时再拉伸标注的圆心标记，标注文字不会改变。要恢复文字与标注之间的关联性，需要再次双击该文字，然后直接将文字删除，再在编辑范围之外单击鼠标即可。

尺寸标注的样式也可以编辑，通常是在预先设定的标注样式中进行选择。该操作主要利用样式工具栏进行（图 1-79）。选择需要编辑的尺寸标注，然后直接在样式工具栏中的标注样式下拉框中选择需要的标注样式。

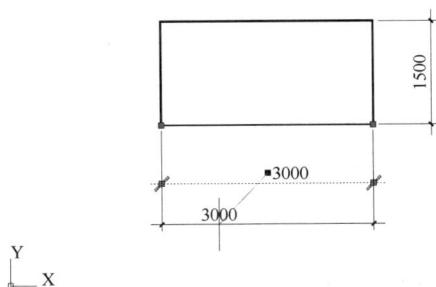

图 1-78　尺寸标注的编辑　　　　　图 1-79　样式工具栏

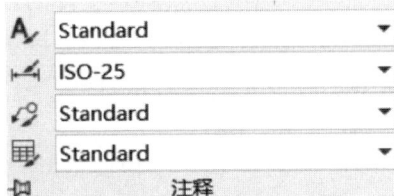

1.3.11　夹点的编辑

在之前的编辑操作中，我们通常都是先运行编辑命令，然后选择被编辑的对象。在 AutoCAD 中还有一种操作方式，可以先选择物体，然后再输入编辑命令，完成编辑操作。在后一种操作方式中，在没有运行任何命令的前提下，直接选择物体后，被选中物体不但呈现虚线状态，而且还有蓝色小方块出现，这些蓝色方块被称为夹点。不同类型的图形其夹点的位置不一样。利用这些夹点，即便不输入任何命令，也可以完成一些编辑操作。

（1）在没有输入命令的前提下，直接用鼠标点选任意一根线条，该线条变为虚线显示，同时在端点和中点位置各出现一个蓝色方块。

（2）用鼠标点击中点位置的方块，其颜色变为红色，表示被选中，同时随着鼠标的移动，呈现出线条被移动的效果。

（3）在新的位置点击鼠标，线条随之被移动到此位置，保持被选中状态，夹点也恢复为蓝色。

（4）用鼠标点击任一端点位置的方块，其颜色变为红色，移动鼠标，呈现出线条被拉伸的效果。

（5）在新的位置点击鼠标，线条随之被拉伸到此位置，并保持被选中状态，夹点也恢复为蓝色。

（6）按"Esc"键退出选择状态。

1.3.12　查询

在制图过程中，我们经常需要查询一些数据，包括线段的长度、多边形的面积、多段线的宽度等。尽管这些操作并不对图形产生改变，但却是制图的重要辅助手段。常用的查询操作包括测量、面积、列表等。

1）测量

输入"DI"（测量 Dist 的快捷键），在绘图窗口中分别指定第一点和第二点，在命令行中将会显示这两点之间的距离、在 X、Y 和 Z 轴上的增量以及两点连线的角度等信息。如果信息看不全，可以通过按"F2"键打开文本窗口。

如果在指定第二点之前输入"M"，则可以连续指定下一点，此时显示的数值是连续线段的距离总和。

2）面积

输入"AA"（面积 Area 的快捷键），在绘图窗口按一定顺序逐个点击需要查询面积图形的顶点，由这些顶点所围合的区域将以绿色填充显示，直到按空格键完成输入，命令行中将显示该区域的面积和周长。

如果在输入"AA"后直接输入"O"，则表示直接计算选定对象的面积和周长，而不需要逐个点击该对象的顶点。其支持的计算对象包括多段线、圆、椭圆等。

输入"AA"后直接输入"A"，再输入"O"，就可以连续选择对象，从而得到这些对象的面积总和，如果期间有错误的选择，也可以通过输入"S"将其从选择中去除。

3）列表

输入"LI"（列表 List 的快捷键），选择任意一个或多个图形，将自动打开文本窗口，并将所选择对象的基本属性全部显示出来。针对不同的对象类型，显示信息也有所不同。

1.3.13 清理

在制图过程中，随着操作的增多，文件中也会不断累积一些无效的数据，如没有使用过的线型、字体、块、图层等。这些数据尽管没有在文件中使用，但还是被保存在文件中。这些数据的存在不但会使得文件量无谓增大，而且会影响系统的运行效率。因此，在制图时，我们会经常性地使用清理命令来清理这些无效数据。

输入"PU"（清理 Purge 的快捷键），打开清理对话框（图 1-80）。如果当前文件中存

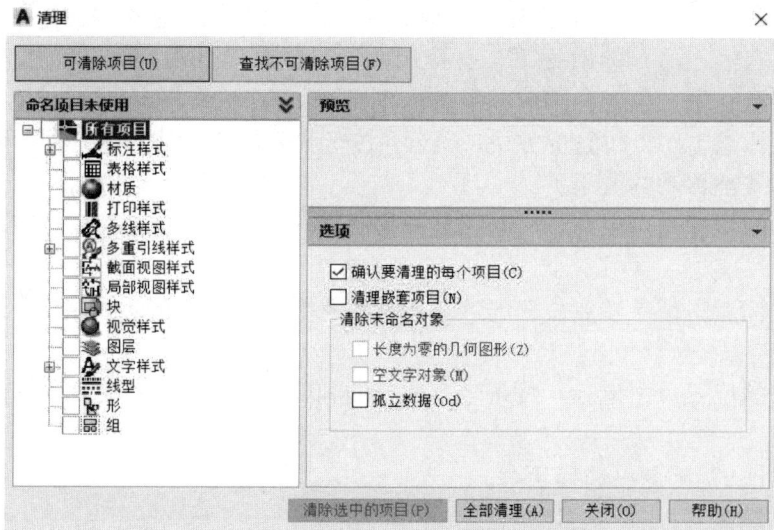

图 1-80　清理对话框

在可以被清理的对象，则其所属项目前会出现加号，点开可看到具体可以被清理的对象名称。勾选清理嵌套项目，不勾选确认要清理的每个项目，可以最快捷地完成清理操作。

1.4 AutoCAD 制图实践

在本节中，我们将通过一个简单建筑平立剖面图的绘制，进一步加强 AutoCAD 中图形要素和图形编辑的综合运用训练。

1.4.1 平面图绘制

平面图是建筑图中最基本的一种，用于表达建筑内部各空间和结构的形状、尺寸和相互关系。其他建筑图都可在平面图的基础上产生。建筑平面图除了基本的墙线、门窗、家具布置之外，还包括文字和尺寸标注、图名和比例、剖面的位置和编号等。

平面图的绘制步骤通常包括：

（1）绘制轴线网；

（2）绘制柱网和墙线；

（3）绘制各种门窗构件；

（4）绘制楼梯、电梯、踏步、阳台、雨棚等建筑构件；

（5）绘制铺地、家具等投形线；

（6）标注各种尺寸、标高、编号和文字说明。

当然，在开始具体绘图之前，我们应该先按第一节所述，设定好操作环境，主要是图层的设置。按图 1-81 所示在图层特性管理器中添加图层并设置其颜色和线型，并在线型管理器中将全局比例因子设为 60（图 1-82）。

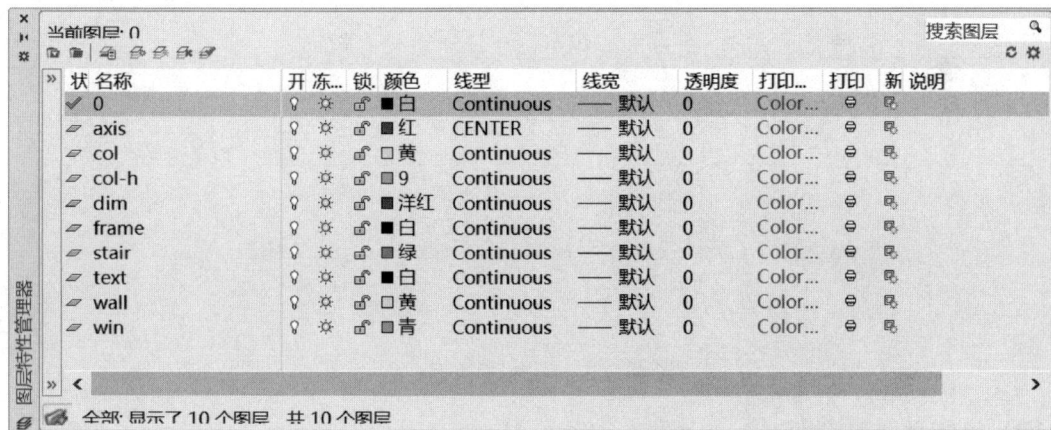

图 1-81 在图层特性管理器中添加相应图层

1）绘制轴线网

将当前图层切换到"axis"，绘制两条纵横交错的线条，横向线条约 50000 毫米，纵向线条约 22000 毫米，然后分别按一定的间距以偏移的方式获得如图 1-83 所示轴线网。注意，此处的尺寸标注仅作为偏移操作的距离提示，正常绘图时，此处一般不需要标注尺寸。

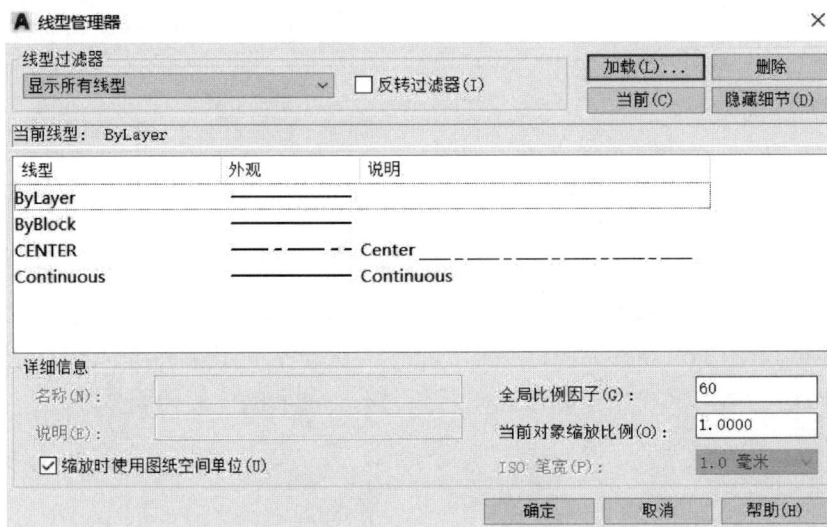

图 1-82　在线型管理器中设置全局比例因子

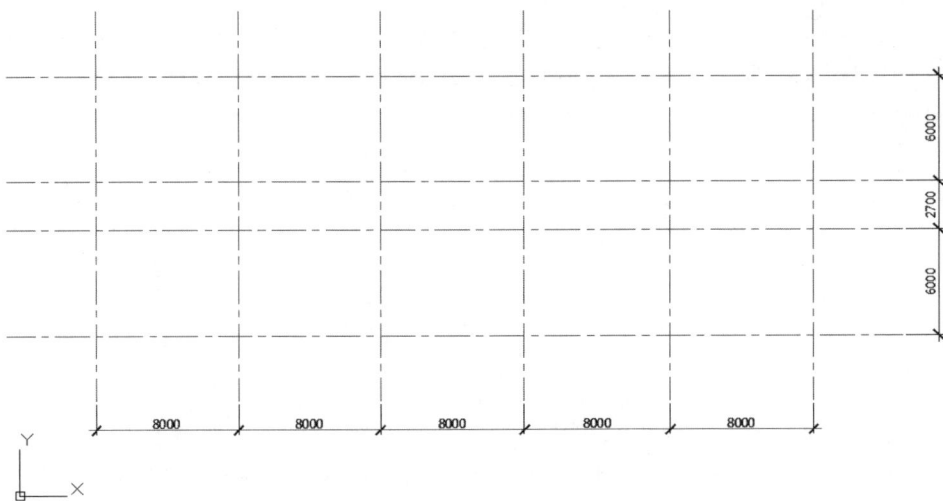

图 1-83　绘制轴线网

2）绘制柱网和墙线

将当前图层切换到"col"，绘制一个 600×600 的矩形（因已设置单位为毫米，后续不再写单位）；

将当前图层切换到"col-h"，用"SOLID"方式填充该矩形；

再将当前图层切换到"col"，创建一个名为"col"的块，选择刚才绘制的矩形和填充为对象，以左下角为插入点；

将刚刚创建的块移动到轴网的交叉点上，使其插入点与交叉点重合，再将此块用相对坐标方式向左向下分别移动半个柱宽，使柱子的中心点与轴网交叉点重合；

用复制命令在轴网交叉点上布置柱网（图 1-84）。如果柱子很多且分布规律，也可以使用阵列命令。

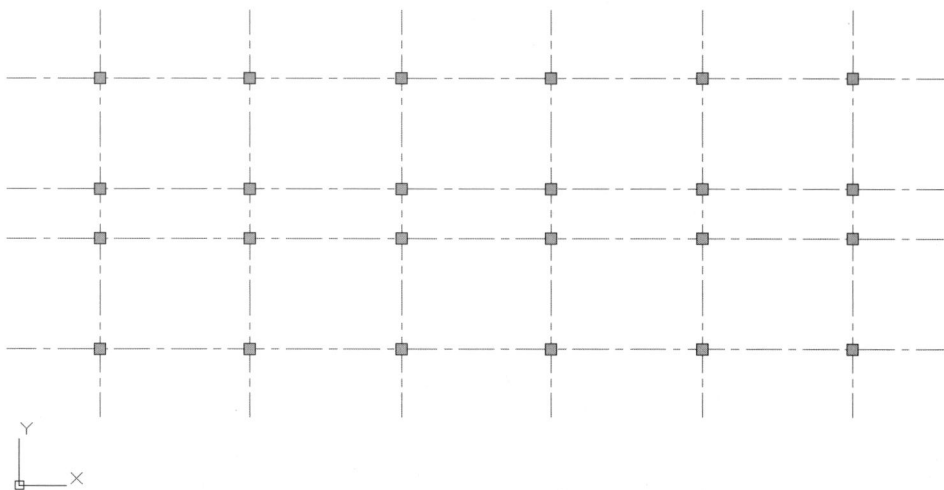

图 1-84　绘制柱网

将当前图层切换到"wall"，并将 axis 图层设定为锁定状态。用直线加偏移方法绘制200 厚的基本墙体（图 1-85），也可以直接使用多线命令。

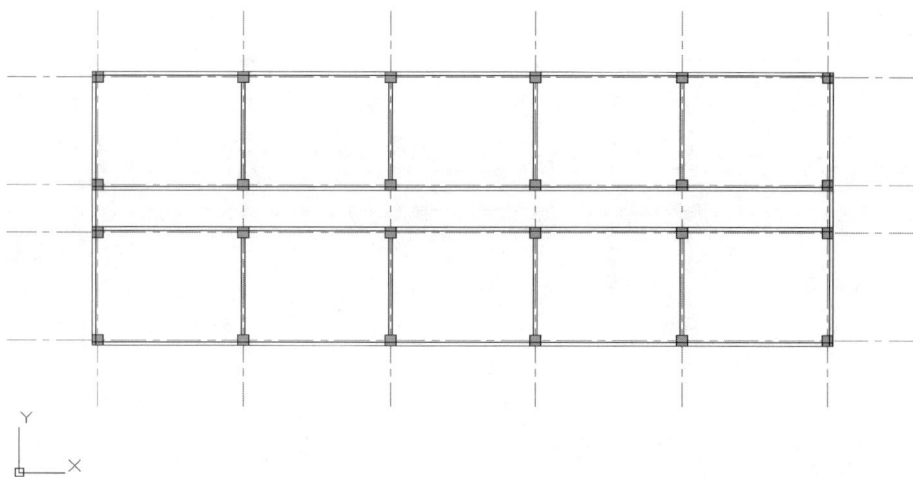

图 1-85　绘制基本墙体

添加更多的隔墙，修剪墙线，留出楼梯间的入口等，并使得墙体之间的连接完整（图 1-86）。

[-]|俯视]|二维线框]

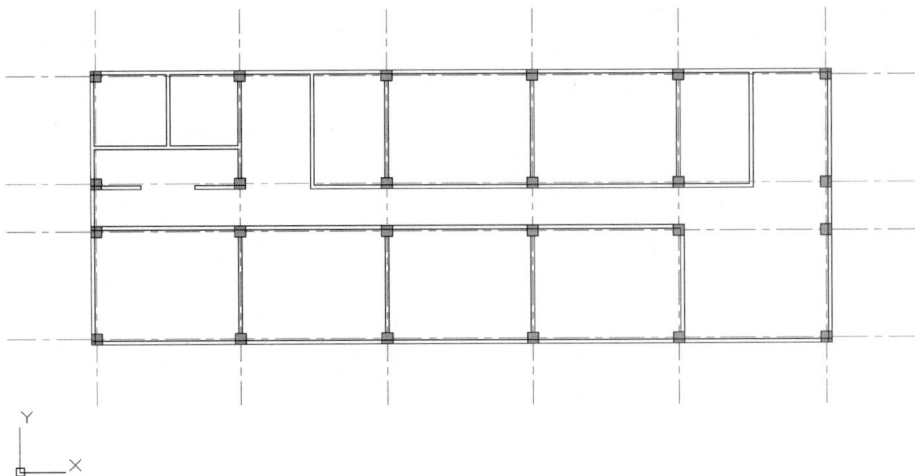

图 1-86　墙体修整

3) 绘制各种门窗构件

　　根据需要用修剪命令断开墙体，留出门窗洞口的位置（图 1-87）。注意，当开间尺寸一样，开窗大小也一样时，可以先画出一个开间内的窗洞侧边线，然后用复制的方式画出其他窗洞侧边线，再使用修剪命令断开墙体。由于之前已经将 axis 图层锁定，在修剪时可以采用不选择特定剪切边，而采用框选修剪对象的方式，从而提高绘图效率。

[-]|俯视]|二维线框]

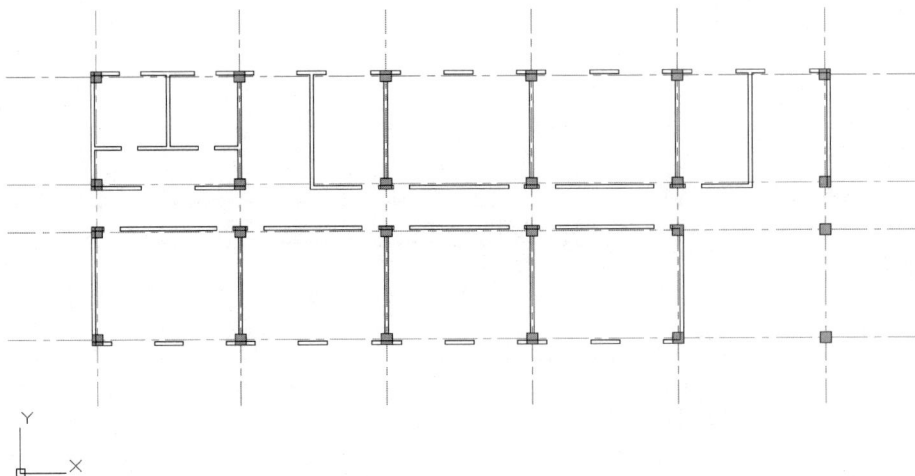

图 1-87　修剪门窗洞口

　　将当前图层切换到"win"，并按门窗尺寸创建相应的块，块的名称可包含尺寸信息，如"dr900""win2400"等，以便后期的管理。有些比较特殊的门窗可以不做成块。

　　将门窗块插入相应的位置，有些特殊的门窗则直接绘制（图 1-88）。

[-1][俯视][二维线框]

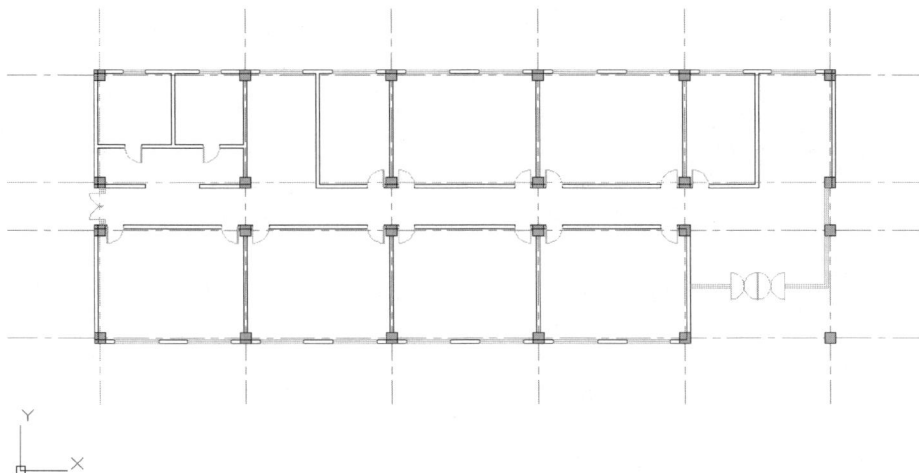

图 1-88　绘制门窗

4）绘制其他建筑构件

将当前图层切换到"stair"，根据建筑图的要求，绘制所有的楼梯和台阶（图 1-89）。

[-1][俯视][二维线框]

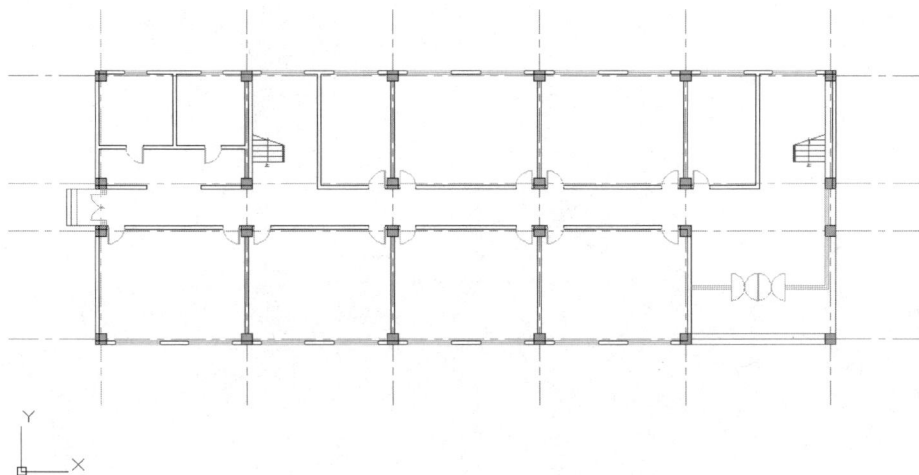

图 1-89　绘制楼梯台阶

5）绘制其他投形线

分别将当前图层切换到"fur"和"hatch"，根据需要分别绘制家具、铺地和室内外高差线等（图 1-90）。其中卫生间的洁具也可采用插入块的方式。在使用填充命令绘制铺地之前，可以先关闭 axis 图层，避免其对填充区域的干扰。

6）添加相关标注

平面图中的标注包括尺寸标注和文字标注，内容包括图名、比例、指北针、剖切位

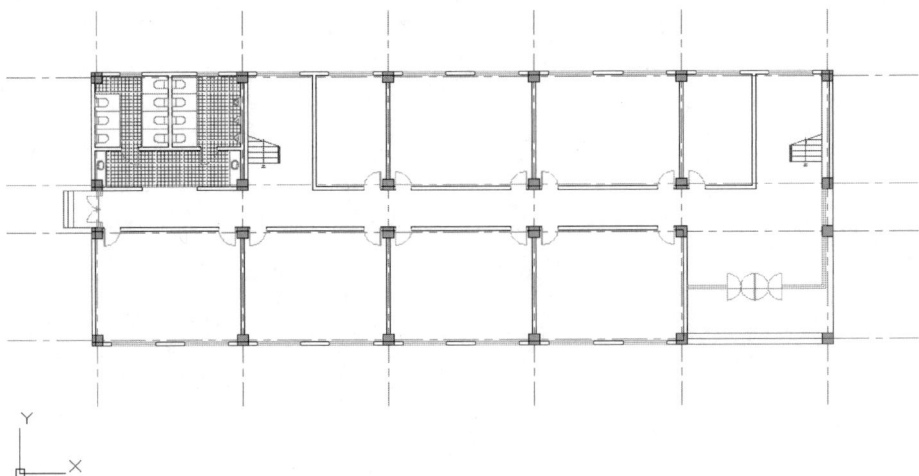

图 1-90　绘制其他投形线

置、标高、房间功能等。要注意文字大小与图纸比例的协调。最后加上图框，使整个图面完整（图 1-91）。注意，在平面绘制完毕后，可将除"col"和"col-h"之外的图层全部关闭，然后选择所有的柱子，通过菜单"工具"＞"绘图次序"＞"前置"，将柱子放在所有图形的最前面，也就是利用柱子内部本身的填充覆盖住穿过柱子内部的墙体线条，使图面看上去更干净。

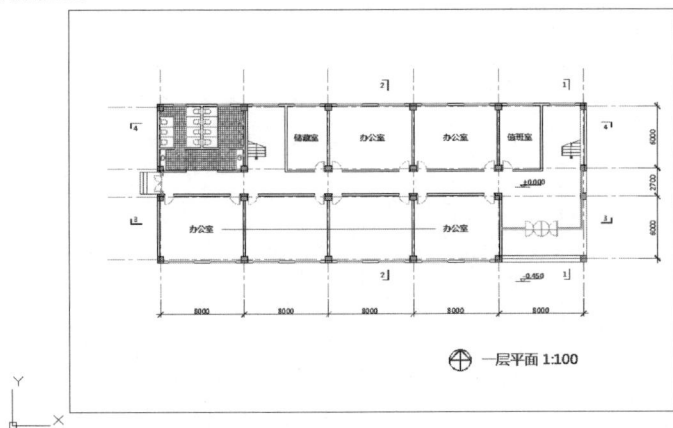

图 1-91　完整的一层平面

7）绘制其他层平面

将绘制好的一层平面全部选择并复制，在其基础上修改并完成其他层平面的绘制（图 1-92）。要注意楼梯在首层、标准差和顶层的不同画法。

1.4.2　立面图绘制

在已有平面的基础上，可以先确定立面轮廓线，然后逐步细化直至完成立面的绘制。

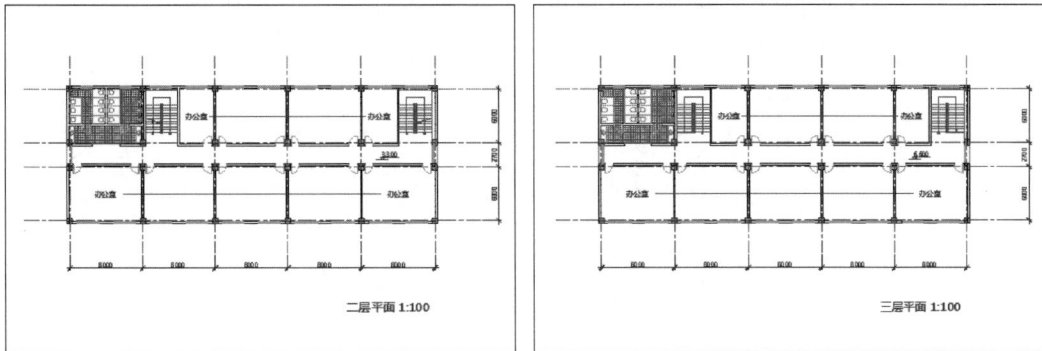

图 1-92　其他层平面

1）绘制轮廓

　　复制一份底层平面，并将其旋转，使需要绘制的方向的立面朝下。将当前图层切换到"wall"，在平面下方绘制一条直线作为地平面，然后通过平面上所有的轮廓转折点向地平面线作垂线（图 1-93）。

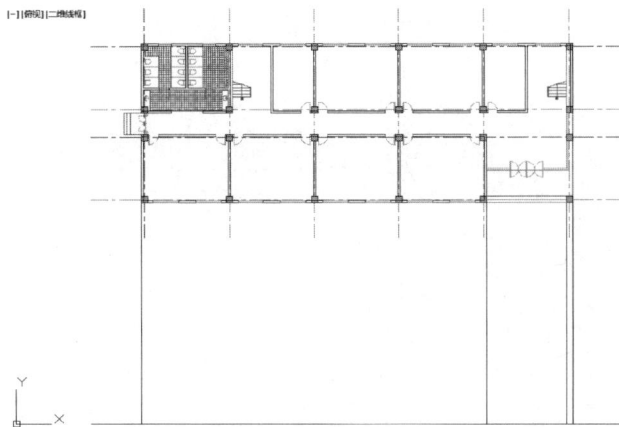

图 1-93　绘制立面轮廓垂线

　　利用偏移命令从地平面线开始，绘制各层分层线（图 1-94），其中不要漏掉底层正负

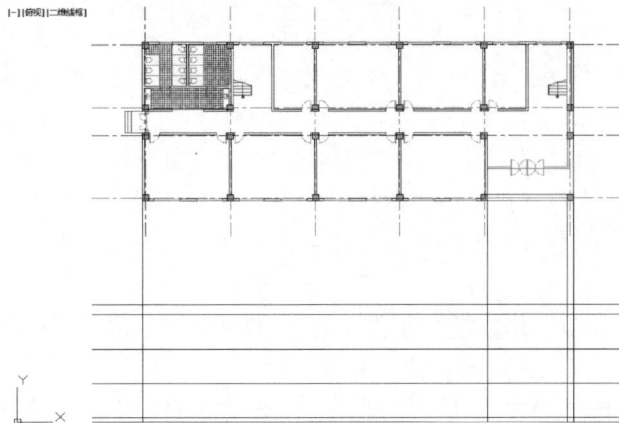

图 1-94　绘制分层线

零标高位置的线和女儿墙高度的线。

用复制命令复制出每层的梁底标高的线条（图 1-95）。

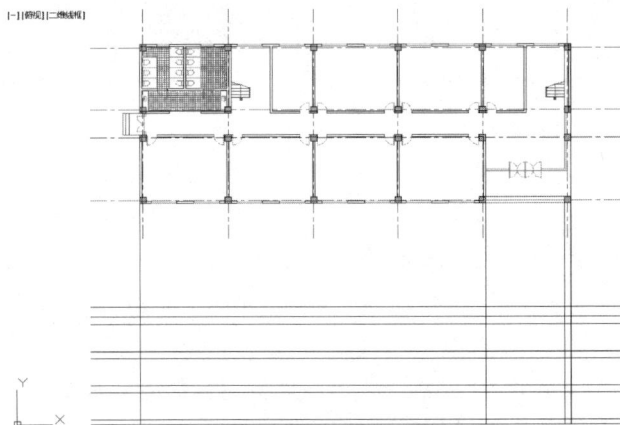

图 1-95　绘制梁底标高线条

通过圆角和修剪命令，修剪出建筑的大致轮廓（图 1-96）。

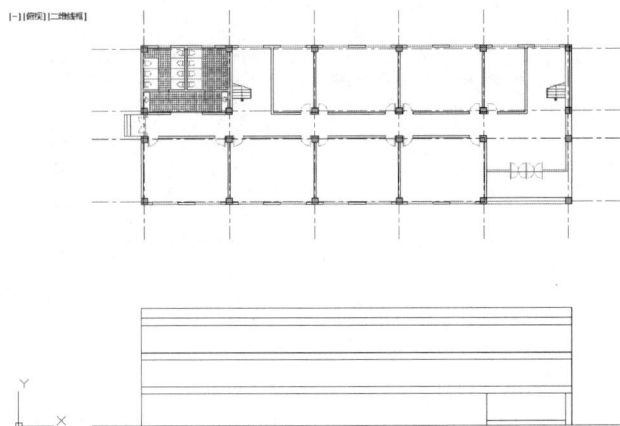

图 1-96　完成建筑大致轮廓

2）绘制门窗

再次利用平面图，从窗户位置向下作垂线，完成立面上窗洞口的定位（图 1-97）。本案例中窗户大小一致，故仅绘制一个窗户的垂线即可。

通过偏移操作绘制窗洞口下沿线，并通过半径为 0 的圆角命令完成窗洞口的绘制。之后可切换到"fur"图层，绘制窗户的窗框等细节，最后将整个窗户转换为块（图 1-98）。

分别利用镜像、复制和阵列命令，绘制其他窗户（图 1-99）。

3）完善立面图

最后，补充一些踏步、台阶的投形线，删掉作为辅助定位的平面图，并添加必要的文字标注和图框，完成立面图的绘制（图 1-100）。

为使立面图能更有效地表达建筑轮廓，通常会对立面图中的地平面线和轮廓线进行加粗。我们通常采用多段线的宽度属性来实现这一效果（图 1-101）。

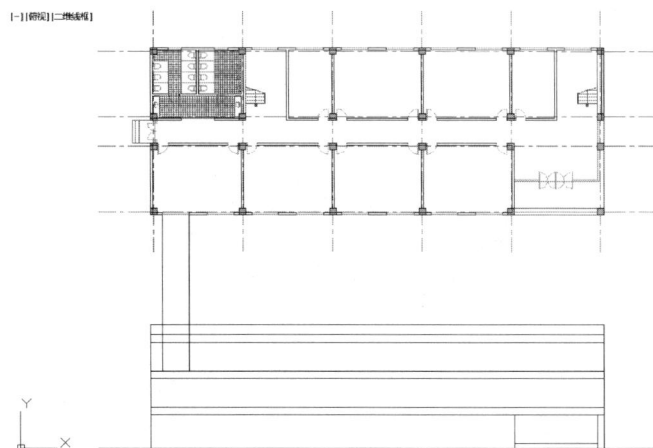

图 1-97　窗洞口位置定位

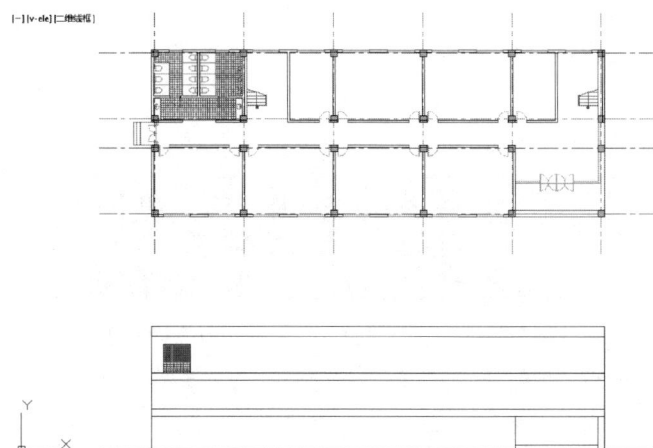

图 1-98　绘制一个窗户块

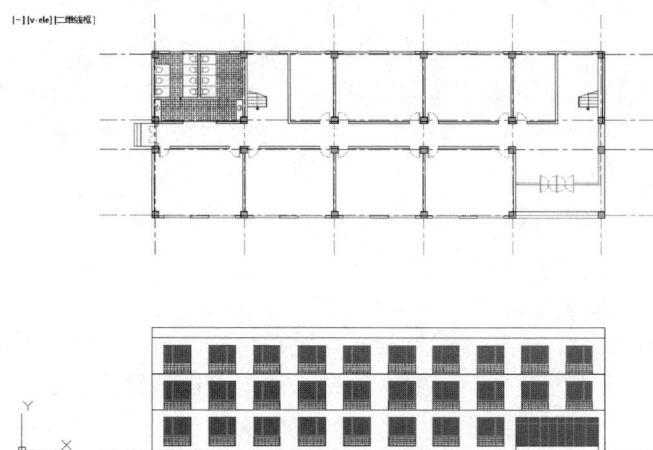

图 1-99　完成窗户绘制

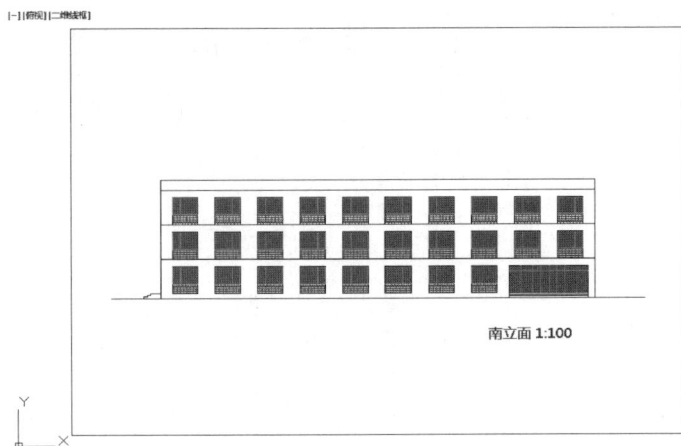

图 1-100　立面图

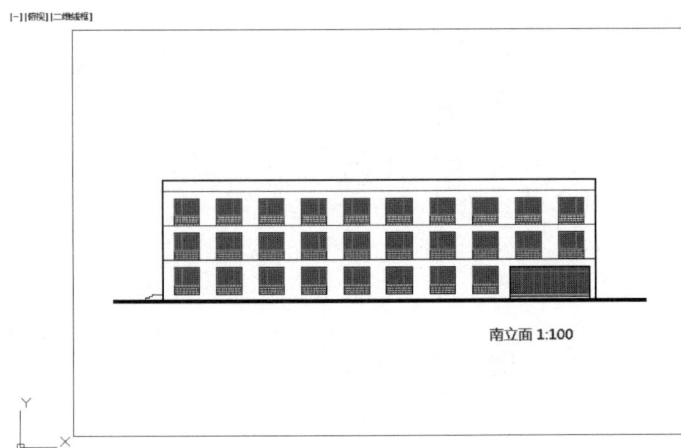

图 1-101　立面图的线宽调整

对于地平面线，一般其宽度设置远大于建筑轮廓线，如果直接采用更改宽度的方式，有可能会挡住建筑的台阶等位置的线条。因此，需要先确定地平面线的宽度，然后用多段线重新描绘地平面线后，向下偏移需要宽度的一半，再设置其宽度。例如：如果要设置300 宽的地平面线，则先将其向下偏移 150 距离，然后将其宽度调整为 300 即可。

1.4.3　剖面图绘制

剖面图的绘制和立面图相似，也需要通过平面图进行定位，然后从轮廓开始逐步细化。

1）绘制轮廓

再复制一份底层平面，将其旋转至剖面线所在位置水平，并使剖面视线方向向上。在平面下方绘制一条直线作为地平面，然后通过平面上剖面线所在位置的交叉点及主要转折点向地平面线作垂线，再利用偏移命令绘制各层楼面线（图 1-102）。

用圆角和修剪命令修剪线条，完成大致轮廓，并添加楼板厚度（图 1-103）。

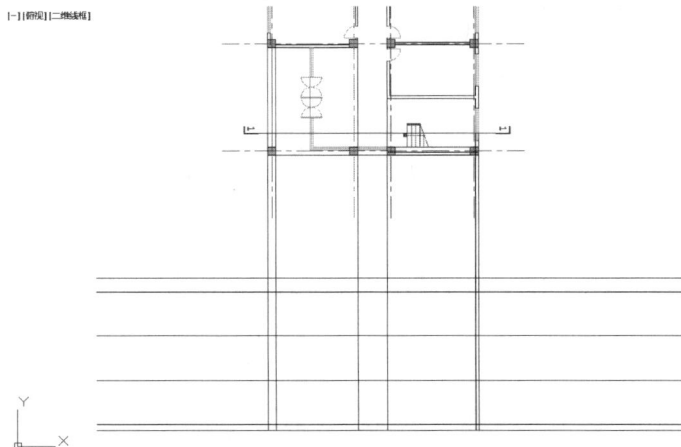

图 1-102　剖面垂线和分层线

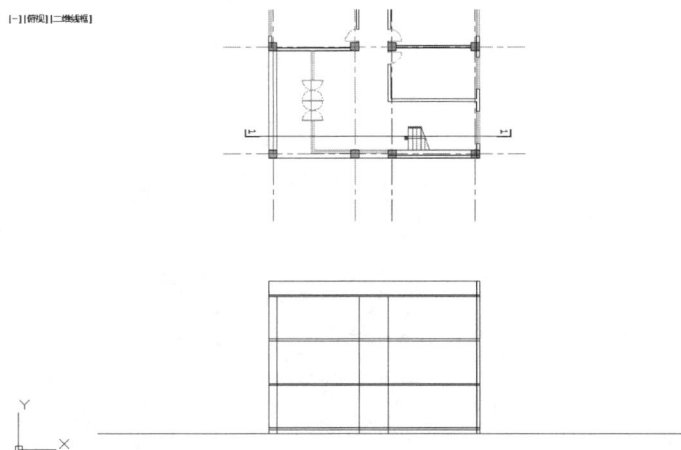

图 1-103　完成剖面大致轮廓

2）绘制剖切墙体和梁

根据建筑平面的具体情况，绘制所有剖切的墙体和梁（图 1-104）。绘制过程会重复使用复制、偏移、修剪、圆角等编辑命令。

3）绘制剖切门窗和楼梯

在墙体上画出门窗洞口，并绘制剖切到的门窗（图 1-105）。

在楼梯位置重新绘制剖面并调整相应的墙体和楼板（图 1-106）。

4）绘制投形线

完成所有剖切位置线条后，再根据平面图的实际情况绘制投形线（图 1-107）。注意图层的切换。

5）完善剖面图

最后，删掉作为辅助定位的平面图，并添加必要的文字标注和图框，完成剖面图的基本绘制。另外还可以加粗地平面线和添加剖断面的填充，提升剖面图的效果表达（图 1-108）。

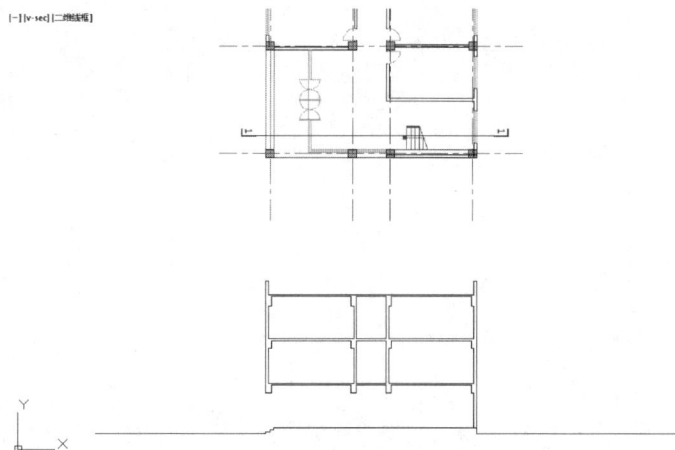

图 1-104　绘制剖切墙体和梁

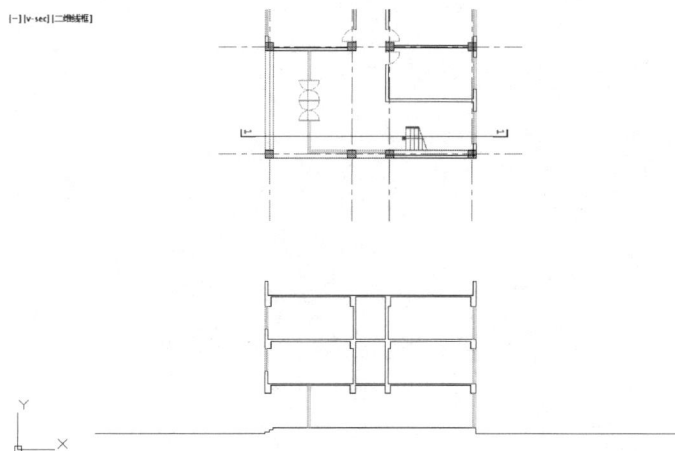

图 1-105　绘制剖切门窗

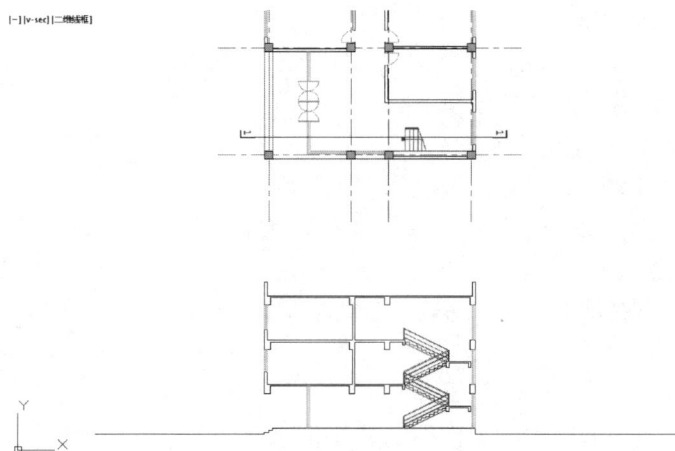

图 1-106　绘制楼梯剖面

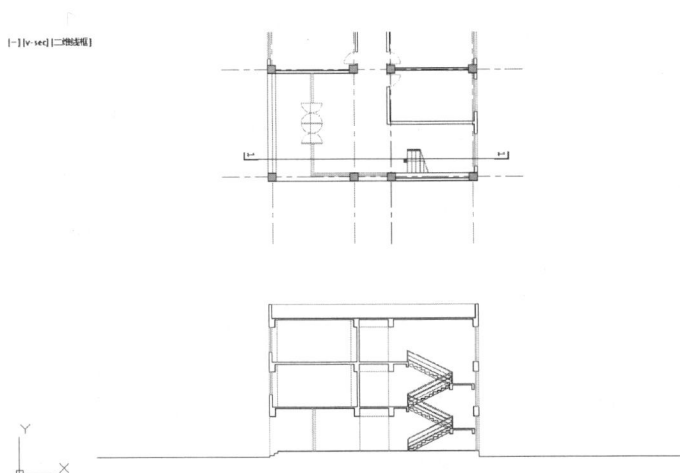

图 1-107　绘制投形线

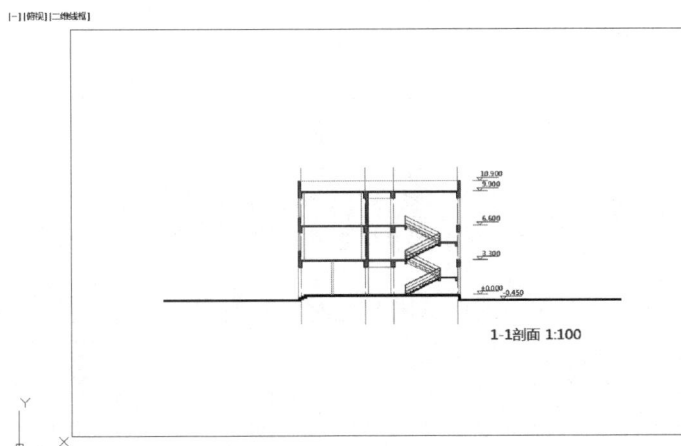

图 1-108　剖面图

1.5　AutoCAD 打印

除了前面介绍的 AutoCAD 中的基本图形要素和编辑操作外，还有一些功能操作，能够进一步帮助我们扩展对软件的应用。

1.5.1　打印

打印是 AutoCAD 制图中重要的一步，图形的打印效果与屏幕显示有很大的区别。因此就输出效果而言，在打印前还需要进行相应的打印设置。

输入"PLOT"或按"Ctrl"＋"P"，打开打印设置对话框（图 1-109）。如果右侧扩展选项栏没有显示，可以点击右下角的向右箭头。

1）打印机选择和打印设定

首先需要在对话框中的打印机/绘图仪标签栏内按下拉箭头选择打印机。除了实体打印机外，系统中安装的 PDF 等虚拟打印机也可以在下拉列表中找到。

图 1-109　打印设置对话框

在图纸尺寸栏选择图纸大小，根据所选打印机的不同，图纸的选择范围也会有所变化。

在打印范围下拉列表中选择窗口选项，此时将暂时关闭打印设置对话框，在绘图窗口中指定两个对角点来确定打印窗口范围。

在打印偏移栏，一般将居中打印项勾选上，使得打印内容在打印纸面上居中。

打印比例栏中，如果直接勾选布满图纸选项，则不特别指定比例，软件自动根据纸张大小和打印范围大小，按最大化打印范围设置。也可以自定义打印比例，尤其在需要按比例出图时设置。

图形方向可根据打印范围的形状来选择横向还是纵向。

2）打印样式表

前面所介绍的都是打印内容、范围和大小的设定，而打印样式表则决定了最终的打印效果。尽管 AutoCAD 预设了一些打印样式，但都不适合我们通常的使用。因此在首次使用时，需要根据自己的绘图习惯创建一个或多个打印样式表，以应对不同的出图要求。

点击打印样式表的下拉箭头，选择新建，打开添加颜色相关打印样式表向导（图 1-110）。

按向导指示，指定新的样式表的名称后，在最后一步点击"打印样式表编辑器"按钮，打开该编辑器（图 1-111）。

在该编辑器中，需要为 AutoCAD 中的每一种颜色指定其打印颜色、淡显状态和线宽。如果最后是黑白输出，则可以将所有颜色的打印色都设定为黑色。对于需要打印成灰色的颜色，可以在淡显设置框中改变其数值，100 表示全黑，0 表示完全透明。具体数值的确定还需要根据打印机的实际效果来设置，相同的数值在不同的打印机上会有不同的效果。

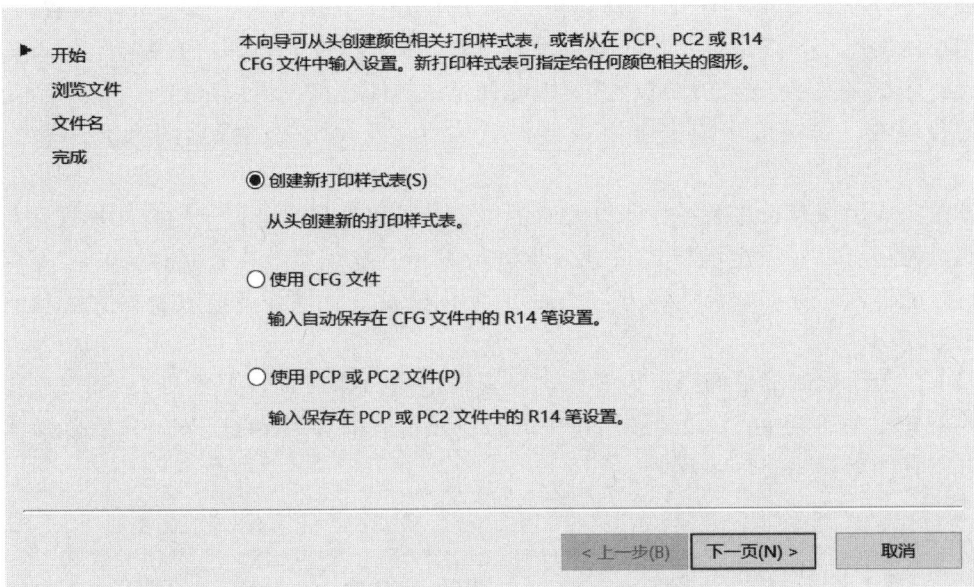

图 1-110　添加颜色相关打印样式表向导

图 1-111　打印样式表编辑器

线宽的设置能够让打印出的线条具有不同的宽度等级，从而提升图面的表达效果。线宽的设置一方面与图纸大小和打印比例有关，图纸越大比例越大，线宽可以设置得更宽，图纸越小比例越小，线宽也要相应减小。另一方面线宽也受到打印机的影响，喷墨打印机和激光打印机需要不一样的线宽设置。因此在正式打印之前，可以试打一下，以确定线宽设置的合理性。通常最小线宽可以直接设置为 0，最大线宽则根据图纸大小和比例在0.13～0.20 之间调整。

设置完成后保存，之后在打印设置对话框中就可以选择自己设定的打印样式表。点击右侧的按钮还可以对设定的样式表进一步进行编辑。在编辑器中还可以点击"另存为"，将设定好的样式表保存到其他地方，从而可以用 U 盘等存储设备将其备份并转移到其他计算机上使用。

以上一节所绘制的平面图形为案例，设置合适的打印样式（图 1-112）和设定后，其预览效果如图 1-113 所示，与绘图窗口中的颜色显示效果有明显的区别。进一步放大预览图，可以看到更真实的打印效果（图 1-114）。

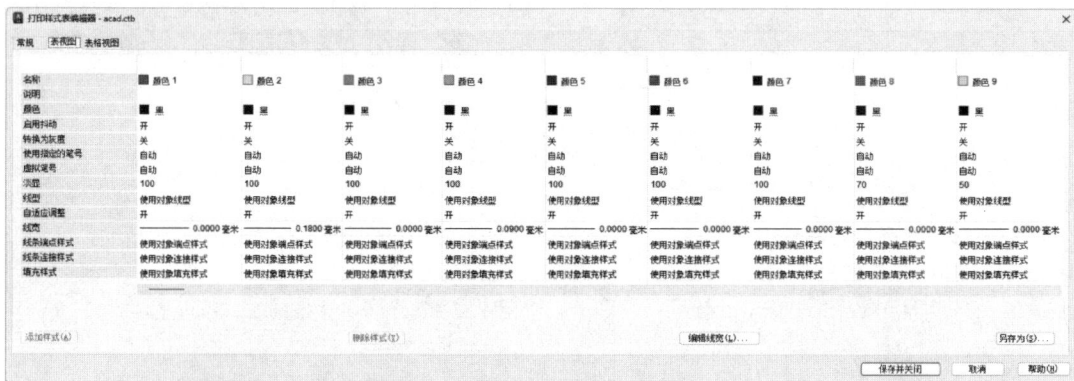

图 1-112　打印样式设定示例

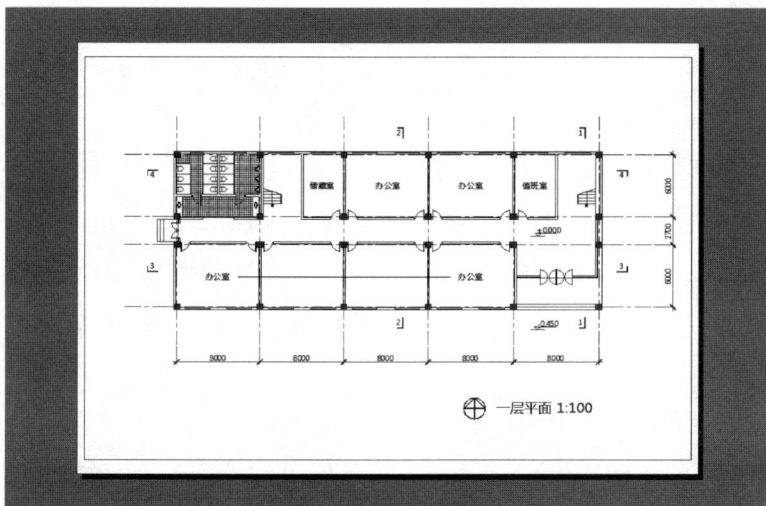

图 1-113　打印预览效果

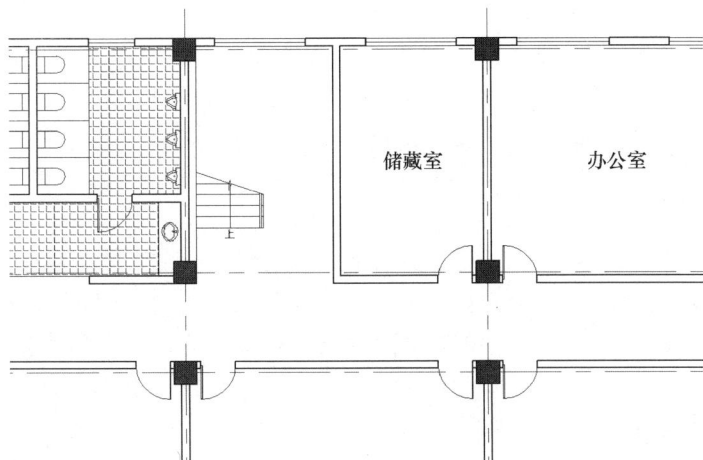

图 1-114　预览放大效果

1.5.2　输出

除了打印出图外，我们还经常需要将制图内容导出到其他软件做进一步的编辑或后期加工，其中最常见的是导入 Photoshop 软件进行填色操作或排版，此时需要将制图内容输出为 Photoshop 可以接受的图形格式。我们常用的图形输出格式为 PDF。

软件自带有一个 PDF 打印机，可以在图 1-109 所示对话框中的"打印机/绘图仪"位置选择名称为"DWG To PDF.pc3"的打印机，此时"打印到文件"选项被自动勾选。设置好打印样式、打印范围和比例后，就可以打印成一个 PDF 文件。

通过这种方式输出的 PDF 文件，在 Adobe 公司提供的 PDF 浏览器中查看，可以看到所有的图层信息，并且不同图层可以分别关闭和打开，对图纸内容的查看具有更好的适应性。

该 PDF 文件还可以被 Photoshop 直接打开，打开时会显示"导入 PDF"对话框，此时可以根据需要重新设置打开图像的分辨率。

注意：为便于后期图像的调整，建议在该对话框的"页面选项"中，去除"消除锯齿"选项。

第 2 章 SketchUp 三维建模

与 AutoCAD 相比，SketchUp 是一款简便、直观且功能强大、富有效率的三维建模软件，可以帮助我们方便快速地创建、观察、修改和表现三维模型。SketchUp 的这种特点在建筑方案设计过程中，尤其是草图设计阶段，对方案的快速成型和推敲提供了极大的便利。本章主要讲解如何利用 SketchUp 软件进行三维模型的创建。SketchUp 软件目前为 Trimble 公司所拥有，本教材将基于 SketchUp Pro 2020 中文版进行讲解。

2.1 SketchUp 基本概念和设置

2.1.1 单位尺寸和绘图模板

与 AutoCAD 不同的是，SketchUp 中的单位尺寸对物体、材质以及标注等都有重要的影响，尤其是将模型作为组件插入其他场景时，更需要通过该场景的单位来判断相互之间的比例大小。

为满足不同专业的使用需求，SketchUp 预设了一系列的绘图模板，其主要区别在于初始视角、绘图单位以及显示样式等。通常在初次打开 SketchUp 软件时，会有绘图模板的选择（图 2-1）。或者也可以在进入 SketchUp 后，选择菜单"窗口"＞"系统设置"，

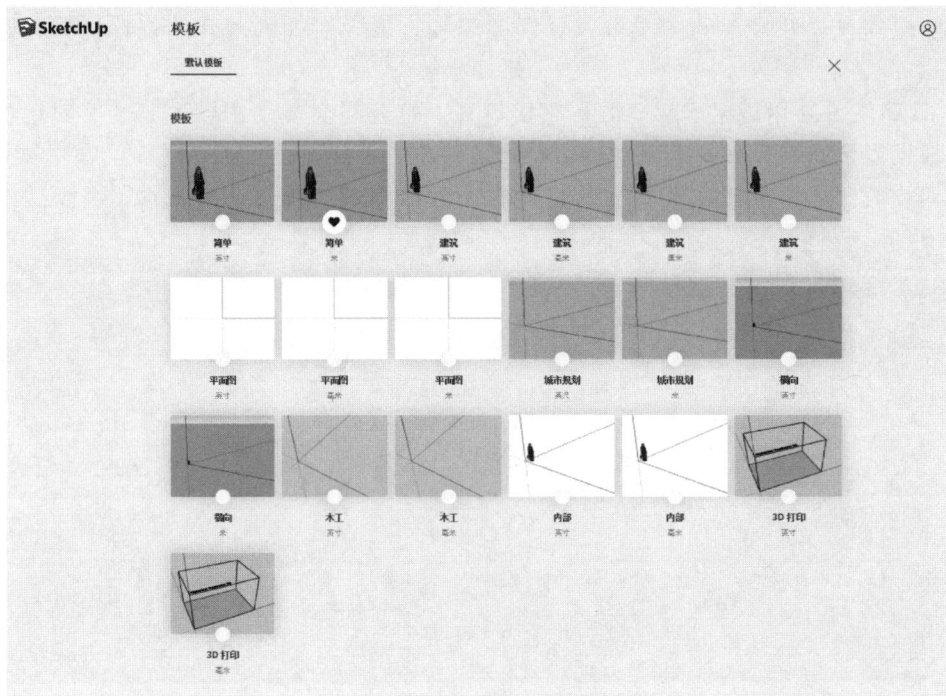

图 2-1 选择绘图模板

在系统设置选项中选择"模板",同样可以挑选不同的绘图模板。

本教材使用的模板是"平面图-米"。该绘图模板初始视角为俯视平面,绘图单位为米。

除了绘图模板所设定的单位外,还可以重新调整当前场景的单位。

选择菜单"窗口">"模型信息",在对话框左侧选择"单位"(图 2-2)。

图 2-2 单位设置

2.1.2 SketchUp 的坐标系统

SketchUp 所采用的三维坐标系统,通过 X、Y 和 Z 三条轴线可对空间中的任意点进行定位。X、Y 和 Z 三条轴线分别以红色、绿色和蓝色为标志色,以实线表示正值,以虚线表示负值。其中红色轴线和绿色轴线所共处的平面即为地平面,蓝色实线表示地平面以上,蓝色虚线表示地平面以下。三条轴线交叉处的点即为 SketchUp 场景的坐标原点(图 2-3)。

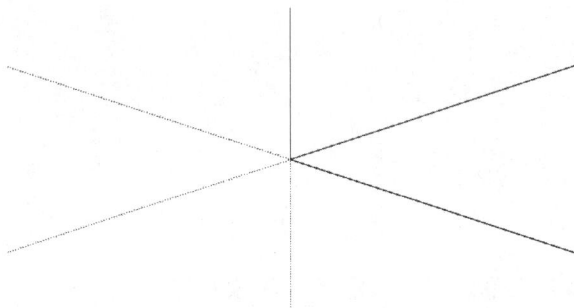

图 2-3 坐标轴

SketchUp 场景中的坐标系可以被移动、旋转或隐藏,也可以直接定义新的坐标系统。直接在坐标轴上任意位置单击鼠标右键,在关联菜单中可以选择相关命令。

2.1.3 SketchUp 的标记

与 AutoCAD 类似，SketchUp 中也有图层，然而其用法却大相径庭。为避免与 Auto-CAD 中的图层混淆，SketchUp 中文版中将其命名为"标记"。在绘图窗口右侧可以找到标记面板（图 2-4）。

图 2-4 标记面板

每一个模型至少包含一个默认标记——"未标记"，且该标记无法被删除。通过点击加号或减号可以添加或删除其他标记。

2.1.4 SketchUp 的智能参考系统

SketchUp 中的智能参考系统借助于场景中的轴线和已有模型，可精确地定位绘制点或线，包括圆心、中点、端点、平行线、垂直线等。在这一过程中，SketchUp 通过不同的颜色和提示框来提醒这些点或线的存在，使我们可以更轻松地进行操作。

SketchUp 的智能参考系统提供了三种方式：点的参考、线的参考和面的参考。SketchUp 经常混合使用这三种方式以完成一次复杂的定位。

1）点的参考：这种方式提供了在三维空间中对点的捕捉，包括以下几种类型（图2-5）：

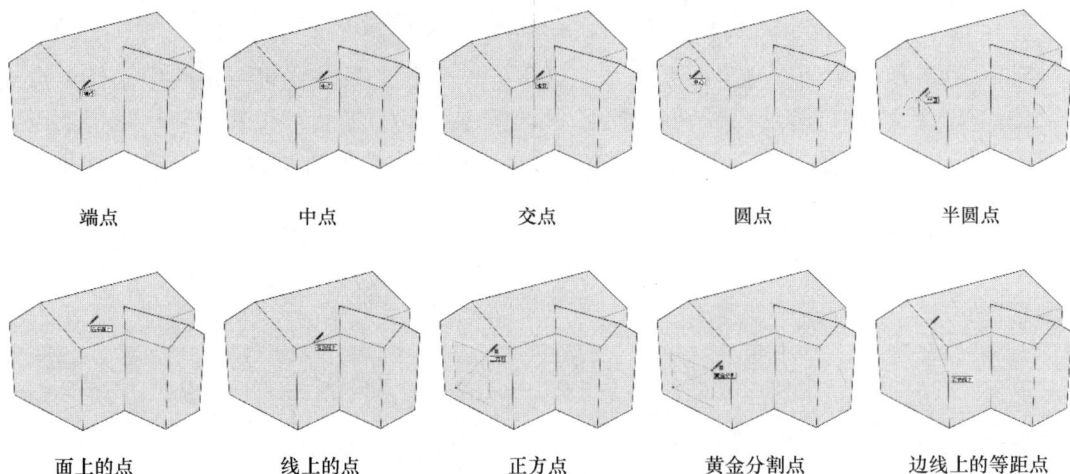

图 2-5 点的参考

（1）端点：直线或圆弧的端点，以绿色圆圈表示。
（2）中点：直线或圆弧的中点，以青色圆圈表示。
（3）交点：线与线的交点，或者是线与辅助线的交点，以红色叉表示。
（4）圆心：圆心点，以紫色圆圈表示。
（5）半圆点：当画圆弧时，以提示框的形式表示当前的圆弧恰好是一个半圆。
（6）面上的点：落在某个面上的点，以蓝色方块表示。

（7）线上的点：落在某条线上的点，以红色方块表示。

（8）正方点：当画矩形时，以提示框的形式表示点处于当前位置时，矩形恰好是一个正方形。

（9）黄金分割点：当画矩形时，以提示框的形式表示点处于当前位置时，矩形的长宽比例恰好是黄金分割比。

（10）边线上的等距点：当有两条交接的线，在线上自动捕捉到与交接点等距的两个点，并以一条紫色实线相连接。

2）线的参考：这种方式提供了在三维空间中对线的走向的参照，包括以下几种类型（图 2-6）：

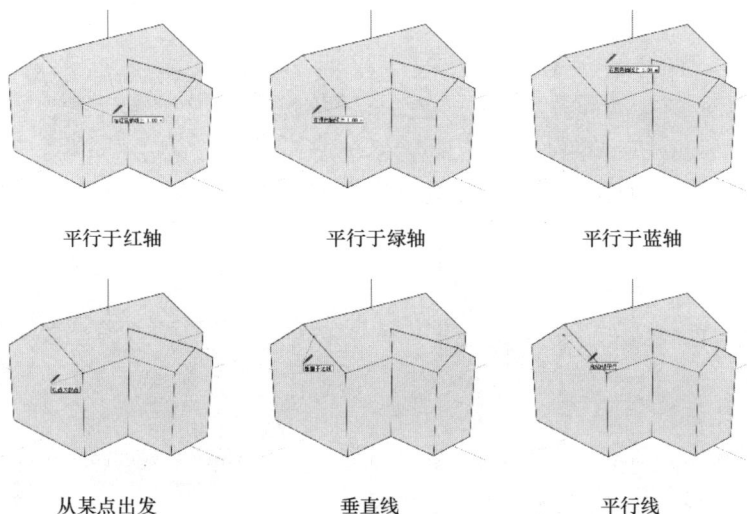

平行于红轴　　　　平行于绿轴　　　　平行于蓝轴

从某点出发　　　　垂直线　　　　平行线

图 2-6　线的参考

（1）与轴线平行的线：从空间中任意一点开始画线，SketchUp 可以自动捕捉到与坐标轴相平行的方向，并以与该轴线相同颜色的实线作为提示。为更方便地捕捉到与坐标轴平行的方向，可以直接利用键盘上的方向键。在画线或移动物体的过程中，按一次右箭头将方向限定在红色轴线上，再按一次右箭头则取消方向的限定。同样地，左箭头将方向限定在绿色轴线上，上箭头或下箭头将方向限定在蓝色轴线上。

（2）从某点出发的线：鼠标移动到空间中已经存在的某一点，不要点击鼠标，稍停片刻再移开时，SketchUp 可以自动捕捉到从该点出发，且与坐标轴相平行的线的方向，并以与所平行轴线相同颜色的虚线作为提示。

（3）垂直线：从某一点到任意直线的垂直方向，以紫色实线表示。

（4）平行线：从某一点与任意直线的平行方向，以紫色实线表示。

3）面的参考：这种方式提供了在三维空间中对绘图基准面的捕捉，可分为两种类型。

（1）坐标轴平面：如果绘图时不捕捉场景中现有的任何物体，SketchUp 自动将绘图基准面放置在红轴和绿轴所定义的地平面上（图 2-7）。而当红轴或绿轴与蓝轴定义的平面和当前视窗平面的夹角足够小时，SketchUp 也会自动将绘图基准面放置在该平面上（图 2-8）。

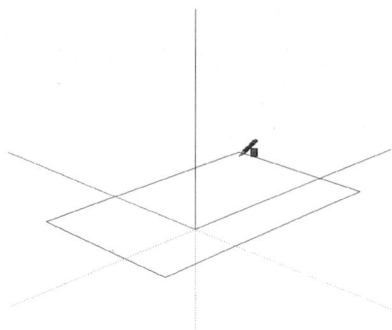

图 2-7　红绿轴平面　　　　　　　　　图 2-8　红蓝轴平面

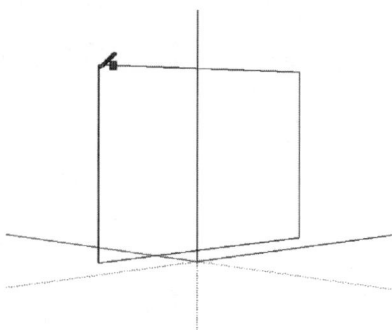

（2）在面上：如果绘图时点落在某个平面上，在鼠标不离开该平面的情况下，SketchUp 自动将绘图基准面放置在该平面上，并以蓝色方块表示（图 2-9）。

以上介绍了 SketchUp 中的多种智能参考方式，在实际应用中，我们常常通过两种以上不同方式的组合来得到我们想要的结果（图 2-10）。

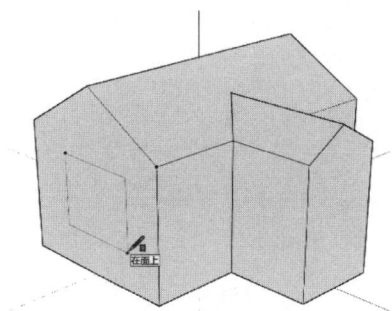

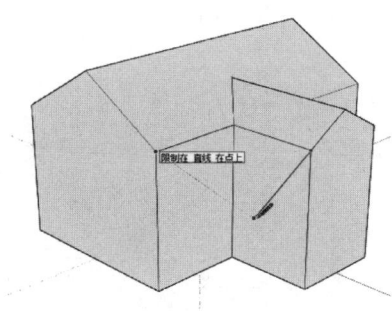

图 2-9　在面上　　　　　　　　　图 2-10　组合参考方式

有时场景中可供参考的条件太多，难以得到我们想要的组合方式，此时，我们还可以通过锁定的方法来解决这个问题。移动鼠标直到软件提供了你所想要的参考条件之一，这时按下键盘上的"Shift"键不要松开就可以对它进行锁定，然后你可以移动鼠标到其他地方进行第二次参考，它将与前一次的参考一起组合完成点的定位。

2.1.5　数值输入框

在绘图窗口的右下角是一个数值输入框，不但可以动态显示与当前操作相应的数值，还可以随时接收输入的数值，为创建更准确的模型提供帮助（图 2-11）。数值输入框的前缀会根据当前命令而即时调整。

图 2-11　数值输入框

数值输入框支持所有的绘图和编辑工具，它具有以下工作特点。

① 可以在命令完成之前输入数值，也可以在执行完命令但还没开始其他操作之前输入数值。

② 输入数值后，必须按回车键使该数值生效。

③ 在开始新的命令操作之前，当前命令仍然有效，此时可以根据需要持续不断地改

变输入的数值，每次都需要通过按回车键来确认。

④ 数值控制框可以显示或输入超出数值精度参数的数值，但会自动在数值前加上"～"作为提示。

⑤ 数值控制框中的数值是带有单位的，其单位形式在场景信息对话框中设定。

2.1.6　在 SketchUp 中观察模型

在创建三维模型的过程中，我们不可避免地要经常切换视角以获得更直观的绘制角度。最常用的方法是利用鼠标滚轮，完成转动、缩放和平移的切换视角操作。

① 转动：按下滚轮，拖动鼠标。

② 平移：按下滚轮的同时按住键盘上的"Shift"键，拖动鼠标；或者同时按下滚轮和左键，拖动鼠标。

③ 缩放：上下转动滚轮。

SketchUp 提供了一系列相机工具，除了与鼠标滚轮操作相对应的功能外，缩放窗口、充满视窗和撤销视图变更也是较常用的工具。

SketchUp 还提供了一些预设的标准角度的视图：等轴视图、俯视图、前视图、右视图、后视图和左视图（图 2-12）。通过视图工具栏，三维场景可以在这几个视图模式间自由切换。

2.1.7　SketchUp 显示样式

SketchUp 有多种显示样式：X 光透视样式、后边线样式、线框显示样式、消隐样式、阴影样式、材质贴图样式和单色显示样式（图 2-13）。通过样式工具栏或视图菜单，三维场景可以在这几个显示样式间自由切换。其中前两项样式可以和其他显示样式结合使用，用于显现、选择和捕捉原来被遮挡住的点和边线。

图 2-12　视图工具栏　　　　图 2-13　样式工具栏

SketchUp 在显示三维模型时提供了三种透视模式：透视模式（图 2-14）、轴测模式（图 2-15）和两点透视模式（图 2-16）。

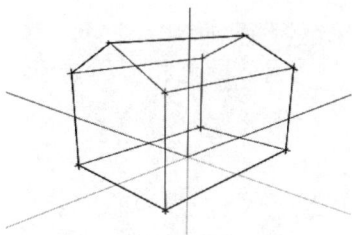

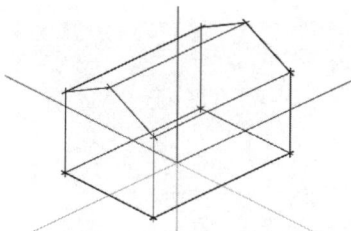

图 2-14　透视模式　　　图 2-15　轴测模式　　　图 2-16　两点透视模式

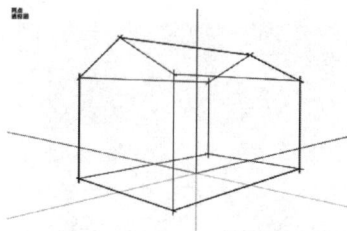

两点透视模式是强制所有的垂直线条在绘图窗口中保持垂直，不过这种模式只是作为一种临时的显示状态，主要用于视图内容的导出。一旦旋转了视角，则马上恢复到普通透视模式。

2.1.8 SketchUp 的相机放置与视角调整

在 SketchUp 中，除了相机工具栏内那些操作相机转动、平移和缩放的工具外，还提供了"定位相机""观察""漫游"三个工具。

相机本身的定位由基点和视线高度两部分决定。基点总是落在某个表面上，当所处位置没有物体时，则落在红绿轴定义的地平面上。视线高度则是在基点的垂直方向上偏移的距离。使用设置相机功能放置相机后，数值控制框内显示的就是当前的视线高度。直接输入数值即可改变视线高度（图 2-17）。

| 视线高度0.0m | 视线高度1.5m | 视线高度10.0m |

图 2-17   不同视线高度效果

观察工具模拟人站在一个固定点向四周观看的效果。要注意的是，放置相机后默认是两点透视状态，使用观察工具很容易变为三点透视，这在建筑表现中通常是需要避免的。因此该工具应尽量少用。

漫游工具是在保持相机和视线目标相对高度不变的前提下，通过鼠标移动在场景中漫游。漫游工具能帮助我们寻找合适的两点透视人眼视高下的视角，也是最常用的相机设置方法。

在漫游状态下，按住"Ctrl"键可以切换到快速移动模式，以加快相机运动的速度。此外，SketchUp 设置了碰撞检测功能，漫游时会被墙体挡住。按住"Alt"键，可以使碰撞检测失效，此时相机可以穿过墙体继续移动。

SketchUp 还可以改变相机的视野范围。点击缩放工具，数值控制框会显示当前视野范围，默认值是 30°。按住"Shift"键，上下拖曳鼠标，相机视野随之改变，数值控制框内的数值也相应改变（图 2-18）。也可直接在数值控制框内输入需要的视野范围数值。

| 视野范围20° | 视野范围30° | 视野范围40° |

图 2-18   不同视野范围效果

2.1.9 SketchUp 的阴影设置

SketchUp 的阴影功能不但可以让我们更准确地把握模型的体量关系，还可以用于评估建筑群的日照情况，同时阴影效果也可以增加模型的真实感。SketchUp 的阴影角度设置是准确的，并且能自动对模型和照相机视角的改变作出实时的回应。

阴影工具栏提供了常用的阴影控制选项，如阴影的开启和关闭，当前的时间和日期等（图 2-19）。

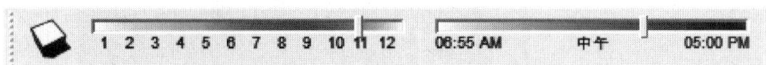

图 2-19　阴影工具栏

详细的阴影控制选项都在右侧的阴影面板中（图 2-20）。

① 阴影面板第一栏内除了提供与阴影工具栏基本相同的功能外，还提供了可以更精确控制的日期和时间输入框，另外还提供了模型所在地的时区选择。

② 第二栏中的"亮"和"暗"两个选项控制的是场景的光照强度。其中亮部控制的是阳光的强度，暗部控制的是环境光的强度。

③ 第三栏区分明暗面的选项控制的是，当不打开阴影时，仍然基于太阳位置的设置显示面的明暗效果，该效果与打开阴影相比，模型中的面的明暗效果相同，只是没有阴影显示。

④ 最后一栏显示控制的是阴影的显示模式。只有当显示阴影选项被打开后，这些显示模式才会被激活。

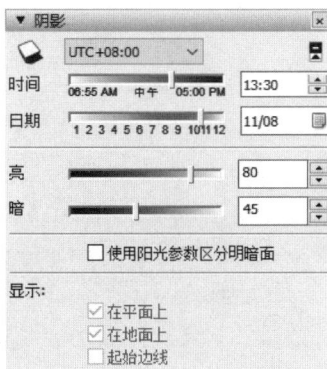

图 2-20　阴影面板

a."在平面上"表示所有的面都可以接受阴影的投射。该选项需要进行更多的计算机运算，因此也将显著降低 SketchUp 的显示刷新速度。所以建议在建模过程中不要显示阴影，只在查看模型效果时才打开。

b."在地面上"表示地平面可以接受阴影的投射，该地平面是由系统自动产生的，也就是红/绿轴所确定的平面。当地平面（红/绿轴面）下方有几何体时，几何体会被地面阴影挡住。因此应保持整个模型都在地平面上方。

c."起始边线"表示可以对单独的边线产生投影。

SketchUp 的阴影功能可以准确地计算出太阳的方位角和高度角，以提供精确的日照效果。对太阳位置的确定除了上面介绍的日期和时间外，还和场景所处的地理位置有关。除了通过时区的定位来大致确定场景的方位外，SketchUp 通过场景信息对话框提供了更精确的位置设定。

注意：除了上述与阴影相关的设置外，在 SketchUp 中具有透明材质的物体对阴影的产生有些特别的设定。使用透明材质的几何体不会产生半透明的阴影，一个表面要么完全挡住阳光，要么让光线完全透过去。此处存在一个临界值，材质的不透明度 70% 以上的物体会产生投影，低于 70% 的不会产生投影。另外，透明的几何体不能接受投影，只有完全不透明的几何体才能接受投影。

2.1.10　SketchUp 的场景保存

SketchUp 除了可以很容易地得到我们需要的相机位置外，还可以把设定好的相机位置保存起来,这就是 SketchUp 的场景功能。通过场景的设置,我们不仅可以保存不同的相机位置,还可以保存不同的阴影、标记、轴线位置等设置。

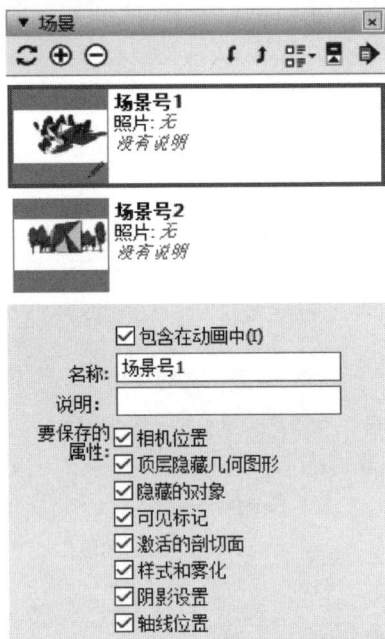

图 2-21　场景面板

通过菜单"视图">"动画">"添加场景"可以添加场景,并在视图窗口的上方出现一个标签,标签名即为该场景的名称。改变观察视角后,点击该标签名,场景将恢复到之前保存的相机位置。在标签名上单击鼠标右键打开关联菜单,还可以进行添加、更新、删除场景或移动场景的次序等操作。

SketchUp 提供了一个场景面板用来管理保存的场景(图 2-21)。

场景面板除了更新、添加、删除场景以及调整场景次序之外,还可以更改场景的名称。更重要的是,它可以对每一个场景设置"要保存的属性",对场景信息的保存更加灵活。

SketchUp 中场景的设置除了保存相机位置外,还可以借由不同场景之间的切换形成动画效果。当设置了两幅以上的场景后,在标签名的右键关联菜单中选择幻灯演示,视图开始按照场景的顺序在各场景之间平滑地切换相机位置和相关显示。

SketchUp 允许通过设置场景切换和延迟时间来调整幻灯片演示的效果。选择菜单"窗口">"模型信息",在对话框左侧选择"动画"标签,打开动画设置(图 2-22)。开启场景过渡使在幻灯演示时,在两个场景之间可以平滑移动相机,并可设定场景切换的时间。场景暂停则控制幻灯演示时每个场景的停留

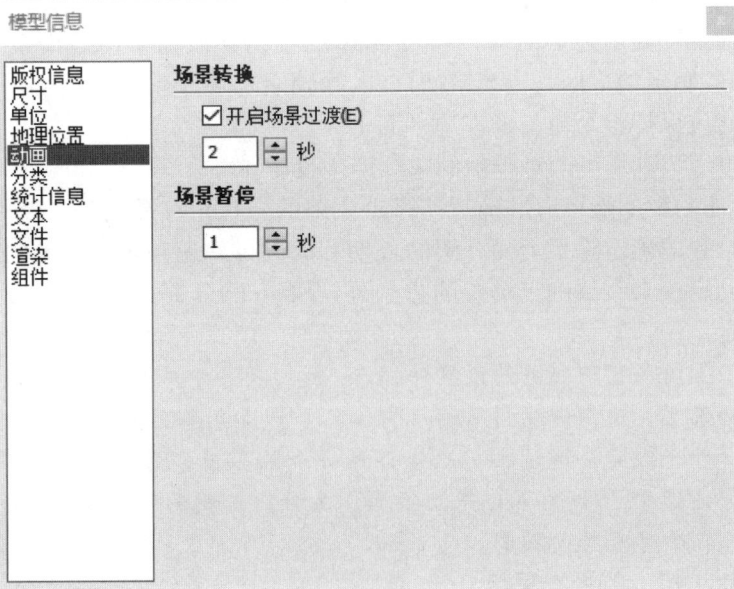

图 2-22　动画设置

时间。

2.1.11 **SketchUp 的物体选择**

在 SketchUp 中，选择物体有鼠标点击选择和框选两大方式。其中框选和 AutoCAD 中相似，又可分为从左向右的实线框选和从右向左的虚线框选，前者表示物体必须完全被矩形框包围才能被选中；后者表示物体即便只有部分处于矩形框中也会被选中。

SketchUp 对鼠标点击选择功能进行了扩展，分为单击、双击和三击三种。单击鼠标左键表示选择单个物体；双击表面表示选择该表面和构成该表面的所有边线，双击边线表示选择该边线和该边线参与构成的所有表面；三击则表示选择该物体以及所有与该物体相连接的物体。

2.2 SketchUp 基本操作

SketchUp 以线和面作为基本的制图要素。面由线围合而成，在同一平面上的任意几条线，包括直线、圆弧和曲线，只要它们能围成一个闭合的区域，该区域将自动生成一个面。面必须依附于线存在，任何一个面，只要它有一条边线被删除，该面也就不存在了。而删除了面，其边线依然可以独立存在。面的生成、编辑和组合构成了 SketchUp 操作的主要内容。SketchUp 模型的建立和编辑过程就是对面操作的过程。

SketchUp 的图形要素不多，功能命令也很少，但每个命令都有一些组合功能。我们将通过一些基本的建模操作来熟悉这些图形要素和命令的使用。

2.2.1 **绘制直线并创建面**

选择直线工具（Line），鼠标的光标变为铅笔的图案，在绘图窗口中点击以绘制直线的起点。沿着要画线的方向移动光标，SketchUp 会拉出一条橡皮线，同时智能参考系统也会根据光标的位置自动显示参考提示（图 2-23）。另外，在屏幕右下角的数值控制框中会动态显示正在拖曳的直线的长度（图 2-24）。当光标到达需要的终点位置时，再次点击鼠标，一条直线绘制完成。此时，该点又将变成下一条线的起点，等待再次输入。直接按键盘上的"Esc"键可中止直线的绘制。

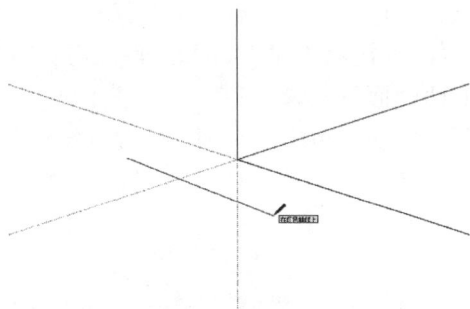

图 2-23 绘制直线   图 2-24 数值控制框

继续绘制一条与绿轴平行的线条。然后利用智能参考系统绘制与第一条直线相平行且长度相等的第三条直线。具体方法是先沿红轴方向移动鼠标，然后移动鼠标去碰触最初始的点，再从该点开始沿绿轴方向移动鼠标，直至绿轴与红轴方向交汇处，点击鼠标捕捉点，得到第三条直线（图 2-25）。最后是第四条直线，其终点与第一条直线的起点重合，完成一个闭合的四边形的绘制。可以看到，SketchUp 自动以这个四边形为边线创建了一个面（图 2-26）。

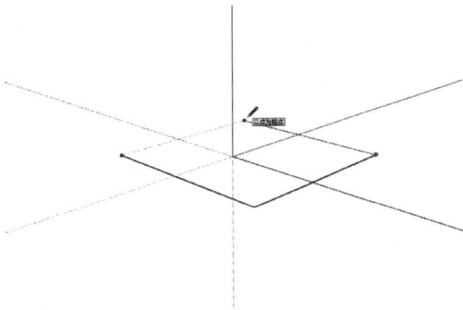
图 2-25

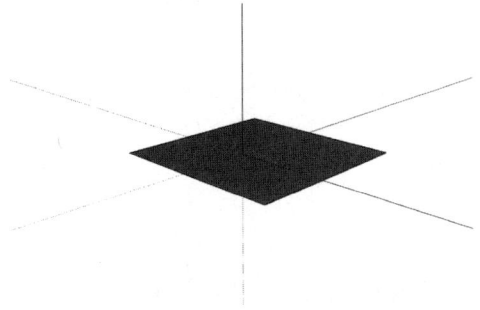
图 2-26

在这个绘制过程中，我们多次用到了智能参考系统及其锁定功能。按照同样的方法继续画线，最终我们可以完成一个长方体的绘制（图 2-27）。

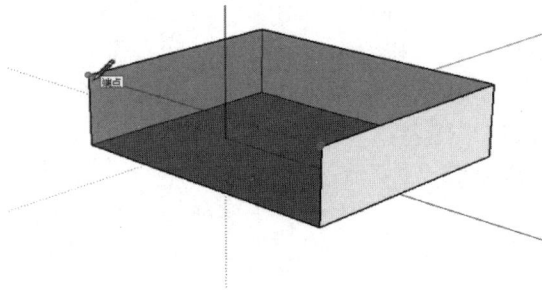
图 2-27

2.2.2 面的分割和复原

选择直线工具，在刚刚创建的长方体模型的顶面画一条贯穿该表面的直线，现在该表面已经被分割为两个面，通过选择工具可以直观地看到这一点（图 2-28）。

利用选择工具选择刚才画的这条分割线，按键盘上的"Del"键；或选择擦除工具，点击该线，分割线消失，同时原来被分割的两个面再次融合到一起，复原成一个面。值得注意的是，不但面复原了，原来被分割线断开的线也再次连接到了一起（图 2-29）。

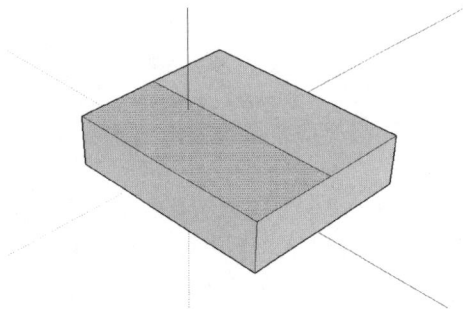
图 2-28

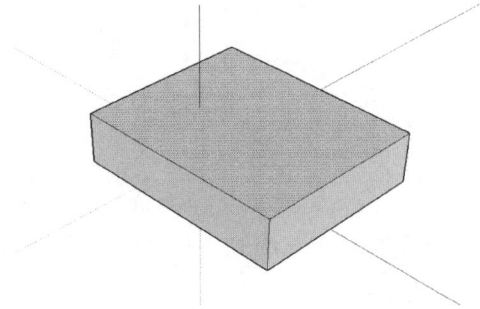
图 2-29

2.2.3　使用推 / 拉工具

除了使用最基本的直线工具外，利用矩形工具和推/拉工具，我们可以更快捷地得到一个长方体模型。

使用矩形工具在绘图窗口中绘制一个矩形（图 2-30）。该矩形包括四条边线和一个面。

选择推/拉工具，点击刚才绘制的矩形面，在与矩形面垂直的方向上移动光标，自动拉伸出一个长方体（图 2-31）。注意，此时在屏幕右下角的数值控制框中同样会动态显示正在推拉的高度。再次单击鼠标以确定长方体的高度。

在长方体的顶面上画一条线将该表面分割成两个面，用推/拉工具选择其中一个面并进行推拉动作，观察模型的变化（图 2-32）。

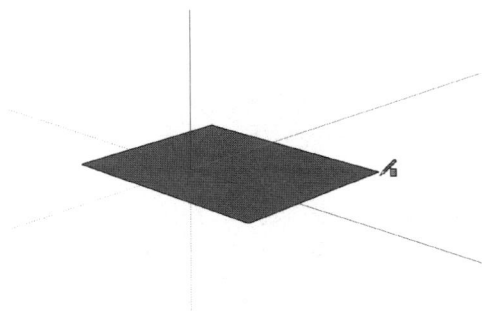

图 2-30

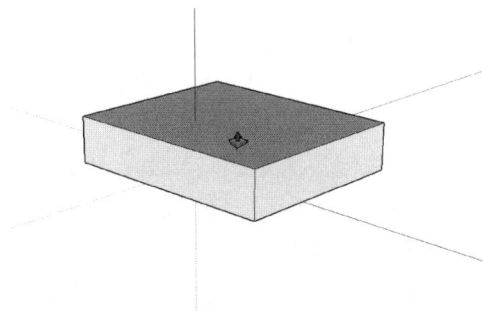

图 2-31

2.2.4　点、线、面的拉伸

利用移动工具对点、线或面的拉伸是 SketchUp 中改变模型形状的又一方法。

SketchUp 中对点的拉伸往往会导致有些面的自动折叠变形。图中所示即为拉伸长方体的某个顶点的结果，顶面被自动分割成两个三角面（图 2-33）。

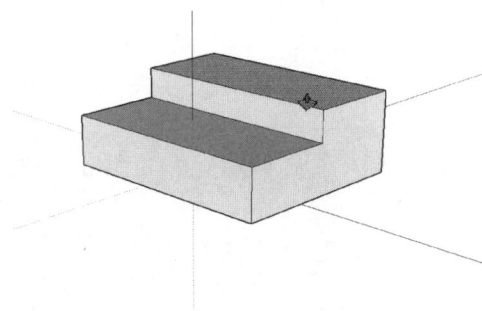

图 2-32　推/拉局部面

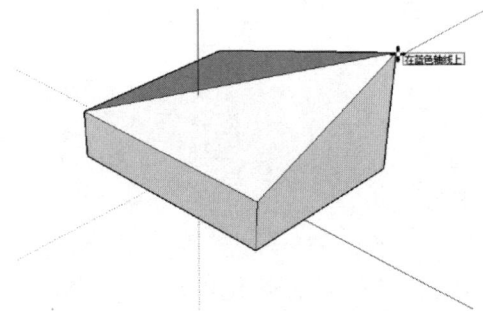

图 2-33　点的拉伸

回到长方体模型，在顶面上画一条分割线，选择该分割线，然后用移动工具将该分割线沿蓝色轴线方向向上拉伸，现在我们得到了一个非常简单的两坡屋顶的建筑模型（图 2-34）。

除了对边线的拉伸外，SketchUp 还提供对面的拉伸的功能。回到刚才的长方体模型，在顶面上画一条分割线。选择其中的一个分割面，利用移动工具将该面沿蓝色轴线方向向上拉伸，观察此时模型的变化与使用推/拉工具时的区别（图 2-35）。

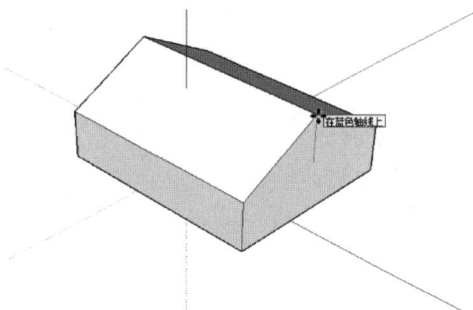

图 2-34　线的拉伸

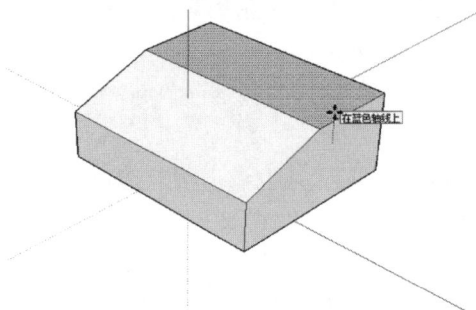

图 2-35　面的拉伸

2.2.5　复制与阵列

在 SketchUp 中，移动工具除了能实现对物体的移动外，还能实现物体的复制与阵列。

物体的复制很简单，只需要在点击移动的起始点之前按一次"Ctrl"键，光标右下角出现一个"＋"号标记，表示接下来将先复制物体然后再移动复制的物体。

选择需要复制的物体，激活移动工具，按一次"Ctrl"键，移动鼠标到需要的位置再次点击（图 2-36），即可完成复制操作。

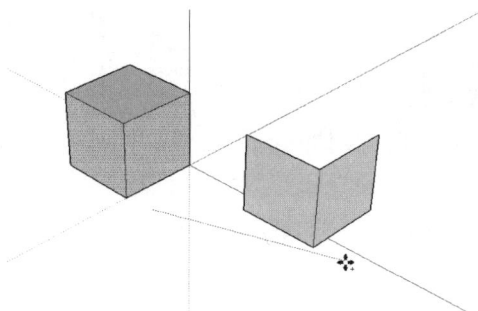

图 2-36　面的复制

注意：在复制过程中，如果再次单击 Ctrl 键，复制功能将取消，恢复到普通的移动或拉伸操作中。

除了一次性的复制外，还有阵列复制。阵列复制的功能对批量复制物体很有帮助。阵列复制又可分为线性阵列和环形阵列两种。

线性阵列主要是通过使用移动工具和数值控制框配合完成。在选择物体并利用移动工具和"Ctrl"键将其复制一个后，在数值控制框中输入复制距离为"1.5"并按回车确定（图 2-37）。

继续在数值控制框中输入"＊4"（或者"4＊"、"4x"、"x4"均可），这表示按照刚才 1.5 米的复制间距沿复制方向再复制 4 份，这 4 份加上刚才复制的 1 份一共 5 份（图 2-38）。在继续其他操作之前，我们可以持续输入不同的阵列数值或复制距离，改变阵列复制的结果。

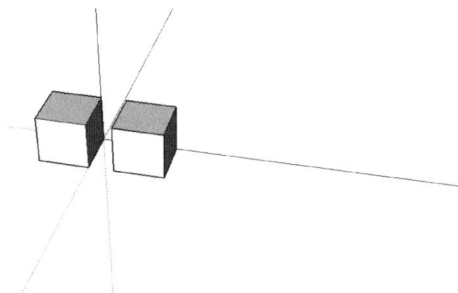

图 2-37　复制对象　　　　　　　　　　　　图 2-38　阵列对象

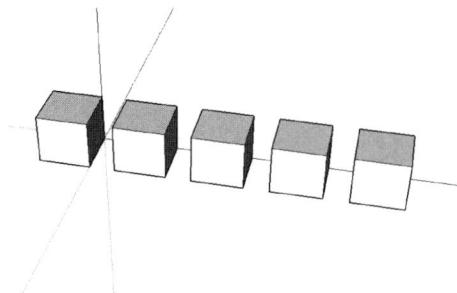

刚才的阵列距离是一个累积的值，如果是先复制出最远端的对象，也可以通过输入"/4"或"4/"这样的等分值的方式完成阵列。

环形阵列则主要是通过使用旋转工具和数值控制框配合完成。与线性阵列类似，先通过使用旋转工具和 Ctrl 键旋转复制一份（图 2-39），再通过数值控制框输入"*4"完成环形阵列（图 2-40）。

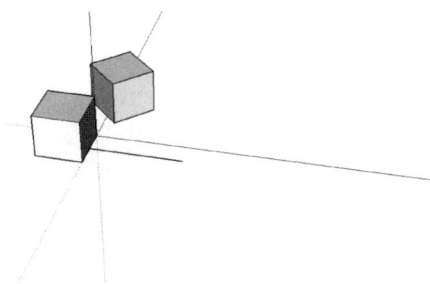

图 2-39　旋转复制对象　　　　　　　　　　图 2-40　环形阵列对象

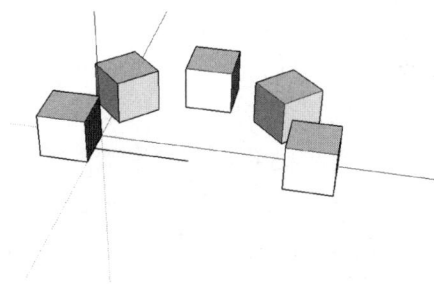

2.2.6　缩放

缩放工具能对物体进行等比例或非等比例缩放。执行缩放命令之前必须先选择物体。

选择要缩放的物体，激活缩放工具，围绕其周边出现 26 个缩放控制夹点（图 2-41）。选择任意夹点，拉动鼠标可以看到物体的缩放效果（图 2-42）。此时数值控制框中显示出缩放的比例，可以直接输入数值获得准确的缩放比例。如果输入带尺寸单位的数值表示缩放的最终尺寸。如果数值为负值，则表示先将物体镜像，再进行缩放。

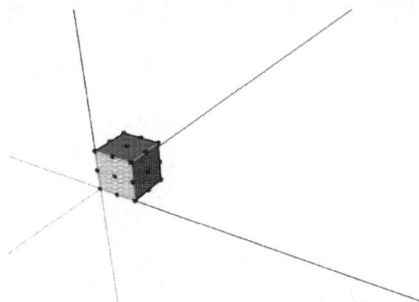

图 2-41　缩放控制夹点　　　　　　　　　　图 2-42　缩放对象

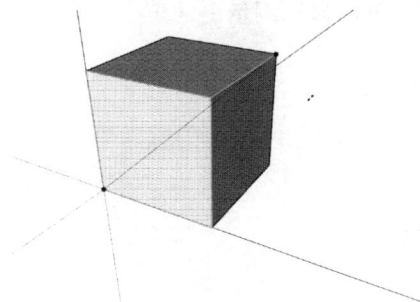

26 个缩放夹点可分为三类：对角夹点、边线夹点和表面夹点。

对角夹点缩放：沿对角线方向缩放，默认为等比例缩放，缩放比例显示在数值控制框内。

边线夹点缩放：同时在沿对应边线的两个方向缩放，默认为非等比例缩放，缩放比例以逗号分开的两个数字表示，并显示在数值控制框内。

表面夹点缩放：沿对应面的方向缩放，默认为非等比例缩放，缩放比例显示在数值控制框内。

控制是否等比例缩放，只要在拖动鼠标缩放时按住键盘上的"Shift"键，即可切换至与其默认相反的缩放状态。

在默认状态下，缩放都是以与选定控制夹点的对角点为基点进行的。一旦按下键盘上的"Ctrl"键，待缩放物体的几何中心点控制点就显示出来，并且所有的缩放都是基于该中心点进行。

缩放的方向都是以场景的坐标轴为基准方向，因此改变坐标轴可以在一些斜面上精确控制缩放操作的方向。

2.2.7 卷尺和量角器的使用

卷尺和量角器分别是用来测量长度和角度的工具，可以让我们得到准确的尺寸信息。除此之外，它们还能创建辅助线，是建模过程中非常有用的工具。

创建一个简单的几何体。激活卷尺工具，分别选择图中边线的两个端点，在光标位置直接显示了该边线的长度，该长度数值同时也显示在数值控制框内（图 2-43）。

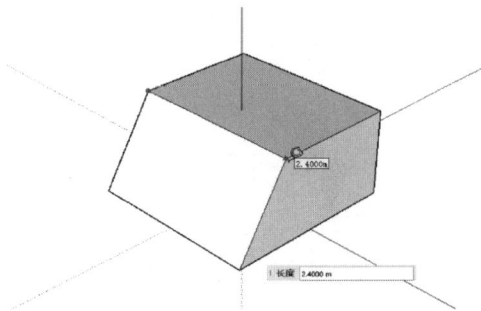

图 2-43　卷尺工具测量长度

用卷尺工具点击边线（注意不要点击端点），移动鼠标，在光标位置出现一条无限延长的虚线，该虚线与点击的边线平行，同时在数值控制框内显示虚线与边线之间的距离。再次点击鼠标确定虚线的位置，一条无限长的辅助线就完成了（图 2-44）。也可以通过在数值控制框内输入数值的方法确定或编辑辅助线与原边线间的距离。

激活"量角器"工具，光标变为刻度盘标志，当该标志落在与坐标轴平行的平面上时，会变成相应轴线的颜色。在需要测量角度的角点上单击鼠标。分别点击需测角度的两条边，在数值控制框内显示测量出的角度，同时沿终止边自动创建了一条辅助线（图 2-45）。

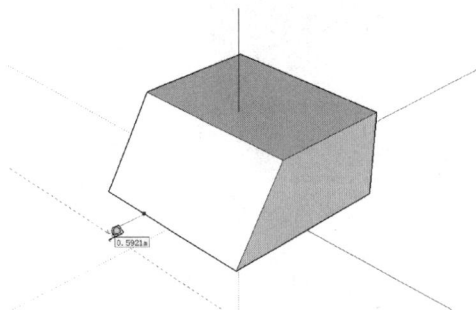

图 2-44　卷尺工具创建辅助线

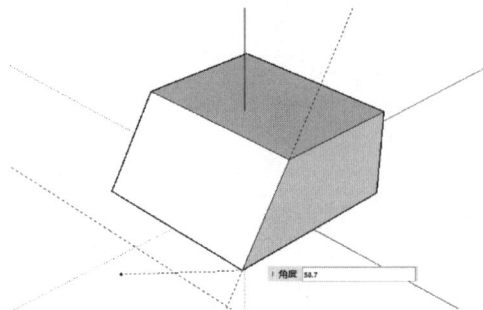

图 2-45　量角器工具创建辅助线

注意：如果在角点位置量角器不能保持需要的方向，可以先将光标移开至测量角所在平面，然后通过按住"Shift"的方式锁定该方向，然后再将光标移至测量角所在角点。

2.2.8　路径跟随

路径跟随是利用封闭面和路径实现放样操作的工具，常用于旋转体或建筑线脚、楼梯扶手等的建模。

转动视角，在红蓝轴平面绘制一个半圆。并用直线连接圆弧端点，形成半圆形面。利用卷尺工具从圆弧的中心沿蓝轴向下绘制一根辅助线（图 2-46）。

旋转视角，以辅助线的另一端点为圆心，沿红绿轴平面绘制一个圆，然后用选择工具选择刚才创建的圆，该圆将作为放样的路径（图 2-47）。

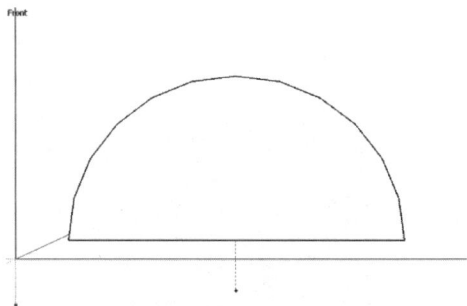

图 2-46

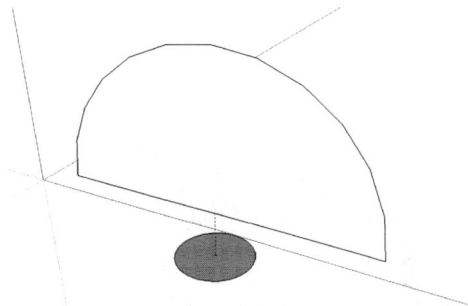

图 2-47

激活路径跟随工具，点击圆弧面（图 2-48）。圆弧自动围绕圆的中心轴线旋转出一个半球体（图 2-49）。

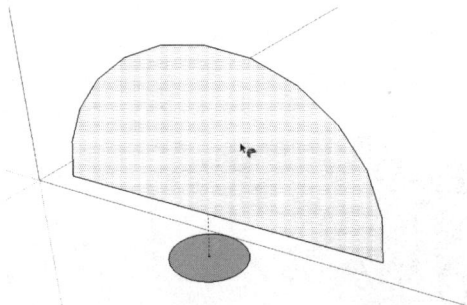

图 2-48

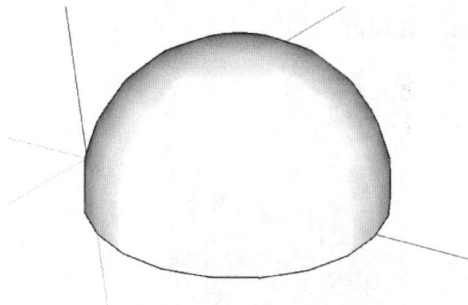

图 2-49

用同样的方法可以制作建筑的线脚。

随意拉伸一个建筑体量，并在一侧角部绘制一个线脚的剖面（图 2-50）。

激活路径跟随工具，点击线脚剖面，并沿建筑体量顶部线条方向拉动，生成线脚（图 2-51）。

2.2.9　赋予材质

在 SketchUp 中直接创建的物体都是默认材质，该材质正反面可以分别具有不同的颜色。我们可以根据需要对物体赋予不同的材质，这些材质可以具有不同的颜色、不同的贴图、不同的透明度。SketchUp 提供了一些预先定义好的材质，也可以由我们自己设定材质。

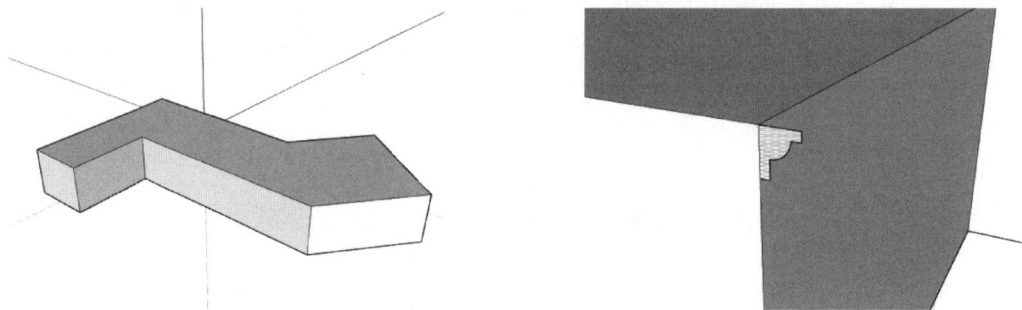

图 2-50　在建筑体量角部绘制一个线脚剖面

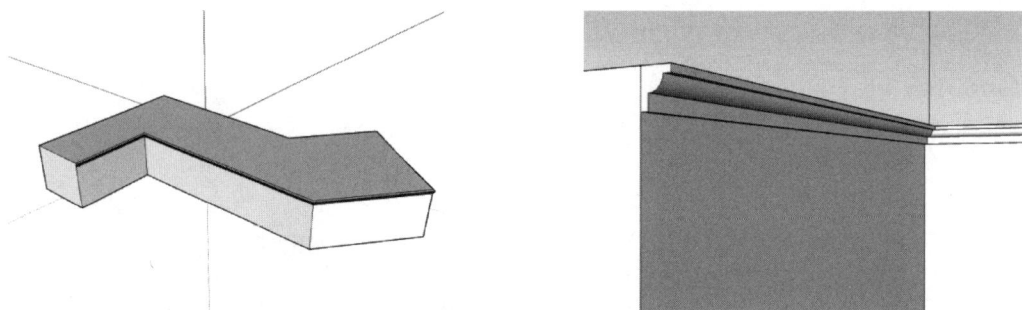

图 2-51　用路径跟随工具生成线脚

　　激活材质工具，在右侧材质面板的"选择"标签的下拉列表中选择材质库，然后在该材质库的预览图像中选择需要的材质（图 2-52）。回到绘图窗口，在几何体的任意面上单击，刚才选择的材质被赋予该表面（图 2-53）。

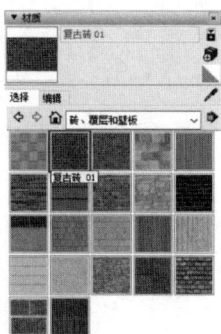

图 2-52　材质面板

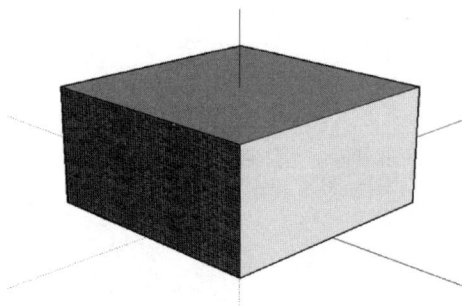

图 2-53　给面赋予材质

2.2.10　剖面

　　剖面是建筑设计的基本内容之一，剖面可以表达空间关系，直观地反映复杂空间结构。

　　创建两个如图 2-54 所示简单模型。选择剖切面工具，光标处出现一个带四个箭头的绿色矩形框，此框即代表了剖切面，其方向随光标所处表面的方向不同而随时变化。将绿色矩形框放置在方柱前面并单击鼠标，剖面生成，同时剖切面自动扩展到能完全覆盖场景中的模型的大小。只有处于剖切面箭头所指方向一侧的物体才可见，另一侧的物体全部被"切"掉了（图 2-55）。选择剖切面进行移动时，可以看到剖面随着剖切面的移动而自动变化。

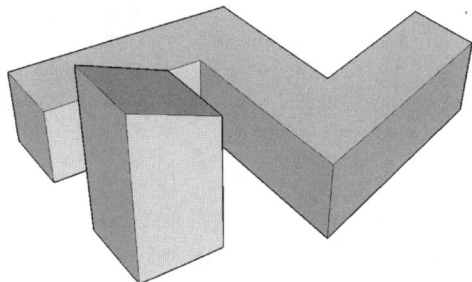

图 2-54

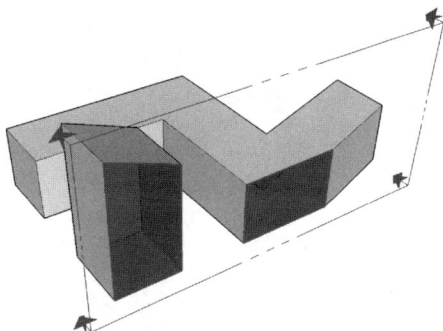

图 2-55

在 SketchUp 中还有一个与剖面显示相关的工具栏（图 2-56），可以通过菜单"工具"＞"剖切面"打开它。剖切工具栏除剖面工具外，还包含三个功能切换按钮：显示/隐藏剖切面、显示/隐藏剖面切割和显示/隐藏剖面填充。

图 2-56

在剖切面的空白位置单击鼠标右键打开关联菜单，选择将面"翻转"（图 2-57），剖切面指示方向的箭头被翻转，模型的剖切部分也产生相应的变化（图 2-58）。

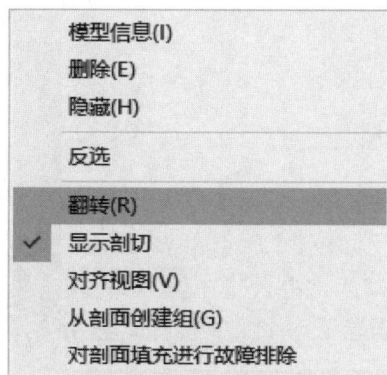

图 2-57

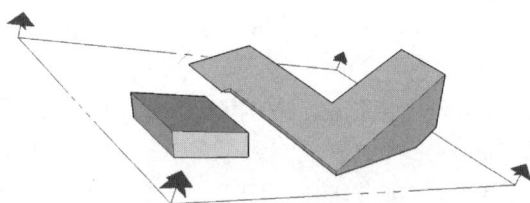

图 2-58

2.2.11　文字标注

SketchUp 中的文字标注有两种形式：一种是文字标注，与物体相关联，有一根延长线与物体相连，该文字将随着视角的改变而改变；另一种是屏幕文字，不与任何物体相关联，其在屏幕上的位置保持不变。

创建一个如图 2-59 所示的简单模型，使用文字标注工具在视图窗口左上角的空白处单击鼠标，文本框出现，并等待文本的输入。在文本框中输入"某办公楼设计"，在文本框外单击鼠标或按两次回车键完成文本的输入（图 2-60）。旋转视图，可以发现文字保持在屏幕的左上角不动。而用选择工具选择该文字，可以用移动工具改变其位置，或者直接用文本标注工具选择该文字也可移动其位置。

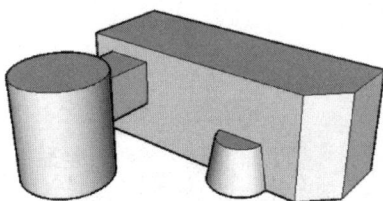

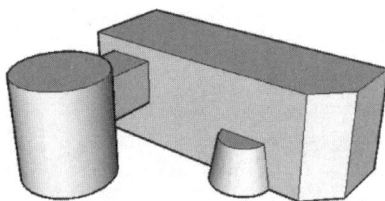

图 2-59

图 2-60

选择该文本，在图元信息面板中可以看到该文本的字体和大小（图 2-61）。点击"更改字体"，可以通过字体对话框对字体进行调整。

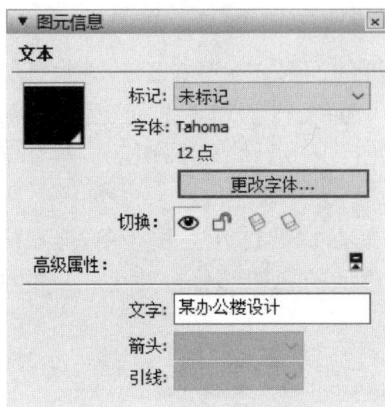

图 2-61　图元信息面板

激活文本标注工具，在建筑顶面上单击确定标注的起始点，移动光标，光标与刚才的起始点之间出现一条橡皮线，同时文字的内容自动显示为刚才所点击表面的面积值（图 2-62）。再次点击鼠标确定标注的位置，并在文本框中输入"办公楼主体"，在文本框外单击或按两次回车键以确认文本的输入。现在我们已经创建了一个文字标注，它由文本、箭头和标注引线三部分组成（图 2-63）。

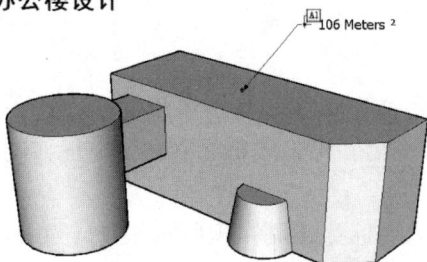

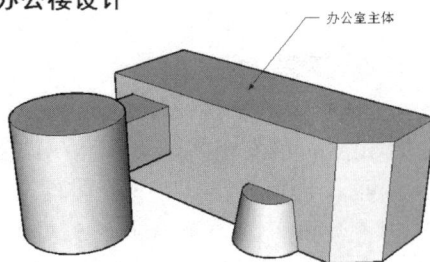

图 2-62

图 2-63

标注引线的显示有三种状态，分别是"基于视图""固定"和"隐藏"，默认状态是固定。可以通过在该标注上单击鼠标右键，在弹出的关联菜单中选择相应引线状态。在圆柱顶面添加一个文本标注，文字为"会议厅"，将其标注引线状态更改为"基于视图"（图 2-64）。

旋转视图至图中所示，两个标注起始点都被遮挡住了，此时"办公楼主体"标注依然可见，而"会议厅"标注则自动隐藏了（图 2-65）。这是因为基于视图类型的标注会随着起始点的被遮挡而自动隐藏，而固定类型的标注则还是保持可见。

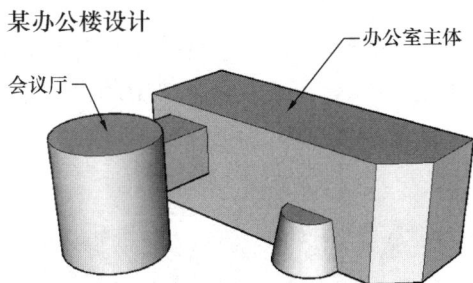

图 2-64

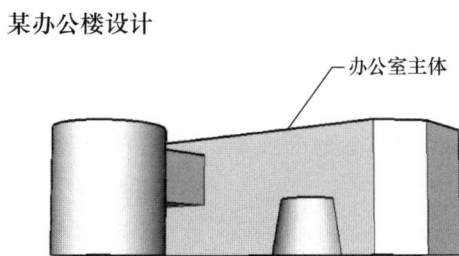

图 2-65

基于视图和固定类型的不同显示效果使我们在表现模型时有更方便的选择。基于视图类型的标注适用于固定角度的静态图像表现，可以将看不见的面的标注都隐藏起来。而固定类型的标注适用于对模型的动态研究，将所有面的标注都显示出来。

除了标注引线有三种类型外，标注的箭头也有不同的表现形式（图 2-66）。

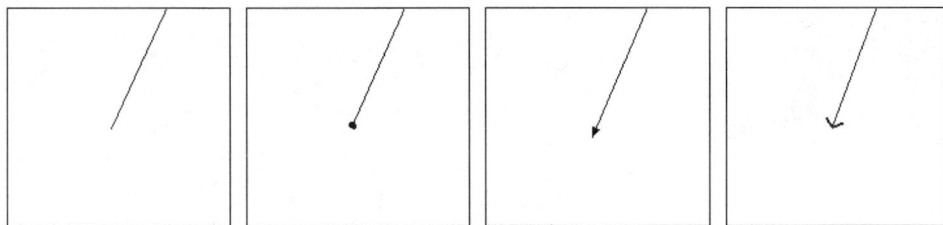

图 2-66

2.2.12　尺寸标注

尺寸标注与模型当前的单位设置有密切的关系，为符合建筑尺寸标注的通常规范，我们需要调整模型的单位。

重新创建一个如图 2-59 所示的简单模型，并在场景信息对话框中将单位改为毫米（mm），精度改为 0mm。

使用尺寸标注工具分别点选需标注边线的两个端点，移动鼠标并确定标注的放置位置（图 2-67）。在尺寸标注工具保持激活的状态下，直接点取标注可以移动其位置。

除了点击端点确定标注外，也可以直接点取边线完成。用尺寸标注工具点击图中所示边线，移动鼠标放置标注，SketchUp 会自动把已有的标注作为智能参考系统的一部分，使得标注间可以对齐（图 2-68）。

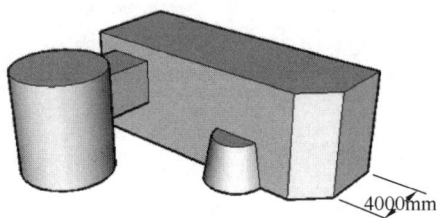

图 2-67

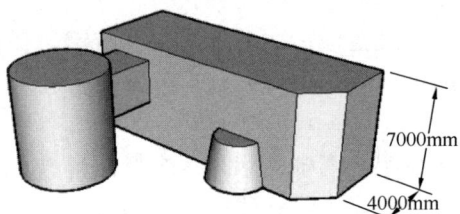

图 2-68

除了对直线标注外，SketchUp 还可以对圆弧进行标注。半径标注值前自动带有前缀"R"，直径带有前缀"DIA"（图 2-69）。直径和半径的标注通过关联菜单中的类型选项可以互换。

SketchUp 的尺寸标注和标注对象默认是相关联的，用推/拉工具拉伸顶面，可以看到垂直边的标注值随之而变。而一旦标注值被人为改变，则该标注与标注对象之间的关联性将消失。

相对于文字标注，SketchUp 提供了更为丰富的尺寸标注样式。而且与文字标注不同的是，改变尺寸标注的样式会实时影响到模型中所有的尺寸标注。尺寸标注样式的修改在模型信息对话框中进行（图 2-70）。

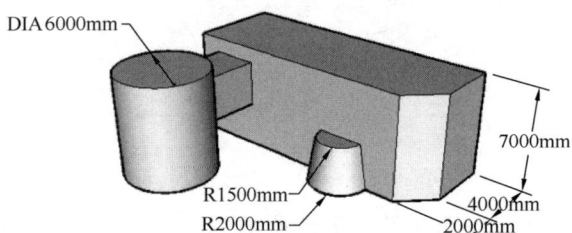

图 2-69

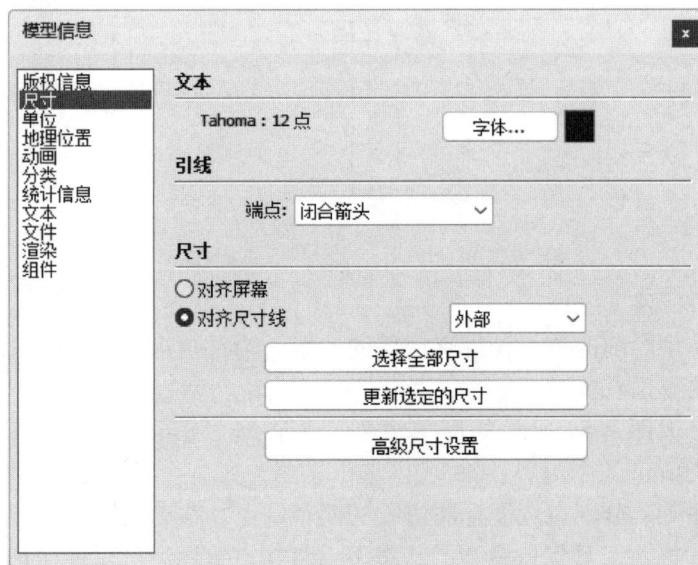

图 2-70　尺寸设置

① 第一栏是文本设置，点击"字体"可以改变当前文字的字体、字形和大小。字体的大小如同标注文字一样可以设为"点"或"实际高度"。点击字体按钮后的色块可以更

改字体的颜色。

② 第二栏设置标注引线端点的形式，包含：无、斜线、点、闭合箭头、开放箭头。

③ 第三栏设置尺寸标注的对齐方式："对齐屏幕"和"对齐尺寸线"。当选择对齐尺寸线时，右侧的下拉列表中共有三个选项：上方、居中和外部。

④ "选择全部尺寸"和"更新选定的尺寸"可以对场景内所有或部分尺寸标注的样式进行更新。

2.3　SketchUp 群组和组件

群组和组件是 SketchUp 中管理和组织模型的重要手段，熟练而有效地使用群组和组件将为我们的建模工作带来非常大的便利。

SketchUp 模型一个最基本的特点是线和面之间的依附关系，面必须依赖于线才能存在，同时面与面之间又被彼此之间的共用边线联系在一起。在这种情况下，对面或线的编辑都将影响到模型的其他部分。要使一部分面和线独立出来，就必须利用群组或组件。

2.3.1　群组和组件的使用

相对于组件，群组的使用较为简单，其用途主要在于将一部分物体独立出来，便于自身的编辑，同时避免对其他物体的影响。

尽管群组的概念简单而有效，但将哪些物体组合成群组则需要仔细考虑。因为一旦组合成群组，群组内外的物体将被相互隔离，SketchUp 原有的线与面、面与面之间的互动关系也被割裂，反而阻碍了对形体的自由掌控。因此必须根据自己的需要和设计对象的特点进行群组的组合。比如对于具有标准层的多层物体，一般来说以层为对象成组是比较合适的。而对于更强调体块组合的建筑造型，以各体块为对象成组更为合适。

另外要善于使用嵌套群组。SketchUp 支持群组的嵌套，群组内可以再包含群组和组件。通过这种嵌套方式，模型内各物体将组成一个树状结构，有利于我们对整个模型的组织和管理。SketchUp 将这种树状组织结构通过"管理目录"面板清楚地展现出来。

相对于群组，组件更适用于在模型中重复出现的物体，如窗户、家具、配景等。只需要创建一个原始模型并将其组成组件，可在所有的 SketchUp 模型中重复使用，既方便，又可减少对系统资源的消耗。

除了由我们自己创建组件外，SketchUp 本身提供了组件库。但这个组件库内组件较少，主要依赖于网络上的"模型库"，可以通过搜索找到更多的组件模型下载。利用这些现成的组件，可以大大减少我们的工作量。

绘图窗口右侧的组件面板既可以管理模型中所载入的组件，也可以通过搜索下载组件库中的组件（图2-71）。此外，一些特殊的操作，如"选择同类型组件""替换组件"和"清理未使用组件"，都可以通过

图 2-71　组件面板

75

组件面板进行操作。

　　组成群组和组件的物体也可以被编辑，只需要双击该群组或组件，将进入其编辑状态。结束后只需要单击该群组或组件范围之外的任意地方，或直接按"Esc"键，就可退出编辑状态。

　　当进入群组或组件的编辑状态时，还可以设定该组合之外其他物体的显示状态。不显示其他物体有助于编辑，显示其他物体有助于对整体模型的把握。组件还有一个特别之处，在进行组件的编辑时，其关联组件的显示状态也可以设定。因此在编辑时需要经常性地在这几种状态间进行切换，建议设定相应的快捷键，以提高建模效率。此外，组合外物体处于显示状态时，其淡化程度可在模型信息对话框中进行设置（图 2-72）。其中"淡化类似组件"表示编辑组件时，其他相同组件的淡化程度，也可完全隐藏。"淡化模型的其余部分"表示编辑组件或群组时，其他物体的淡化程度，也可完全隐藏。

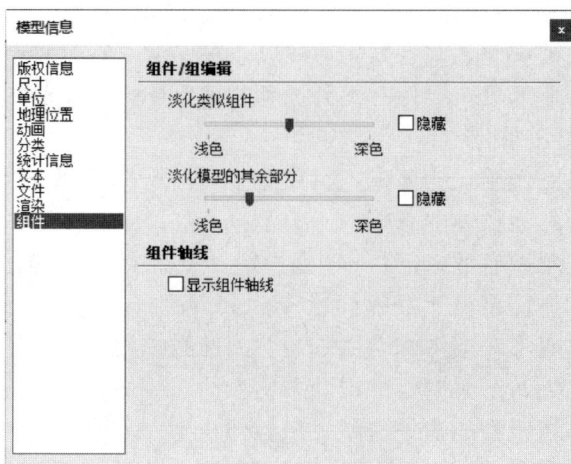

图 2-72　组件设置

1）创建组件

　　打开下载文件中的 2.1.skp，以从左向右框选的方式选择窗户的所有面和边线。在选中的物体上单击鼠标右键，在弹出的关联菜单中选择"创建组件"（图 2-73）。

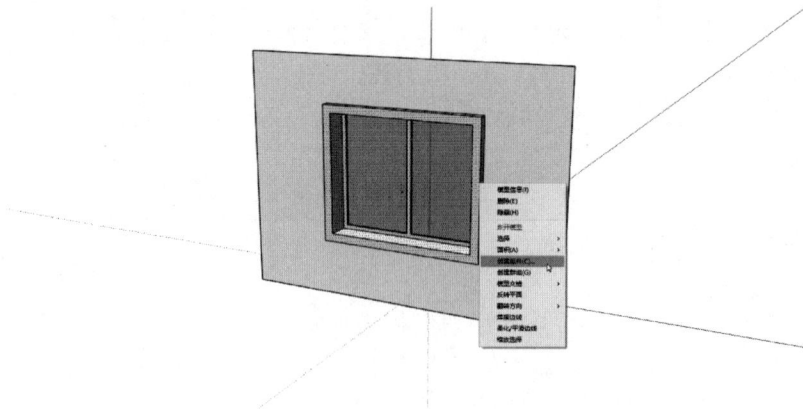

图 2-73　在关联菜单中选择创建组件

出现创建组件对话框。在名称栏输入"窗户 1"，其他选项如图 2-74 中设置，点击"创建"按钮。一个名为"窗户 1"的组件就创建成功了。

2）创建组件对话框

下面我们详细解释一下创建组件对话框中各选项的功能。

（1）常规

定义：定义组件的名称。所有的组件都必须有一个名称，即使你不输入，系统仍会自动分配一个名称。组件名称具有唯一性，不同组件的名称必须保持不同。

描述：对组件进行一些更详细的描述。

（2）对齐

黏接至：这是一个下拉式列表，用来定义插入组件时组件可以被放置到什么样的平面上。其选择项包括：无、任意、水平、垂直、倾斜，分别表示组件没有粘合面、组件可以被放置到任意平面上、组件被限制放置在水平面上、组件被限制放置在垂直面上、组件被限制放置在斜面上。除"无"选项外，选择其他任何一个选项时，绘图窗口中都会出现一个代表粘合面的灰色平面。

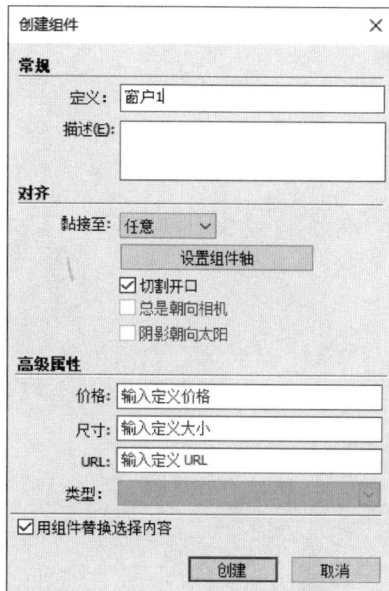

图 2-74　创建组件对话框

设置组件轴：定义组件的粘合平面。当组件被放置在某平面上时，组件的粘合平面将与该平面共面。除了系统自动指定的粘合平面外，我们还可以自己设置组件的粘合面的位置。点击该按钮，创建组件对话框暂时隐藏，光标变为坐标轴符号。通过选择原点、红轴方向和绿轴方向来设定组件的粘合面坐标系统。

切割开口：选择这一选项表示允许插入组件时在其插入面上自动开洞。这一特点在门窗类组件中是非常有用的。当"黏接至"选项为"无"时，这一选项将变成灰色而无法选择。

总是朝向相机：选择这一选项表示在旋转相机时，允许组件沿粘合面的蓝轴自动旋转以使得其某一面始终面向相机。只有"黏接至"选项为"无"时，这一选项才被激活。

阴影朝向太阳：只有总是面向相机选项被选中时，这一选项才被激活。选择这一选项表示在组件面向相机旋转时，其阴影来自组件面向太阳时的位置，阴影的位置和大小不随组件的旋转而改变。这一特点在树木类组件中非常有用。而不选择这一选项表示阴影会随着组件的旋转而不断变化。

（3）用组件替换选择内容

表示是否将创建组件的源物体直接转换为组件。

3）插入组件

现在我们利用刚才生成的窗户组件完成组件的插入操作。先选择场景中所有物体并删除，然后利用矩形工具和推/拉工具创建一个 6m×6m×3m 的建筑体块（图 2-75）。

打开组件面板，选择"模型中"按钮，当前模型中的所有组件以缩略图的形式显示出来，目前的模型中只有一个组件"窗户 1"（图 2-76）。

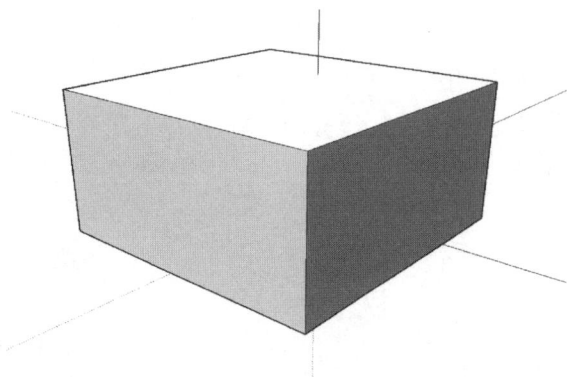

图 2-75

图 2-76

点击"窗户 1"组件，将鼠标移回绘图窗口，光标自动变成移动工具标志，同时窗户模型也出现在场景中，且光标位置就是组件的插入点位置。此时组件尚未被真正插入到具体位置上，组件将随鼠标的移动而移动（图 2-77）。

在建筑体块的某一墙面的合适位置单击鼠标，组件"窗户 1"被放置在该位置，同时墙面自动被窗户的边线切割出洞口（图 2-78）。

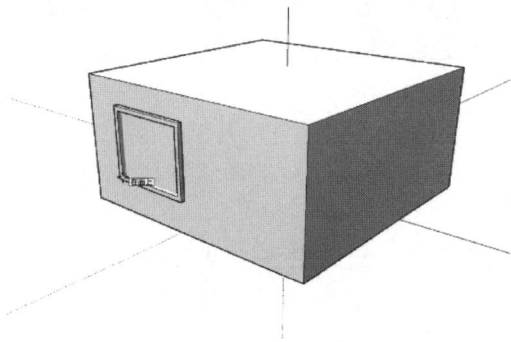

图 2-77

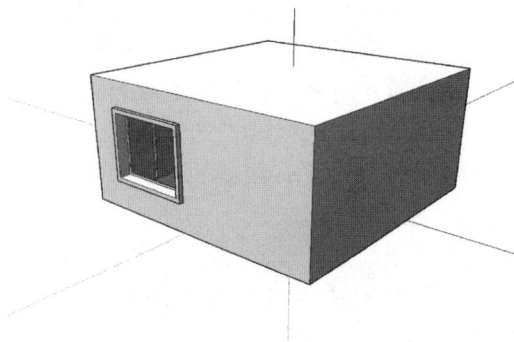

图 2-78

接下来除了可以继续利用组件对话框插入组件外，还可以通过复制已插入的组件来完成多组件的插入。

选择墙体上插入的窗户组件，激活移动工具，按一次"Ctrl"键激活复制功能，向右复制一个窗户，复制的窗户同样具有自动切割洞口的特性（图 2-79）。

继续复制窗户，这次将复制的目标点放到另一个墙面上，可以发现，组件自动旋转到适应放置面的方向（图 2-80），这是因为前面创建组件时我们选择了黏接至任意平面。

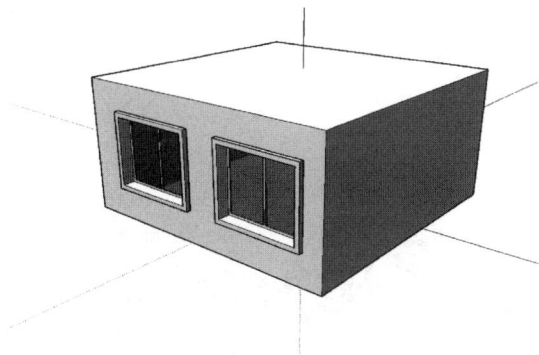
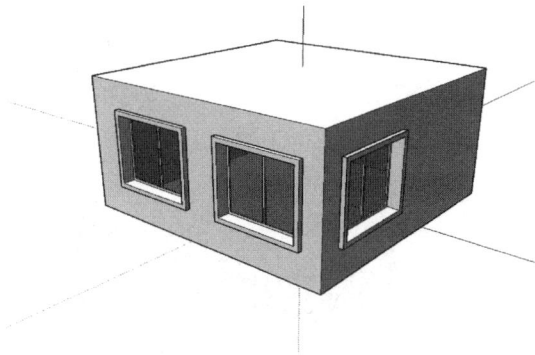

图 2-79   图 2-80

4）编辑组件

组件具有关联性，这一特点使得除了缩放之类只影响组件本身的编辑外，对任一组件内物体的编辑都将影响到其所有的复制品。

用选择工具双击模型中的任一窗户组件，将自动进入组件编辑状态，系统以虚线框显示组件范围，并将不属于该组件的所有物体以灰色表示（图 2-81）。

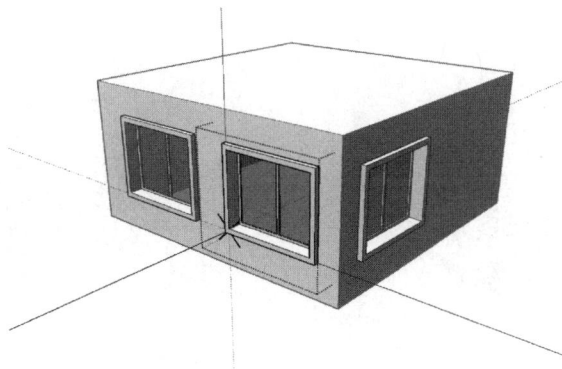

图 2-81

通过菜单"视图"＞"组件编辑"下的两个命令选项：隐藏剩余模型和隐藏类似的组件，可以尝试隐藏剩余模型（图 2-82）和隐藏剩余模型和类似的组件（图 2-83）。

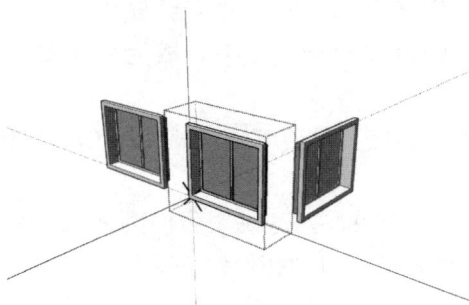
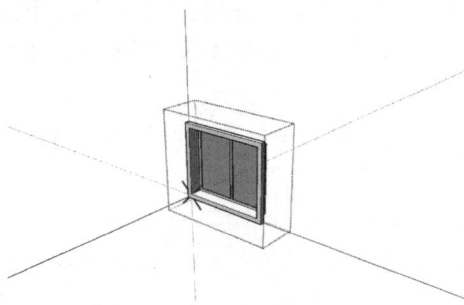

图 2-82 隐藏剩余模型   图 2-83 隐藏剩余模型和类似的组件

　　用推/拉工具将窗套面向外拉伸，可以看到其他窗户组件也都发生了相应的变化（图 2-84）。将窗套的一个侧面向外拉伸，此时不但其他组件发生了变化，墙体的开洞也相应发生了变化（图 2-85）。

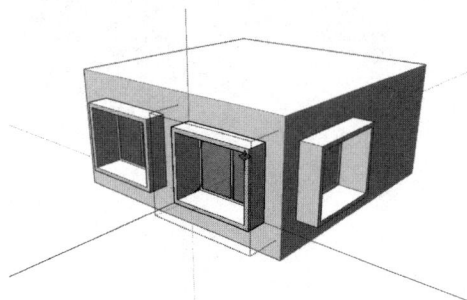　　　　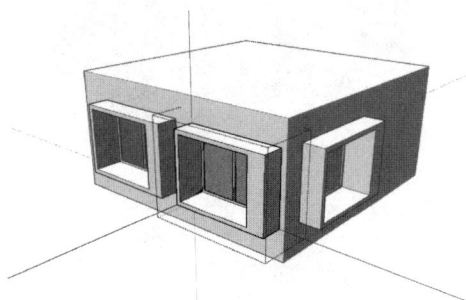

图 2-84　　　　　　　　　　　　　　　　图 2-85

　　在表示组件范围的虚线框外单击，退出组件的编辑状态。选择任一窗户组件，激活缩放工具，缩放控制夹点出现在被选择组件的周围（图 2-86）。选择角部的缩放夹点，缩小该组件，该组件对墙体的开洞随之变化，然而可以看到其他组件没有任何变化（图 2-87）。

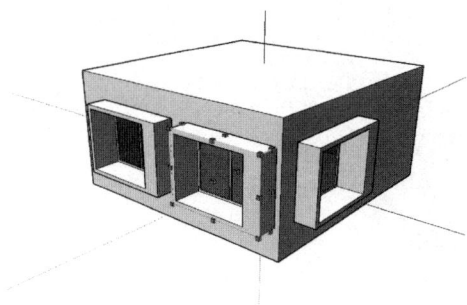　　　　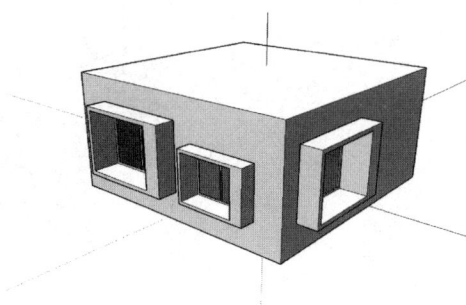

图 2-86　　　　　　　　　　　　　　　　图 2-87

5）对组件的单独处理

　　尽管缩放命令可以对组件进行单独处理而不影响其他关联组件，但有时候我们需要的不仅仅是改变组件的比例大小，还需要改变其形状。此时我们就要用到组件的单独处理模式，也就是将需要编辑的组件从其关联组件中分离出来，成为一个新的、独立的组件。

　　继续刚才的练习，选择场景中的任意一个窗户组件，单击鼠标右键打开关联菜单，选择"设定为唯一"（图 2-88）。

　　现在组件面板中多了一个名为"窗户 1♯1"的新组件。这说明我们刚才选择的组件已经不再是"窗户 1"组件，而成为一个新的组件，系统自动在原组件名后加"♯"号和序列号作为新的组件名（图 2-89）。

　　双击刚才选择的组件进入组件编辑状态，并用推/拉工具改变窗套尺寸，注意，此时其他组件并未随之改变（图 2-90）。

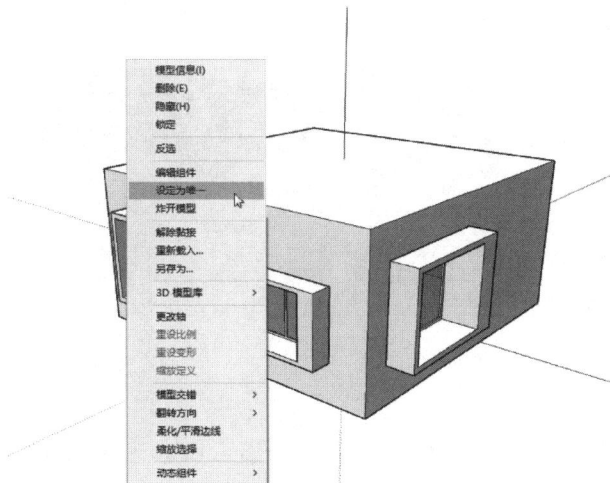

图 2-88

图 2-89

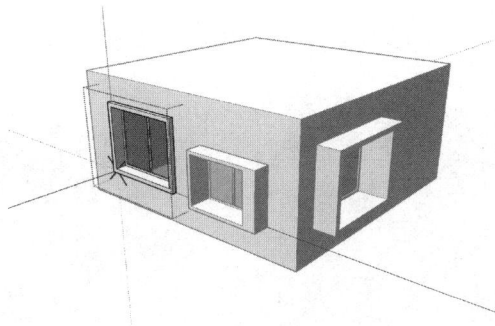

图 2-90

　　注意：组件的"单独处理"方式不仅适用于单个组件，也适用于多个组件。当选择同一组件类型的多个组件时，单独处理的结果是这些组件被分离出来，形成新的组件类型，同时这些组件间形成新的关联。

2.3.2　群组和组件的材质

　　无论是群组还是组件，都有两个层次的属性，一个是作为组合整体的属性，另一个是组合内部各元素的属性。强调这一特点是因为群组和组件的材质也有相应的特殊设定。组合本身的材质和组合内部各元素的材质，两者之间并无联系。

　　当为群组或组件赋材质时，该材质被赋予整个群组或组件本身，而不是其内部的元素。群组或组件内部只有被赋予了默认材质的元素才会接受被赋予群组或组件整体的材质。而那些已经被赋予了特定材质的元素则都会保留原来的材质不变。

　　打开下载文件中的 2.2.skp 文件，文件中建筑模型整体是个群组，且屋顶被赋予特定材质，所有墙体则保持为默认材质（图 2-91）。

　　在材质面板中选择任意一种墙体材质并将其赋予刚刚创建的群组，可以看到只有原来是默认材质的墙体接受了材质的赋予，而屋顶材质依然保持不变（图 2-92）。

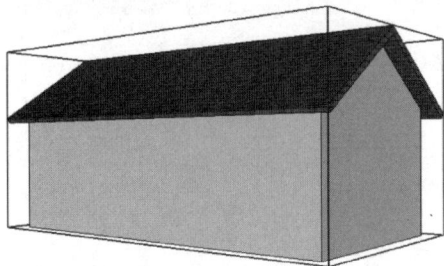

图 2-91

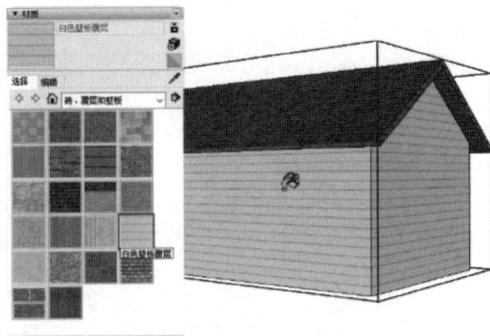

图 2-92

选择群组并查看其实体信息，可以看到群组的材质只表现为最后所赋予的墙体材质，并不包含群组内部屋顶元素的材质（图 2-93）。

现在将群组炸开，墙体的材质并未恢复成最初的默认材质，而依然表现为原先群组所具有的材质（图 2-94）。

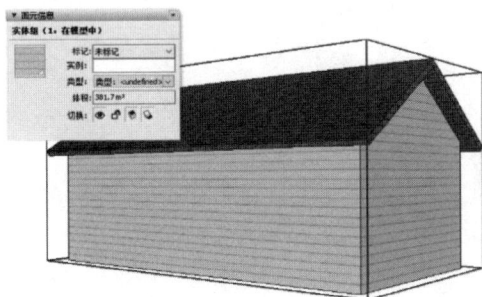

图 2-93

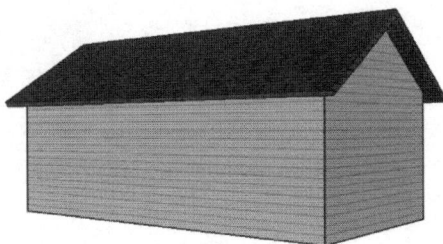

图 2-94

2.3.3 群组和组件的整体编辑

对群组和组件的编辑操作除了通常所指的对其内部元素的编辑外，还有一类是指对群组和组件本身的编辑，在此我们称后者为对群组和组件的整体编辑。

1）群组的整体编辑

群组的整体编辑包括"解除黏接"和"重设比例"。

创建群组时，如果群组中的有些线或面与群组外的面连在一起，该群组将与该面出现关联效应，对其的移动将受到关联面的限制。"解除黏接"就意味着将群组与其原先的关联面分开，成为完全独立的群组。

"重设比例"则表示，在群组被创建时，系统会自动记录群组的比例大小为默认比例。之后无论对该群组执行什么样的缩放操作，只要执行"重设比例"，都可以将该群组恢复成创建时默认的比例大小。

创建如图 2-95 中所示图形，一个建筑模型落在一个平的基地上，选择建筑模型并将其组合为群组。选择该群组并利用移动工具移动它，可以发现该群组的移动方向被限制在基地面所在的水平面上，无法进行垂直方向的移动（图 2-96）。

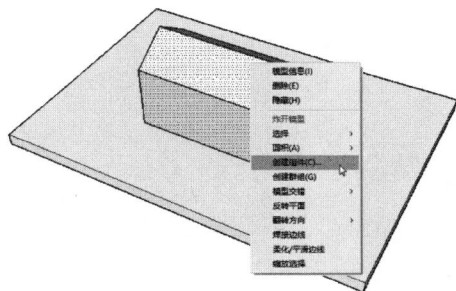

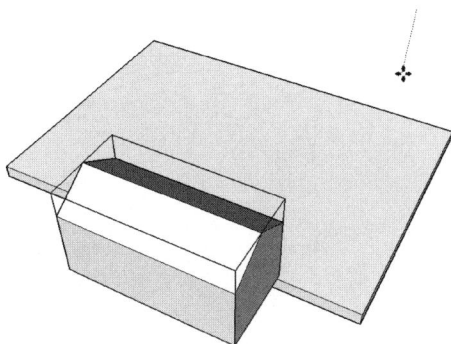

图 2-95

图 2-96

撤销刚才的移动操作。在群组上单击鼠标右键，在关联菜单中选择"解除黏接"（图 2-97）。再次移动该群组，由于刚才的操作取消了群组与关联面之间的联系，这次可以使群组沿垂直方向移动了（图 2-98）。

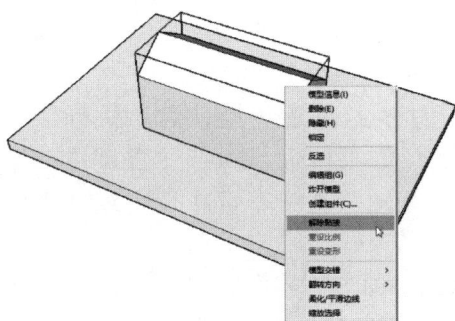

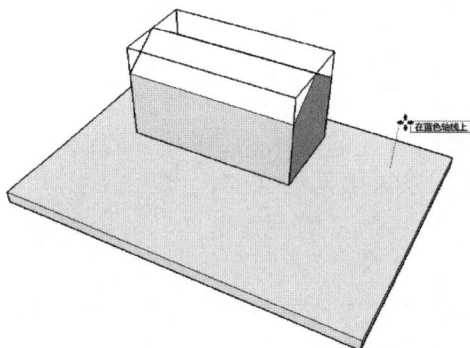

图 2-97

图 2-98

撤销刚才的移动操作。再次选择群组，激活缩放工具，在群组周围出现缩放夹点（图 2-99）。通过点击缩放夹点可对该群组进行多次任意方向的缩放（图 2-100）。

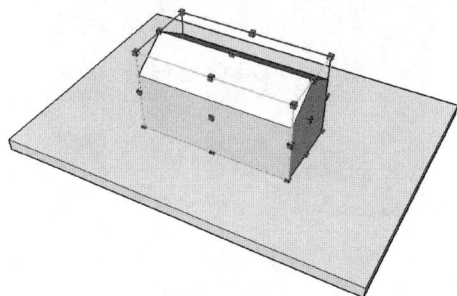

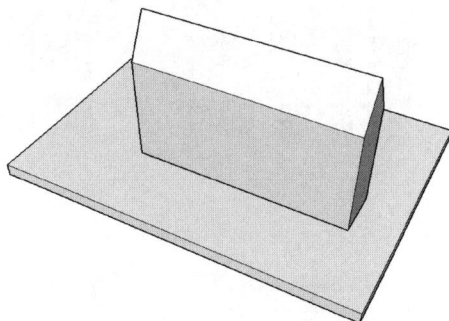

图 2-99

图 2-100

在群组上单击鼠标右键，在关联菜单中选择"重设比例"（图 2-101）。群组恢复到创建时的比例大小（图 2-102）。

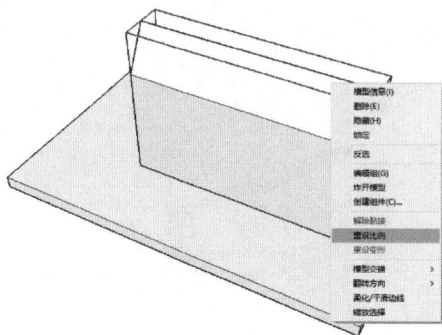

图 2-101

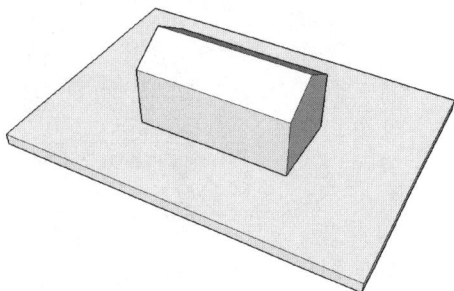

图 2-102

2）组件的整体编辑

组件的整体编辑包括"解除黏接""重设比例""缩放定义"和"更改轴"等操作。

只有在创建时设定了粘合面的组件才能被执行分离操作，被分离的组件相当于被切断了它与粘合面之间的关联，同时还会造成原有剖切开口功能的失效。组件的"重设比例"功能与群组的"重设比例"相同，无论对组件执行什么样的缩放操作，只要执行"重设比例"，就可以将该组件恢复成创建时默认的比例大小。"缩放定义"则意味着对组件的默认比例的重新定义。当对组件执行过缩放操作后，执行"缩放定义"，则以该组件的当前比例大小作为默认比例。如果以后再执行"重设比例"的操作，组件将恢复到重新定义后的比例大小。"更改轴"意味着重新设定组件插入点和方向。

打开下载文件中的 2.5.skp，文件中包括一个简单的建筑体块，其中某立面上有一些窗户组件。在任意一个窗户组件上单击鼠标右键，在关联菜单中选择"解除黏接"（图 2-103）。该组件在墙面上的开口被取消，墙面恢复完整（图 2-104）。

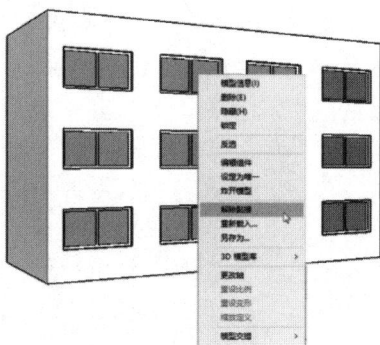

图 2-103

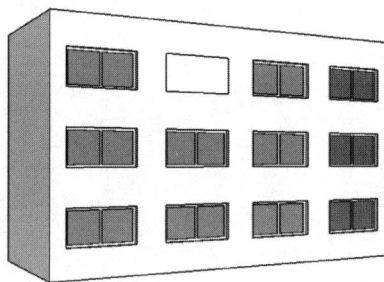

图 2-104

选择任意一个窗户组件进行缩放（图 2-105）。在缩放后的组件上单击鼠标右键，在关联菜单中选择"重设比例"（图 2-106）。

该组件恢复到其默认的比例大小，但要注意，此时窗户的相对位置发生了变化，这是因为在缩放原窗户组件时，该窗户组件的插入点位置已经发生变动（图 2-107）。

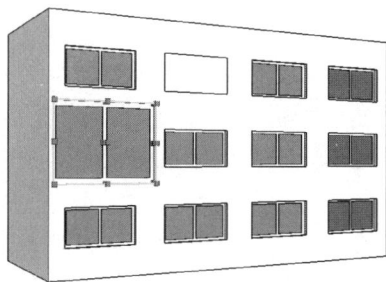

图 2-105

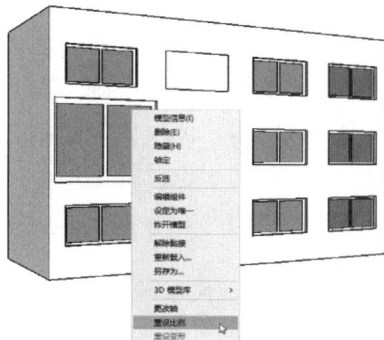

图 2-106

3）群组和组件的锁定和解锁

无论是群组还是组件都存在一个特殊的状态——锁定。被锁定的群组或组件尽管仍在整个场景中，可以被观察、被选择，但却无法对其进行编辑。锁定的群组和组件在被选择时，边线都以红色表示。通过"解锁"操作可以将被锁定的群组或组件解除锁定。

锁定和解锁操作均可通过菜单"编辑"下的"锁定"或"取消锁定"实现，也可通过在群组或组件上单击鼠标右键，在关联菜单中选择"锁定"或"解锁"实现。

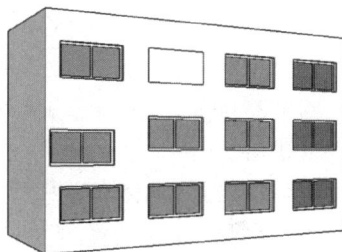

图 2-107

2.4　SketchUp 建模实践

综合之前的内容，可以比较方便地建立起完整的 SketchUp 模型。但在具体建模时，还要根据模型对象的特点，确定不同的建模策略。

2.4.1　SketchUp 模型的分类与建模策略

从模型的完整度来说，SketchUp 模型一般可分为单线墙模型和双线墙模型两种。前者通常只包括建筑的外观，而省略了所有的内部元素；后者往往更强调模型的完整性，室内外所有建筑要素都需要建模。

相比较而言，单线墙模型比较简单，而且能很好地利用 SketchUp 组件自动开洞的特性，建模过程更方便快捷，一般适用于设计阶段建筑体量的推敲和最终表现图的制作。

双线墙模型比较复杂，因为建筑的室内要素很多，包括楼板、楼梯、隔墙、门，有时甚至连家具也需要完整表达，建模过程繁琐，耗时也更长。而且组件的自动开洞功能对于双线墙来说不起作用，这也使得 SketchUp 的建模优势不能得到充分的发挥。双线墙模型一般用于设计阶段建筑室内空间的推敲，利用相机和行走功能可以在建筑内部进行更全面的观察。此外，完整的双线墙模型可以利用剖切面功能，直接生成平面和剖面图，有利于建筑图纸的完成。

从模型的组织结构来说，SketchUp 模型又可以分为体块式模型和分层式模型。前者通常以体块为单元来组织整个模型，而后者是以建筑楼层为单元来组织模型。

前一节介绍过，在 SketchUp 中组织模型一般是以群组为单位，通过不同的群组和嵌套群组构成层级式的模型结构。体块式模型就是以体块作为群组的组合基础，而分层式模型是以建筑楼层作为群组的组合基础。

体块式模型一般适用于体块比较明确且丰富的建筑。以体块为群组单元，可以方便地调整相互间的关系，有利于设计的推敲；分层式模型则适用于上下楼层差异不大的建筑，尤其对于有标准层平面的办公楼或住宅，以楼层为单位组成群组甚至组件，进行复制或阵列，有利于之后的修改。

但是，体块式和分层式的组织方式并非绝对的区分，在实际建模时，两种方式经常会混合使用。例如，分层建模时，楼梯间可以作为一个体块单独成组；而分体块建模时，其中某个体块可能因标准层的存在而进行分层式建模。

总的来说，根据模型类型的区分和使用目的的不同，我们需要确定相应的建模策略，如单线墙体块式模型、双线墙体块式模型、单线墙分层式模型和双线墙分层式模型等。合理的建模策略不但能够有效提高建模的效率，而且有利于对设计的推敲和调整。

本节将选择其中单线墙体块式和双线墙分层式两类模型作为案例，对其基本的建模过程进行讲解。

2.4.2　单线墙体块式模型

本案例是个简单的食堂方案，下载文件中提供了简化的 AutoCAD 平、立、剖面图。尽管在方案初始并不需要非常精确的尺寸，但随着方案的深入，准确的尺寸依然非常重要。与 CAD 文件的协同工作在 SketchUp 的应用中非常普遍，同时 SketchUp 也保持了对 CAD 文件的较好的支持。我们将从 AutoCAD 图的导入开始建模过程。

1）AutoCAD 文件的导入

SketchUp 支持的 AutoCAD 实体包括：线、圆弧、圆、多义线、面、有厚度的实体、三维面、嵌套的图块，以及 AutoCAD 图层。SketchUp 不支持 AutoCAD 的区域、外部引用、填充图案、尺寸标注、文字等实体，这些实体在导入时将被忽略。

在导入之前，要尽量使文件简化。最好先清理 CAD 文件，只留下需要导入的几何体。另外一个策略是分批导入，将需导入的 CAD 文件通过"wblock"操作分成几个，分别导入并组成群组，这样可以根据需要隐藏暂时用不到的内容。

在 AutoCAD 中打开下载的"单线墙体块式案例.dwg"文件，并利用"wblock"命令将平面和立面分成两个单独的文件。

打开 SketchUp 软件，通过菜单"文件">"导入"打开对话框，在文件类型列表框内选择"AutoCAD Files（*.dwg，*.dxf）"，选择之前生成的平面文件。点击右侧选项按钮，打开选项对话框（图 2-108）。其中最重要的是要在单位下拉列表中选择 CAD 文件所使用的单位类型。根据所选择的单位，SketchUp 会自动将模型转换成当前场景所设定的单位。在此我们选择毫米。

选择导入的平面文件，将其组成群组；然后用同样的方法导入立面（图 2-109）。

当场景中已经有物体时，再导入的物体会自动组成组件。如果导入数据超出当前视图窗口大小，可以用"充满视窗"命令显示全部物体。

将立面组件沿红轴旋转，使其呈现垂直于红绿轴平面的状态，便于我们在建模时参考其高度信息（图 2-110）。

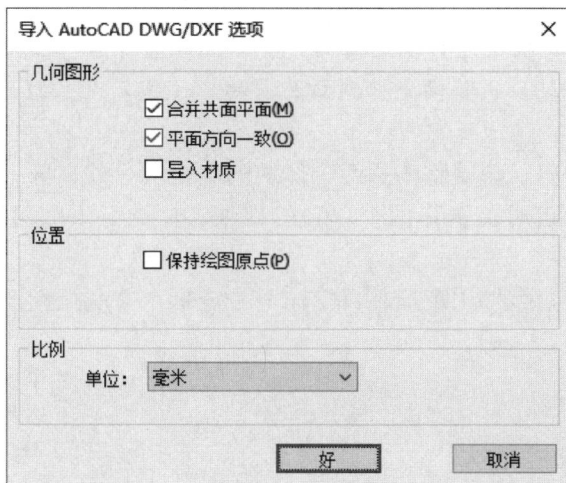

图 2-108　导入 AutoCAD DWG/DXF 选项对话框

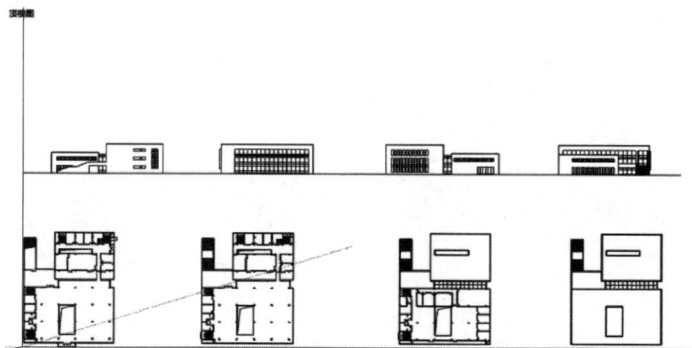

图 2-109　导入 CAD 文件

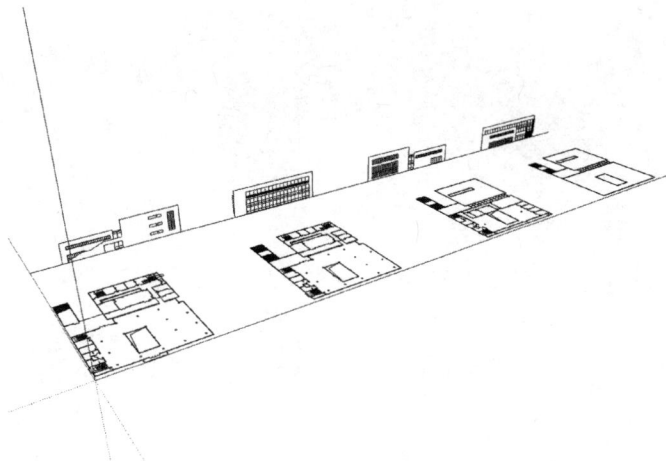

图 2-110　旋转立面

注意：在当前情况下，三维旋转难以定位。此时可在空白处简单画一个矩形并拉伸，然后以矩形立面为参考，将旋转命令的转盘光标放到与蓝绿轴平面平行的矩形立面上，按住"Shift"键锁定旋转轴，再移动光标到立面图的底边线，对立面图进行旋转。

2) 建立基本体块

从建筑图纸可以看出，建筑整体是两个体块的组合，另外，两个体块之间的交接部分和入口处的大楼梯平台也可被视作两个单独的体块。因此，大致可以将建筑分为四个体块，分别建模。

以底层平面为基准，直接用矩形工具拉出一个矩形，并利用立面高度为参考拉出其高度，然后组成群组（图 2-111）。

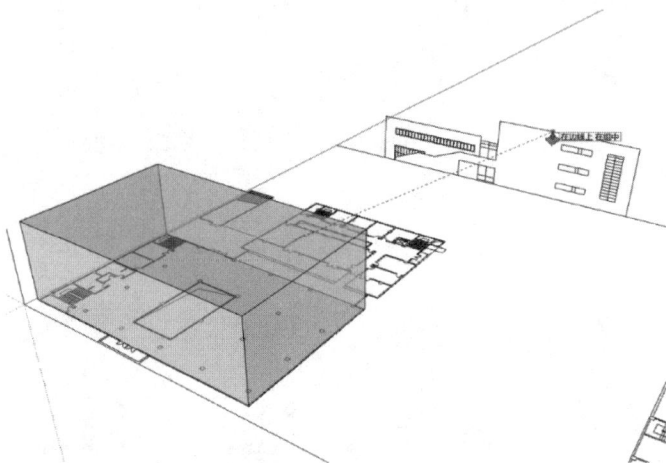

图 2-111

用同样的方法建立其他两个体块群组（图 2-112）。

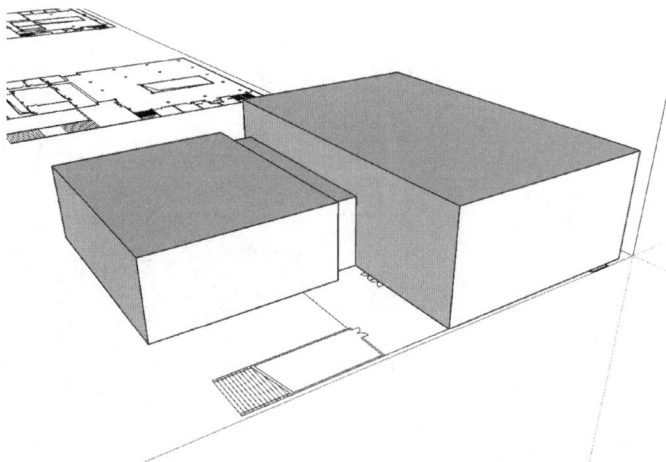

图 2-112

楼梯平台部分形状比较特殊，我们利用立面上的轮廓用直线工具描边，并拉伸 0.2 米作为基本体块，同样将其组成群组（图 2-113）。

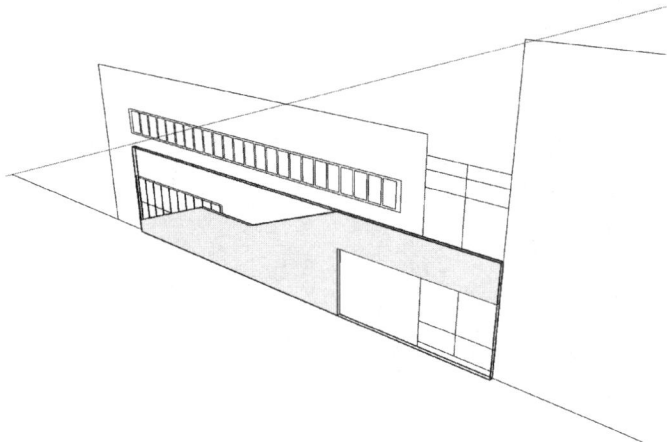

图 2-113

3）增加立面细部

立面细部最主要的元素就是窗户。在立面上建立窗户模型首先需要定位，一般有两种方法。一种是在立面上量出窗户角点和立面边线之间的距离，然后利用卷尺工具在立面上拉辅助线，通过辅助线交点作为定位点；另一种是直接利用导入的立面，将其与体块对齐，然后以其为基准描绘。在本案例中，我们将分别使用这两种方法。

首先量出东侧立面中，左侧窗户左下角距离底边 0.9m，距离左侧墙边 2.6m。双击南侧体块群组进入编辑状态，再利用卷尺工具按照测量距离在东侧立面拉出两条辅助线（图 2-114）。

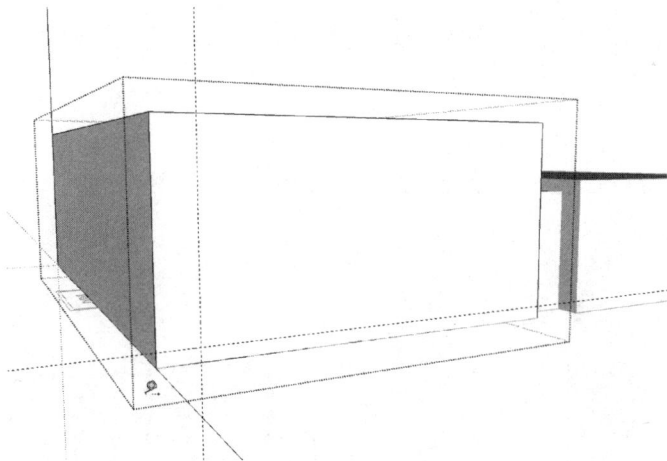

图 2-114

用矩形工具在立面上绘制一个 0.8m×7m 的矩形，并向内推进 0.3m 形成窗户。选择窗户部分的物体并将其组成组件（图 2-115）。

注意：为避免选择物体时误选到多余的部分，选择时应打开 X 光模式，随时检查。选择窗户组件，用移动命令执行阵列操作，将其按 1.4m 的间距阵列 12 个（图 2-116）。

从立面图可以看出，该窗户在中间位置还有一根梁。双击任意一个窗户进入该窗户组

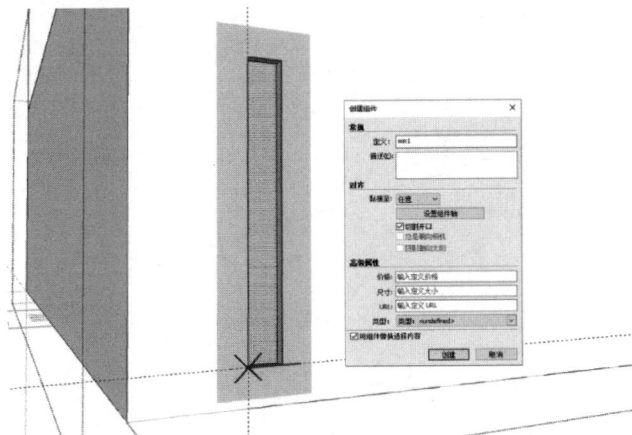

图 2-115

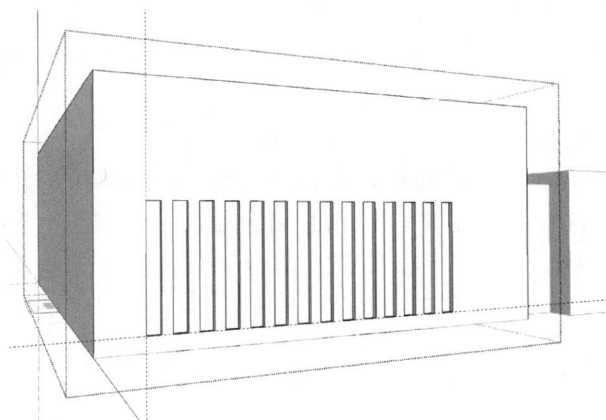

图 2-116

件的编辑状态，将窗户底边向上分别复制 2.8m 和 3.6m（图 2-117）。

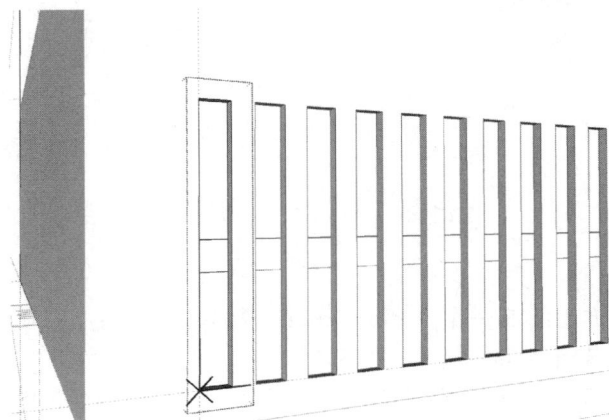

图 2-117

将中间梁向外拉伸 0.2m，然后选择软件提供的玻璃材质，赋予上下两块面，形成玻璃材质效果（图 2-118）。

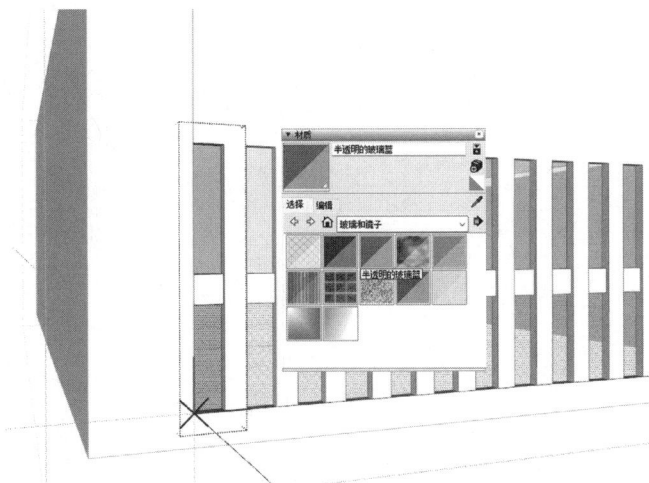

图 2-118

用同样的方式绘制南体块东立面上的另一组窗户，然后通过菜单"编辑">"删除参考线"删除所有辅助线，并退出群组的编辑状态（图 2-119）。

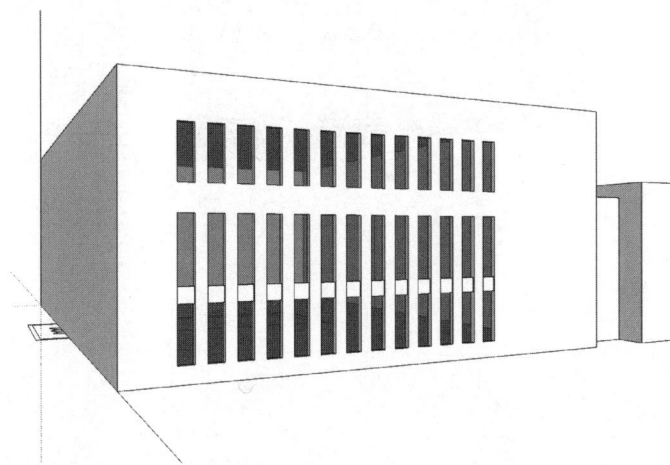

图 2-119

接下来采用另一种方式对南立面的窗户进行建模。

将导入的立面组件移动至南立面与模型体块对齐（图 2-120）。

再次进入南侧体块群组的编辑，然后以南立面为参考，绘制窗户轮廓，并分别向内推进，再赋予玻璃材质（图 2-121）。

退出体块群组编辑，进入立面组件编辑，选择窗框线并按"Ctrl＋C"进行复制（图 2-122）。

退出立面组件编辑，通过菜单"编辑">"定点粘贴"，将刚才选择的窗框线粘贴到原位，然后将其组成为新的群组，再将该窗框群组移动到立面窗户所在位置。

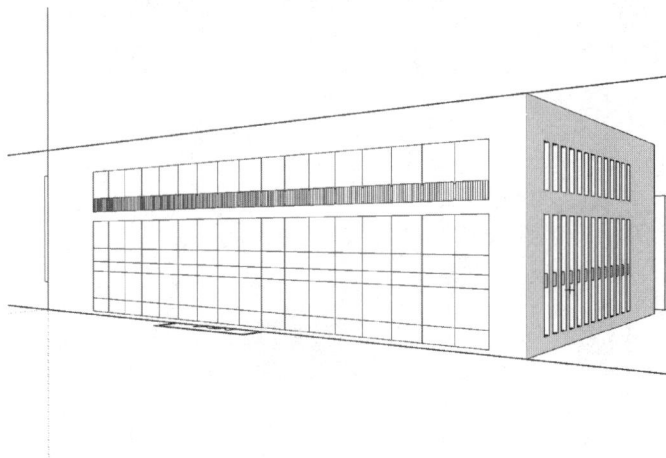

图 2-120

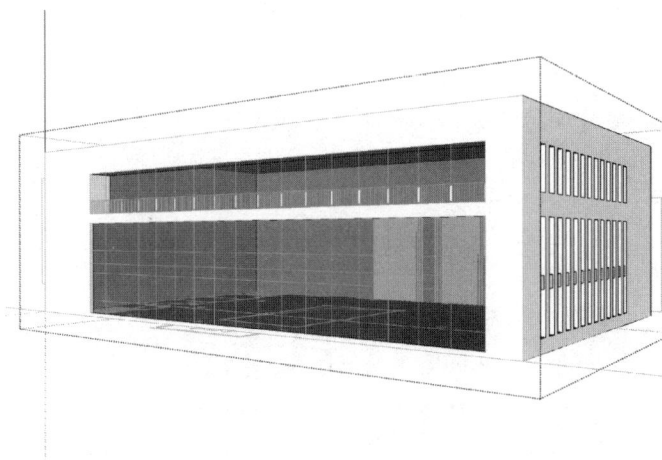

图 2-121

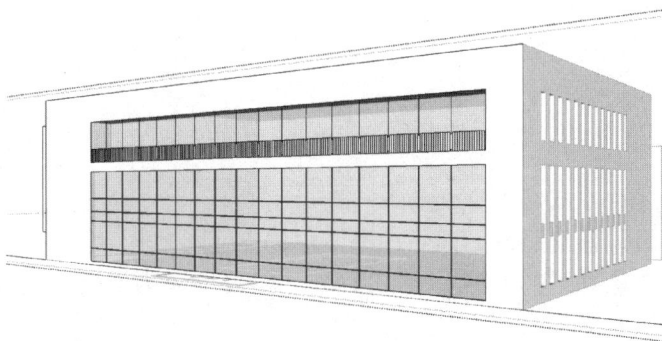

图 2-122

　　保持刚才的窗框群组为选择状态，按"Ctrl＋X"将其剪切，再次进入体块群组编辑，通过"定点粘贴"，将窗框群组粘贴到原位，完成这部分窗框的建模（图 2-123）。

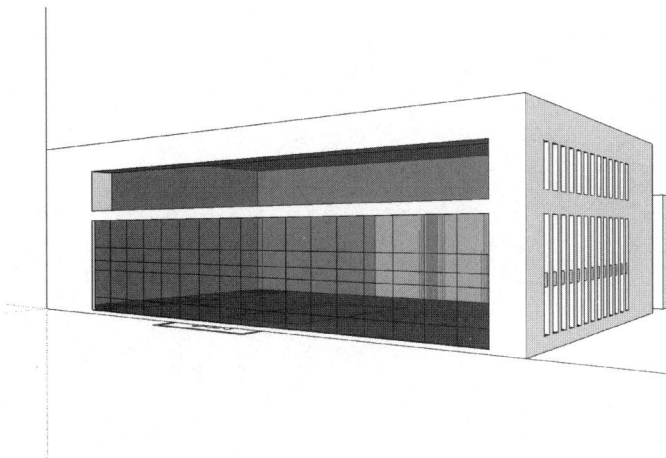

图 2-123

南立面三层的窗户窗框则采用阵列边线的方式实现（图 2-124）。

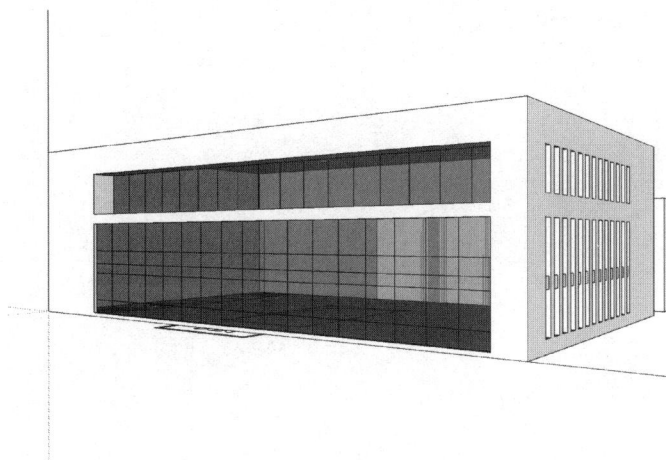

图 2-124

接下来建南侧平台上的栏杆，由于在 AutoCAD 文件中，这些栏杆是用块的形式画的，在导入 SketchUp 后，这些块自动被转换成组件。因此，只需要直接编辑这些组件，即可得到三维的栏杆模型。

双击立面图中的任一栏杆组件进入其编辑状态，在其右下角画一个 0.05m×0.02m 的扁长矩形（图 2-125）。

利用"路径跟随"可以很容易建立栏杆的外框。先将中间的栏杆线全部删除，以避免干扰路径跟随操作。然后选择路径的所有线条，接着点击路径跟随工具，再选择扁长矩形面，完成外框的建模（图 2-126）。

由于受到了边上线条的干扰，栏杆外框有部分面缺失了，需要重新补上。

复制一个栏杆的底面，距离为 0.15m，并将其推拉至栏杆边框高度。再选择该栏杆，用阵列的方式完成中间栏杆的建模（图 2-127）。

图 2-125

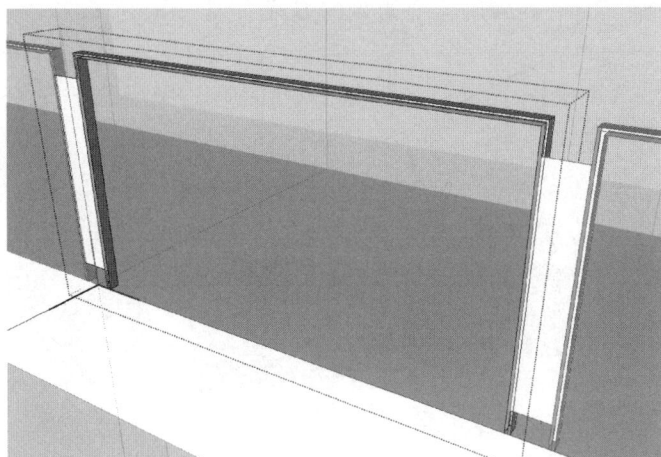

图 2-126

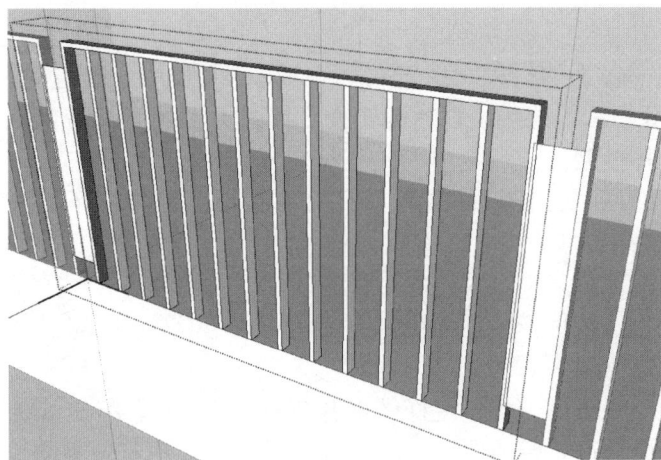

图 2-127

建立栏杆单元之间连接体块的模型，完成栏杆组件的建模。然后利用剪切加粘贴到原位的方法，将这些栏杆组件从立面图中转移到南侧体块群组内（图 2-128）。

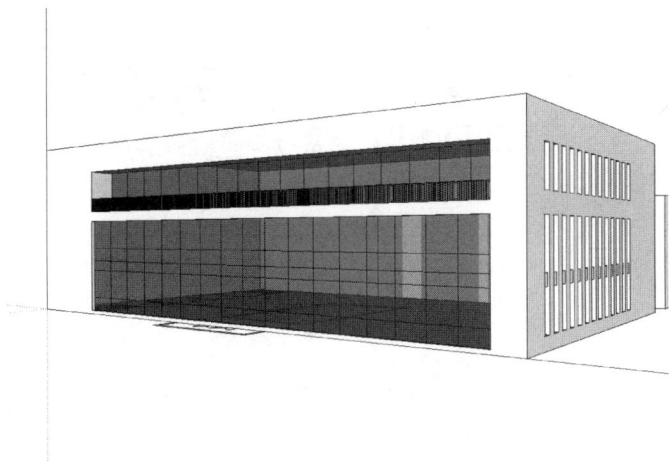

图 2-128

用类似的方法完成其他立面和体块的建模工作（图 2-129）。利用立面图建模时，将不同方向的立面图组成不同的群组，可以更方便地移动这些立面，与不同位置的体块匹配，从而帮助立面图形的定位。此外，在编辑群组或组件时，灵活使用"隐藏剩余模型"和"隐藏类似的组件"两个显示模式，也可以大幅提高建模效率。

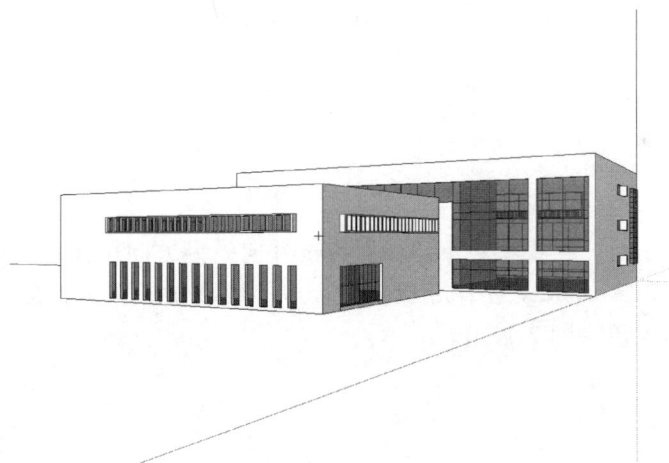

图 2-129

最后，利用楼梯侧面拉伸出楼梯的体量，建立楼梯和平台体块的模型（图 2-130）。

4）设定相机场景

模型完成后，需要进一步考虑相机场景的设置，从而保存特定的视角，方便之后的调用，在推敲设计的过程中，比较同样视角下的视觉效果。

在第一节中已经介绍过，SketchUp 的场景设置不仅可以保存相机的位置，还可以保存阴影设置和物体的隐藏状态等。下面我们将尝试保存两个相机场景。

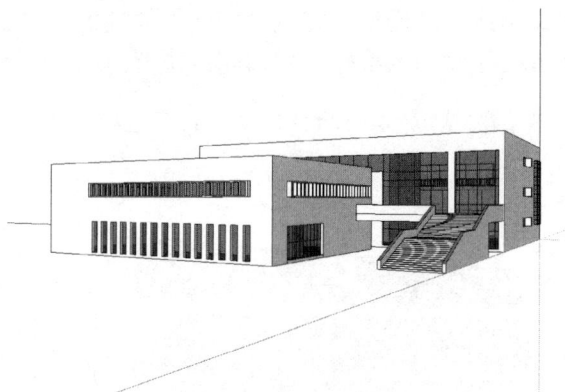

图 2-130　完整的模型

　　首先将之前导入的平面图和立面图等都隐藏，然后将场景切换到顶视图状态，并适当缩小场景（图 2-131）。

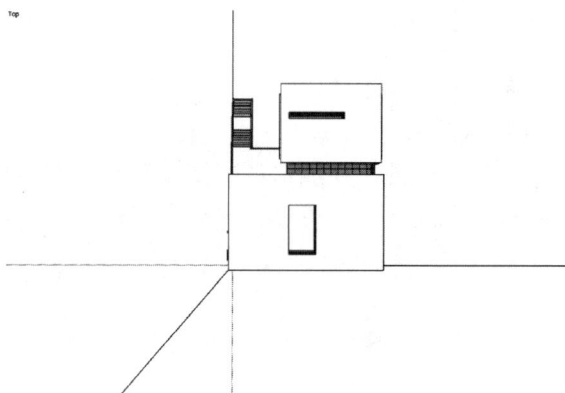

图 2-131　顶视图

　　使用设置相机工具，在模型右下角位置点击并向模型方向拉伸，表示从东南角看建筑的视角，然后直接输入 1.6m，抬高相机位置，再使用漫游工具进行前后左右的走动，直到获得比较满意的视角（图 2-132）。

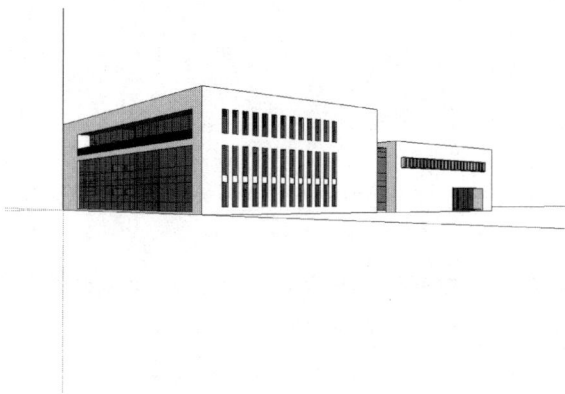

图 2-132　调整好的相机视角

将轴线隐藏，打开阴影并调节时间，直到获得比较满意的阴影角度（图 2-133）。

图 2-133　东南角透视

此时可以保存场景，并将其命名为东南角透视。

目前整体的构图并不好，整个建筑偏上，地面太多。要解决这个问题有两个方法，一个是导出后，在图像编辑软件如 Photoshop 中通过裁剪调整构图；另一个是选择菜单"相机">"两点透视图"，将视角强制在两点透视状态，然后就可以通过平移或缩放来获得更好的构图（图 2-134）。（背景颜色的调整参考本章 2.5.1 节）

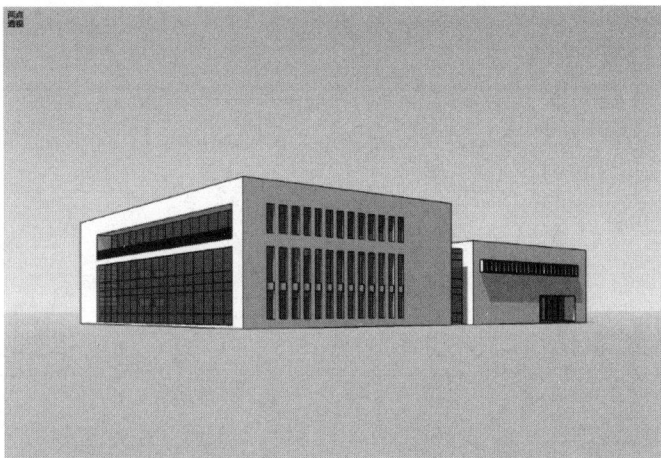

图 2-134　两点透视并调整构图

用同样的方式设定西北角入口透视（图 2-135），也可以用同样的方法调整构图并保存场景（图 2-136）。

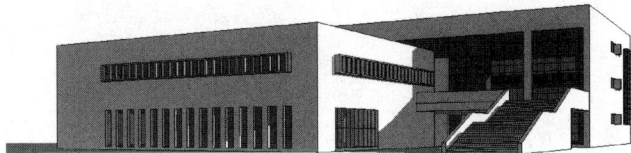

图 2-135　西北角入口透视

此时，单线墙体块式模型基本建立完成。

2.4.3　双线墙分层式模型

本案例是个简单的教学楼方案，下载文件中提供了简化的 AutoCAD 平立剖面图。我们同样从 AutoCAD 图的导入开始建模过程。

图 2-136　调整构图

1）AutoCAD 文件的导入

在 AutoCAD 中打开下载的"双线墙分层式案例 . dwg"文件，清理并关闭不必要的图层后，利用"wblock"命令将所有的平立剖面分开成单独的文件。然后分别导入至 SketchUp 中（图 2-137）。其中第一个导入的文件需要在 SketchUp 中手动选择并组成群组。

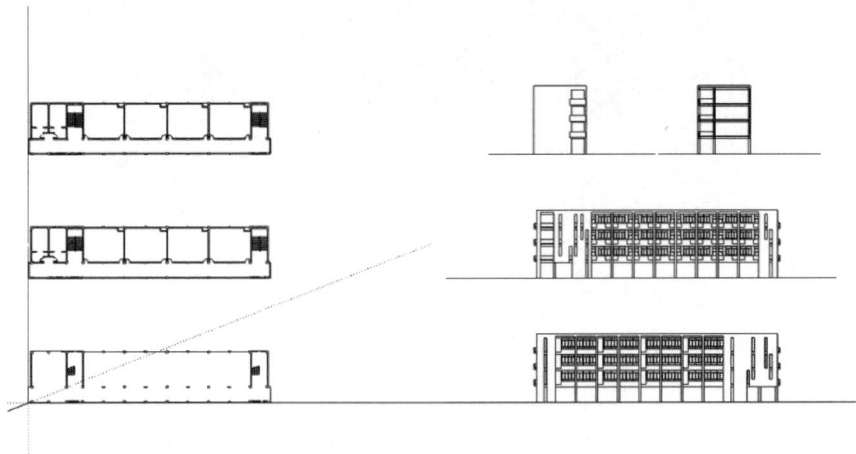

图 2-137　导入 CAD 文件

在标记面板中，以分层平面和立面剖面为名称添加新标记（图 2-138），并利用图元信息面板将各层平面和立面剖面所属图层与新添加的图层标记相对应（图 2-139）。

2）建立标准层模型

本案例有些特殊，底层基本是架空层，因此我们从标准层开始建立模型。

双击标准层组件进入编辑状态。平面图中所有的柱子因为在 CAD 图中使用了块而都被转换成了组件，因此，只需要再编辑柱子组件，即可得到所有柱子模型。在本案例中，标准层共有三种柱子，分别进入其编辑状态，通过重描边线得到柱子底面，再向上拉伸层高 3.9m（图 2-140）。

图 2-138　添加图层标记

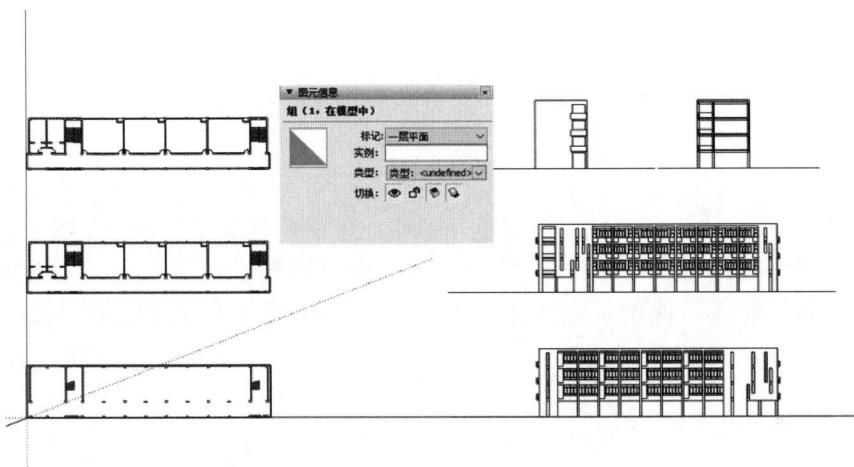

图 2-139　在图元信息中更改所属图层

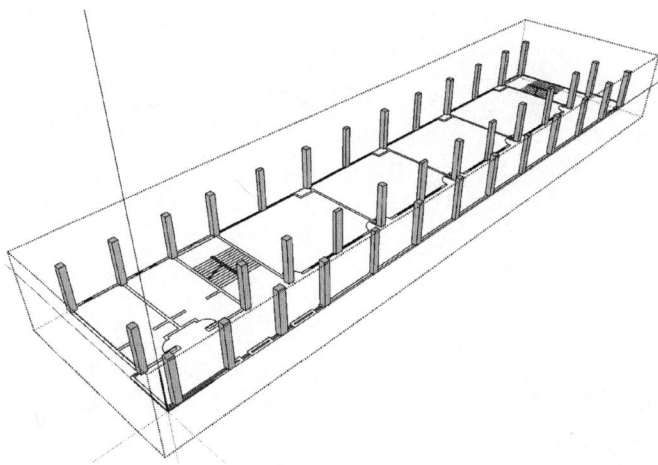

图 2-140　标准层柱子模型

由于分层导入，尽管不同楼层平面图中使用了相同的块，但不同楼层组件之间，这些块所转换成的组件之间没有关联，因此，编辑标准层组件中的柱子组件时，其他楼层组件中的柱子并没有随之变化（图 2-141）。

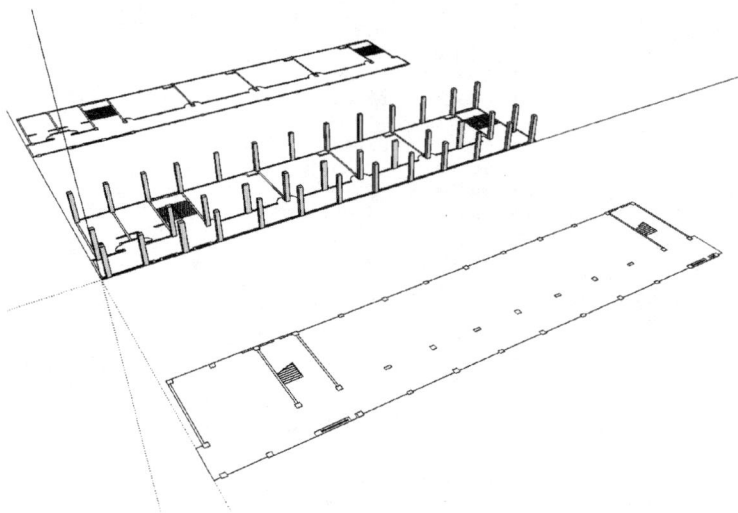

图 2-141

将标准层中所有的柱子组成一个群组并隐藏。进一步精简图形，避免线条过多影响墙体建模，删除标准层平面中的门和楼梯等线条，窗户则删除中间线条，保留两条外边线（图 2-142）。另外要适当保留一些线条，如楼梯的两端线条，以方便确定楼梯建模时的位置。

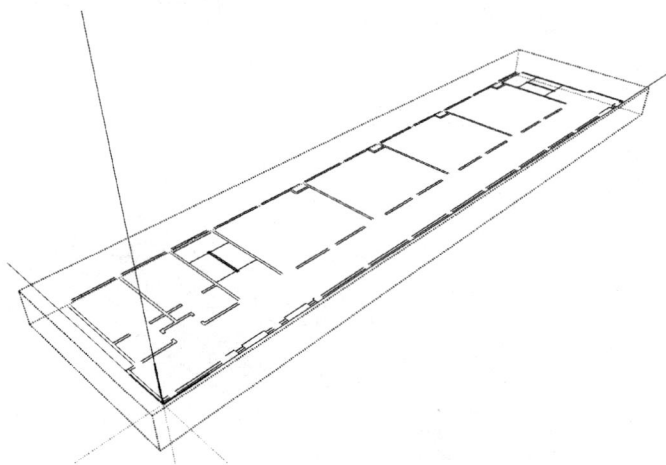

图 2-142

通过封闭墙体端部或重描线条，完成所有墙体底面，并将墙体向上拉伸 3.9m，栏板向上拉伸 1.1m（图 2-143）。

接下来要建立窗户模型。在有窗户的墙体处，复制墙体顶面至窗洞口的上顶面和下底面位置，再推动窗洞口位置墙面至其背后，生成窗洞口（图 2-144）。

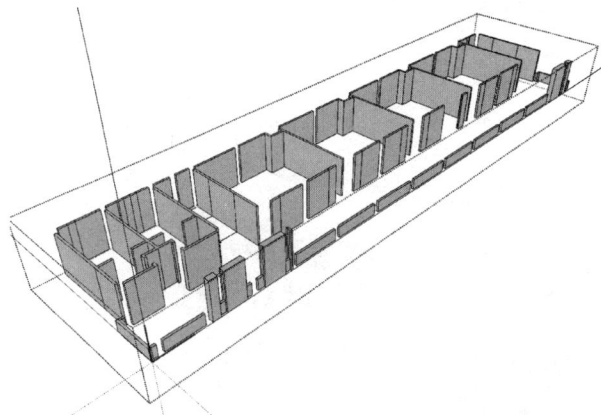

图 2-143

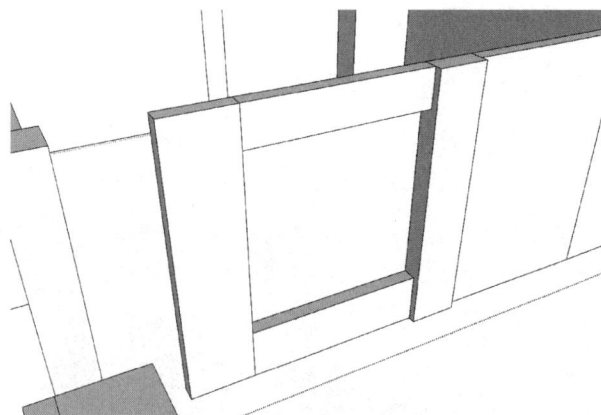

图 2-144

　　在窗洞口中心位置绘制矩形面作为窗户面，仅选择该面组成组件。与单线墙上的窗户组件不一样，此处的窗户组件不包括窗洞口的面。先组成组件再编辑，减少了之后选择窗户构件的麻烦。编辑窗户组件，绘制窗框，赋予材质，完成一个窗户的模型（图 2-145）。

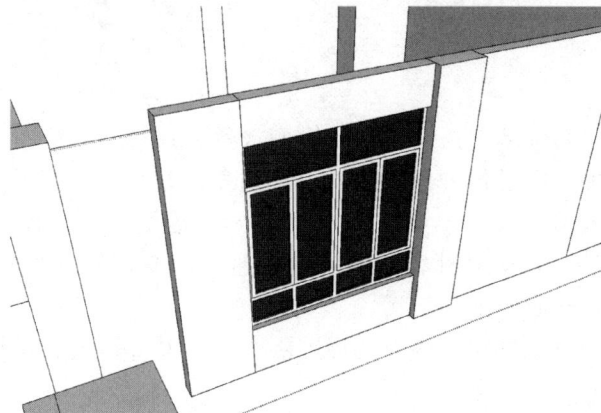

图 2-145

用同样的方式完成门的建模，并清理一些不必要的线条，然后将这段墙体连带门和窗组成新的组件（图 2-146）。

图 2-146

将这段墙体对应的另一侧的墙体删除，然后复制一份墙体组件，并利用右键关联菜单中的"翻转方向"功能将其沿红轴镜像，再放到相应的位置（图 2-147）。

图 2-147

用类似的方式建立其他墙上窗户和门的模型（图 2-148）。

用类似的方式添加走廊部位的栏板和楼梯（图 2-149）。

最后依次补上梁（图 2-150）、楼梯（图 2-151）和楼板（图 2-152）。要注意，楼梯和楼板都是在标准层组件之外单独建模，能够有效避免已有墙体和窗户对建模的干扰。此外，楼板要注意留出楼梯洞口。

最后，将这些模型再全部组合成新的标准层组件，再将其向上复制一层，得到二、三标准层的模型（图 2-153）。

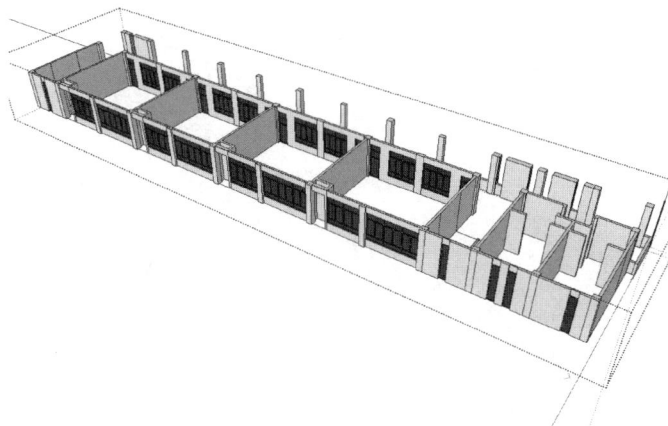

图 2-148

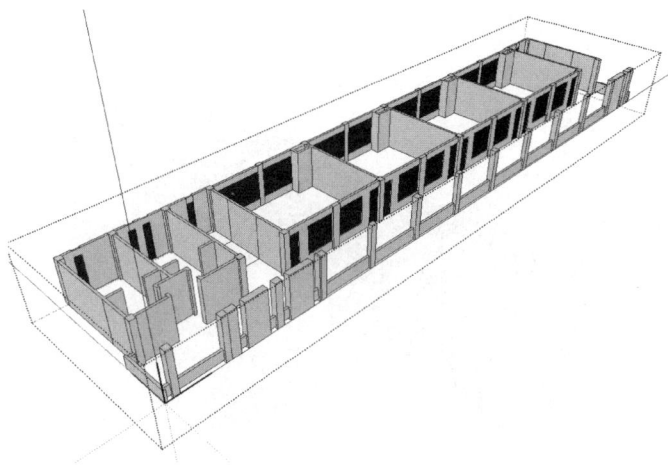

图 2-149

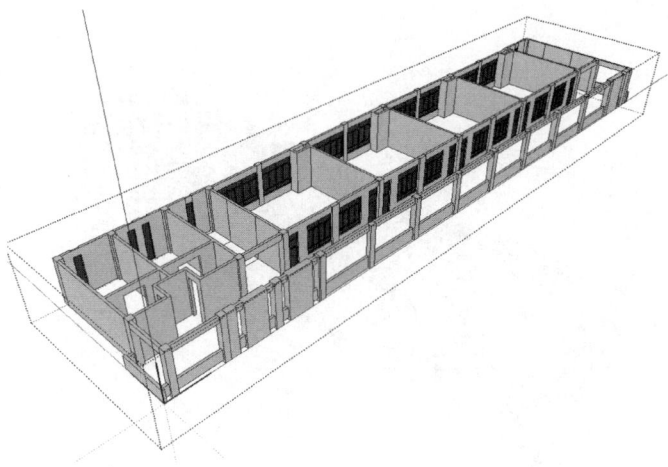

图 2-150

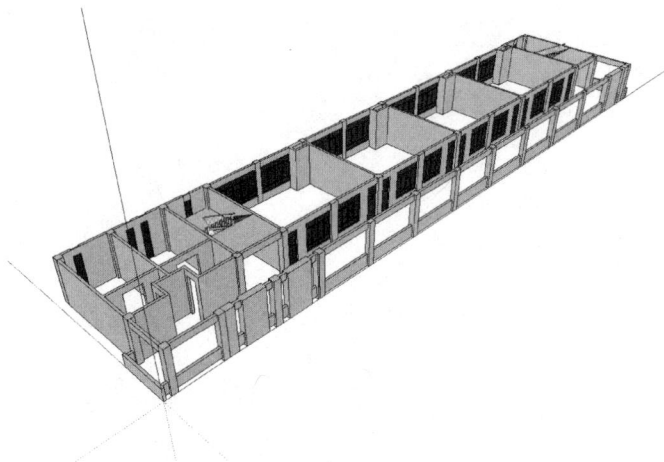

图 2-151

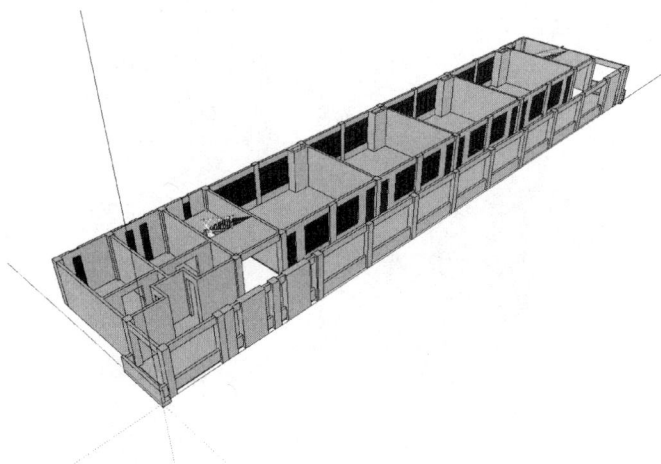

图 2-152

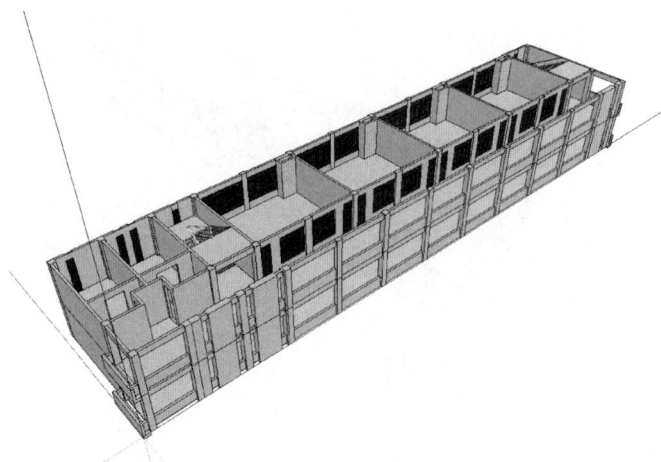

图 2-153

3）建立顶层模型

在本案例中，顶层与标准层基本没有区别，只是在屋顶和女儿墙部分有差异。因此，将标准层组件再向上复制一层，作为顶层模型的基础。然后在复制的组件上单击鼠标右键，选择"设定为唯一"（图 2-154）。

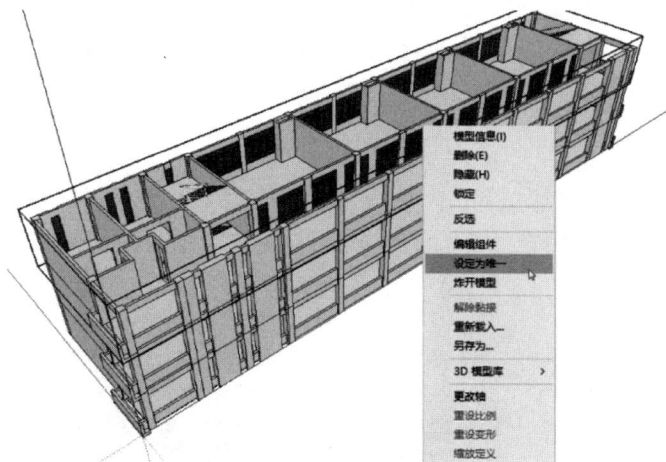

图 2-154

双击该组件进入编辑状态。删除其中的两个楼梯，并补上楼梯结束段的栏杆（图2-155）。

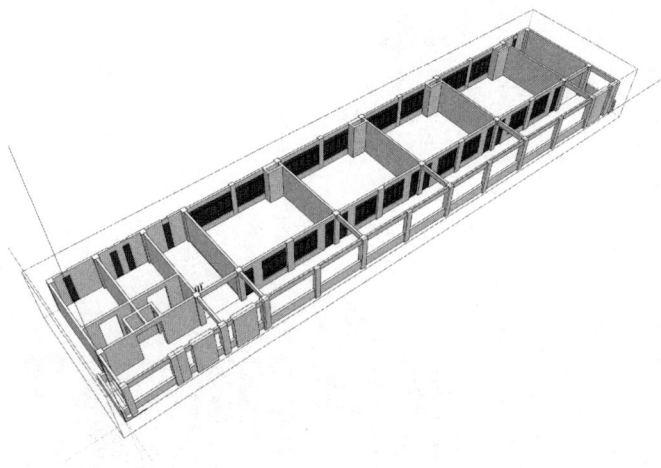

图 2-155

重新绘制屋顶面，并向下拉伸 0.15m（图 2-156）。

将顶面边线向内偏移（Offset）0.35m，并将外环向上拉伸 0.75m，将内部矩形向上拉伸 0.1m（图 2-157）。

顶层模型建立完成（图 2-158）。

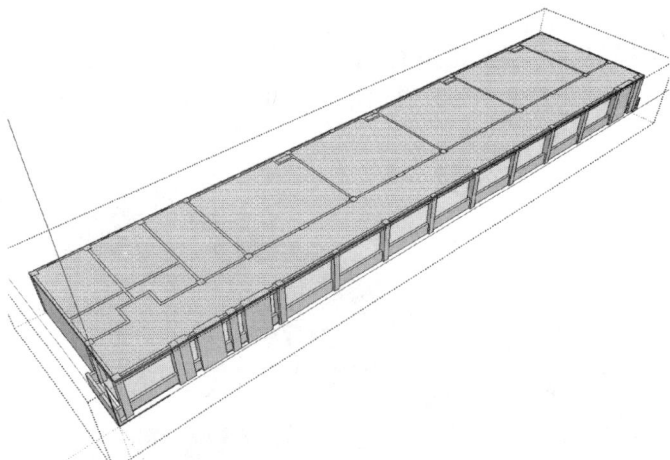

图 2-156

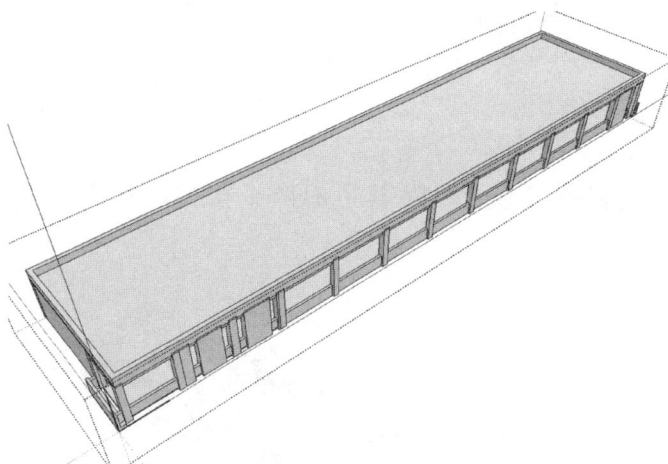

图 2-157

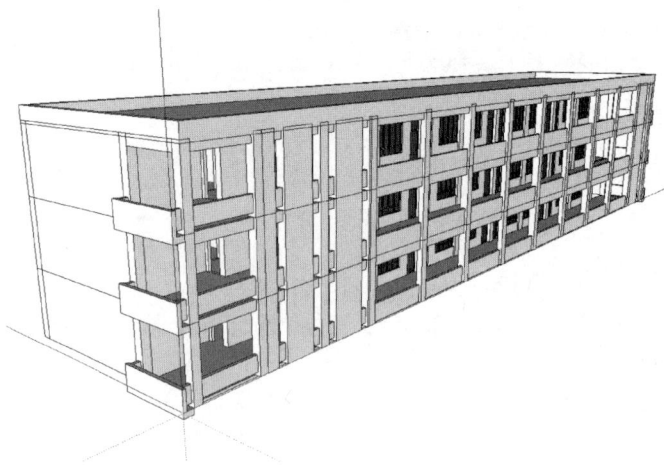

图 2-158

4）建立底层模型

本案例中，底层平面与其他层平面有较大区别，但建模方式是一样的，先从柱子开始，然后建墙体、门窗、梁和楼梯。其中很多部件和标准层一样，如楼梯、梁等，可以从标准层模型中直接复制。双击底层群组进入编辑状态，并将所有的柱子封面并拉伸 4.35m（图 2-159）。

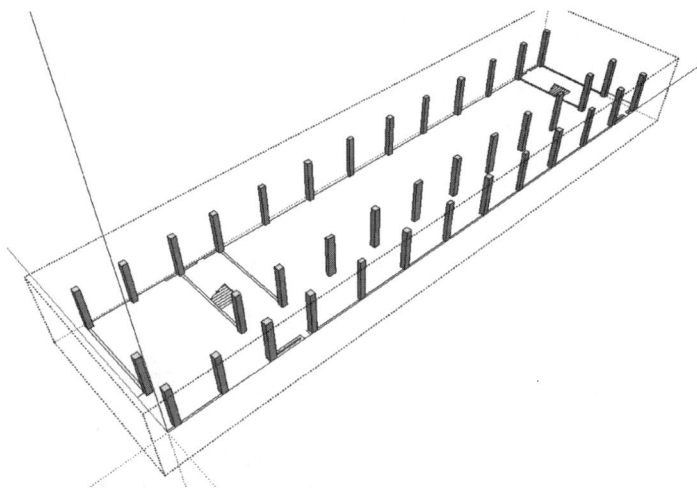

图 2-159

继续建立墙体模型（图 2-160）。

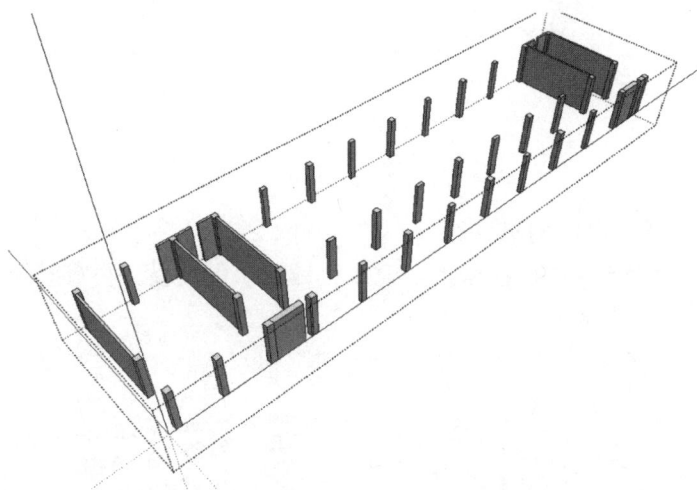

图 2-160

建立梁的模型（图 2-161）。

插入之前建立的楼梯组件，并将其单独处理，调整以适应底层的层高（图 2-162）。底层模型建立完成。

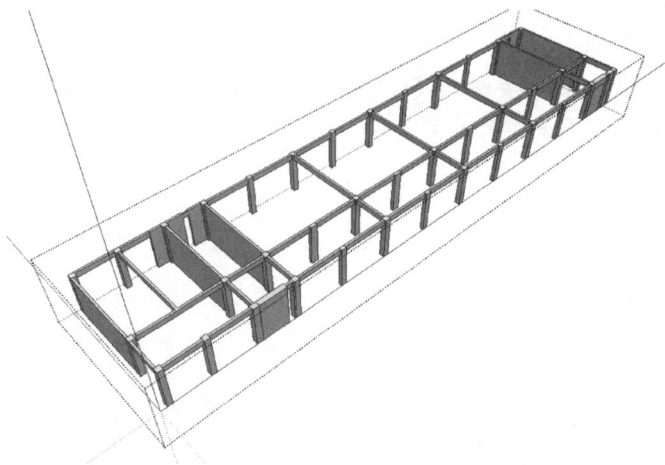

图 2-161

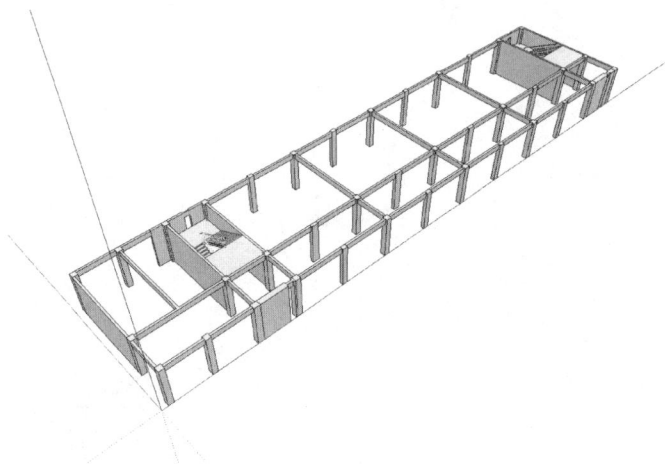

图 2-162

5）整体模型调整和设定相机场景

将其他几层模型拼合到底层模型上，完成整体建筑的建模。再旋转视角检查一下，有无遗漏或错误的地方（图 2-163）。

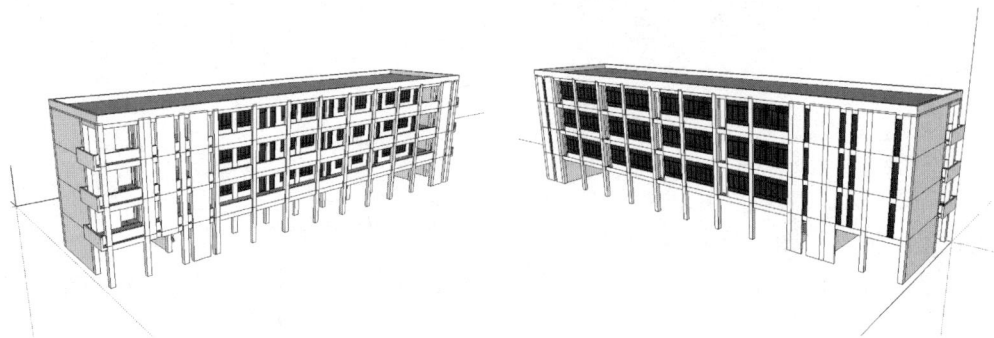

图 2-163

用和上一个案例相似的方法设定相机、阴影、背景，并保存场景（图 2-164）。

图 2-164　西南角透视

除了与单线墙模型类似的外部透视外，双线墙模型最大的优势在于可以在建筑中自由行走，并获取室内透视（图 2-165）。

图 2-165　走廊透视

此外，双线墙模型还可以结合剖切面的设置获取类似 AutoCAD 中的平面图（图2-166）和剖面图效果（图 2-167）。

甚至可以获取剖透视的效果（图 2-168）。

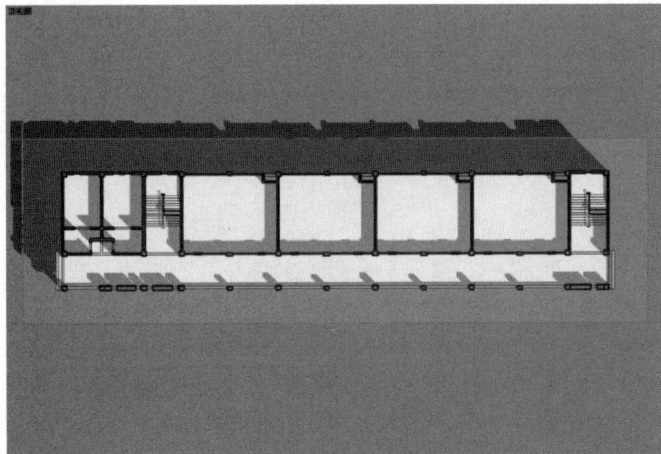

图 2-166　平面图

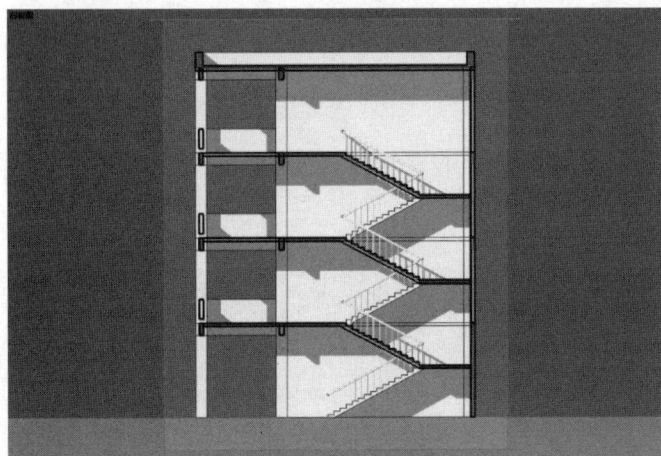

图 2-167　剖面图

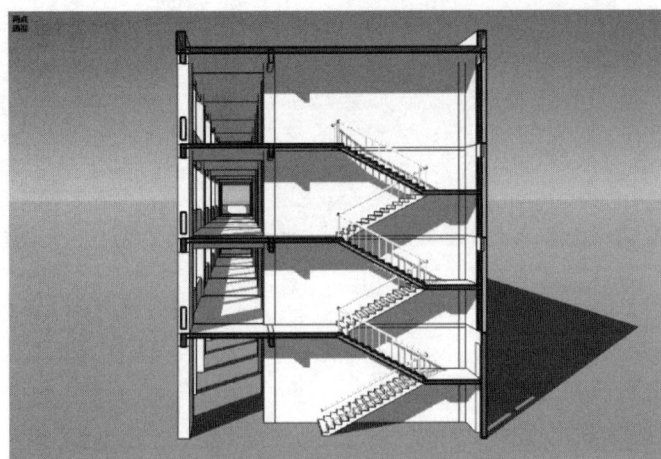

图 2-168　剖透视

2.5　SketchUp 模型表现

在 SketchUp 中，与建筑模型显示方式相关的功能有很多，除了在第一章中介绍的显示模式外，还有更复杂和详细的设置。下面我们来详细了解这些设置的具体功能。

2.5.1　SketchUp 的显示样式

打开右侧样式面板，在面板的上半部显示了当前选择样式的预览图、该样式的名称和相应描述，下半部则包含了对显示样式的选择、编辑和混合操作（图 2-169）。

在选择标签下，直接点击样式图标即可选择该样式并立刻应用到模型中。SketchUp 中预设了七类显示样式，点击下拉箭头可以直接选择。

这七类样式中，预设风格样式类是在线和面的一些基本的显示模式的基础上，加上天空和地面而形成的不同显示效果的集合；颜色集样式类实际上是各种颜色配置的集合，这些配置包括线的颜色、默认材质的正反面颜色、背景色、剖切面的颜色和被锁定物体的颜色；照

图 2-169　样式面板

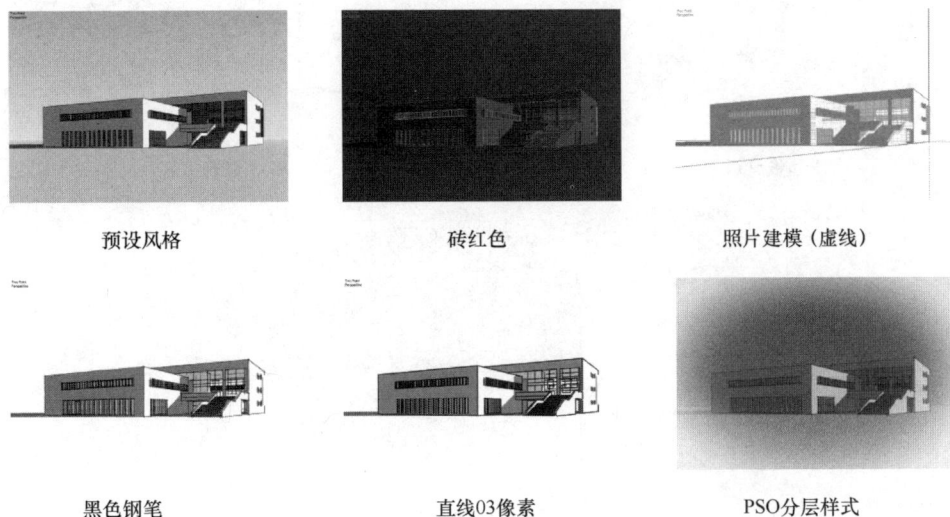

片建模样式类主要用于依据照片中物体建模；手绘边线和直线样式类都是对模型线条的显示设定，其中手绘边线样式强调线条的草图效果，而直线样式则主要是指直线效果；混合风格样式类则是混合了前面所述几种样式的线条、颜色、背景等不同的设置而形成的混合类样式；Style Builder 竞赛获奖者样式类是通过使用 Style Builder 软件自定义的 SketchUp 样式线型风格。图 2-170 中展示了其中一些预设样式的效果。

预设风格　　　砖红色　　　照片建模（虚线）

黑色钢笔　　　直线03像素　　　PSO分层样式

图 2-170　预设样式效果示例

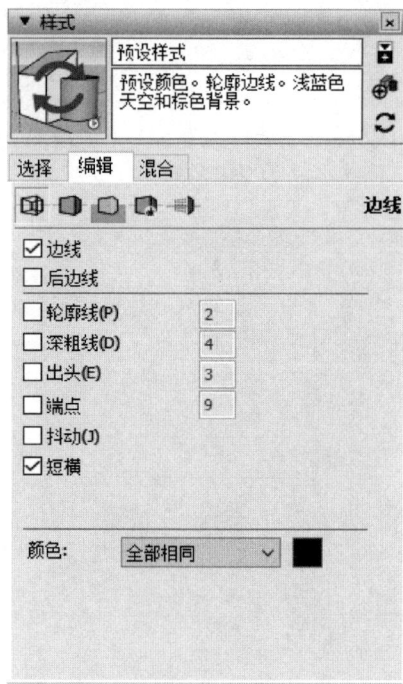

图 2-171　样式的边线编辑

除了这些已经预设的显示样式供我们选择外，SketchUp 还提供了方便的编辑操作，以应对更丰富的样式要求。

在编辑标签下包含了五个设置按钮，分别从以下五个方面对显示效果进行设置（图 2-171）。

1）边线设置

边线设置有两种状态，分别对应通常的边线和手绘效果样式，后者主要是针对"手绘边线"和"直线"样式类中的样式。此处主要介绍通常的边线设置效果。

（1）边线显示（图 2-172）。

（2）边线效果（图 2-173）：

① 轮廓线：控制是否突出表现物体的空间轮廓线。数值框中的数值表示轮廓线的显示宽度，数值以像素为单位。

② 深粗线：控制物体的边线的粗细变化，在当前视图下离观察者越近，边线越粗，反之越细。数值框中的数值表示距离观察者最近的边线的宽度，以像素为单位。

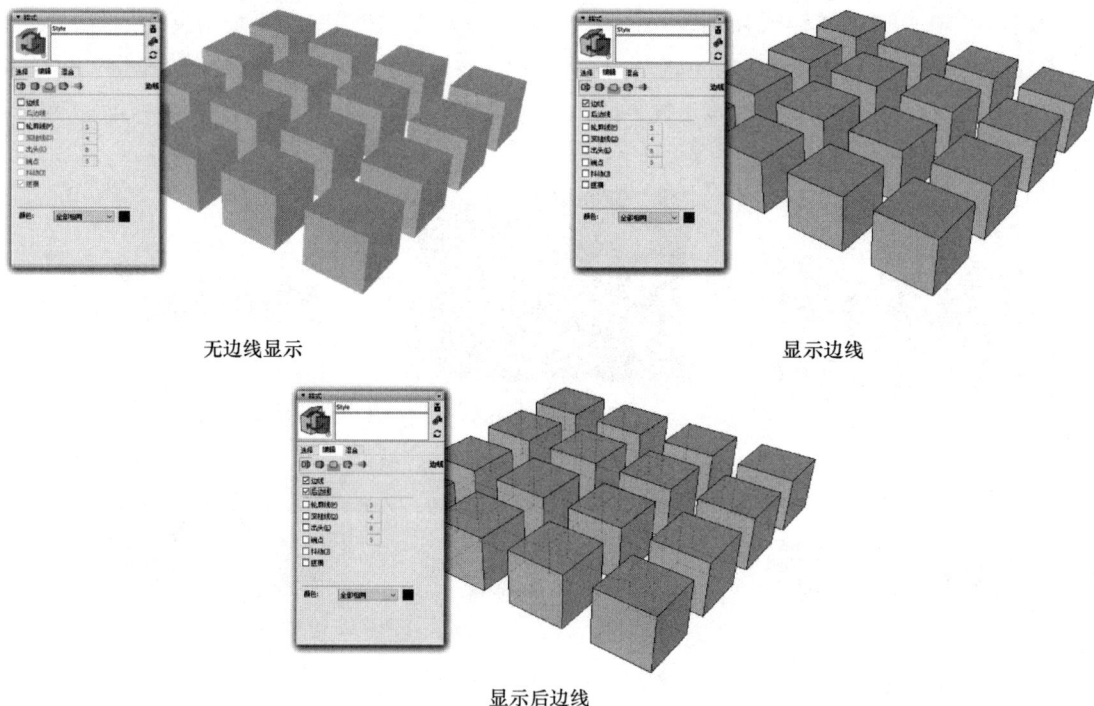

无边线显示

显示边线

显示后边线

图 2-172　不同边线显示设置的结果

③ 出头：该选项让每一条边线的端头都稍微延长，使它看起来有种手绘图的感觉。这纯粹是视觉效果，不会影响智能参考系统对点的捕捉。数值框中的数值表示延长线的长度，以像素为单位。

④ 端点：该选项给每条边线的端点增加一段粗短线以突出这些端点。数值框中的数值表示该短线的长度，以像素为单位。

⑤ 抖动：该选项对每条边线以多次轻微偏移的方式重复显示，给模型一个具有动感的、粗略的草图感觉。这纯粹是视觉效果，不会影响智能参考系统对点的捕捉。

⑥ 短横：该选项提供了更多的线型，包括虚线、点划线等，需要配合标记面板使用。可在标记面板中为不同样记的对象分配不同的线型。通常不需要使用该选项。

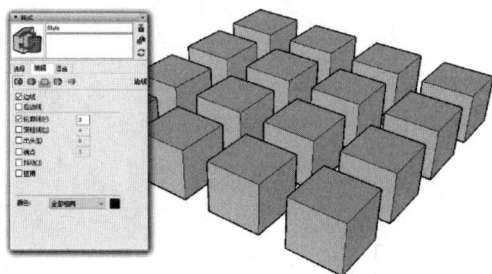

轮廓线

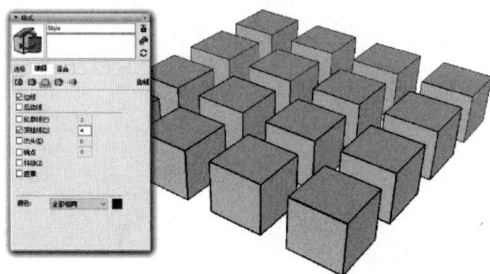

深粗线

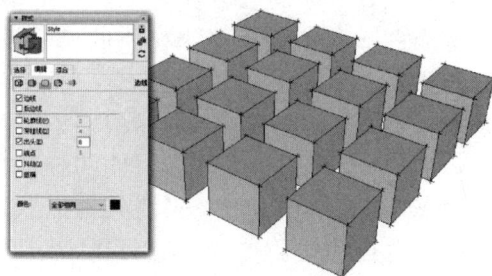

出头

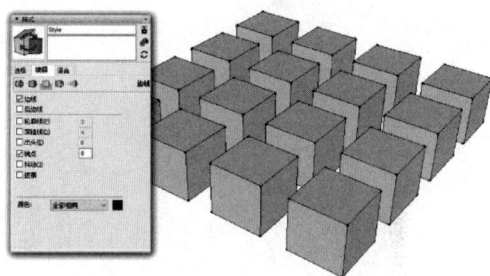

端点

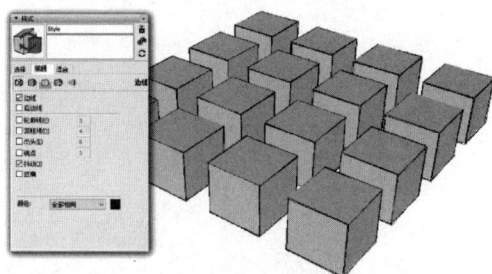

抖动

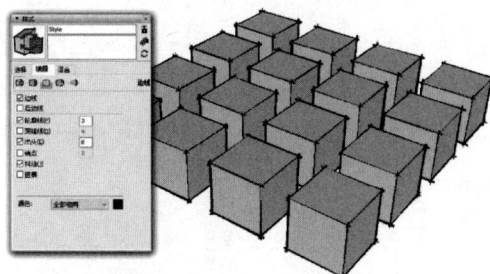

轮廓线+出头+抖动

图 2-173　不同边线效果设置的结果

（3）边线颜色，边线颜色标签是一个下拉式菜单，其中包含三个选项：

① 全部相同：所有的边线以同样的颜色显示。该颜色可通过右侧颜色按钮进行设定，

默认状态下为黑色。图 2-172 和图 2-173 均属于该设置。

② 按材质：边线以赋予的材质颜色来显示。

③ 按轴线：如果边线平行于某一轴线，则以该轴线的颜色显示，否则按场景信息中指定的边线颜色显示。该选项有助于我们判断边线的对齐关系（图 2-174）。

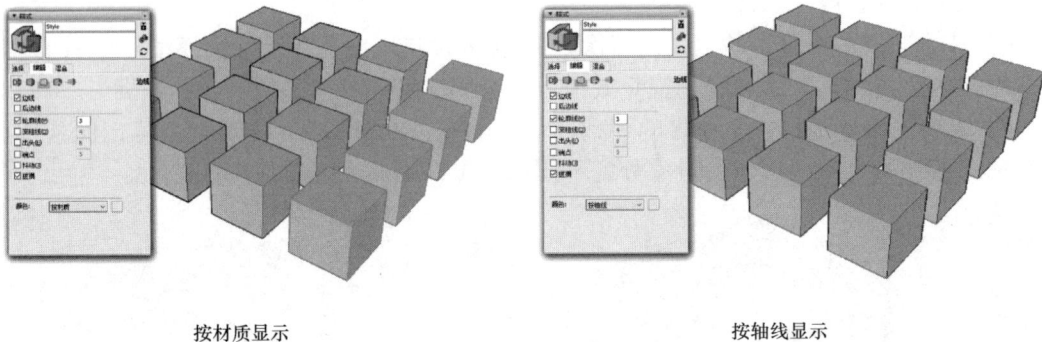

按材质显示   按轴线显示

图 2-174 不同边线颜色设置的结果

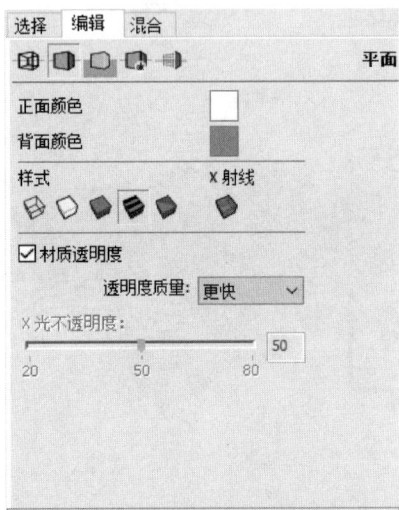

图 2-175 样式的面设置

2) 平面设置

平面设置主要是在 2.1.7 节介绍过的显示样式，包括线框显示样式、消隐样式、阴影样式、材质贴图样式等。除此之外，平面设置还包括默认双面材质的正面和背面的颜色，以及透明材质的显示效果（图 2-175）。

① 材质透明度：控制是否显示透明效果(图 2-176)。当场景中任一物体被赋予了具有透明度的材质后，该选项将自动被勾选。此时如果取消其勾选状态，则场景中所有具有透明材质的物体都将以不透明的方式显示。

② 透明度质量：当启用透明选项被勾选后，或者场景处在 X 光透视模式下时，质量选项被激活，其下有三个选项：更快、更好、中等。更快意味着牺牲透明的精确性来获得更快的显示；更好则牺牲显示的速度以获得更精确的透明效果；中等则对显示的速度和质量进行平衡。

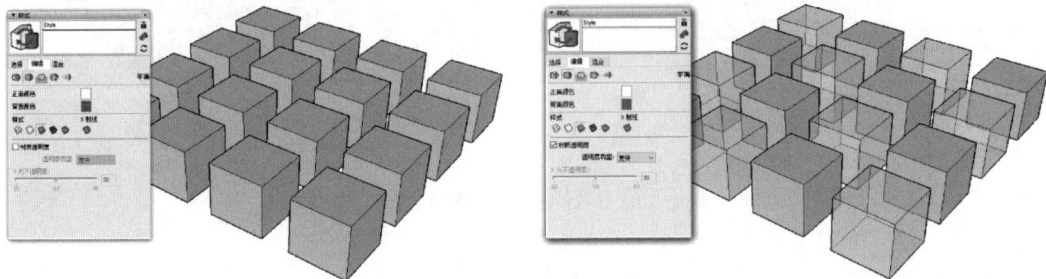

图 2-176 不同材质透明度设置的结果

3）背景设置

背景设置包括背景色和天空、地面的设置（图 2-177）。

① 背景：绘图窗口中默认的背景颜色。

② 天空：勾选该选项，背景从地平线开始向上显示渐变的天空效果。

③ 地面：勾选该选项，背景从地平线开始向下显示渐变的地面效果。

④ 透明度：显示不同透明程度的渐变地面效果，可以显示地平面以下的几何体。

⑤ 从下面显示地面：勾选该选项，则当照相机从地平面下方往上看时，可以看到渐变的地面效果，否则不显示地面。

4）水印设置

水印设置可以在模型中添加图像作为背景或前景（图 2-178）。与其他设置不同的是，水印设置并不是简单的选项，而是根据需要选择作为水印的图像，并设置其在图面中的位置。

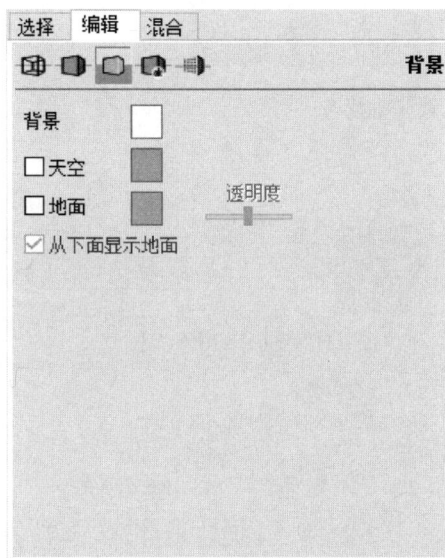

图 2-177　样式的背景设置　　　　　图 2-178　样式的水印设置

（1）打开一个之前建立的模型，在样式面板中选择"预设风格"样式类下的"贴图显示"样式，然后在"编辑"标签下选择水印设置。点击添加水印按钮，在打开的"选择水印"对话框中选择下载文件中提供的 Concrete＿Scored＿Jointless.jpg 文件。"创建水印"对话框被打开，模型场景中直接预览水印的效果（图 2-179）。

（2）在创建水印对话框中我们可以输入创建的水印图像的名称，还可以选择添加的图像作为模型的背景还是前景。此次我们将添加的图像作为模型的背景，因此在对话框中选择背景（图 2-180）。

（3）在下一步设置中，"创建蒙板"表示利用水印图像的色彩明度创建遮罩，图像明度高的部分趋于透明化，而明度低的部分则使用模型场景的背景色。"混和"则表示水印图像的融合程度，以滑块的形式出现。滑块向左则增加图像的透明度，更多地显示背景，向右则减少图像的透明度，使图像本身更为明显（图 2-181）。

图 2-179　水印设置开始状态

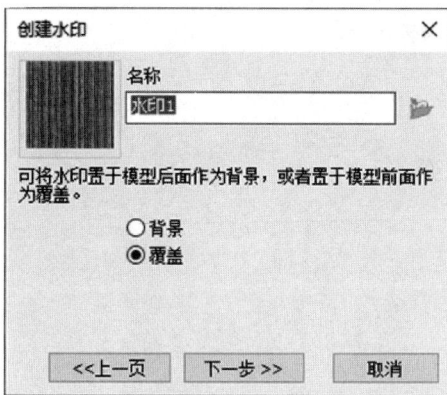

图 2-180　选择水印作为背景还是覆盖

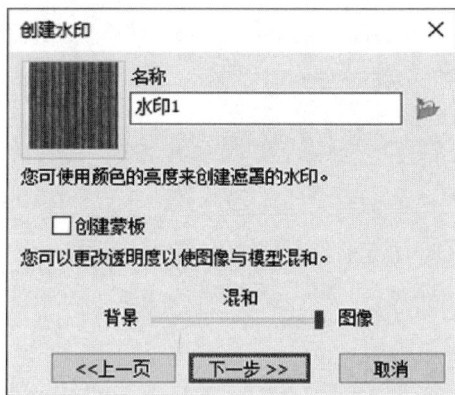

图 2-181　创建蒙板选项

（4）下一步主要是调整水印图像的位置，共有三个选项（图 2-182）。"拉伸以适合屏幕大小"表示将图像放大至整个绘图窗口。该选项后的附加选项"锁定图像高宽比"表示是否锁定图像长宽比例。"平铺在屏幕上"表示以水印图像为单元通过平铺复制的方法充满整个绘图窗口。该选项附加一个控制图像比例的滑动条。"在屏幕中定位"表示将水印图像固定在绘图窗口的某个位置。该选项附加一个表示图像在绘图窗口位置的九宫格和控制图像比例的滑动条。

（5）选择"平铺在屏幕上"，并将比例滑块适当向左滑动。点击"完成"按钮，完成水印创建，此时模型场景效果和水印设置面板如图 2-183 所示。

5）建模设置

在建模设置中，不但可以指定多种模型要素的默认颜色，还可以控制一些要素的显示状态（图 2-184）。对建模设置的改动一般较少。

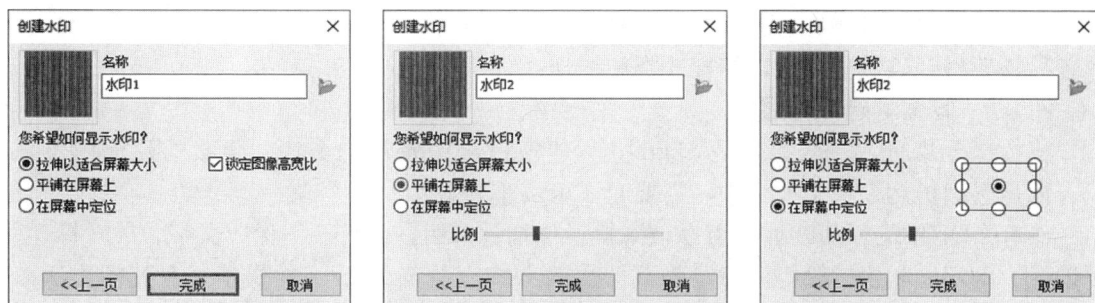

图 2-182　水印图像位置的三个选项

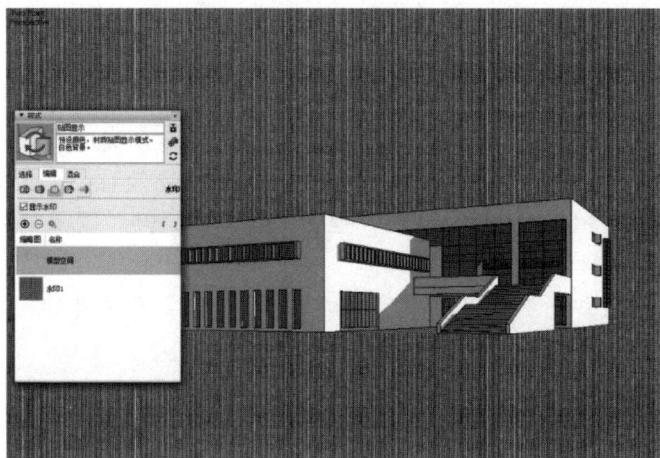

图 2-183　水印背景最终效果

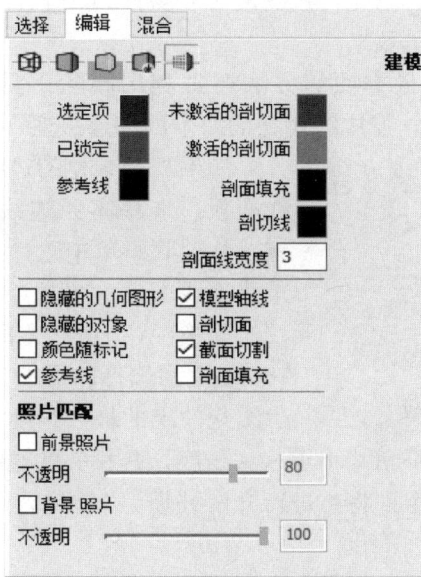

图 2-184　样式的模型设置

"混合"标签下提供了更方便快捷设置新的显示样式的操作，可以通过选择预设样式的各种特性得到类似于混合风格样式类中的样式。

2.5.2 物体的隐藏与显示

将一部分几何体隐藏起来是 SketchUp 建模过程中常用的方法。隐藏的几何体不可见，但是它们仍然存在于模型中，需要时还可以重新显示。

SketchUp 中的任何物体都可以被隐藏，包括：群组、组件、图像、文字、尺寸标注、辅助线、剖切面和坐标轴等。除了隐藏图层的方式，SketchUp 还提供了一系列的方法来控制单个物体的隐藏。除了使用菜单或关联菜单外，对于线条，最方便的方法是在使用删除工具的同时，按住"Shift"键，就可以将选择的边线隐藏。

除了这些普通的隐藏方法外，通过菜单"视图"，可以单独控制辅助线、剖切面、坐标轴的显示和隐藏。

与隐藏物体的方法相对应，SketchUp 同样提供了显示被隐藏物体的一系列方法。除了上面提到的辅助线、剖切面和坐标轴具有全局控制显示的方法外，普通被隐藏的物体需要先选择，再利用编辑菜单、关联菜单或实体信息对话框恢复显示。但是在通常情况下，隐藏的物体是无法被选择的，此时需要在"视图"菜单中打开"隐藏物体"的选择，所有隐藏的物体都被虚显出来，并且可以被选择。

注意：SketchUp 是以所有的几何体都互相连接为基准而设计的，即使物体被隐藏，它仍然会被与其相连的物体的编辑操作所影响。

2.5.3 边线的柔化与表面的光滑

尽管 SketchUp 本质上不存在曲线和曲面，但通过对边线的柔化处理，可以使有折面的模型看起来显得圆润光滑。SketchUp 的这一特点可以使用更少的折面来表现更光滑的曲面，从而减轻计算机的工作量，得到更快的运行效果。但这种光滑处理的折面在近距离观察时仍然会有一定的欠缺。因此，在建模时需要找到一个平衡点，既能使面的数量尽量少，又能得到相对较好的显示效果。

柔化边线有多种方法，最方便的方法还是利用删除工具。在使用删除工具时按住"Ctrl"键，则可以柔化边线，使边线所在的两个面的连接变得光滑。

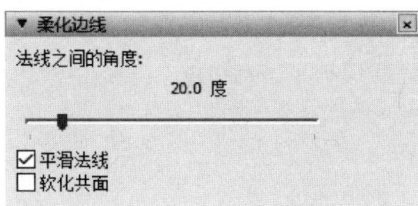

如果需要柔化的边线较多，则可以使用柔化边线面板。选择多条边线后，在选集上单击鼠标右键，从关联菜单中选择"柔化/平滑边线"，将打开柔化边线面板（图 2-185）。

面板中，"法线之间的角度"是一个在 0 度至 180 度之间选择的滑动条，通过拖动滑动块指定产生柔化效果的最大角度，只有两个相邻面的法线夹

图 2-185　柔化边线面板

角（或者说是相邻面夹角的补角）小于这一角度，其相邻的边线才会被柔化。"平滑法线"选项表示符合柔化条件的两个面将被进行光滑处理。"软化共面"选项表示把相邻的处于同一平面上的表面之间的边线柔化。

柔化后的边线会自动隐藏，但仍存在于模型中。在"视图"菜单中打开"隐藏物体"的选择，被柔化而不可见的边线就会以虚线的方式显示出来。在打开"隐藏物体"后，我们还可以选择这些被柔化的边线进行取消柔化的操作。

2.5.4 **SketchUp 材质的赋予**

对于建筑模型来说，除了形体本身的大小、比例之外，其材质的使用对效果的表达也是非常重要的。SketchUp 提供了一种实时、快速的材质系统，可以帮助我们更方便地推敲形体与材质间的关系。材质属性包括：名称、颜色、透明度、纹理贴图和尺寸大小等。

SketchUp 的材质大体可分为默认材质、颜色材质、纹理材质、透明材质和透明纹理材质五类（图 2-186）。

| 默认材质 | 颜色材质 | 纹理材质 | 透明材质 | 透明纹理材质 |

图 2-186 五类材质不同的显示效果

默认材质是 SketchUp 中一个独特的设定，新创建的几何体一开始会被自动赋予默认材质。默认材质有一组特别的、非常有用的属性：

① 一个表面的正反两面上默认材质的显示颜色是不一样的。默认材质的双面特性使我们更容易分清表面的正反朝向。正反两面的颜色可以在场景信息对话框的颜色标签中进行设置。

② 群组或组件中具有默认材质的物体有很大灵活性。当一个群组或组件内既包含默认材质的物体也包含其他材质的物体时，向该群组或组件赋予新的材质，只有使用默认材质的部分会获得该材质，而其余部分必须在该群组或组件处于编辑状态下才能被赋予新的材质。

③ 如果群组或组件已经被赋予了新的材质，那么在该群组或组件的编辑状态下，新建的几何体将被自动赋予该材质，而不是默认材质。在退出编辑状态后，新建的几何体还是拥有默认材质的特性，即可以随群组或组件被赋予的材质的改变而改变。

除默认材质外，颜色材质指具有单一颜色，没有贴图和透明度的材质，这也是一种最基本的材质。

纹理材质指具有贴图的材质。透明材质指具有透明度的材质，有无贴图均可。而透明纹理材质是一种特殊的材质，具有一定的透明度，而且其透明度是靠纹理贴图文件自身所带的透明通道实现。

材质的赋予通常需结合使用材质工具和材质面板进行。材质面板用于选择材质，材质工具则用于赋予材质。

注意：必须将显示样式切换至材质贴图样式，材质的贴图效果才能被显示。

由于每个表面都有正反两面，又可以被赋予不同的材质，在选择了多个物体时，材质的赋予还会遵循以下的规律：

① 表面的哪个面被赋予材质取决于材质工具点击的那个面。如果材质工具在赋予材质时点击的是某个表面的正面，则选择集中所有面的正面被赋予该材质，反之则所有面的反面被赋予材质。

② 边线是否被赋予材质取决于材质工具点击的那个面。当选择集中包含了表面以及

边线，如果材质工具在赋予材质时点击的是某个表面的正面，那么选择集中所有的边线被赋予该材质，如果材质工具点击的是某个表面的反面，那么所有边线不被赋予该材质。需要将显示样式中边线设置的颜色设定为按材质才能看出边线的材质变化。

材质工具除了给单个物体或选择集中的物体赋予材质外，结合"Ctrl""Shift""Alt"等键，还可以快速地给多个表面同时赋予材质。

① 单个赋材质：材质工具为点击的单个边线或表面赋予材质；如果在激活材质工具之前先用选择工具选择了多个物体，则同时给所有选中的物体赋予材质（图 2-187）。

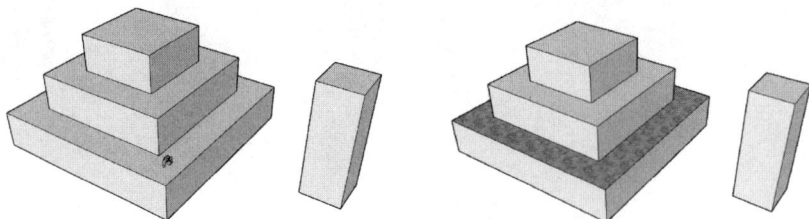

图 2-187　单个赋材质

② 邻接赋材质（Ctrl）：在为一个表面赋材质时按住"Ctrl"键，光标会变为，并将材质同时赋予与所选表面相邻接并且与所选表面具有相同材质的所有表面（图 2-188）。

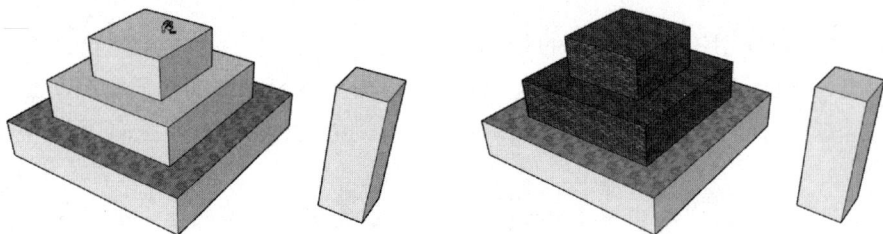

图 2-188　邻接赋材质

③ 替换材质（Shift）：在为一个表面赋材质时按住"Shift"键，光标会变为，并用当前材质替换所选表面的材质，而且模型中所有使用该材质的物体都会同时改变为当前材质（图 2-189）。

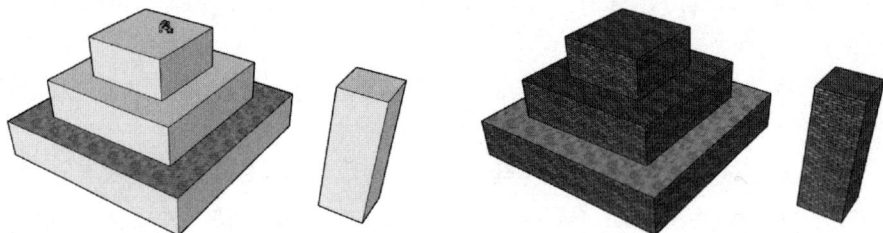

图 2-189　替换材质

④ 邻接替换（Ctrl＋Shift）：在为一个表面赋材质时同时按住"Ctrl"和"Shift"键，光标会变为，并会实现上述两种方法的组合效果。材质工具会替换所有所选表面的材质，但替换的对象限制在与所选表面有物理连接的几何体中（图 2-190）。

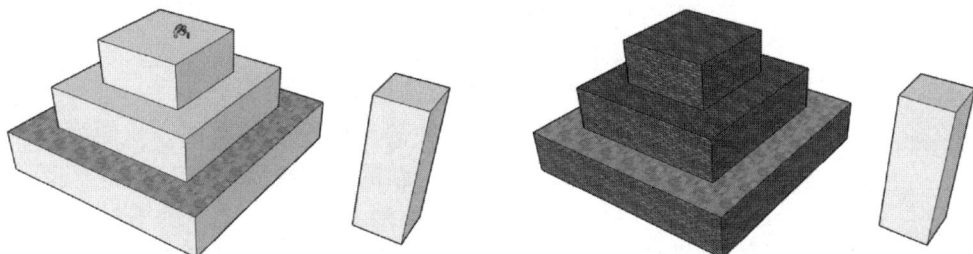

图 2-190　邻接替换材质

⑤ 提取材质（Alt）：激活材质工具后，按住"Alt"键，光标会变为 ✏，再点击模型中的物体，就能提取该物体的材质作为当前材质。

2.5.5　材质的创建和编辑

材质面板不但可以选择预设材质库中的材质，也可以创建或编辑材质（图 2-191）。

材质面板分为上下两部分，上半部分除了左侧大图标是当前材质的显示外，右侧还有三个功能按钮，其中"创建材质"以当前材质为模板创建新材质，并打开创建材质对话框（图 2-192）。对话框顶部文本栏内可以输入创建材质的名称，下面的"颜色""纹理"和"不透明"栏用来设定不同的材质特征。

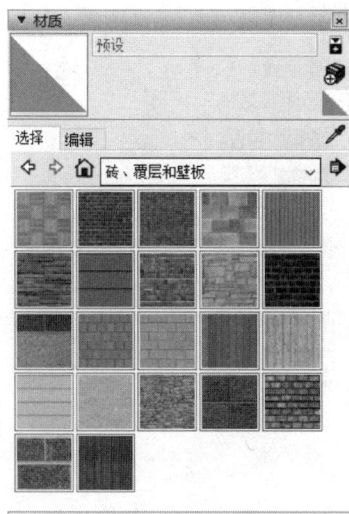

图 2-191　材质面板

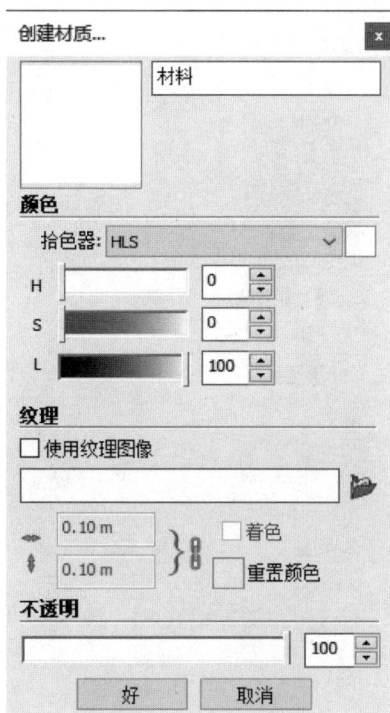

图 2-192　创建材质对话框

1）颜色材质的创建

颜色材质创建最为简单。在创建材质对话框的颜色栏内分别有色轮、HLS、HSB 和 RGB 四种模式，通过不同滑块滑动设置颜色，左上角的材质预览会即时显示材质效果。

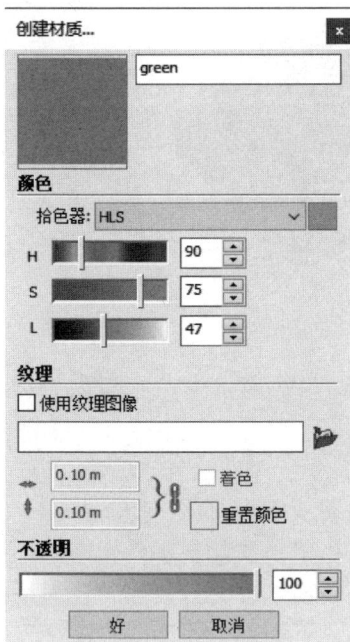

图 2-193

将材质名称更改为"green"（图 2-193），确定后该材质被添加到当前模型中。

2）纹理材质的创建

纹理材质的关键是纹理图像文件，我们可以按照下面的步骤创建一个新的纹理材质。

① 在创建材质对话框中勾选"使用纹理图像"选项，系统会自动打开选择图像对话框，从中选择相应的文件即可。

② 选择下载文件中的"Brick _ Rough _ Tan. jpg"，此时创建材质对话框左上角预览框内显示该图片，同时图像文件的名称显示在文本框内（图 2-194）。点击文本框右侧的浏览按钮可以再次打开选择图像对话框重新选择图像文件。

③ 纹理材质不仅受纹理图像的影响，还会受材质本身颜色的影响。因此我们可以通过颜色的调整改变材质的表现效果（图 2-195）。当材质本身颜色修改后，仍然可以通过纹理栏右下角的"重置颜色"按钮恢复纹理图像的本来色调。另外，"着色"选项有助于改善纹理图像颜色整体的协调性。

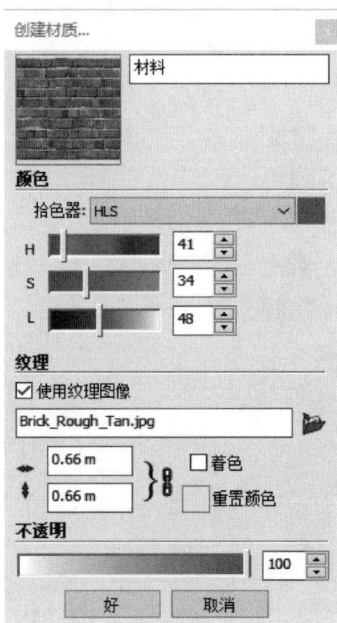

图 2-194

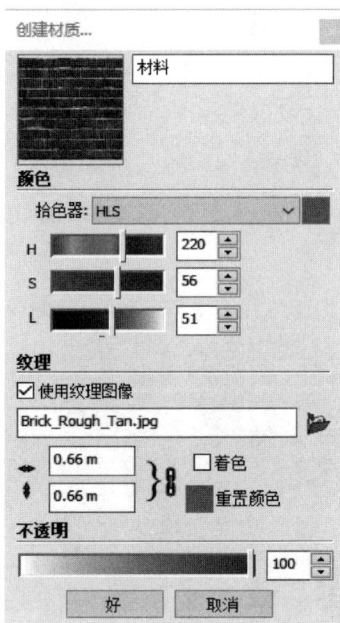

图 2-195

④ 最后一个影响材质表现的是纹理图像在模型中的显示尺寸，有宽度和高度两个参数。在宽度的文本框内输入 1，高度也被自动改为 1m（场景的单位是米）。这是因为贴图的高宽比被锁定了，点击右侧的切换按钮 可以解锁，此时该按钮变为 ，此时就可以

设定不同的高宽。在改变了纹理图像的高宽比后再次点击切换按钮，则修改后的高宽比被锁定。点击左边的撤销高宽比修改按钮 可以恢复到最初的尺寸设定。在实际应用中应尽量根据贴图内材质的真实尺寸设定准确的纹理图像尺寸。

⑤ 将材质名称更改为 "brick"，确定后该材质将被添加到模型中。

3）透明材质的创建

无论是颜色材质还是纹理材质，都可以通过增加材质透明度的方式形成透明效果。具体来说，是在创建材质对话框的底部，滑动表示不透明度的滑块，数值越小，材质透明度越高。同时，在对话框左上角的预览方图被分成两个三角形，左上角代表材质的本来状态，右下角代表修改后材质的透明状态（图 2-196）。

对于表面的双面特性，SketchUp 的材质通常是赋予表面的一个面（正面或反面）。然而如果给一个带有默认材质的表面赋予透明材质，这个材质会同时赋予该面的正反两面，这样从两边看起来都是透明的了。如果一个表面的背面已经赋予了一种非透明的材质，在正面赋予的透明材质就不会影响到背面的材质。同样的道理，如果再给背面赋予另外一种透明材质，也不会影响到正面。因此，分别给正反两个面赋予材质，可以让一个透明表面的正反两侧分别显示不同的颜色和透明度。

4）透明纹理材质的创建

最后我们还要介绍一种特殊的材质——透明纹理材质，这种材质具有的透明特性不是通过改变材质的不透明度获得的，而是采用了具有透明度的纹理图像，这类图像主要是 .png 格式的文件，这种文件格式包含一个阿尔法通道，该通道设定了图像不同部分的透明度，因此图像本身就具有了透明的性质。

① 在创建材质对话框中勾选使用纹理图像，再选择图像对话框中选择下载文件中的 "fence.png"，将图像尺寸改为 2 米宽，保持其不透明度为 100，将材质名称改为 "fence"（图 2-197）。

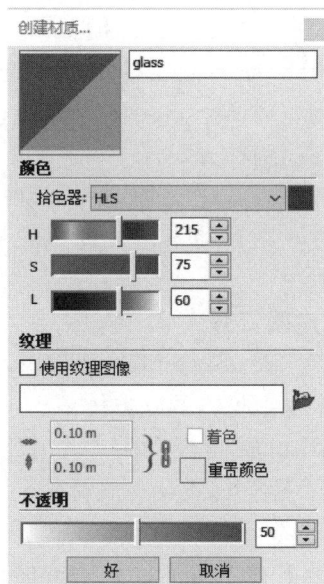

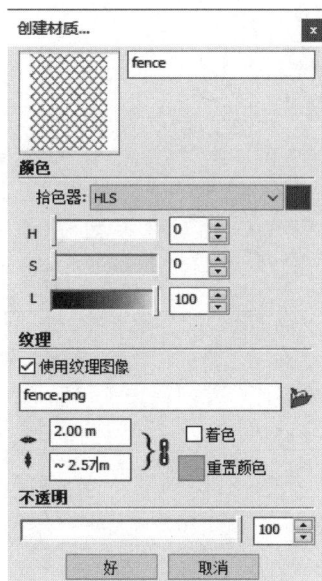

图 2-196　　　　　　　　　　图 2-197

123

② 创建一个简单的长方体,将刚才创建的"fence"材质赋予长方体的两个面,可以看到,透过这两个面的栅栏材质能够看到后面的物体(图 2-198)。这也是透明纹理材质最重要的特点。

③ 透明纹理材质因为其特殊性,比较适合应用于扶手、栏杆以及树木等物体。其不足之处在于 SketchUp 的光影系统并不支持透明贴图效果,因此当阴影打开时,具有透明纹理材质的物体产生的阴影与普通物体完全一样(图 2-199)。

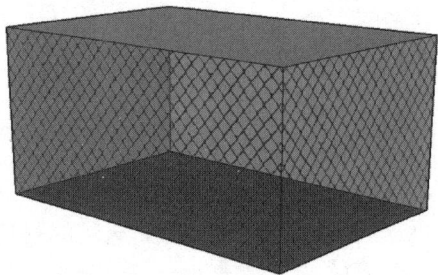

图 2-198

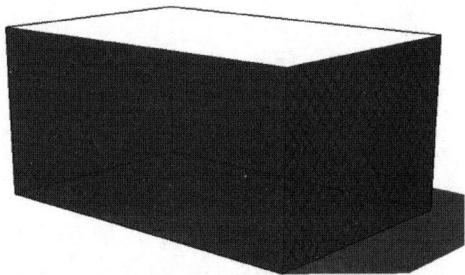

图 2-199

5)材质的编辑

已加载到模型中的材质都可以进行编辑,而且 SketchUp 可以将材质的编辑实时地反映到模型中,这一特点非常有助于对模型和材质的推敲。

在材质面板中选择"编辑"标签,即进入当前材质的编辑状态(图 2-200)。

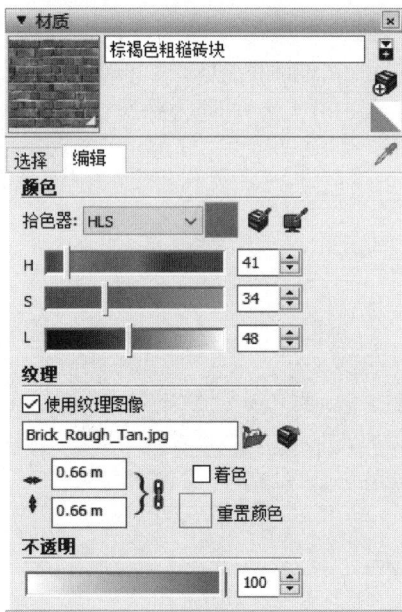

图 2-200

从"编辑"中的内容可以看出,与创建材质对话框中的内容基本相同,操作也没有什么区别。

2.5.6 纹理图像坐标的编辑

对于纹理类材质,除了纹理图像文件本身的影响外,还有很重要的一点就是纹理图像坐标的设定。该坐标对模型效果的表达有时具有至关重要的作用。

SketchUp 提供了三种编辑纹理图像坐标的方式:固定图钉方式、自由图钉方式、投影方式。此处主要介绍前两种方式。

固定图钉方式是一种更为准确的编辑方式,而自由图钉方式则有助于将纹理图像与某个特定的面结合起来。

1)固定图钉方式

① 新建一个 SketchUp 文件,避开坐标原点位置创建一个 1 米见方的立方体。

② 打开材质面板,在"瓦片"材质库下选择"多色石灰石砖"材质,在该材质上单击右键,选择"添加到模型"(图 2-201)。

③ 单击"在模型中"按钮,选择"多色石灰石砖"材质,点击编辑标签,进入编辑模式,并将贴图尺寸的宽和高改为 1 米(图 2-202)。

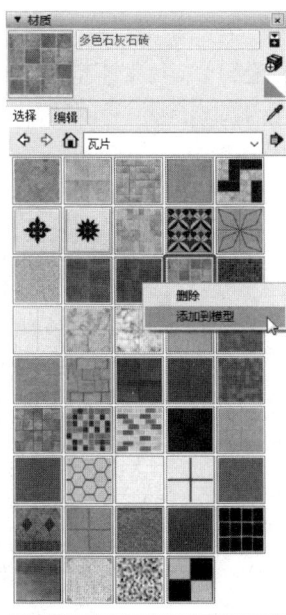

图 2-201

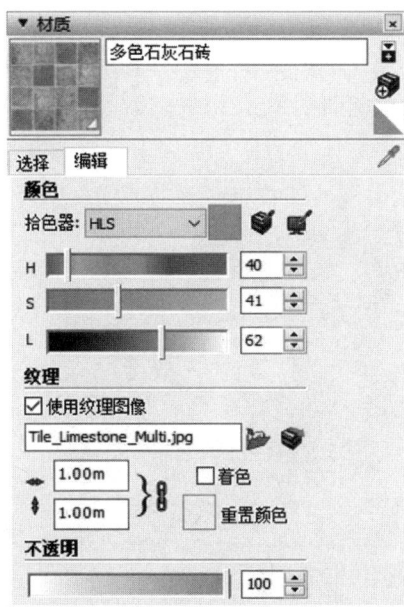

图 2-202

④ 将该材质赋予立方体（图 2-203）。可以看到，材质边缘与立方体边缘没有对齐。此外，用移动工具移动该物体，可以发现，纹理图像并未随着物体的移动而移动，而是仿佛固定在场景中一般。

⑤ 在立方体的前表面单击鼠标右键，选择关联菜单中的"纹理"＞"位置"（图 2-204）。

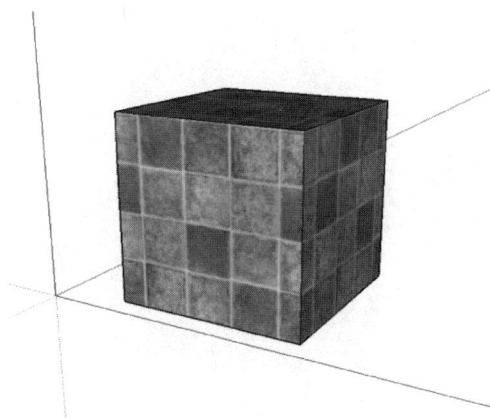

图 2-203

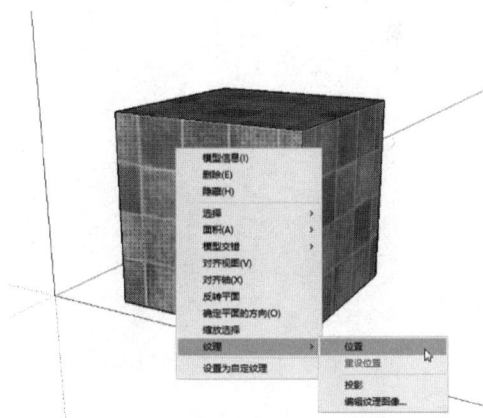

图 2-204

⑥ 图中将出现代表固定图钉方式的四个不同颜色的图钉，如果出现的是代表自由图钉的相同颜色的四个图钉，则单击鼠标右键在关联菜单中勾选"固定图钉"（图 2-205）。

四个图钉中，红色图钉位置代表了基准锚点，所有的编辑动作都是相对于该锚点进行的。不同颜色的图钉又各有其功能，红色图钉可以移动贴图、绿色图钉可以缩放和旋转贴图、蓝色图钉可以缩放和剪切贴图、黄色图钉可以拉伸贴图。此处主要介绍红色和绿色图钉的使用。

⑦ 点击红色图钉并且不要松开鼠标，拖动红色图钉至立方体的左下角再松开鼠标（图 2-206）。注意此时对端点和中点的智能参考依然有效。

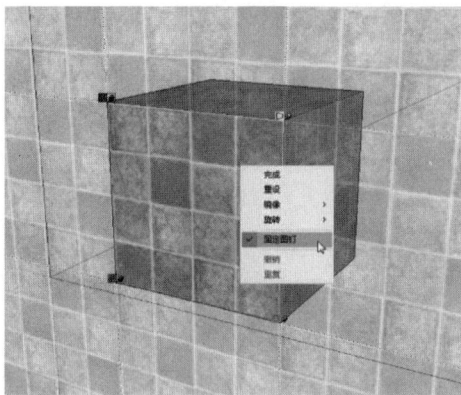 

图 2-205   图 2-206

⑧ 点击绿色图钉并且不要松开鼠标，拖动绿色图钉至立方体底边的中点再松开鼠标（图 2-207）。此处用到了该图钉的缩放功能，这是一种等比例的缩放。

⑨ 再次点击绿色图钉并拖动其旋转 45 度（图 2-208）。注意旋转该图钉时，会有一条蓝色的圆弧虚线出现，保持鼠标在该圆弧线上可以保证纹理图像的比例不变，否则图像会同时被旋转和缩放。

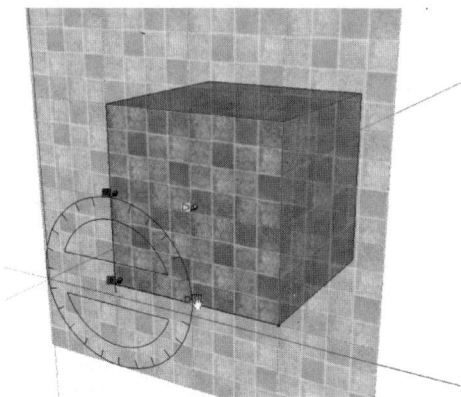 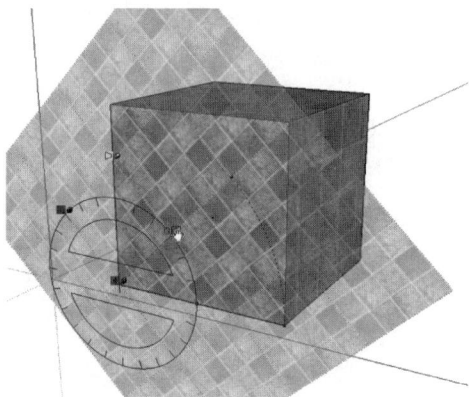

图 2-207   图 2-208

2）自由图钉方式

这次我们将结合前面介绍过的透明纹理材质进行练习。

① 新建一个 SketchUp 文件，以默认材质为当前材质创建新材质，材质名称为"tree"，纹理图像文件为下载文件中的 tree.png，图像宽 2 米，高 3 米（图 2-209）。

② 创建两个 2 米宽 3 米高的垂直面，前后相距 2 米。将材质"tree"赋予前面的垂直

面。尽管纹理图像尺寸和表面的尺寸完全相符，但由于图像坐标并没有很好地与表面的位置相符，导致了图像的错动（图 2-210）。

③ 在前面的表面上单击鼠标右键，在关联菜单上选择"纹理"＞"位置"进入纹理图像坐标编辑状态。在图像上单击鼠标右键，在关联菜单上取消"固定图钉"的勾选，进入自由图钉方式，四个图钉的颜色相同（图 2-211）。

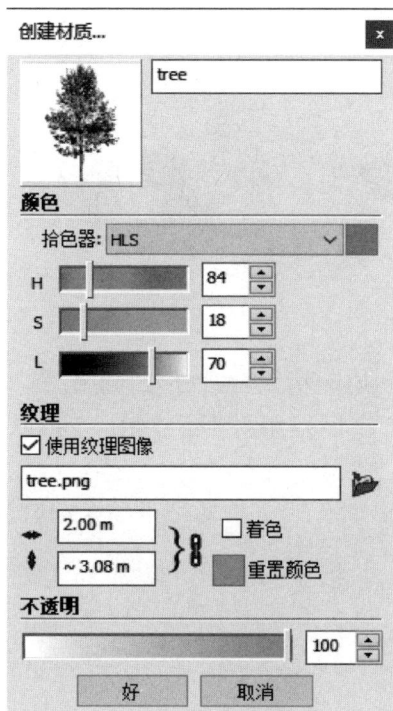

图 2-209

图 2-210

图 2-211

④ 现在分别拖动四个图钉到面的四个角，使纹理图像与面的位置取得一致（图 2-212）。完成贴图坐标的编辑（图 2-213）。

图 2-212　　　　　　　图 2-213

⑤ 接着将面的四条边线全部隐藏，一棵树的配景图就完成了。不过正如前面介绍的，这种材质在阴影表现上还有缺陷，尽管面本身因为透明纹理的特性而具有透明性，可是透

明部分依然无法让阳光穿透（图 2-214）。

此处再介绍一个技巧来解决透明纹理材质的阴影问题。

⑥ 重新显示面的四条边线，使用自由线工具，在面上沿树的外轮廓描绘一圈，树枝中的一些空隙也可以描绘下来（图 2-215）。

⑦ 删除树轮廓外围的面、边线。最后将树的轮廓线隐藏，完整的配景树就完成了（图 2-216）。

图 2-214   图 2-215   图 2-216

利用完成的配景树，我们还可以进一步将其组合成组件，方便以后的调用。

① 选择配景树，在关联菜单中选择创建组件，在创建组件对话框中，将其命名为"tree1"，勾选"总是朝向相机"和"阴影朝向太阳"选项（图 2-217）。

② 点击"设置组件轴"按钮，将组件的坐标原点放在树干的底部（图 2-218）。点击"创建"按钮完成组件的创建。

③ 在模型中插入该组件，可重复操作以插入多棵配景树（图 2-219）。

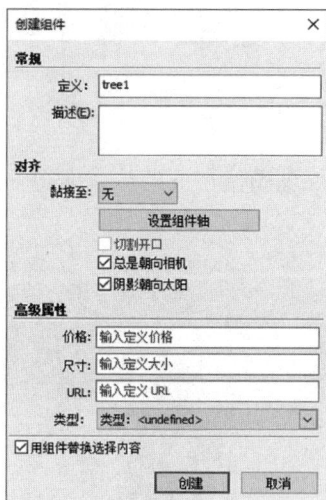

图 2-217

图 2-218

图 2-219

2.5.7 清理未使用材质

SketchUp 中，所有添加到模型中的材质都会保存在模型文件中。颜色材质文件量相对较小，但是纹理材质的文件量就可能很大。因此为避免模型文件过于臃肿，除了尽量控制纹理图像的大小外，另外，一个有效的方法就是清理未使用的材质。所谓未使用的材质指的是已经被添加到模型中，但并未被赋予模型中的任何物体，也就是在材质面板内右下角没有白色三角形的材质。

使用材质面板右侧的细节按钮，在关联菜单中选择清理未使用材质，就可以将模型中所有不带白色三角形的材质全部清理掉，而模型本身并没有任何变化。

2.6 Enscape for SketchUp 模型渲染

2.6.1 Enscape 简介

Enscape 是一款基于显卡性能计算的 GPU 渲染插件，专为建筑设计、室内设计、景观设计和城市规划等领域的专业人士打造。它无缝集成于主流的三维建模软件，如 SketchUp、Rhino、Revit 和 ArchiCAD 中，提供了强大的实时渲染功能，使设计师能够以极高的效率和精度完成视觉化效果的创建。Enscape 可以实时生成高质量的图像和动画，并且提供强大的虚拟现实（VR）支持。Enscape 还允许用户创建高质量的渲染图、动画和 360°全景图。这种灵活性和高效性使得 Enscape 在设计沟通和项目展示中具有极大的优势。

2.6.2 Enscape for SketchUp 的下载与安装

Enscape 是一款付费的渲染软件，用户可进入 Enscape 官方网站（https://www.chaos.com）下载软件并申请 14 天的免费使用权（图 2-220）。

图 2-220 Enscape 官方网站页面

2.6.3 Enscape 基础工具栏

安装完 Encsape 软件，再次进入 SketchUp 后，选择菜单"视图">"工具栏"，再选择"Enscape"，显示其基础工具栏（图 2-221）。该工具栏从左到右的基本功能分别为：

① 启动 Enscape：将整个场景发送到 Enscape。

② 实时更新：暂停或启动实时更新。

③ 同步视图：将 SketchUp 视图同步到 Enscape。

④ Enscape 对象：在模型中创建/编辑特殊的 Enscape 对象（光源）。

⑤ 资源库：浏览"Enscape 资源库"并选择配景资源放到 SketchUp 场景中。

⑥ 材质编辑器：调整模型中的材质。

⑦ 管理上传：查看和管理上传的全景图和其他文件。

⑧ 常规设置：打开"Enscape"常规设置窗口。

⑨ 反馈：打开"反馈"窗口，向官方发送有关 Enscape 用户体验的反馈或报告问题。

⑩ 关于：打开"关于"窗口，可以在其中查看版本信息。

图 2-221　Enscape 基础工具栏

2.6.4　Enscape 启动与操作

1）启动 Enscape

点击启动"Enscape"按钮启动渲染器，打开渲染窗口（图 2-222）。进入渲染窗口后，可在工具栏选择是否启用"实时更新"。开启实时更新后，在 SketchUp 中的任何操作都会同步到 Enscape 渲染窗口。

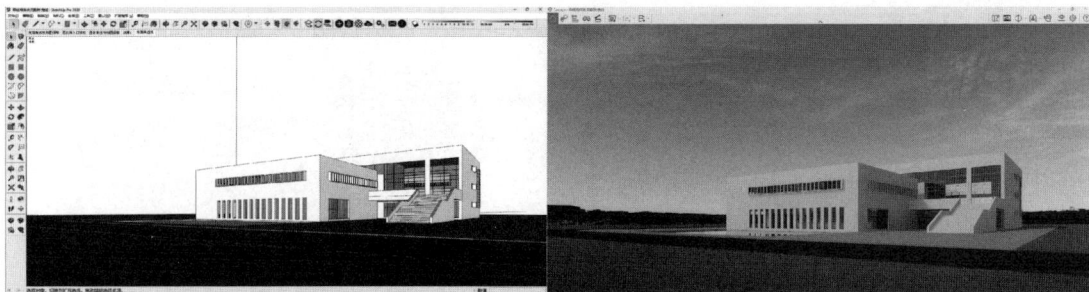

图 2-222　启动 Enscape 后的模型窗口和渲染窗口

2）Enscape 的操作控制

进入渲染窗口后，可以操作键盘和鼠标对渲染画面进行控制，快捷键"H"可以调出操作帮助面板（图 2-223）。画面的移动主要通过键盘按键实现，键盘上的"W"键是前进，"S"键是后退，"A"键左移，"D"键右移，"Q"键上升，"E"键下降。"空格"键可以切换行走/飞行模式。按住"Shift"键或"Ctrl"键，再按各个移动按键可以实现快速或更快速移动。

按住鼠标左键可实现相机在定点位置环视四周，按住鼠标右键可以实现画面环视。按住鼠标滚轮可以平移视图，滑动滚轮可以实现画面放大或缩小。双击鼠标左键可以快速移动到渲染窗口中的指定位置。按住"Shift"键，同时按住鼠标右键，上下或者左右拖动可以调整渲染画面中的时间设置，也可以通过快捷键"U"和"I"键对渲染画面当前时间进行调节。

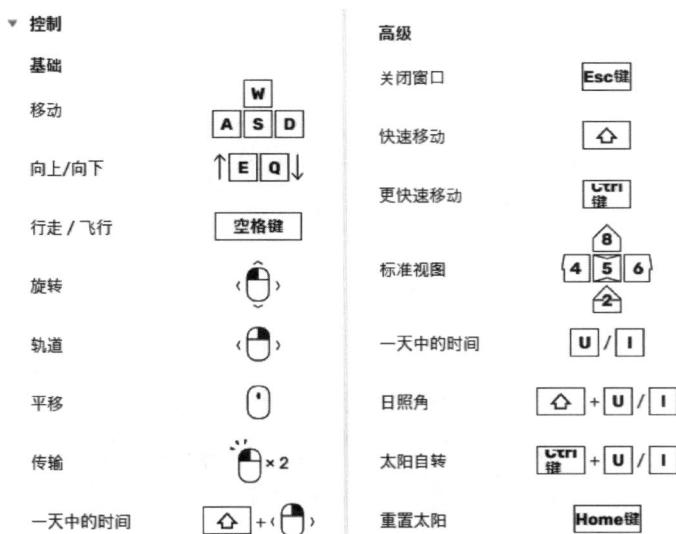

图 2-223

3）Enscape 的视图管理

点击渲染窗口上方的操作面板中的"视图管理"按钮，或使用快捷键"F"可以创建或修改视图场景，并自动同步为"东南角透视"（图 2-224）。

图 2-224

2.6.5　Enscape 材质编辑器

点击 Enscape 工具栏中的"材质编辑器"按钮可对模型中材质的表现效果进行调整（图 2-225）。这里需要注意，"材质编辑器"并不具备给模型赋材质的功能，如果需要给模型赋材质还需要在 SketchUp 中操作。在 Enscape 材质编辑器中我们可以对材质的类型进行选择，如"通用""地毯""树叶""水""自发光"和"草"。选择好对应的材质类型后，可对渲染材质进行编辑，比如调节渲染材质的粗糙度、金属程度、镜面反射以及透明度等，也可对材质贴图进行替换或者着色。

图 2-225

2.6.6 Enscape 资源库

点击 Enscape 工具栏中的"资源库"按钮便可对模型中的材质类型进行调整，Enscape 官方为我们提供了多种类型的官方模型库，可进行在线下载，也可勾选操作框右下角"使用离线 Enscape 资源"，导入资源库以便离线使用（图 2-226）。

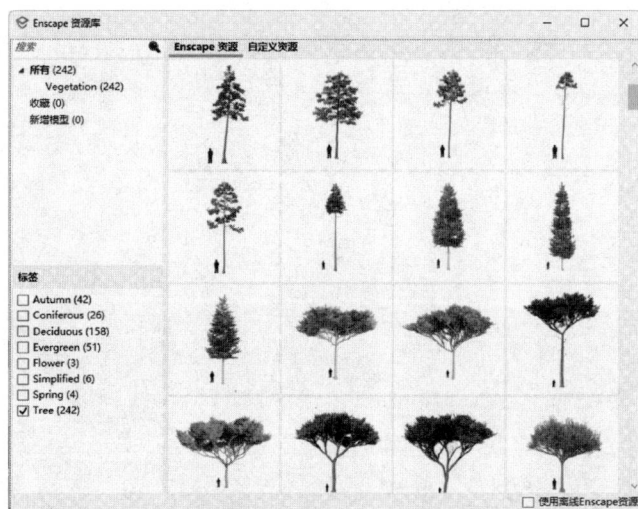

图 2-226

在进行场景布局时，我们在"资源库"中选取合适的"tree"和"people"模型加载到场景中，进行布置。模型在 SketchUp 中以白色代理简模显示，在 Enscape 渲染窗口中以带材质贴图的精模显示（图 2-227）。我们也可以使用"自定义资源"将自己的模型保存在资源库中。

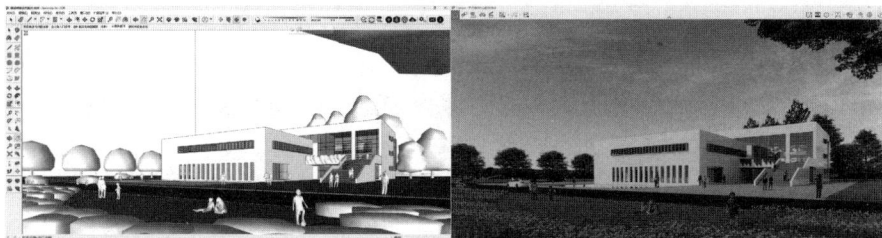

图 2-227

2.6.7　Enscape 视觉设置面板

视觉设置是 Enscape 中用来调节画面效果的主要功能，我们可以通过点击渲染窗口上方操作栏中的"视觉设置"打开（图 2-228）。该功能共有五个操作栏，分别为"主菜单""图像""环境""天空"和"输出"。

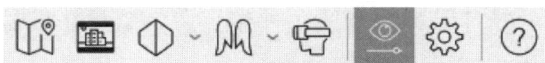

图 2-228

1）主菜单

在主菜单预设栏中，可进行样式、相机和渲染质量的调整（图 2-229）。样式中可选取样式模式，分别有"无""白模""聚苯乙烯"和"光源视图"四种模式，也可对轮廓线的粗细进行调整。在相机设置栏中可进行投影模式的选择，分别有："透视视图""两点透视"和"正交视图"三种投影模式。在这里也可进行曝光、视野、景深和焦点的调整；在渲染质量栏可选择四种渲染预览模式：草稿、中等、高和最好。

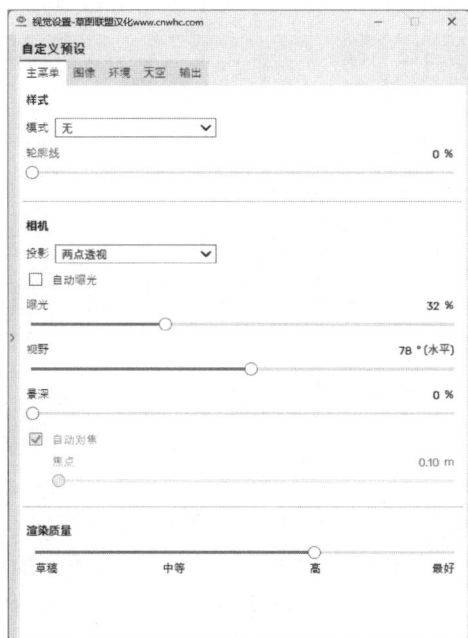

图 2-229

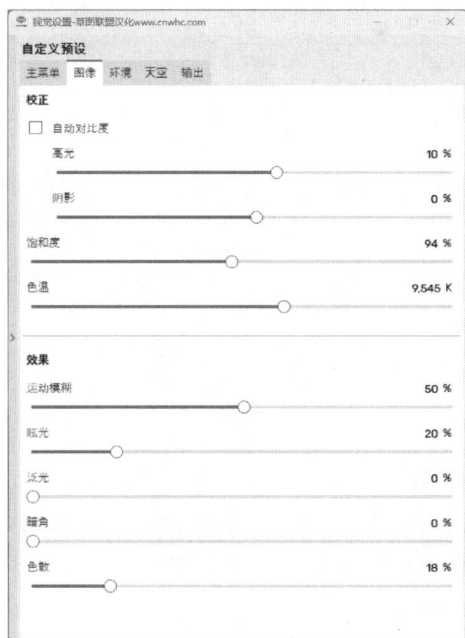

图 2-230

2）图像

在图像预设栏中，可进行图像校正和图像效果的调整（图2-230）。渲染图像校正中可进行高光、阴影、饱和度和色温的调整，也可勾选"自动对比度"进行调整；在渲染效果下可进行运动模糊、眩光、泛光、暗角和色散的调整。

3）环境

在环境预设栏中，可对雾的强度和高度，光照度相关的太阳亮度、夜空亮度、阴影清晰度、人造光的亮度和环境亮度，以及风的强度和方位角进行调整（图2-231）。

4）天空

在天空预设栏中，可对渲染环境中地平线背景以及云层的显示模式进行调节（图2-232）。白色背景选项意味着天空将被置换成白色，主要用于进行白模渲染，此时往往不需要天空作为背景地平线预设中可进行多种选择，如："清晰""HDR天空盒""沙漠""森林""山脉""建筑工地""小镇""城市""白色方块"和"白色的地面"等模式。在非"HDR天空盒"模式下，可对云层的密度、种类、卷云数量、航迹云以及所处经纬度进行调整。

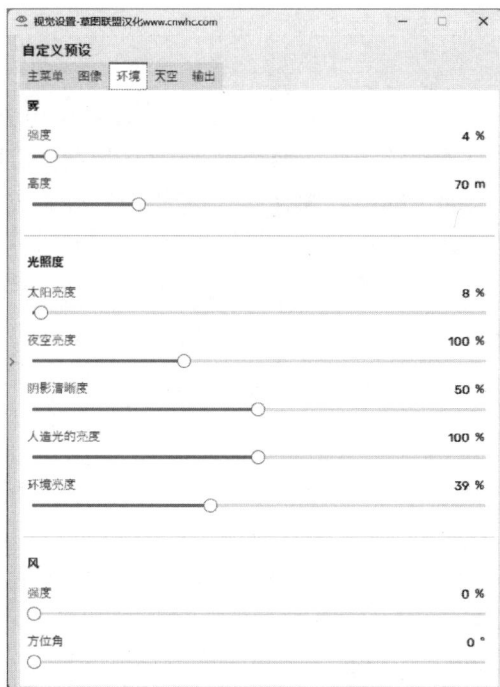

图 2-231

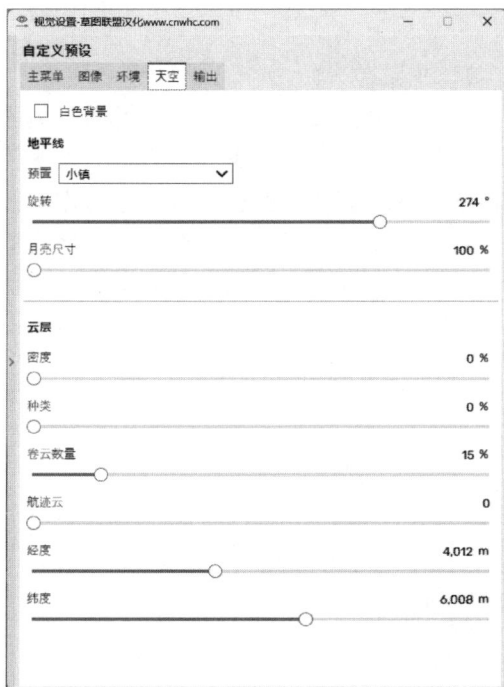

图 2-232

5）输出

在输出预设栏中，可对渲染画面做最后的调整（图2-233）。在这里可以调整画面的分辨率，选择图像的格式和保存路径。在对渲染图进行后期处理时，往往需要图像的材质ID及深度通道等图片，只需要在输出面板勾选"导出对象ID、材质ID和深度通道"选项即可。如果需要渲染视频，则可以对视频的压缩质量和帧速率进行调整。同时，Enscape也支持全景图的渲染，并且可以选择全景图的分辨率。

图 2-233

2.6.8　使用 Enscape 进行渲染输出

在所有参数调节完成后，点击渲染窗口上方操作栏的"渲染图像"按钮，进行图像渲染或批量渲染，也可使用快捷键"Shift＋F11"启动渲染（图 2-234）。

图 2-234

第3章 Revit Architecture 软件基本应用

3.1 Revit Architecture 基本概念

Revit Architecture（以下简称 Revit）是一款全新概念的三维建筑设计软件，它不是以 AutoCAD 软件为基础的升级软件，也不同于犀牛等工业设计软件。在学习 Revit 之前，我们有必要弄清楚 Revit 的几个基本概念，这将有助于学习中对相关操作方法和操作命令的理解。

3.1.1 Revit 与 BIM（建筑信息模型）

Revit 是一款基于 BIM 概念的建筑设计软件。BIM 的英文全称是 Building Information Modeling，翻译为建筑信息模型。所谓 BIM，我们可以这样简要地描述它：通过数字信息仿真模拟建筑物所具有的真实信息，信息的内涵不仅包含几何形状描述的视觉信息，还包含大量的非几何形信息，如建筑构件的材料、重量、价格等。由此可以看出，BIM 是一种描述建筑信息的方式，只要能够仿真模拟建筑所有真实信息的软件都可以称之为 BIM 软件。目前，全球能以 BIM 方式进行建筑设计的软件多达 10 几种，而本教材使用的 Revit Architecture 就是 Autodesk 公司推出的一种 BIM 软件。

3.1.2 构件组合建模

Revit 作为一款全新概念的三维建筑设计软件，从实质上讲是将建筑构件，诸如墙、楼板、梁等进行组合建模，且在组合建模过程中并不需要采用过多的传统建模语言，如拉伸、旋转等，而是对已有的构件库（称为族库）进行拼装，通过修改相应的参数，进而改变构件的属性，从而满足设计的要求。建模过程就好比真实搭建一幢建筑的过程。在建模过程中，每个建筑构件将对应一个模型构件，这与 SketchUp 等其他三维设计软件有本质的区别。在 SketchUp 中，墙与梁并没有属性的差别，只是建筑师在视觉上假设的墙与梁，而在 Revit 中，墙与梁是完全不同的构件，不能互相替代，这样就使计算机具备对各种信息进行统计的可能性。

3.1.3 构件关联建模

在 Revit 建模过程中，当建筑师修改某个建筑构件时，整个建筑模型将进行自动更新，而且这种更新是相互关联的，这就是构件关联建模。例如，我们在设计中经常会遇到需要修改层高的情况，在 Revit 中我们只需修改每层标高的数值，那么所有的墙、柱、窗、门都会自动发生变化，因为这些构件的参数都与标高相关联，而且这种改变是三维的，并且是准确和同步的，我们不再需要分别去修改平立剖。构件关联建模不仅提高了建筑设计的工作效率，而且解决了长期以来图纸之间的错、漏、缺等问题。

3.1.4 参数化建模

参数化建模是 Revit 建模的基本方法，操作者在建模过程中可以通过修改参数（尺寸、材质、可见性等）来替换或者改变建筑构件的属性。参数化建模包含两个基本内容：

一个是族的建模，另一个是自适应构件建模。所谓族，可以理解为某个建筑构件，但我们可以通过改变参数来改变这个建筑构件的规格和形状等属性，这些因参数改变而产生变化的构件都源于同一个基础构件，由此得名为族。族的建模就是对基本建筑构件的建模。族是 Revit 建模的基础，我们必须学会创建族模型才能高质高效地完成建筑模型的搭建。

自适应构件建模主要应用于自由形态和表皮的建模，它的主要特点是构件模型可以根据设定的情况进行灵活地适应变形，而又能保持最初的拓扑关系。自适应构件建模属于 Revit 的高级应用命令，有较高的难度，其灵活运用需要熟练掌握族的知识。

3.2　Revit 工作环境

Revit 软件专业性极强，Autodesk 公司将建筑、结构和设备相关的专业软件全部整合在一个界面中。这虽然方便了不同专业人员在设计中的配合，但命令众多，界面层次较为复杂，给初学者带来了一定的难度。我们并不需要掌握所有的界面和命令，只需要熟悉与建筑设计相关的工作环境即可。

3.2.1　基本界面

Revit 2014 启动完成后，将出现如图 3-1 所示的"初始界面"。最左边是项目和族，中间是用户最近使用过的文件简图，最右边是帮助和简易教程。建议初学者观看一下快速入门视频，从而对软件有个初步的认识。如果是老用户，可以直接打开中间的文件简图进入"工作界面"。如果是新用户，进入工作界面有两种方式：①点击左侧项目栏下的"新

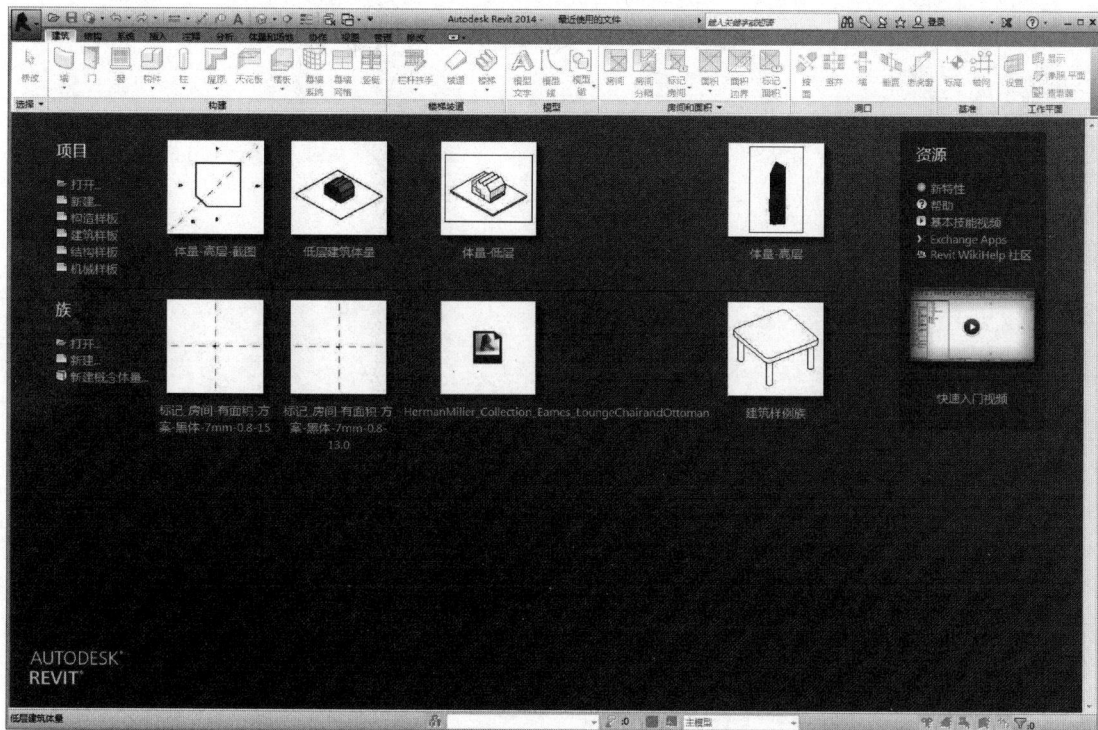

图 3-1

建"图标,界面跳出如图 3-2 所示窗口,注意在样板文件栏下拉选择"建筑样板",窗口默认为项目文件,然后点击确定即可进入工作界面;②直接点击项目栏下面的"建筑样板",将直接进入工作界面,之后用另存的方式保存为项目文件。

采用第一种新建项目的方式时,用户可以点击"浏览"按钮选择自己定义的样板文件;采用第二种方式时,用户将使用系统默认的样板文件。

图 3-2

进入项目工作界面,如图 3-3 所示。工作界面借鉴了微软 Office 软件的 Ribbon 界面,将 Revit 的各种功能按照工作流程组织在选项卡和面板中显示。

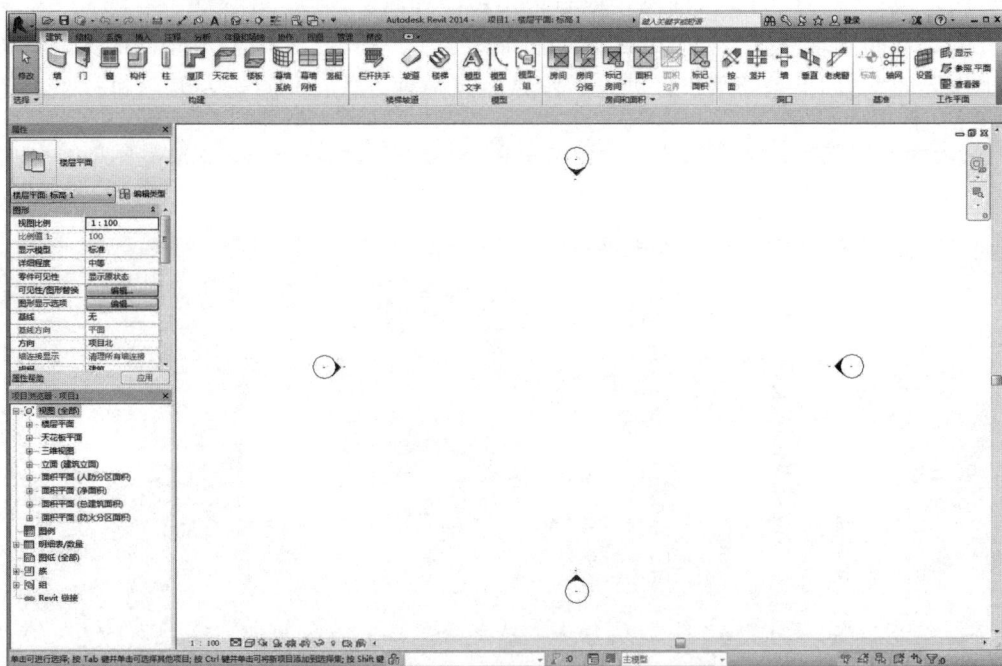

图 3-3

1) 应用程序菜单(图 3-4):主要是通用的命令设置,包含打开、新建、保存、另存为、导出、suite 工作流、发布、打印、授权以及关闭。其中"导出"是使用频率较高的命令,主要用于与其他软件交互的文件输出,例如导出 dwg 文件、jpg 文件、tiff 文件以及 sat 文件。通过"打印"命令可以将视图内容或者图纸虚拟打印为 PDF 格式。

用户可以通过"应用程序主菜单">"选项">"用户界面">"快捷键">"自定义"按钮来导入自定义的快捷键以提高绘制效率。

2）选项卡和功能区（图 3-5）：选项卡和功能区是相互关联的。当点击选项卡中的某项，如"建筑"，功能区就会自动展开所有与建筑相关的命令。选项卡中"结构"和"系统"两选项分别为结构专业和设备专业所使用，建筑方案设计阶段基本上不会用到这两个选项，施工图阶段才会用到"结构"和"系统"选项卡的命令。

3）项目浏览器：项目浏览器用来组织一个设计项目中的所有信息，主要包括视图、明细表、图纸、族、组等。如图 3-6 所示，用户绘制的所有平立剖面的图纸、选择的透视角度、渲染的图片、使用的族等都被自动归类在项目浏览器中，十分方便查找和调用。

4）属性面板（图 3-7）：属性面板是 BIM 软件的典型特征之一，BIM 软件中的构件是用各种属性来描述和定义的。属性面板是一个动态面板，当用户点击任何一个模型构件或命令时，属性面板将自动切换至与之对应，十分方便用户修改构件的参数。

图 3-4

图 3-5

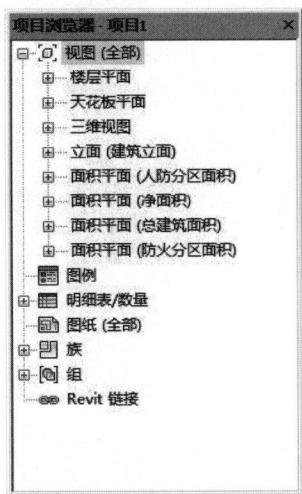

图 3-6

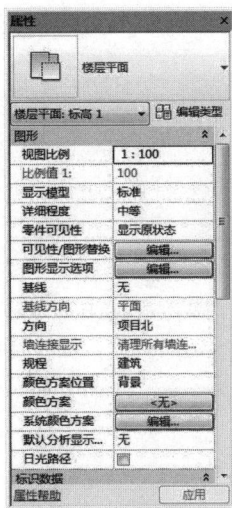

图 3-7

5）视图控制栏 1 : 100 ：视图控制栏位于窗口的最底部，可以快速操作与视图控制相关的功能，包括图纸比例设置、视图显示详细程度设置、模型显示样式设置、打开/关闭日光路径、打开/关闭阴影、裁剪视图、显示或隐藏裁剪区域边框、临时隐藏或隔离、显示隐藏的图元、临时视图属性、隐藏分析模型。

6)全导航控制盘（图 3-8）：可以让用户围绕模型进行漫游和观察，在实际操作中利用率较低。

7)View Cube（图 3-9）：三维导航工具，让用户直观地调整视点以观察模型，在实际操作中利用率较低，用户通常可以采用"Shift＋鼠标中键"来完成实时的三维导航。

 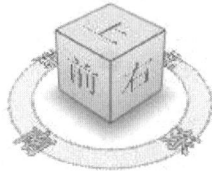

图 3-8　　　　　　　　　　　　　　　图 3-9

3.2.2　样板文件

在 Revit 中，样板文件就是一个预先设定好制图标准、用户常用构件类型、常用操作习惯的一个项目启动文件，后缀为".rte"。从 Revit2012 版本起，Autodesk 公司推出了适合中国用户使用的本地化样板文件。如图 3-10，用户只要选择建筑样板选项即可使用本地化建筑样板文件。在样板文件使用中用户需注意以下几点：

（1）不要直接打开后缀为".rte"的样板文件使用，应该另存为".rvt"项目文件后使用。

（2）在启动一个新的项目时，一定要调用一个合适的样板文件。原因是：在使用过程中，若发现样板文件不合适，虽然可以采用"传输项目标准"调用其他样本文件中的内容，但使用很不方便。

（3）用户可以根据某个完善的建筑模型创建新的样板文件，方法是删除多余和重复的图元类型、清理不必要的模型类别和注释类别后，将文件另存为后缀名为".rte"格式的样板文件。

图 3-10

（4）样板文件允许用户修改和编辑。

3.2.3　基础操作工具

在 Revit 中，基础操作命令分为两部分，一部分是视图观察操作，另一部分是构件编辑操作。

1)视图观察操作

由于是三维操作软件，Revit 的视图观察操作分为二维观察操作和三维观察操作。

（1）打开下载文件中的"林中工作室—单体"项目文件，进入二维视图（平面、立面、剖面视图均可）。将鼠标光标放在工作区任意位置，滚动鼠标滚轮可以自由缩放视图空间。按住鼠标滚轮，将出现"＋"光标，用户可以随意平移视图空间。

（2）点击界面左上角快速访问工具栏中的"默认三维视图" 图标进入三维视图。自由缩放和随意平移视图空间与二维视图操作相同。同时按住"shift"和鼠标滚轮，可以自由360°旋转观察三维模型。此外，用户也可用 View Cube 进行三维观察操作。

2）构件编辑操作

构件编辑操作适用于整个软件的使用过程之中，包括移动、复制、旋转、阵列、镜像、对齐、拆分、修剪、偏移、缩放等。注意在 Revit 操作中，多数情况需先选中构件才能使用编辑工具，如果我们需要从很多构件中选择出一个构件，或者需要选择一个构件的不同面时，可以使用"Tab"键进行切换选择。下面我们以墙体为例进行介绍。打开"林中工作室－单体"项目文件后进行以下操作：

（1）移动：点击以选中墙体，再点击功能区的"移动" 图标，可以将墙体进行任意方位移动，移动中将有蓝色数据跟随移动方向，可以观察数字确定移动距离，也可直接通过键盘输入需要的数值。

（2）复制：点击以选中墙体，再点击功能区的"复制" 图标，可以将墙体进行任意方位复制，距离输入操作与移动命令相同。勾选复选框中的"多个"，可进行多重复制。

（3）旋转：点击以选中墙体，再点击功能区的"旋转" 图标，系统默认构件几何中心为旋转原点，可以用鼠标拖拽蓝色中心点改变旋转原点。勾选复选框中的"复制"，可在旋转的同时保留原有墙体。

（4）阵列：点击以选中墙体，再点击功能区的"阵列" 图标，在屏幕上任意点击一点作为阵列起点，输入需要阵列的距离 2000mm，回车后屏幕跳出阵列个数复选框，输入数值 5 即可。阵列完毕，继续点击墙体，可以再次修改阵列个数。

（5）镜像：点击以选中墙体，再点击功能区的"镜像-绘制轴" 图标，通过绘制一条轴线完成镜像；点击功能区的"镜像-拾取轴" 图标，通过拾取一条轴线完成镜像。

（6）对齐：点击以选中墙体，向右复制 7000mm，再旋转 90°。点击功能区的"对齐" 图标，选择水平墙体的左侧，再点击垂直墙体的右侧，垂直墙体将向右移动至与水平墙体左侧对齐。

（7）拆分：点击以选中墙体，再点击功能区的"拆分" 图标，将出现"拆分"光标，可将墙体拆分为几段。

（8）修剪：点击以选中墙体，再点击功能区的"修剪-延伸为角" 图标，再依次点击工作区中相互垂直的两段墙体，墙体将延伸到直角；点击功能区的"修剪-延伸单个图元" 或"修剪-延伸多个图元" 图标，可以延伸单个或多个墙体至某个目标构件。

（9）偏移：点击以选中墙体，再点击功能区的"偏移" 图标，在工作区左上角复选框设置偏移数值，点击墙体完成偏移。用户也可以在视图框中以选择图形方式完成偏移。

（10）缩放：点击以选中墙体，再点击功能区的"缩放" 图标，可以调整构件的大小。注意此命令不能同时缩放一个构件的长宽高，只能按照构件属性进行缩放，如墙体只能在平面视图中缩放长度，高度和厚度均不能缩放。

3.3 基本建筑构件的绘制

本节以一个虚拟的建筑为例，着重讲述基本建筑构件的建模方法，基本建筑构件包括柱子、墙（幕墙）、楼板、门窗、屋顶、楼梯（坡道）等（图 3-11）。基本建筑构件是 Revit 建筑建模过程中最重要的组成部分，Revit 绘制建筑模型顺序和 AutoCAD 绘图顺序类似，都是按照"轴网-柱子-墙体-楼板-门窗-楼梯"的基本顺序。需要注意的是，在建模过程中要尽可能按照真实建筑的交接关系来组织建筑构件。

在进行基本的建筑构件绘制之前，我们需要新建一个项目并对建筑的轴网和标高进行绘制和设置。新建项目的具体操作请参考 3.2.1 基本界面部分的内容，新建完成后将其保存为项目文件"建筑单体"。在保存文件窗口中可以通过"选项"按钮定义文件的备份数量，目的是防止软件崩溃可能导致的文件损坏或者找回不同时间所绘制的模型文件，建议备份数量为"2"或者"3"。

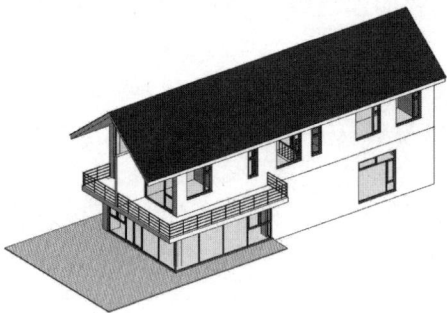

图 3-11

3.3.1 轴网

1）轴网的绘制

进入项目浏览器中的"楼层平面">"标高 1"，在功能区中选择"建筑"菜单下的"轴网"，单击轴网的起点和终点，绘制一根轴线。在此轴线的基础上结合复制、移动命令绘制轴网，横向轴网尺寸从左至右分别为 6300mm、5400mm、6300mm，纵向轴网尺寸为 6000mm，如图 3-12 所示。

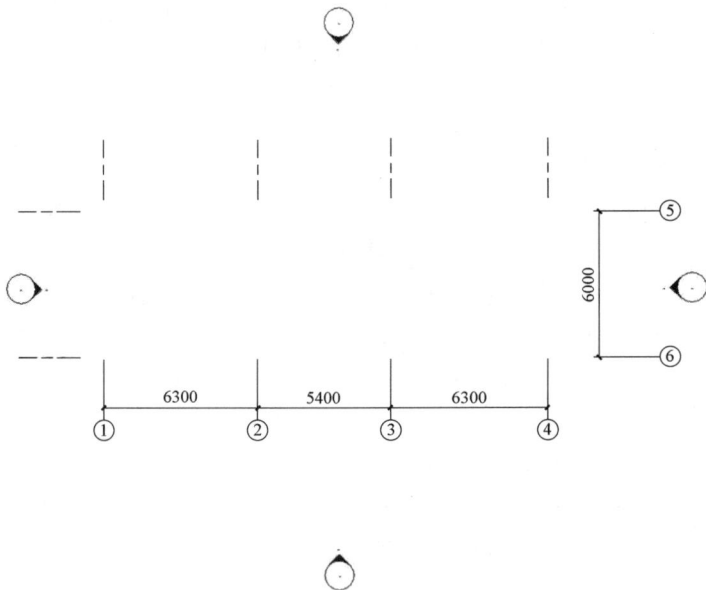

图 3-12

2）修改轴线的属性

选择一个轴线，在左侧属性栏中选择"编辑类型"按钮，弹出"类型属性"对话框（图 3-13）。在"轴线中段"子选项中选择"连续"，在"轴线末端颜色"子选项中定义其颜色为红色，取消对"平面视图轴号端点 2"子选项的勾选，单击"确定"按钮。

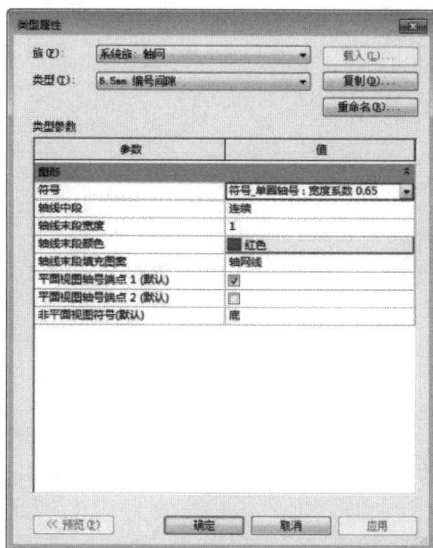

图 3-13

3）轴网的三维属性

不同于 AutoCAD 中的轴线定义，Revit 中的轴线具有三维的属性，我们平面视图所看到的轴线其实是垂直于视图的一个面，在相应的立面中，我们可以看到轴线的高度。比如在项目浏览器中打开"视图">"立面">"南"，进入南立面视图，即可看到轴线的"高度"（图 3-14）。选中轴线，向上拖拽其端点，可以改变其高度。

轴网绘制完成后不要轻易删除轴线，可以在全选轴线后点击"修改"选项卡中的"锁定" 按钮将轴线锁定。

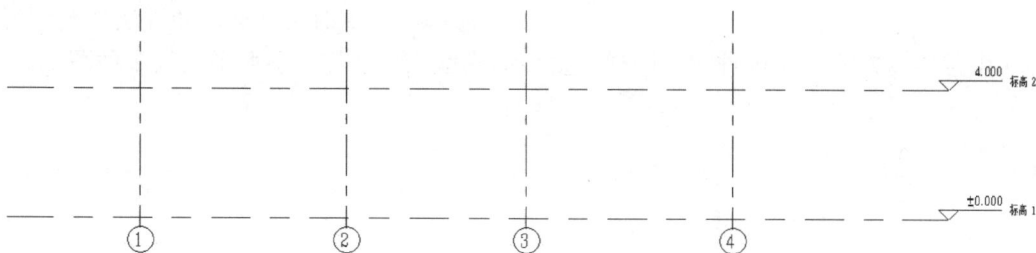

图 3-14

3.3.2　标高

1）标高的创建：在项目浏览器中打开"视图">"立面">"南"进入南立面视图，我们可以通过以下方式创建或者修改标高：

（1）通过"标高"命令创建：点击"建筑">"标高"按钮，在立面视图中点击标高的起点和终点创建一个新的标高 3。

（2）通过复制现有标高的方式创建：选中南立面视图中的标高 1，点击"复制"按钮后向下拖拽标高 2 并输入室内外高差数值，得到新的标高 3；复制标高 2 向上拖拽并输入层高数值得到标高 4（图 3-15）。

在绘制层数较多的建筑立面时，我们也可以通过阵列方式来创建新的标高。

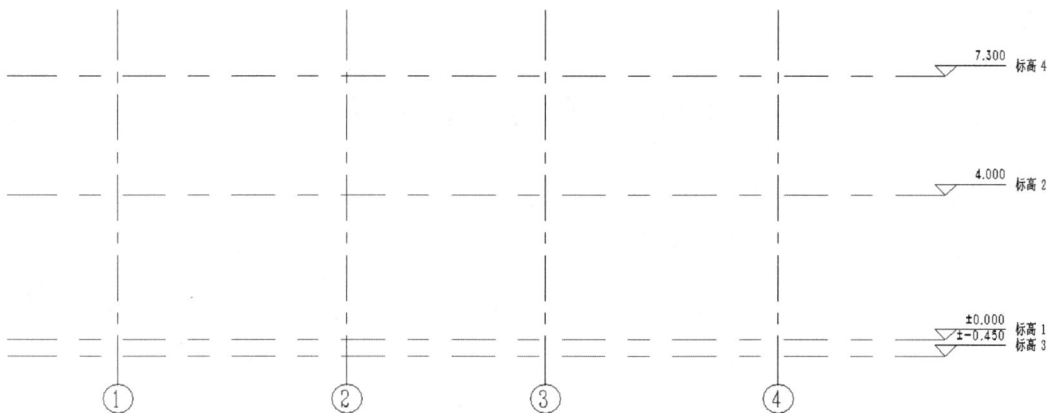

图 3-15

2）标高的修改

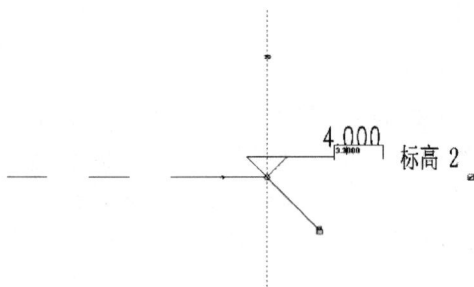

图 3-16

在新的标高创建后或者在设计过程中需要对标高进行调整时，除了通过使用移动命令之外，我们也可以通过以下方式来调整标高：

（1）两次单击标头的标高数值直接修改标高高度（图 3-16）。

（2）选中标高 2，在视图中会显示一个蓝色的临时尺寸标注，通过修改临时尺寸标注也可以修改标高高度（图 3-17）。

通过修改临时尺寸标注的方法移动图元是 Revit 中常用的方法，用这种方法同样可以移动模型线、墙体、参照平面等多种图元。

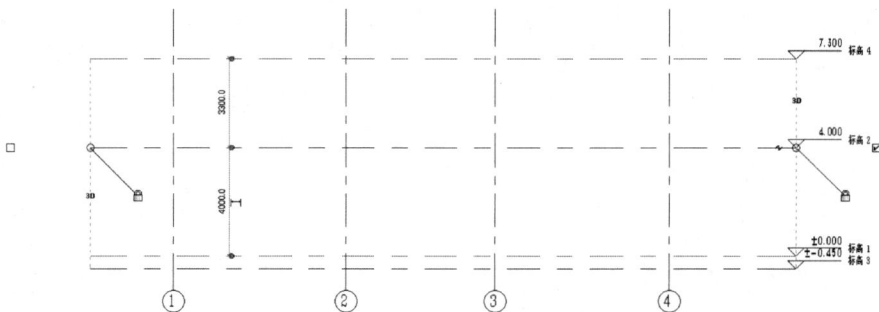

图 3-17

（3）标高的重命名：双击标高 1 标头名称即可修改标高 1 名称，将其名称改为"1F"，回车后会弹出对话框"是否希望命名相应视图"，选择"是"，左侧项目浏览器中的"楼层平面"中的"标高 1"也将名称自动修改为"1F"。同样的方法，将"标高 2"命名为"2F"，"标高 3"命名为"0F"，"标高 4"命名为"RF"。

（4）标高类型的选择：选中标高"0F"，在属性栏中将标高的类型由"正负零标高"改为"下标头"；在属性栏中点击"编辑类型"按钮，将其类型参数中的线型图案改为"中心线"，将其颜色改为"红色"（图 3-18）。用同样的方法，将其余标高的颜色也改为红色。

3）标高与平面视图

每个标高都对应一个平面视图，我们可以在项目浏览器中找到相应的平面视图，也可以通过鼠标右键点击标高选择"转到楼层平面"命令进入相应的平面视图。需要注意的是，新建的标高所对应的平面视图并没有显示在项目浏览器中，需要通过"视图">"平面视图">"楼层平面"菜单中选择打开与新建标高相对应的平面视图（图 3-19）。

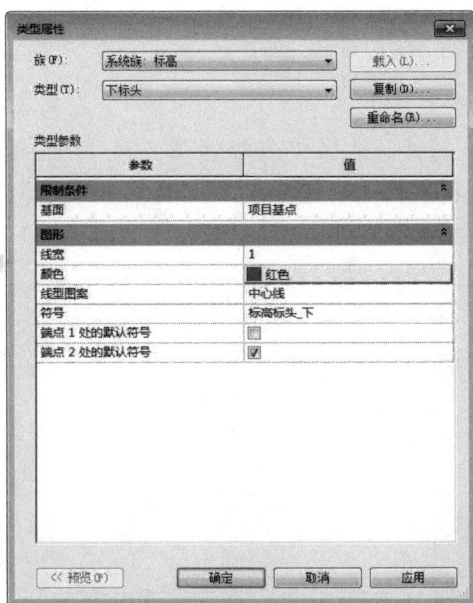

图 3-18

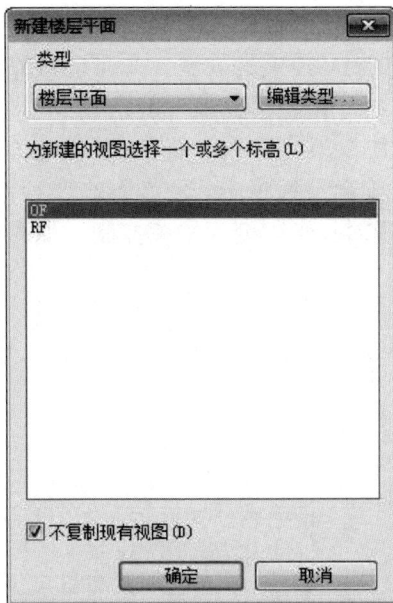

图 3-19

3.3.3 柱子

Revit 中按照真实建筑中柱子是否承担荷载将柱子分为"建筑柱"和"结构柱"两种类型，可以通过功能区中"建筑">"柱">"结构柱/建筑柱"来选择柱子类型，也可以通过载入族的方式载入项目样板中不存在的柱子类型。

1）载入新的结构柱族类型

在功能区中选择"插入">"载入族"，打开载入族对话框，打开"结构">"柱">"混凝土"，选中"混凝土-圆形-柱"和"混凝土-正方形-柱"两个类型，点击"打开"按钮。

2）柱子的绘制

在"1F"平面视图中，通过"建筑">"柱">"结构柱"选择已载入的族类型"混凝土-正方形-柱 450mm×450mm",在视图选项卡中对插入柱子相应的设定如图 3-20,单击轴网交点处即可创建柱子,也可以通过全选轴网后使用"在轴网交点处"命令创建柱网。

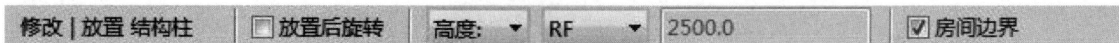

| 修改 \| 放置 结构柱 | ☐ 放置后旋转 | 高度: ▼ | RF ▼ | 2500.0 | ☑ 房间边界 |

图 3-20

3)创建新的柱子类型

在同一个项目中我们经常会用到不同类型的柱子,例如圆柱、不同尺寸的方柱或者矩形柱子,我们可以通过复制命令创建新的柱子类型。选中单个柱子"混凝土-正方形-柱450mm×450mm",点击右键,选择"选择全部实例">"在整个项目中",即选择到了项目中所有的"混凝土-正方形-柱子 450mm×450mm",点击图元属性栏中的"编辑类型">"复制",将其名称修改为"400mm×400mm",并将"类型参数">"尺寸标注"中的"b"和"h"的参数修改为 400,点击确定之后即创建了一个新的柱子类型,对新的柱子类型参数进行的修改不会影响到原有柱子类型的参数。

需要注意的是,在 Revit 建筑建模的过程中,经常会通过复制的方法创建新的图元类型,这会提高建模的效率,并且能很方便地对图元进行管理。

4)柱子的高度修改

选中单个柱子"400mm×400mm",点击右键,选择"选择全部实例">"在整个项目中",在左侧属性栏中"底部标高"约束的标高设置为"0F","顶部标高"设置为"RF",即可实现对柱子高度的约束控制,如图 3-21 所示。

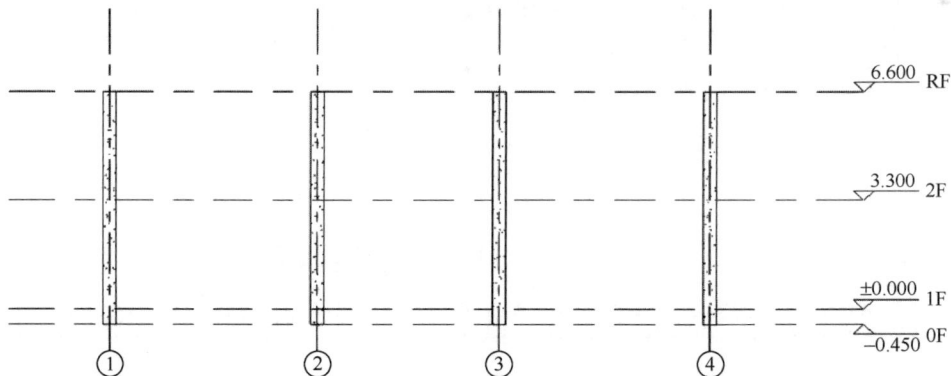

图 3-21

在 Revit 中类似柱子、墙体、楼梯等多种图元的高度都是通过属性栏中的标高来约束的,这样做的方便之处是在调整标高的时候,可以实现图元与标高的联动,提高了绘图效率和准确性。

3.3.4 墙、幕墙

墙和幕墙是基本建筑构件中最重要的组成部分,墙体是按照真实建筑中墙体构造方式来模拟的。以样板文件中的"基本墙-内部-砌块墙 100"为例,通过"编辑类型"按钮打开"类型属性"对话框,点击"构造"选项卡下的"编辑"按钮,打开"编辑部件"对话框,我们可以很清楚地看到"基本墙-内部-砌块墙 100"的构造组成方式(图 3-22)。其中，"面层""结构"是墙体构成部分，需要指定其材料和厚度；"核心边界"是指在复合墙体中作为尺寸标注参照的层，它不可修改，也没有厚度，除"结构"和"核心边界"层外的所有层后都有一个"包络"选项，它是指是否在墙上插入窗的情况下该层包络进墙面开口的选项。

幕墙是基本建筑构件中可以灵活使用的一种建筑构件，它可以和墙体自动剪切，在方案阶段，我们可以用它来表达各种门窗洞口甚至隔断和栏杆。

1）墙体的绘制

（1）复制新的墙体类型并设定其材质：在功能区中选择"建筑"＞"墙"＞"墙：建筑"命令，在属性栏中选择"常规-200mm-实心"，点击"编辑类型"按钮，在弹出的"类型属性"对话框中点击"复制"，将新的墙体命名为"外部-带粉刷层的

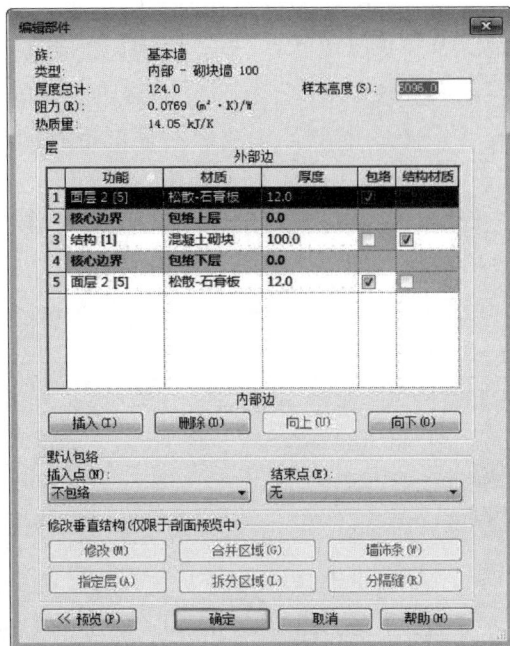

图 3-22

填充墙-225mm"；在"类型参数"＞"构造"＞"结构"栏中点击"编辑"按钮，打开"编辑组件"对话框，将其构造组成设置成如图 3-23 所示。

用同样的方法在墙体类型"内部-砌块墙 190mm"的基础上新建新的墙体类型"内部-填充墙 200mm"，其构造组成设置成如图 3-24 所示。

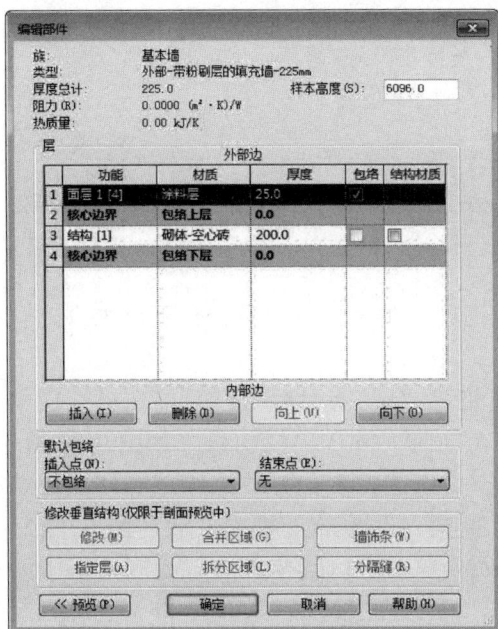

图 3-23

图 3-24

　　样板文件默认的材料相对有限，我们在绘图过程中经常需要通过复制操作来创建新的材料。以新建墙体"外部-带粉刷层的填充墙-225mm"为例，在其"编辑组件"对话框中，点击"结构［1］"材质栏中材质右侧的小按钮 即可进入材质浏览器对话框（图 3-25）。选中任一种材质，点击对话框下侧的按钮 ，在下拉选项中选择"复制选定的材质"，将新的材质命名为"砌体 空心砖"，右侧的"图形"选项卡设置成如图 3-26 所示。点击确定，新的材质"砌体 空心砖"即作为"结构［1］"对应的材质。用同样的方式复制新的材质类型"涂料层"作为"面层 1［4］"的材质。

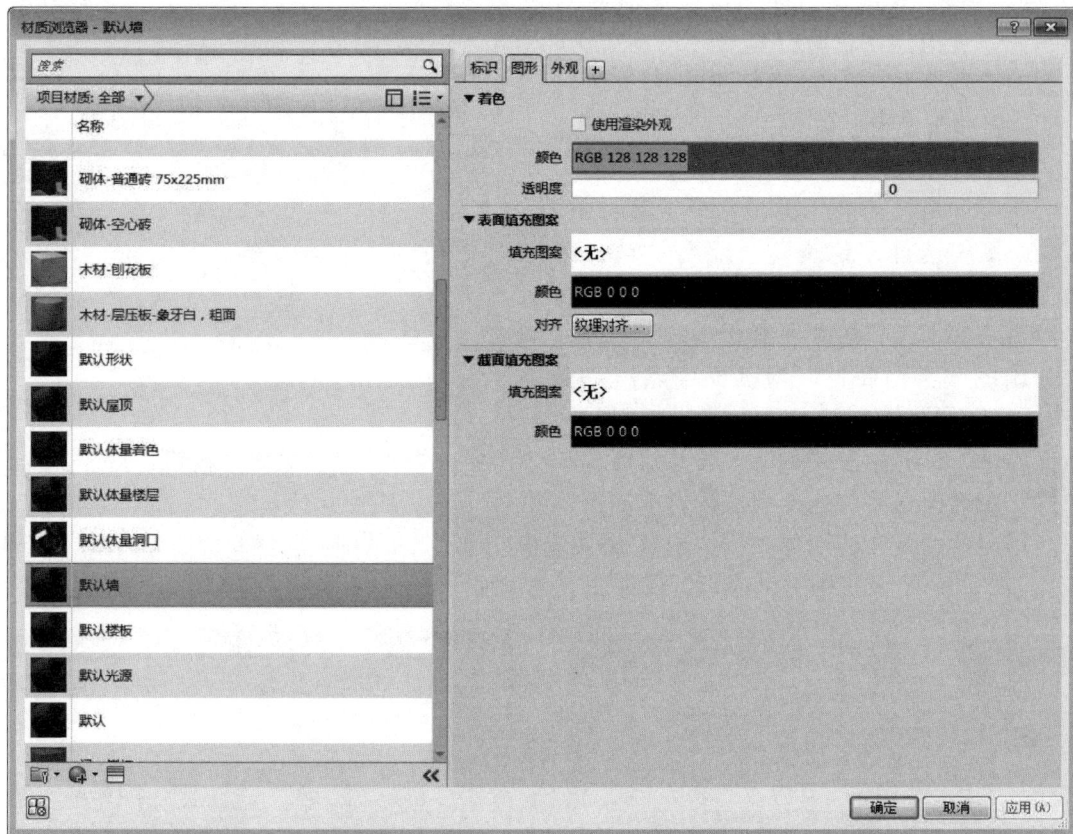

图 3-25

　　材质浏览器是 Revit 中对材质库进行管理的工具，在 3.6 节中我们会更详细讲到它的运用。

　　（2）一层墙体的绘制：在功能区中选择"建筑">"墙">"墙：建筑"，在属性栏中选择"基本墙-外部-带粉刷层的填充墙-225mm"，功能区下方选项栏的设置如图 3-27 所示。此时功能区最右侧会出现绘制选项卡（图 3-28），可以选择多种方式来绘制墙体（在绘制其他类型的图元的时候同样会使用到该选项卡，需要在练习的过程中灵活掌握）。绘制完成的外墙如图 3-29 所示，其中轴线 4 和轴线 B 处为双墙。以同样的方式绘制一层平面的内墙部分：墙体类型选择"基本墙：内部-填充墙 200"，底部限制条件为 1F，顶部限制条件为 2F，绘制完成后如图 3-30 所示。

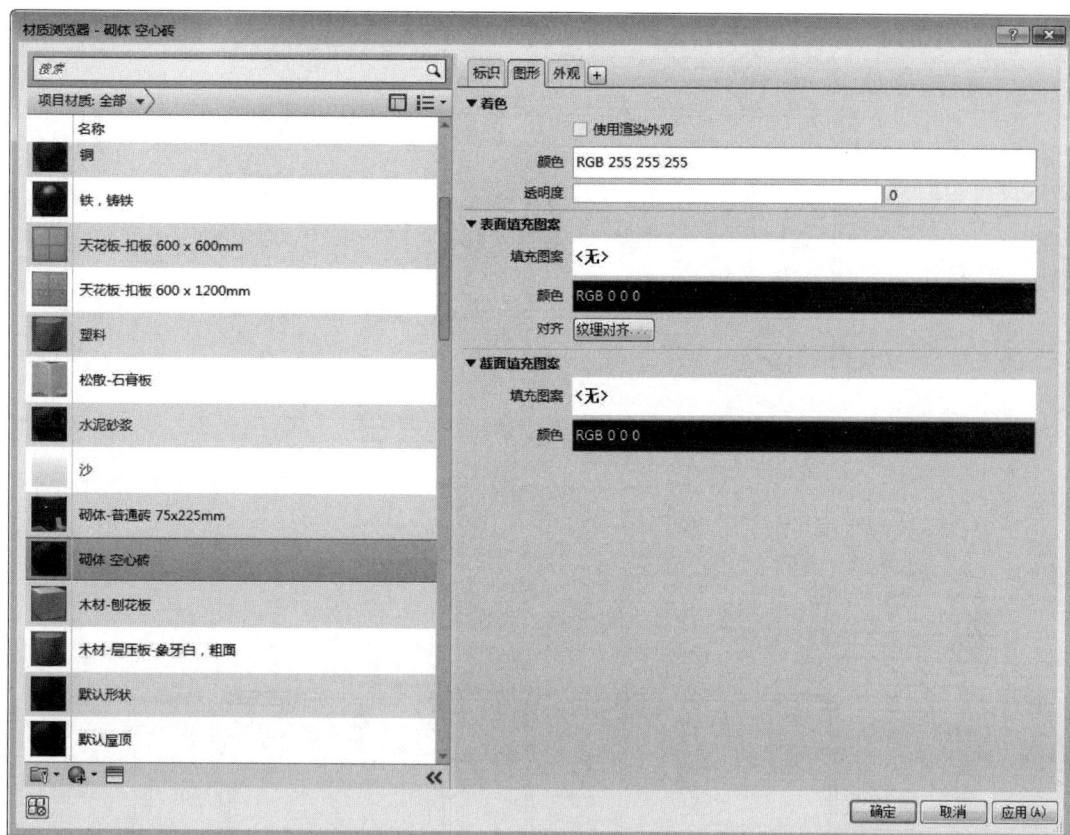

图 3-26

图 3-27

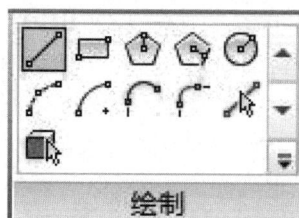

图 3-28

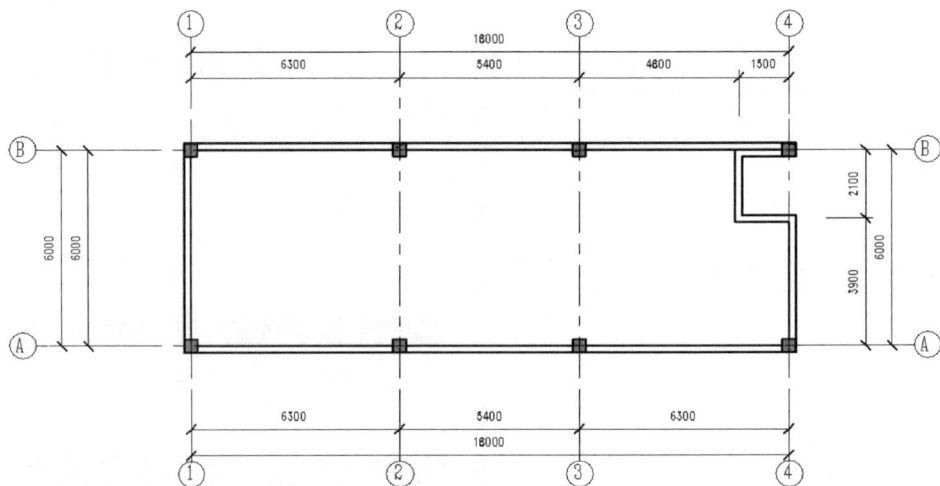

图 3-29

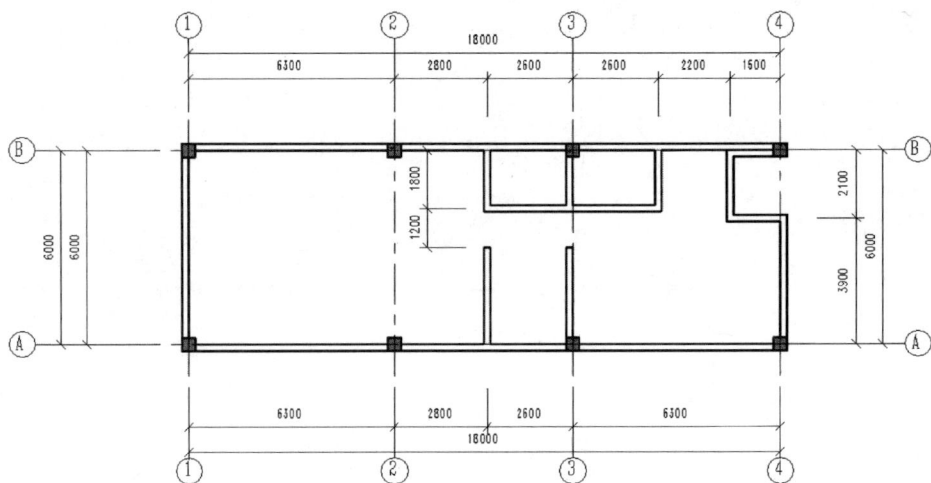

图 3-30

默认情况下，视图是以粗线模式显示的，在绘制某些局部或者交接复杂的图元时，可以通过点击"视图">"细线"按钮将视图切换为细线的显示模式。

（3）二层墙体的绘制：选中 1F 中所有外墙、内墙，使用热键"Ctrl＋C"，将其复制到剪贴板。在功能区中使用"修改">"粘贴">"与选定的标高对齐"命令，弹出"选择标高"对话框，如图 3-31 所示选择标高"2F"后点击确定，一层墙体即复制到 2F 中。在项目浏览器中打开"楼层平面">"2F"，点击左下角视图控制栏的"显示精度"按钮（图 3-32）。将显示精度调整为"中等"。

调整二层平面的布局（图 3-33），默认情况下，我们能看到一层平面的墙体以灰色显示，可以将视图属性栏中的"基线"选项由"1F"调整为"无"，即可取消一层墙体在二层平面的显示。

图 3-31

图 3-32

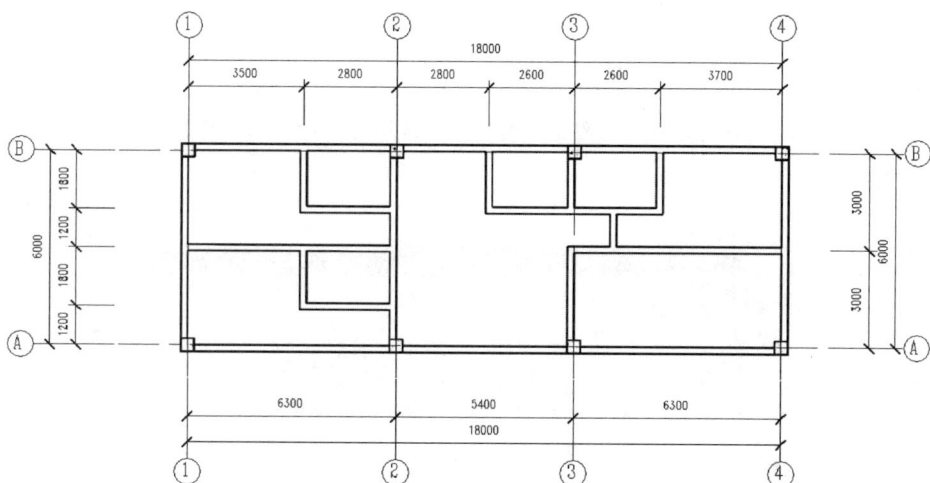

图 3-33

2）幕墙的绘制和修改

（1）幕墙的基本设置：在"建筑"＞"墙"＞"墙：建筑"中选择"幕墙"，点击"编辑类型"按钮，进入"类型属性"对话框，点击"复制"按钮后输入新的名称"幕墙-手动分割"，点击确定后即新建了一个新的幕墙类型。在类型属性对话框中的"构造"子选项中勾选"自动嵌入"选项，如图 3-34 所示，点击确定。

（2）幕墙的绘制：在绘制幕墙之前，我们需要对一层平面的西侧部分进行调整：将轴线 1 和轴线 A 墙体做 600 的悬挑处理，并将交点处的方柱替换为"混凝土-圆形-柱400mm"；轴线 1 和轴线 B 处墙体绘制为双墙（图 3-35）。

在出挑的外墙上使用"幕墙-手动分割"绘制一个底部约束为 1F，顶部约束为 2F 的建筑幕墙，幕墙会自动剪切外墙"外部-带粉刷层的填充墙-225mm"（图 3-36）。但在幕墙的转角部分，并没有完美剪切外墙，我们需要使用"建筑"选项卡中的"墙洞口"命令对没有完美剪切的墙体进行修改。修改完成后的一层平面图如图 3-37 所示，三维视图如图 3-38所示。

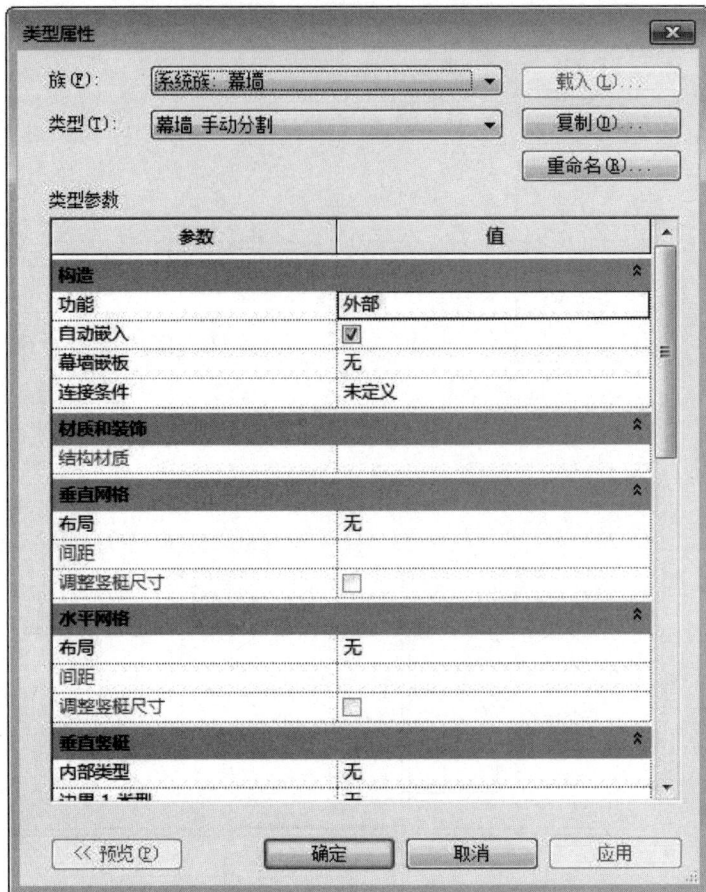

图 3-34

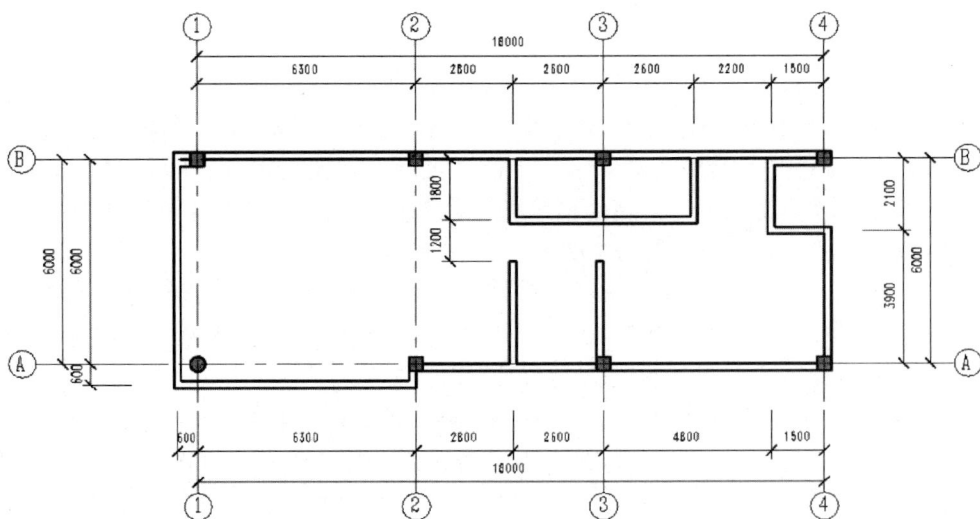

图 3-35

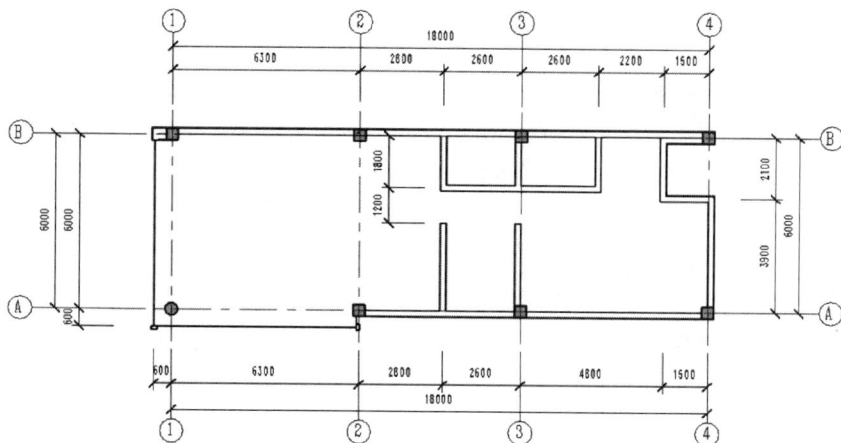

图 3-36

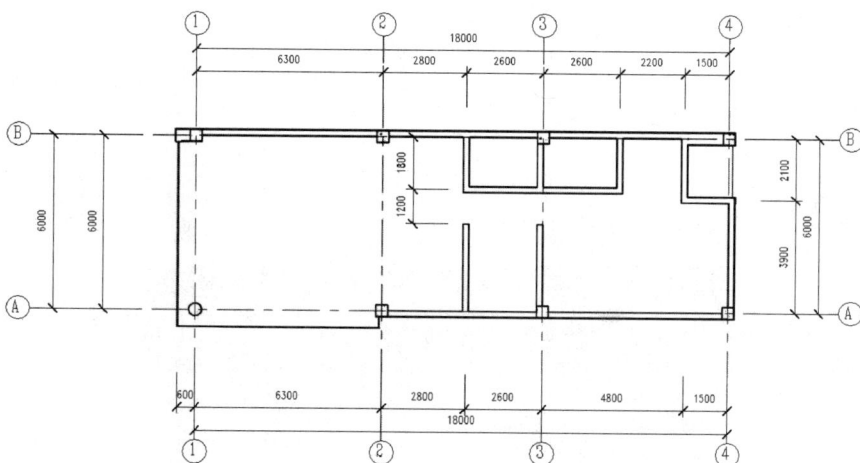

图 3-37

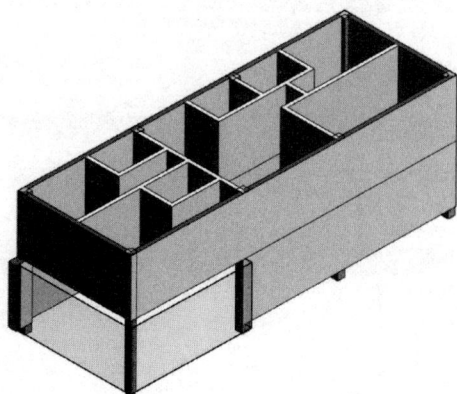

图 3-38

（3）添加和修改幕墙网格：双击项目浏览器中的"立面"＞"南"，进入南立面视图，选择功能区中的"建筑"＞"幕墙网格"后将鼠标悬停在幕墙上边缘位置，这时幕墙上会出现竖向蓝色虚线，单击鼠标即添加了一个竖向的幕墙网格，以此方式在南立面幕墙上添加三道竖向幕墙网格线，两道横向幕墙网格（图3-39）。分别选中两道横向幕墙网格，使用功能区右侧的"删除/添加线段"命令删除部分幕墙网格，只保留右侧的横向幕墙网格如图3-40所示。

调整幕墙网格线的间距：在南立面视图中，在功能区中选择"注释"选项卡＞"对齐"命令，依次拾取幕墙左右边缘和竖向幕墙网格对其进行尺寸标注，拾取尺寸标注线，点击尺寸线上方的等分图标EQ，对幕墙网格进行等分。并在右侧幕墙网格内添加一条竖向幕墙网格（图3-41）。

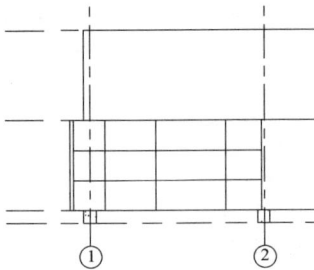

图 3-39

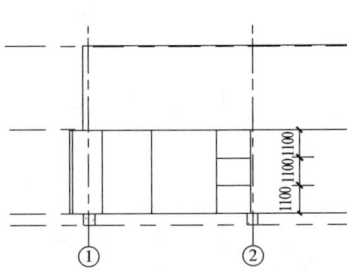

图 3-40

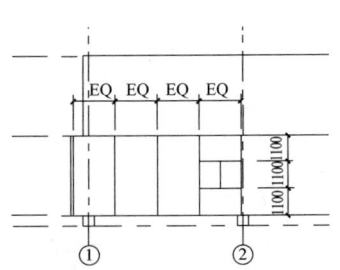

图 3-41

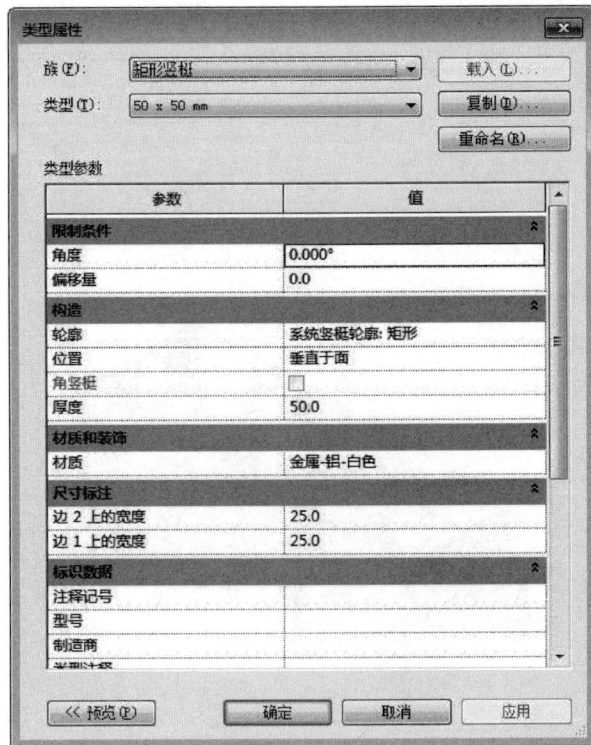

图 3-42

（4）添加幕墙竖梃：在功能区中选择"建筑"＞"竖梃"命令，在属性栏中选择"矩形竖梃 50mm×150mm"，并点击编辑类型按钮，复制一个新的竖梃类型"矩形竖梃 50mm× 50mm"，竖梃的参数设置成如图 3-42 所示。

选中属性栏中的新建竖梃类型"矩形竖梃 50mm×50mm"，单击选择功能区右侧的"全部网格线"选项，将鼠标悬停在幕墙网格上，所有幕墙网格变为蓝色虚线，点击鼠标后会在所有的幕墙网格上添加所选择的矩形竖梃。用同样方法将西侧幕墙进行网格划分并添加幕墙竖梃（图 3-43）。

（5）替换幕墙嵌板：首先需要载入相应的门窗嵌板族文件，选择"插入"＞"载入族"，进入"China＼建筑＼幕墙＼门窗嵌板"文件夹，选择打开"窗嵌板＿上悬无框铝窗"和"门嵌板＿双扇推拉无框铝门"。

将鼠标悬停在划分好的幕墙网格处，按"Tab"键即可循环切换鼠标附近的建筑图元，在左下角的状态栏提示选择到幕墙嵌板时单击鼠标选择幕墙嵌板"系统嵌板：玻璃"，在属性栏中将"系统嵌板：玻璃"替换为之前载入的"窗嵌板＿上悬无框铝窗"。使用功能区"修改"选项卡左侧的"匹配类型属性"命令，将另一侧的幕墙嵌板匹配为"窗嵌板＿上悬无框铝窗"，并把西侧幕墙的一个单元格的幕墙嵌板替换为"门嵌板＿双扇推拉无框铝门"，如图 3-44 所示。

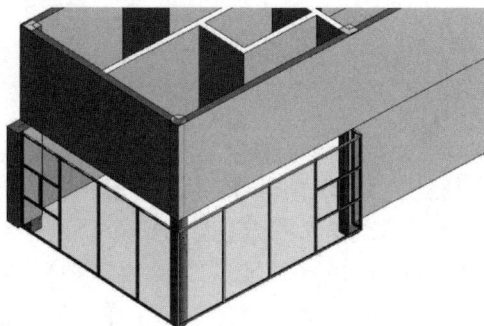

图 3-43

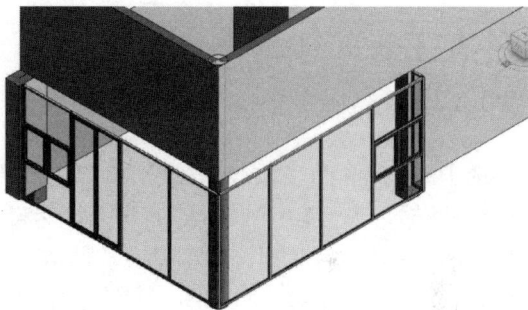

图 3-44

3.3.5　楼板

楼板也是一种可以灵活应用的建筑构件类型，我们除了可以用它来做建筑楼板之外，也可以用它来表达场地道路、概念体块、屋顶等。

1）楼板的绘制

（1）室内楼板的绘制：打开平面视图"2F"，在"建筑"选项卡中选择"楼板"＞"楼板：建筑"，属性栏中选择"楼板：常规-300mm"，并复制一个新的类型"楼板：常规-500mm"，厚度设置为 500mm，材料设置为"混凝土＿现场浇筑混凝土"。点击功能区右侧的"绘制"命令即可进行绘制楼板。绘制楼板外边缘如图 3-45 所示，在绘制完成后点击"完成"按钮，会弹出对话框"是否希望将高达此楼层标高的墙附着到此楼层的底部"（图 3-46），选择"否"，完成楼板的绘制。

楼板的绘制可以通过直线绘制、拾取墙、拾取线、矩形框等多种方式，若使用拾取墙体方式绘制，移动墙体时楼板边界将会和墙体一起移动，在楼板边界比较复杂的情况下不建议用拾取墙体的方法绘制。

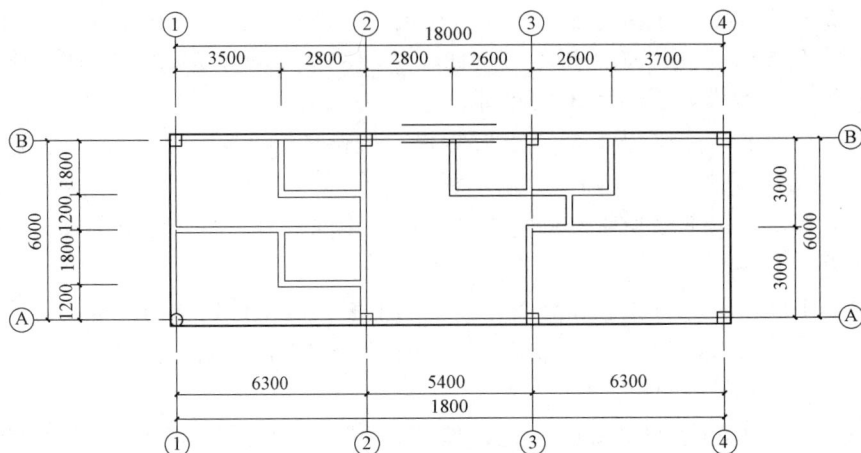

图 3-45

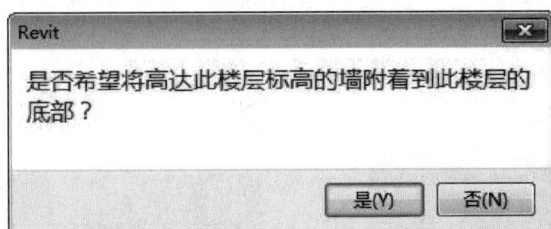

图 3-46

选中 2F 标高的楼板，使用热键"Ctrl＋C"将其复制到剪贴板，使用功能区中的"修改"＞"粘贴"＞"与选定的标高对齐"命令将其复制到 1F。进入三维视图"3D"，选中一层平面的所有外墙，将其底部限制条件改为"0F"，此时转角处幕墙的交接会出现分离，如图 3-47 所示。进入平面视图"1F"，选中幕墙，在幕墙端点处点击右键，在弹出的对话框中选择"不允许连接"（图 3-48），使用功能区中"修改"选项卡中的"修剪/延伸单个图元"命令对转角处的幕墙进行修改，完成后如图 3-49 所示。

图 3-47

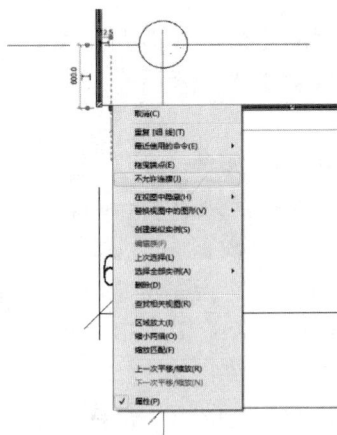

图 3-48

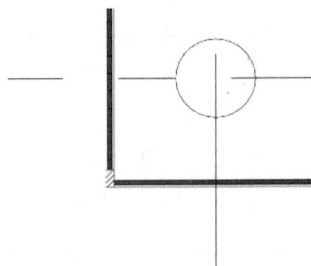

图 3-49

（2）1F 标高室外楼板的绘制：使用"建筑"＞"楼板"命令，在属性栏选择"楼板 常规-500mm"，并在其基础上复制新的楼板类型"常规-室外架空木底板面层 50mm"（图 3-50），其材质"木地板"在材质浏览器中的图形设定为如图 3-51 所示。完成楼板在"1F"平面图的轮廓如图 3-52 所示，其关联标高为 1F。

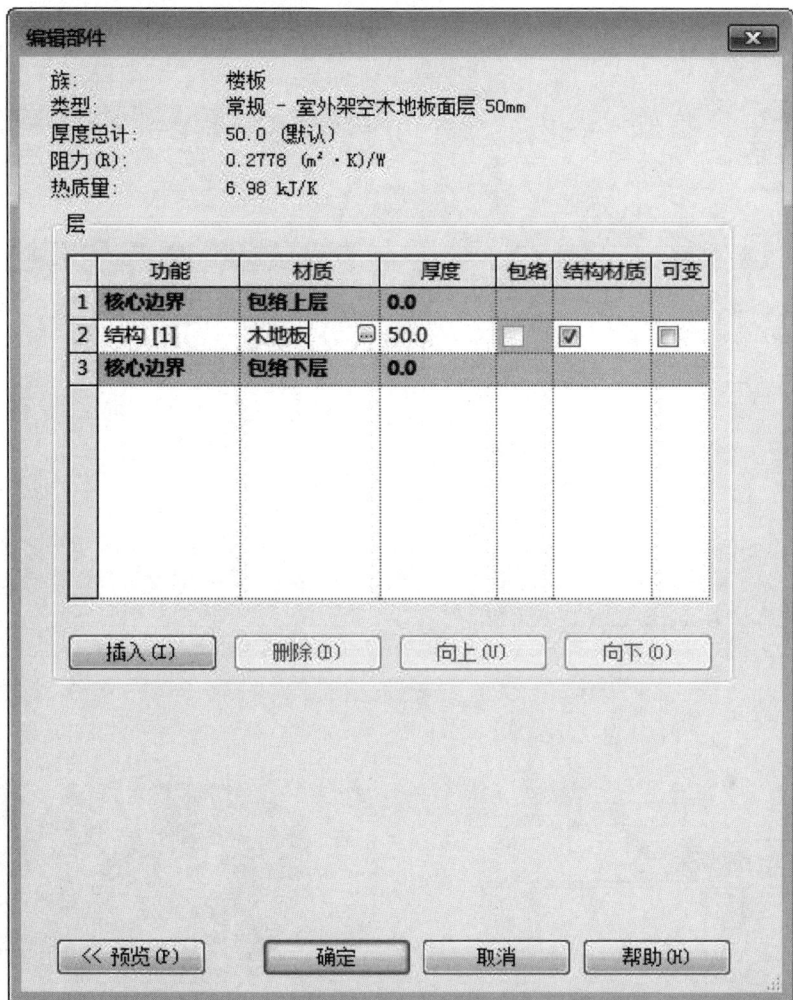

图 3-50

（3）2F 标高室外楼板的绘制：进入"2F"楼层平面视图，使用楼板命令，在属性栏中选择"楼板 常规-300mm"，楼板材质设定为"混凝土-现场浇筑混凝土"西侧出挑2000mm，南侧出挑 1500mm。绘制完成后的楼板如图 3-53 所示。

2）创建楼板洞口

平面南侧靠近轴线 3 的 2600mm 开间为楼梯间，我们需要在二层楼板位置绘制楼梯间的洞口，我们有两种操作方式来完成：

（1）编辑楼板轮廓：进入"2F"平面视图，选中标高 2F 的楼板，使用楼板关联选项卡中的"编辑边界"命令，将楼板的边界编辑为如图 3-54 所示，点击完成按钮完成编辑。

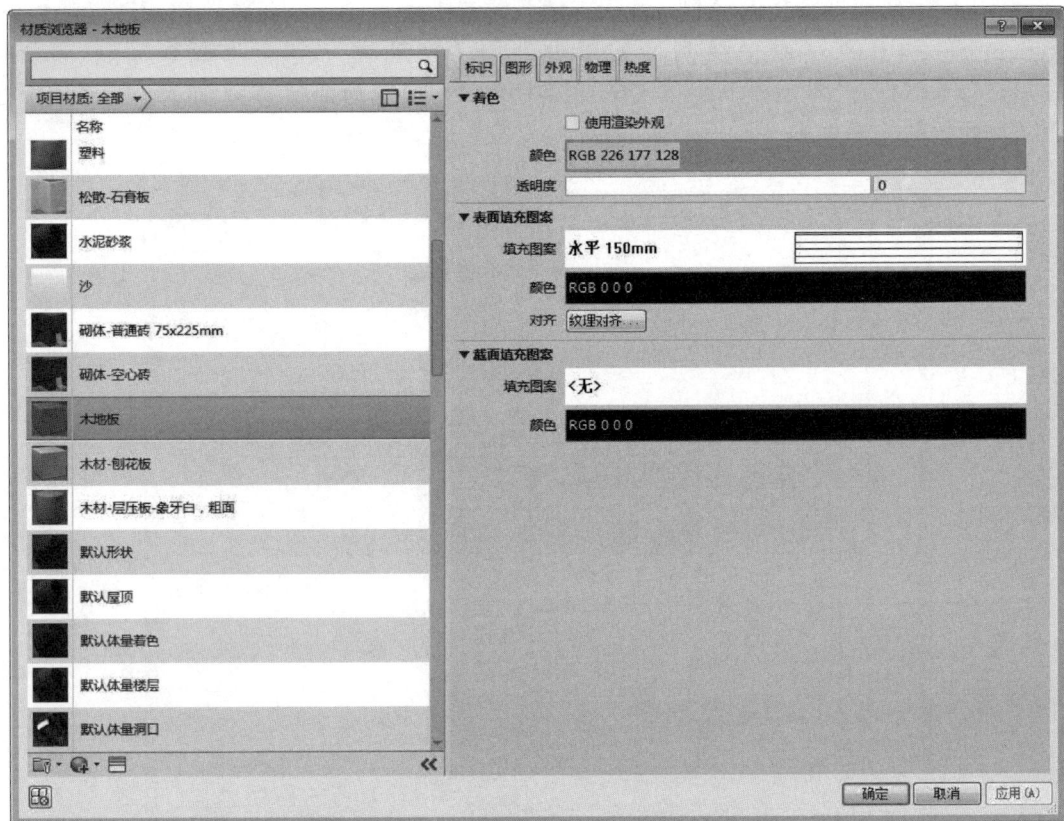

图 3-51

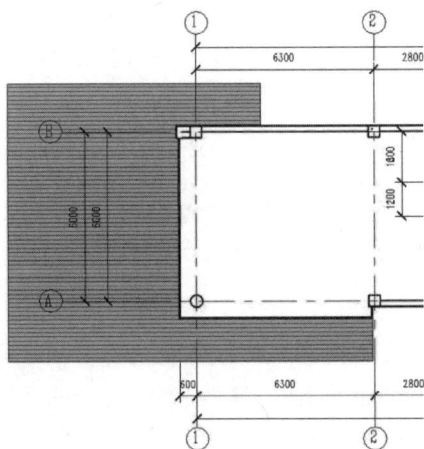

图 3-52

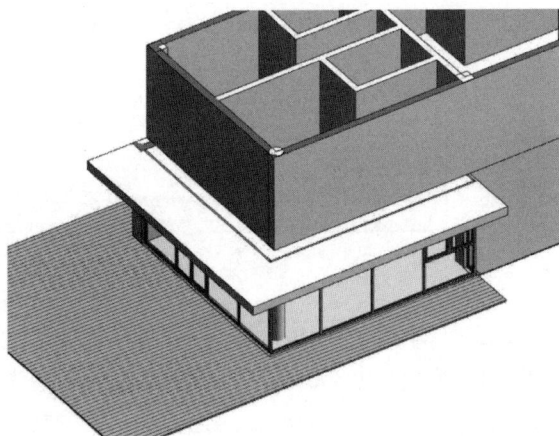

图 3-53

如果在"2F"平面视图中，比较难选择到标高"2F"的楼板，也可以在三维视图中选择，然后回到"2F"平面视图进行轮廓编辑。在编辑楼板过程中需要看到"1F"平面视图以对洞口边缘定位，可以将视图属性栏中的"基线"设定为"1F"一层平面即以灰度显示。

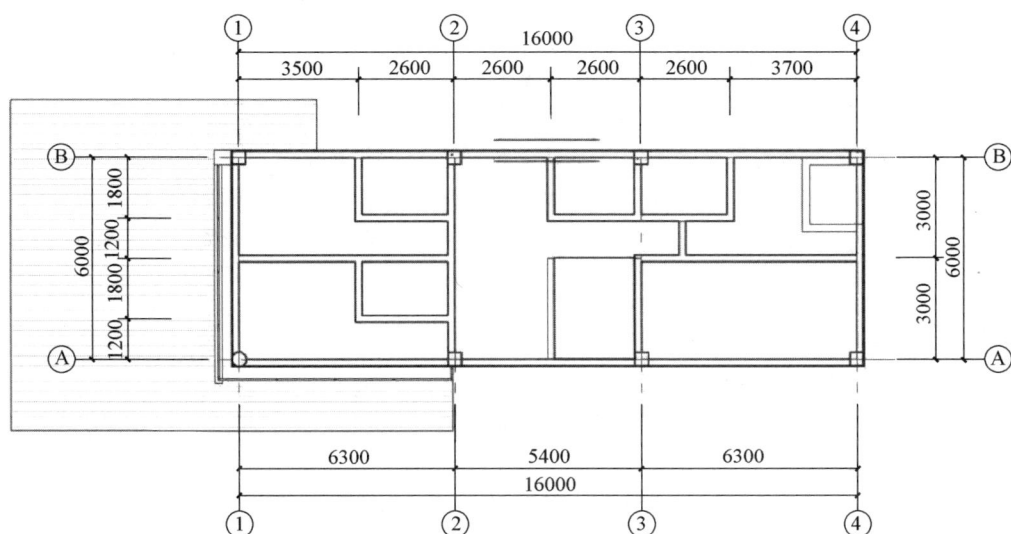

图 3-54

（2）使用"竖井洞口"命令：使用"建筑"选项卡中的"竖井洞口" 命令，竖井洞口的限制条件设置为如图 3-55 所示。在平面视图中的楼梯间位置绘制竖井洞口的草图轮廓，点击"完成"按钮完成对楼板的编辑。

竖井洞口的优势在于它可以贯穿多个标高的楼板，在层数较多的建筑建模中可以很方便地使用，两种方式绘制完成的楼梯间洞口均如图 3-56 所示。

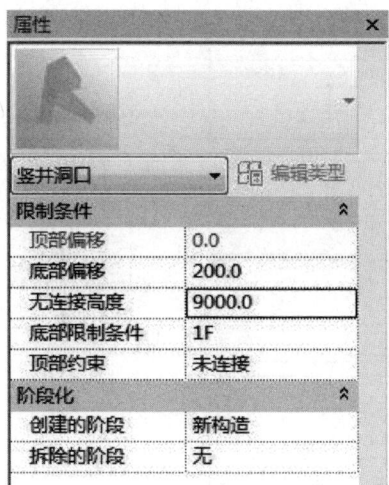

图 3-55

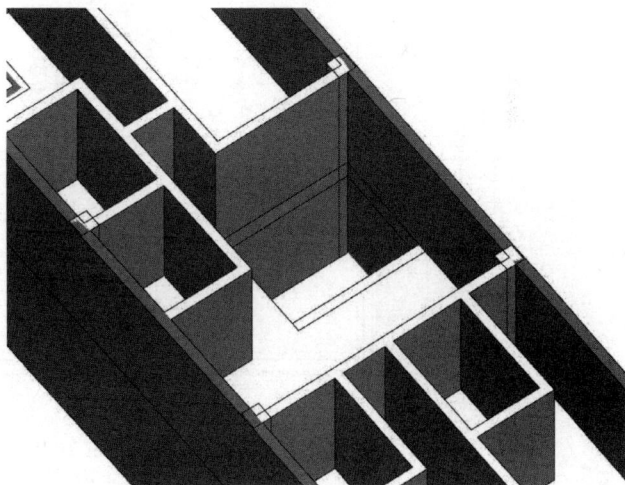

图 3-56

3.3.6　屋顶

Revit 屋顶命令提供了三种绘制屋顶的方法：迹线屋顶、拉伸屋顶和面屋顶（图 3-57）。除此之外，我们还可以通过对楼板进行修改子图元的方法创建坡屋顶。

1）迹线屋顶

在平面"2F"中，使用"建筑"选项卡中的"屋顶">"迹线屋顶"命令，在属性栏中选择"基本屋顶-常规-400mm"，在其基础上复制新的屋顶类型"基本屋顶-常规-300mm"，其材质设定为"混凝土-现场浇筑混凝土"，厚度为300mm，通过拾取外墙轮廓线并在选项卡中设定偏移量为"450"的方式绘制迹线屋顶草图（图3-58），并设定两条长边的坡度为36°，短边不设定坡度，草图如图3-59所示，长边属性栏中的设定如图3-60所示。点击"完成"命令完成对迹线屋顶的绘制，其关联标高为"RF"。

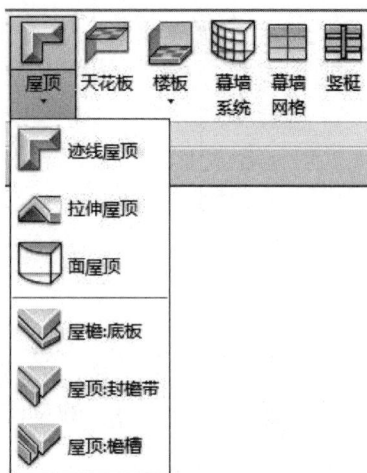

图 3-57

图 3-58

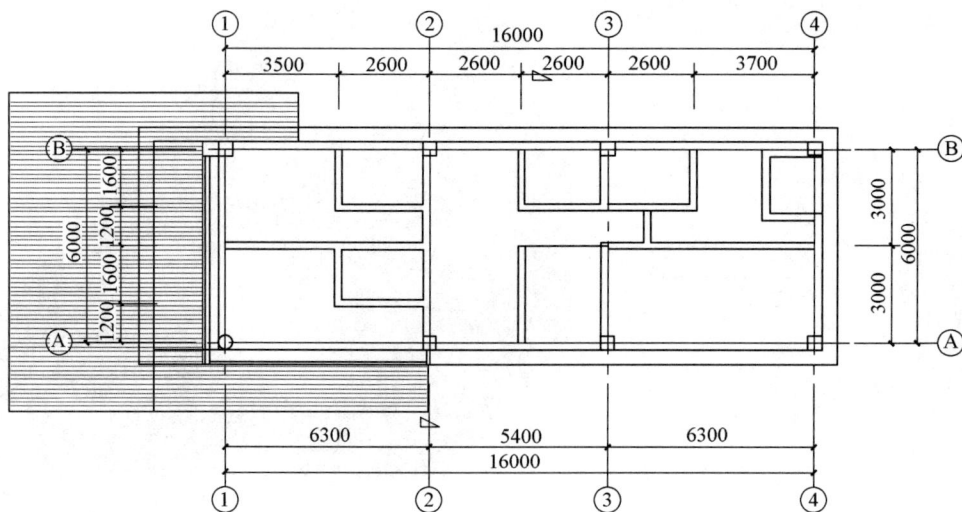

图 3-59

通过"迹线屋顶"命令可以绘制复杂的坡屋顶（图3-61）。

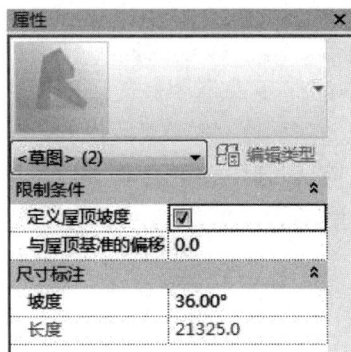

属性

<草图> (2)　　　　　　 编辑类型

限制条件
定义屋顶坡度　☑
与屋顶基准的偏移　0.0

尺寸标注
坡度　36.00°
长度　21325.0

图 3-60

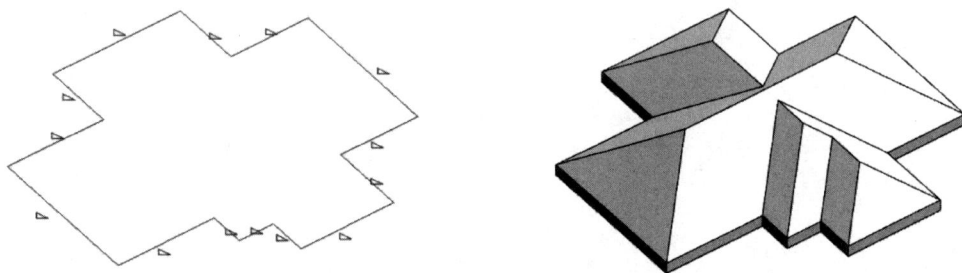

图 3-61

2）通过对楼板使用"修改子图元"命令创建坡屋顶

删除上面通过迹线屋顶方式绘制的屋顶，我们用修改子图元的楼板来表达屋顶。

（1）绘制标高为"RF"的楼板进入"RF"标高视图，创建一个标高为"RF"的楼板，楼板属性选择"楼板-常规-300mm"，楼板边缘以外墙为基准向外偏移 450mm，西侧是以出挑楼板外边缘为基准向外偏移 450mm（图 3-62）点击完成，在弹出的"是否希望将高达此楼层标高的墙附着到此楼层的底部？"对话框中选择"否"。

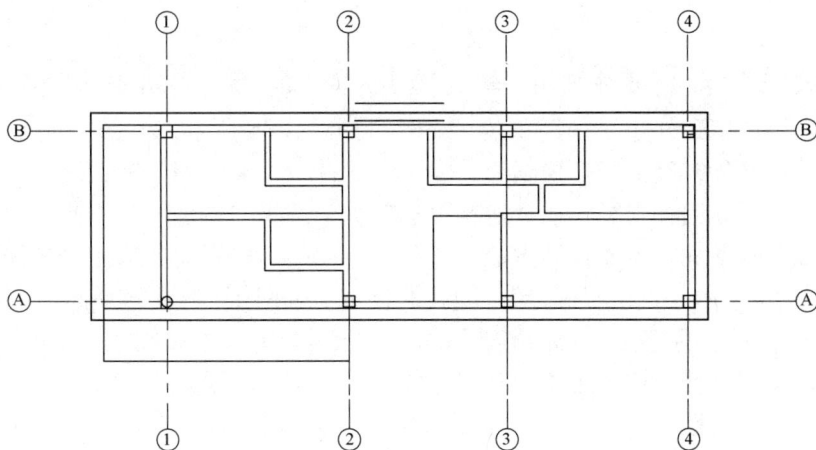

图 3-62

（2）在楼板上添加分割线并修改子图元：选中楼板，在功能区出现的上下文选项卡中选择"添加分割线" ✐ 添加分割线 命令，沿楼板东西向中线添加一条分割线，如图 3-63 所示。进入三维视图，选中楼板，在功能区中选择"修改子图元" 🖐 命令，分别拾取所添加分割线的两端的操纵柄后，会出现数值框，并将其数值设为"3000"（图 3-64）。按"Esc"键退出修改子图元编辑模式，选中剪切到屋顶的竖井洞口，拖拽其顶面的箭头或者调整其属性栏中的高度数值（图 3-65），使其无法剪切到屋面，屋顶创建完成。

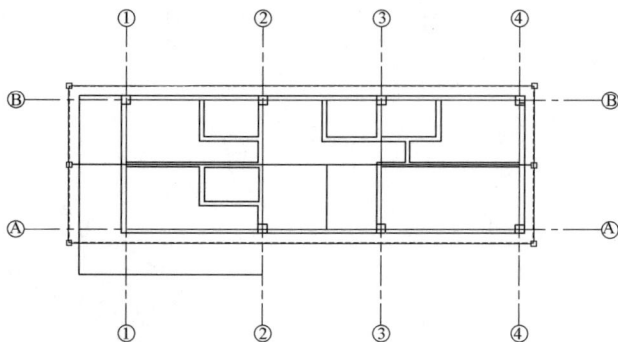

图 3-63

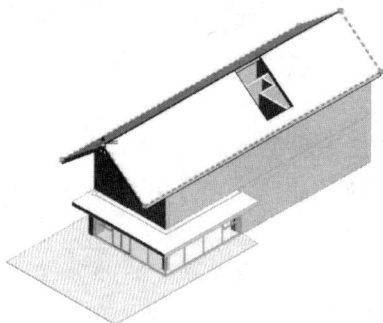

图 3-64

图 3-65

3）拉伸屋顶

（1）在"RF"标高平面中使用"建筑">"参照平面" 🔷 命令，沿屋顶外边缘绘制四个参照平面，距离屋顶外边缘的距离为 50mm，如图 3-66 所示。参照平面是虚拟的二维平面，在编辑族文件时经常用作控制线，在项目文件中，经常用作辅助线。

（2）进入"西立面"视图，在"建筑"选项卡中选择"屋顶">"拉伸屋顶"命令，弹出"工作平面"对话框，需要我们指定创建屋顶所在的工作平面。选择"名称"中的"轴网 1"，如图 3-67 所示，点击"确定"，即我们设定"轴网 1"所在的平面为我们的工作平面，在后面弹出的"屋顶参照标高和偏移"对话框中选择标高为"RF"，偏移量为"0.00"，点击确定后绘制拉伸屋顶的草图，如图 3-68 所示，点击"完成"。

拉伸屋顶默认属性为"基本屋顶 常规-300mm"，我们在其基础上复制新的屋顶类型"基本屋顶 面层-20mm"，其材质为新建材质类型油毡瓦，其在材质浏览器中的图形设定如图 3-69 所示。

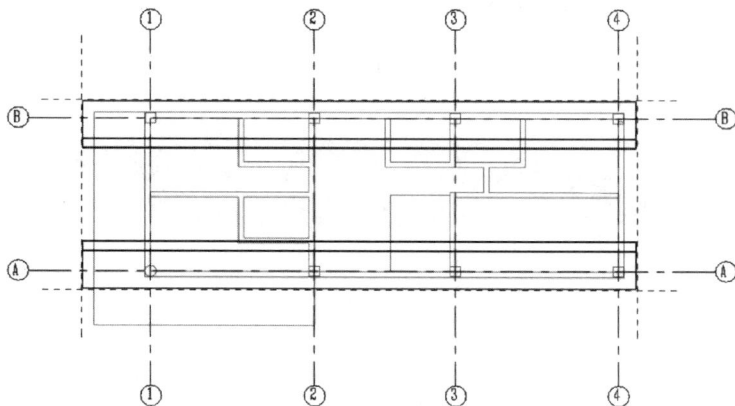

图 3-66

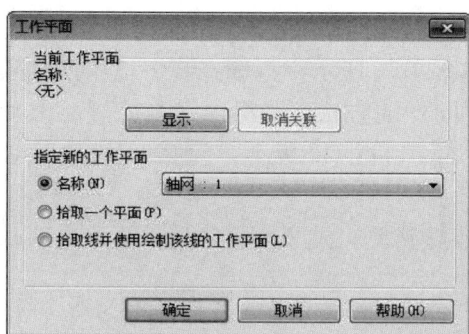

图 3-67

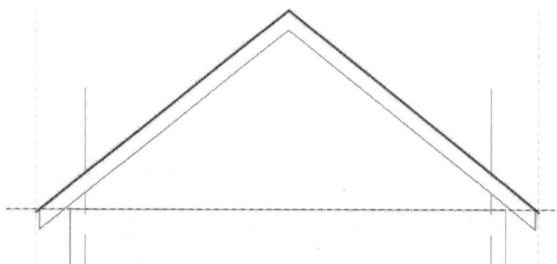

图 3-68

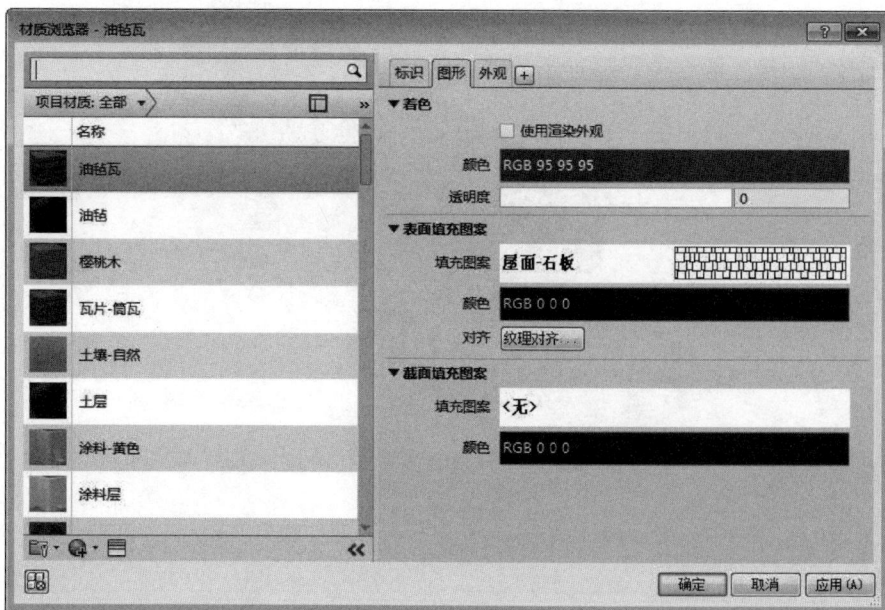

图 3-69

（3）进入"南立面"视图，使用"对齐" 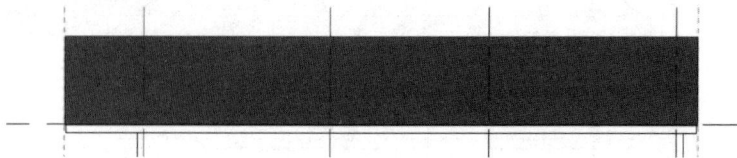 命令将拉伸屋顶的两端与参照平面对齐，如图 3-70 所示。拉伸屋顶绘制完成。

图 3-70

4）将柱子和墙体附着到屋顶

使用上面三种方法所创建的屋顶在创建完成后都存在与柱子、墙体交接不完整的问题，我们需要通过将柱子、墙体附着到屋顶的方法来完善模型。

点击功能区上方的 ⬡ 图标进入三维视图，选择到柱子"混凝土-正方形-柱 400mm×400mm"，点击右键，在弹出的菜单中选择"选择全部实例"＞"在整个项目中"，在功能区中选择"附着顶部/底部"命令，选项栏的设置如图 3-71 所示，再选择要将柱子所附着到的屋顶"楼板-常规-300mm"，柱子的附着完成。同样的方法，选择内墙与外墙将其附着到屋顶；将一层平面的玻璃幕墙附着到二层平面出挑的楼板上，完成后的模型如图 3-72所示。

关于面屋顶的创建我们会在后面 3.5 节体量建模中讲到，这里不再详述。

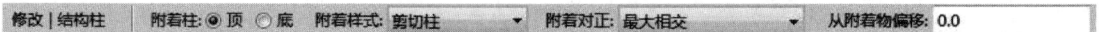

图 3-71

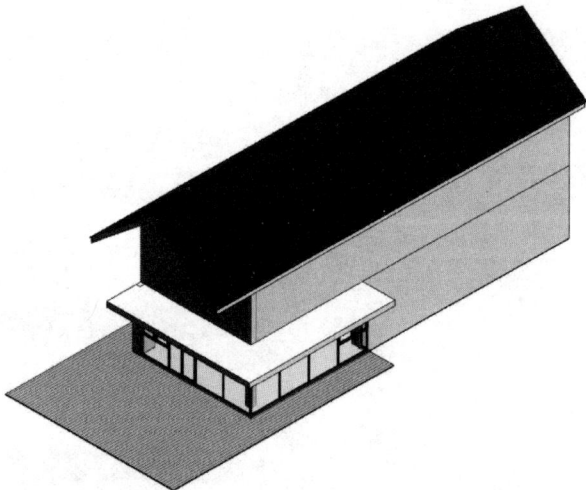

图 3-72

3.3.7　门窗

Revit 中自带大量的门窗族文件，通过直接使用这些族文件，能完成一些常规建筑方案的表达，但在建筑方案阶段，这些 Revit 自带的门窗构件族，特别是窗的族文件在对设计表达的自由度和效率方面表现得不尽如人意，因此，这时我们也可以使用幕墙来表达门窗洞口。

1）门、窗族文件的应用

（1）门窗族文件的载入：使用功能区中的"插入"＞"载入族"命令，在弹出的"载入族"窗口中依次打开"建筑"＞"门"＞"普通门"＞"平开门"＞"双扇"，选中"双扇平开玻璃门"，点击打开；用同样的方法也可以载入"建筑"＞"门"＞"普通门"＞"平开门"＞"单扇"中的"单扇平开木门 1"。以同样方式载入所需要的窗类型，这里我们载入"建筑"＞"窗"＞"普通窗"＞"悬窗"中的"上悬窗-带贴面"。

（2）在载入族的基础上复制新的族类型：在平面视图"1F"中，使用"建筑"＞"门"命令，在属性栏窗口中选择已经载入的族文件"双扇平开玻璃门"中的子类型"1200mm×2100mm"，复制新的族类型"1200mm×2400mm"（1200mm 宽，2400mm 高）。用同样的方法创建窗的族类型"上悬窗-带贴面 900mm×900mm"（高 900mm，宽 900mm 的上悬窗）。

（3）在模型中使用门窗族：进入平面视图"1F"，使用"建筑"＞"门"命令，在属性栏中选择"双扇平开玻璃门：1200mm×2400mm"，将鼠标悬停在入口处的外墙上，即可预览门插入的位置和开启方向，点击即可插入门，以同样的方式在北侧外墙插入窗"上悬窗-带贴面 900mm×900mm"，如图 3-73 所示。

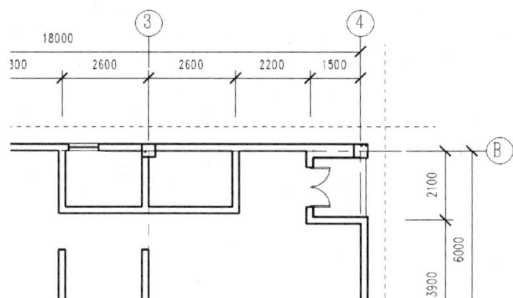

图 3-73

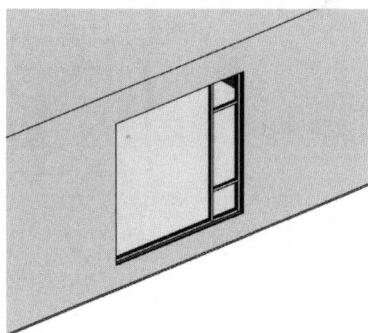

图 3-74

我们需要在南侧外墙上插入一个 2700mm×2700mm 的落地窗，如图 3-74 所示，我们会发现很难利用 Revit 中自带的窗类型来表达我们所需要的设计——这就需要对窗的族文件进行编辑修改，这部分内容我们会在 3.7 节中详细讲到。在建筑方案设计阶段，我们可以灵活运用幕墙的形式来表达门或者窗。必须注意的是，在施工图阶段，仍然需要以窗的族文件来表达窗，否则在明细表中无法统计窗的数量。

2）以幕墙方式来表达门窗洞口

在 3.3.4 节中，我们在建筑西南侧上绘制了一个转角幕墙，并对其进行了幕墙网格的划分，并用替换幕墙嵌板的方法来表达门和窗，同样的方法，我们也可以用幕墙来表达尺寸更小的门窗，同时结合模型组的使用，会大大提高模型创建的自由度和效率。

（1）用幕墙来表达门窗：进入"1F"视图，使用"建筑"＞"墙"命令，在属性栏中选择"幕墙-手动分割"，在一层南侧外墙上绘制幕墙洞口，属性栏中的限制条件如图 3-75 所示，幕墙的长度为 2700mm，高度为 2700mm。进入南立面视图，使用"建筑"＞"幕墙网格"命令，对幕墙进行划分，划分方式如图 3-76 所示。使用"建筑"＞"竖梃"命令，

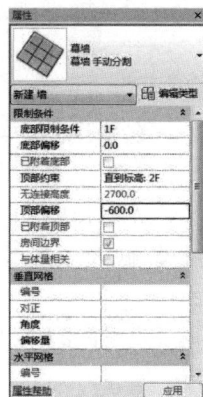

图 3-75

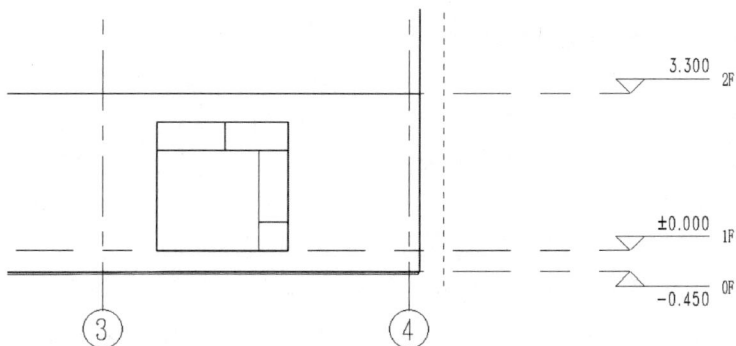

图 3-76

对幕墙应用"矩形竖梃 50mm×50mm",并替换相应的幕墙嵌板,完成后的幕墙开口如图 3-77所示。

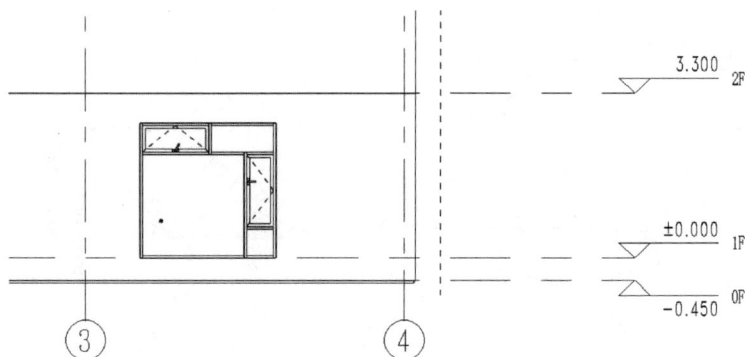

图 3-77

以同样的方式(手动分割幕墙)绘制二层南立面的方窗和竖窗,尺寸分别为 1800mm ×1800mm 和 700mm×1800mm,完成后如图 3-78 所示。

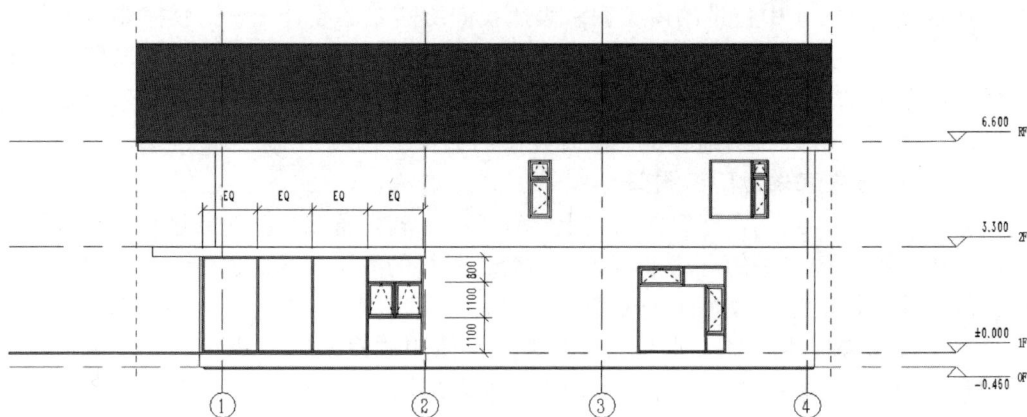

图 3-78

（2）用楼板来表达窗户的披水板：

① 绘制披水板：使用"建筑"选项卡中的"楼板"命令，以"楼板 常规-150mm"为基础创建"楼板-窗台披水板-30mm"，即厚度为 30mm 的楼板。在一层平面图中以轴线 3 和轴线 4 之间的窗外侧为基准创建一个楼板，与窗同宽，南侧飞出外墙 30mm，限定标高为"1F"，且自标高的高度偏移数值设定为"20"，创建完成后如图 3-79 所示。

② 以同样方式绘制二层平面图中的其余窗台披水板。

图 3-79

（3）以幕墙为基础创建模型组，并对其进行复制：在平面视图"2F"中，选中所创建的尺寸为 1800mm×1800mm 的"幕墙 手动分割"及窗台披水板，使用关联选项卡中的"创建组"命令，弹出"创建模型组"对话框，将所创建的组命名为"窗 1800mm×1800mm"，点击确定后组创建完成。以同样方式将轴线 2 与轴线 3 之间的窗创建为模型组"窗 700mm×1800mm"。

进入平面视图"2F"，同时结合南立面视图对模型组"窗 1800mm×1800mm"和"窗 700mm×1800mm"进行复制，复制完成后如图 3-80 所示，窗具体位置可参见图 3-108。

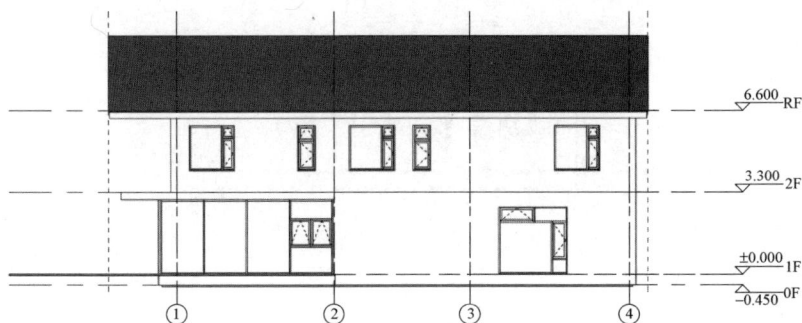

图 3-80

（4）在其余立面以幕墙方式绘制窗洞口：用类似的方法，分别在北立面、东立面和西立面绘制相应的窗洞口，完成后的立面分别如图 3-81～图 3-83 所示。其中西立面需要添加两个房间的分户墙。

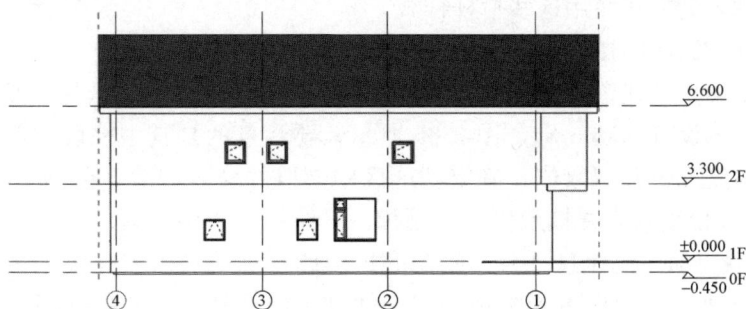

图 3-81

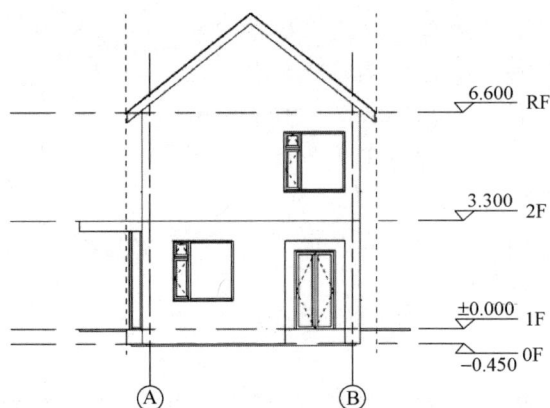

图 3-82

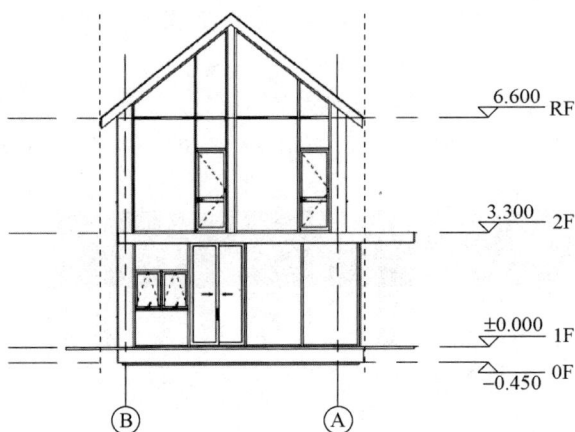

图 3-83

3.3.8 楼梯

楼梯在基本建筑构件的表达中是相对复杂的部分。对于常规楼梯可以通过设定参数，直接以三维构件方式绘制；对于非常规的楼梯，Revit 提供了草图绘制模式，使绘制的自由度更高。坡道和栏杆绘制方法相对简单，Revit 自带族库也提供了一些常用的栏杆类型，可以通过载入的方式使用这些栏杆样式。

（1）按构件方法绘制楼梯

在功能区中使用"建筑"＞"楼梯"＞"按构件"命令，属性栏中选择"整体浇注楼梯"，状态栏和属性栏的设置如图 3-84、图 3-85 所示，要注意的是其中梯段宽度、踢面数、踢面高度和踢面深度几个关键数值。确定功能区中选取的命令如图 3-86 所示。在平面视图"1F"中的楼梯间位置点击并拖拽鼠标绘制梯段，绘制过程中会提示已绘制的踢面数，如图 3-87 所示，并自动生成休息平台。绘制完成双跑楼梯后点击"完成"按钮确认，完成的楼梯如图 3-88 所示。可以看到常规的双跑楼梯无法放到局促的楼梯间内，我们可以用草图方式绘制一个"U"形楼梯。

修改 | 创建楼梯	定位线: 梯段: 中心	▾	偏移量: 0.0	实际梯段宽度: 1100.0	☑ 自动平台

图 3-84

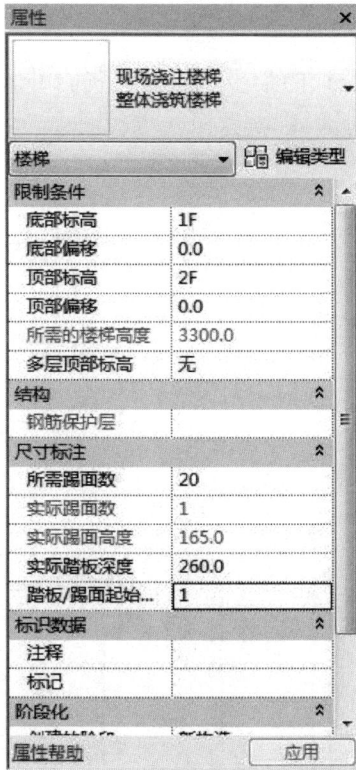

图 3-85

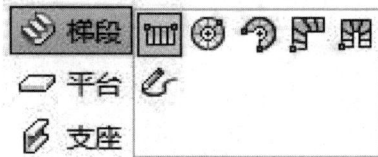

图 3-86

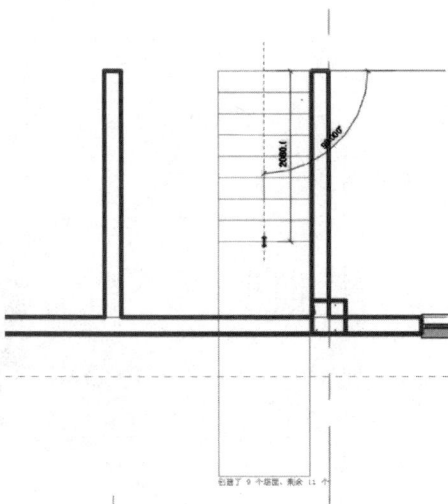

图 3-87

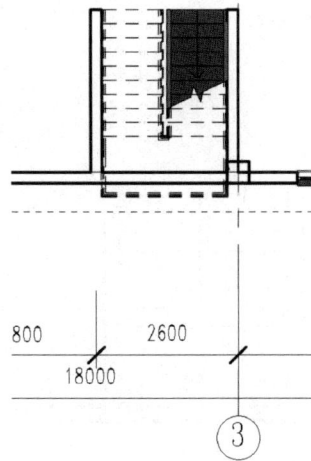

图 3-88

（2）按草图方式绘制楼梯

在功能区中使用"建筑">"楼梯">"按草图"命令，属性栏中的设定如图 3-89 所示，在功能区中的绘制栏中选择"边界" 命令，绘制楼梯的两条边界，如图 3-90 所示；在功能区中选择"踢面" 命令，绘制楼梯的踢面，如图 3-91 所示，点击"完成"按钮确认，完成后的楼梯如图 3-92 所示。

另外，我们也可以灵活运用楼板来表达特殊设计的踏步，例如，我们可以用楼板来表达一层平面入口处的踏步，如图 3-93 所示。

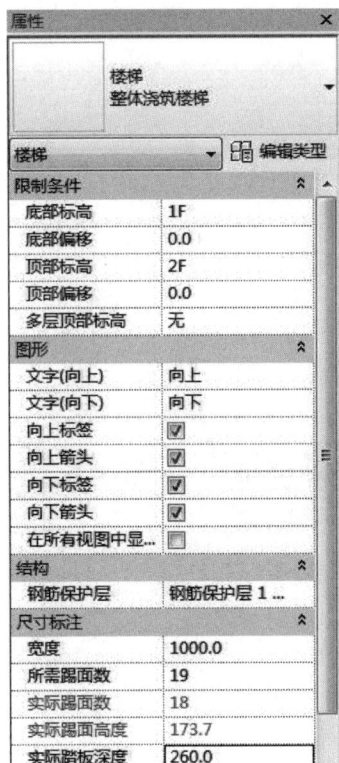

图 3-89

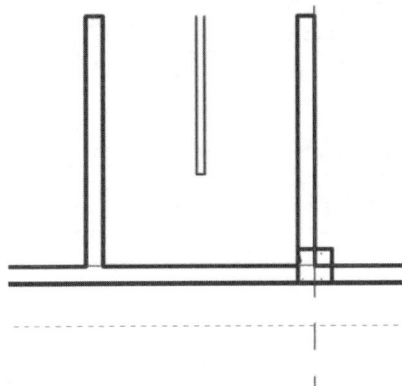

图 3-90

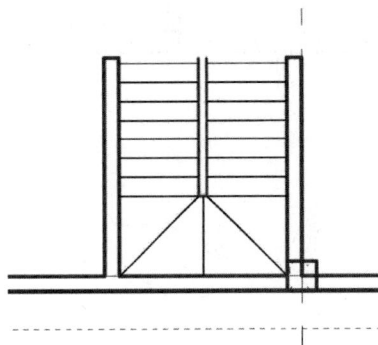

图 3-91

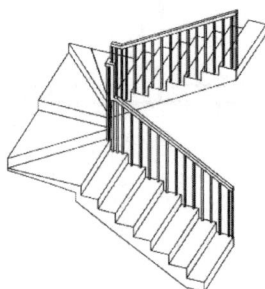

图 3-92

图 3-93

（3）栏杆的绘制

进入视图"2F"，使用功能区中的"建筑"＞"栏杆扶手"＞"绘制路径"命令，属性栏中的栏杆类型选取"栏杆扶手：900mm 圆管"。在西侧平台绘制栏杆的路径，路径从平台边缘向内偏移 50mm，绘制草图如图 3-94 所示，点击完成按钮确认。以同样方式绘制西北侧平台和楼梯间的栏杆，绘制完成后的栏杆如图 3-95 所示。

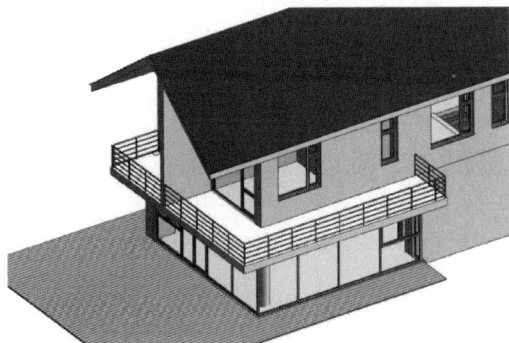

图 3-94

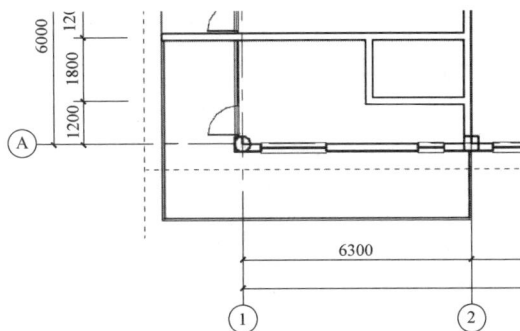

图 3-95

3.3.9　建筑平面的完善、注释类别标记和布置平面家具

1）建筑平面的完善

注释类别标记的同时需要对平面的其他内容进行完善，主要是添加门、柱子和墙体的剪切。

（1）添加内门：插入门部分我们在 3.3.7 节中已经有比较详细的讲述，对于平面的内门，我们可以选取构件族"单扇平开木门 1"来添加各个房间的门。插入门时，鼠标悬停在墙体的开门位置，系统会以蓝色的临时尺寸来显示墙垛宽度，并会自动捕捉墙体的中点。

（2）柱子与墙体的连接：默认情况下，墙体和柱子会自动连接，如图 3-96 所示，但在柱子附着到屋面，且没有选择合适的剪切方式时，柱子与墙体的连接关系会出现错误，如图 3-97 所示，这时需要手动连接柱子与墙体。

在功能区中使用"修改"＞"连接"＞"连接几何图形" 命令，分别拾取柱子与墙体后即完成了两个图元的连接。以同样的方式将平面中所有的柱子和墙体进行手动连接。

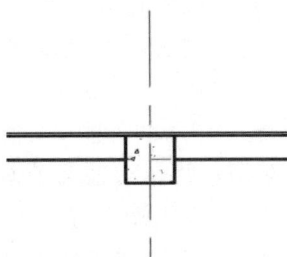

图 3-96

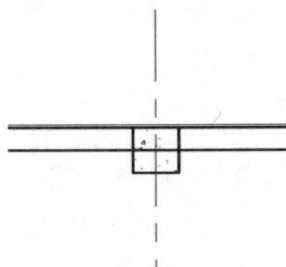

图 3-97

2）注释类别标记

建筑方案阶段注释类别的标记主要包括尺寸的标注、标高的标注以及房间名称的标记。

（1）尺寸的标注：尺寸标注分为临时尺寸标注和永久性尺寸标注，除了对长度进行标注之外，还可以标注半径、直径、弧长。尺寸标注和其所标注的图元是关联在一起的，可以通过选中图元后修改临时尺寸标注来修改图元的位置。

进入平面视图"1F"，使用功能区中的"注释">"对齐"命令，依次拾取需要标注的轴网后点击视图空白处即创建了一个尺寸标注。选中该尺寸标注后，使用关联选项卡中的"编辑尺寸标注"命令，可以对其进行修改；拾取该尺寸标注所关联的图元后，相关的尺寸标注变为临时尺寸标注，修改临时尺寸标注的数值，可以实现图元的移动，如图 3-98 所示。

立面的尺寸标注主要是对层高线的标注，操作方式与平面尺寸标注的方法相同。标注完成后的立面尺寸如图 3-99 所示。

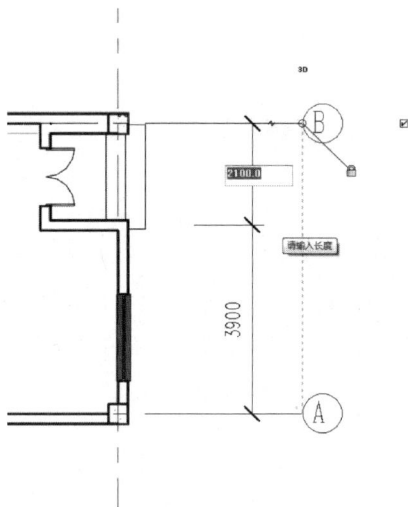

图 3-98

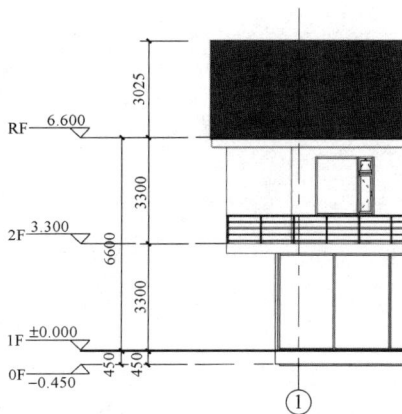

图 3-99

（2）标高的标注：进入平面视图"1F"，使用功能区中的"注释">"高程点"命令，选项卡中取消对"引线"选项的勾选。单击平面空白处，系统会自动捕捉楼板所在的标高 ±0.000，再次点击鼠标以确定标高水平段的方向，选中标高，在属性栏中将其替换为"正负零高程点（项目）"类型（图 3-100），标高的标注完成。其余平面和立面图元标高的标注方式与此相同。

（3）房间名称的标记：使用功能区中的"建筑">"房间"命令，在属性栏中选择"标记_房间-有面积-方案-黑体-4.5mm-0.8"标记类型，将鼠标悬停在所要标注房间位置，此时系统会以蓝线显示所标记房间的边界（如果房间为开放式的房间，可以采用"建筑">"房间分隔"命令绘制房间分割线用以划分房间，用户也通过视图可见性命令中的"模型类别">"线"下拉选项去控制房间分割线的可见性），单击鼠标放置房间标记，如图 3-101所示，此房间标记类型包含房间面积。两次单击房间名称可以对房间重命名。

图 3-100

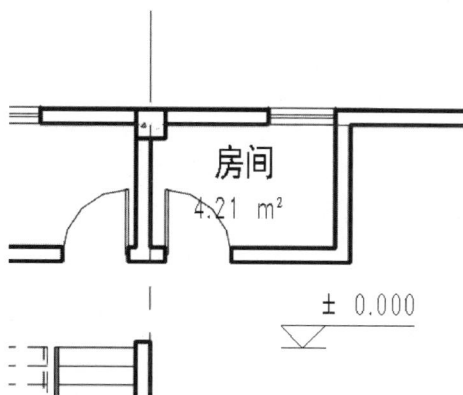

图 3-101

3）平面家具的布置

（1）家具族文件的载入：Revit 自带的族库包含了一定量的家具种类，通过选项卡中的"插入"＞"载入族"命令，在弹出的窗口中打开"建筑"＞"家具"文件夹，选择二维或三维的族文件载入到项目中。也可以通过访问网络资源下载更多的家具类型，单击软件窗口界面右上角的"帮助"按钮旁的下拉符号，在下拉菜单中选择"其他资源"＞"Revit web 内容库"，系统会通过默认的浏览器访问 http：//revit. autodesk. com/library/html/（图 3-102），通过该网页可以访问 Autodesk seek 和其他网络资源，在遵守其用户协议的情况下下载更多的家具族类型。

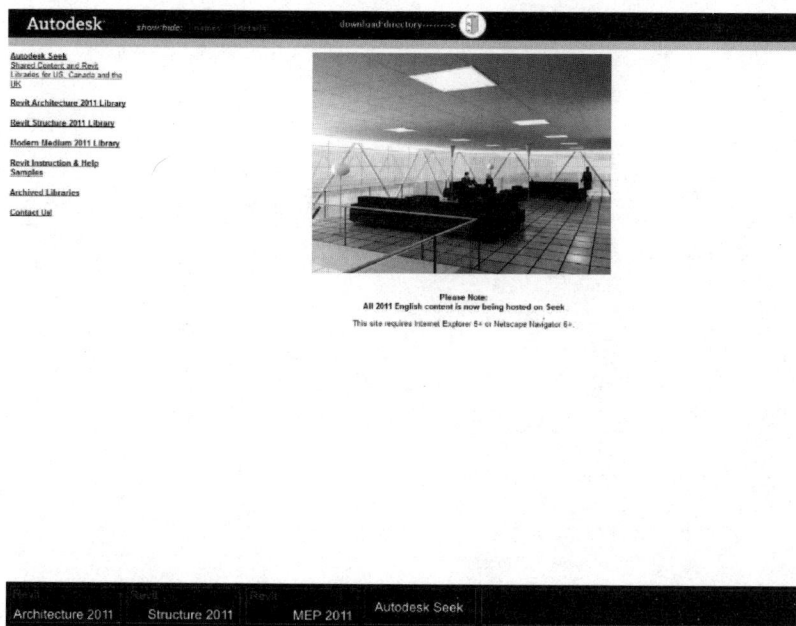

图 3-102

（2）家具族文件的放置：家具族文件按照放置的方式分为两种家具族，一种是基于墙或者面的家具族，它无法独立放置；另一种是可自由放置的家具族，可以对其进行自由移动、旋转等操作。

进入平面视图，使用选项卡中的"建筑"＞"构件"命令，在属性栏中选择相应的家具族类型，在平面视图中单击鼠标即可将其插入到平面视图中。除了利用二维或者三维的构件族之外，也可以采用注释线或者模型线简化地表达部分家具，如图 3-103 所示，厨房操作台面和卫生间的洗手台面是用"注释"选项卡＞"详图线"命令绘制的。

完善后的平面如图 3-104、图 3-105 所示。

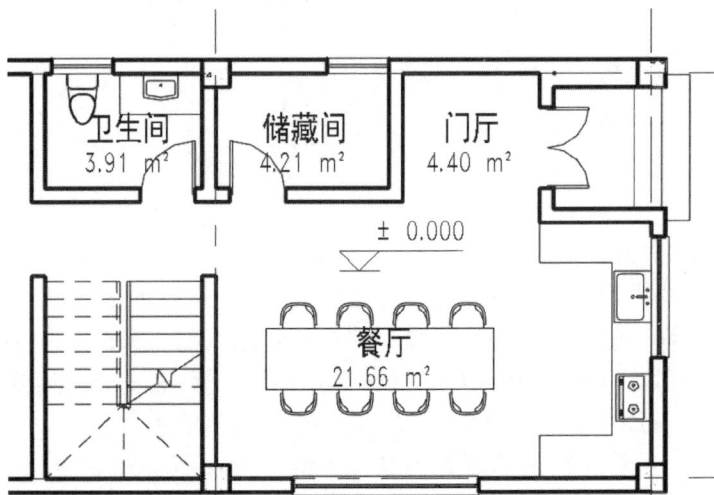

图 3-103

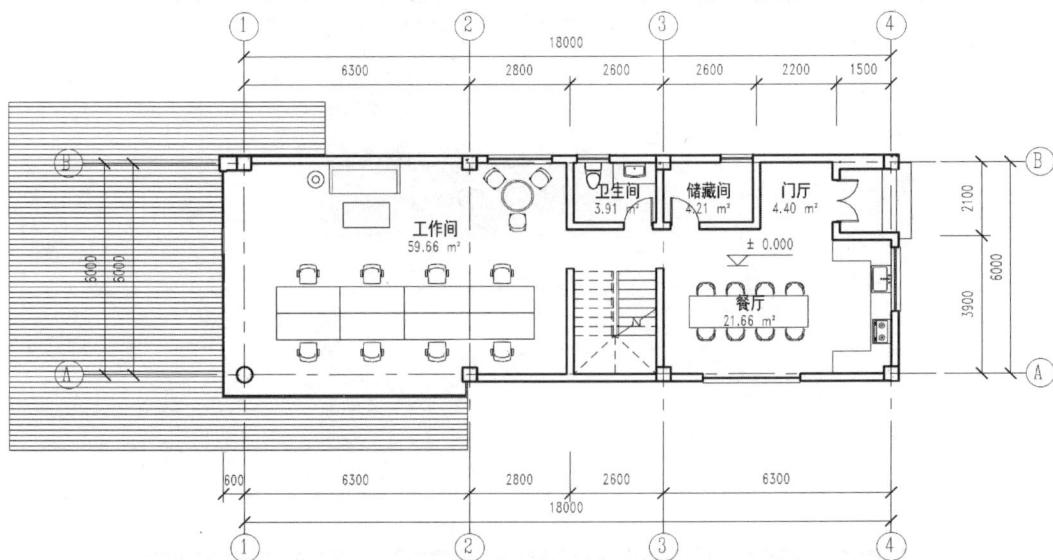

图 3-104

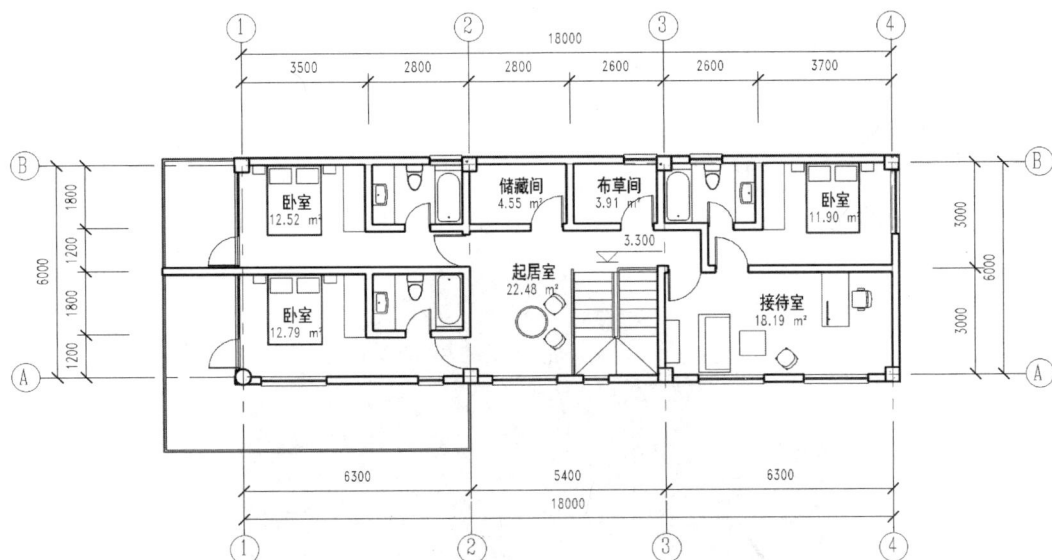

图 3-105

3.4　建筑场地建模

在设计中遇到的场地通常可分为平地和山地两种类型，对于平地我们可以用楼板来表达道路和室外场地（图 3-106）；对于山地类型的场地的操作则相对复杂一些，本章着重讲述在 Revit 平台下对于山地场地的处理。

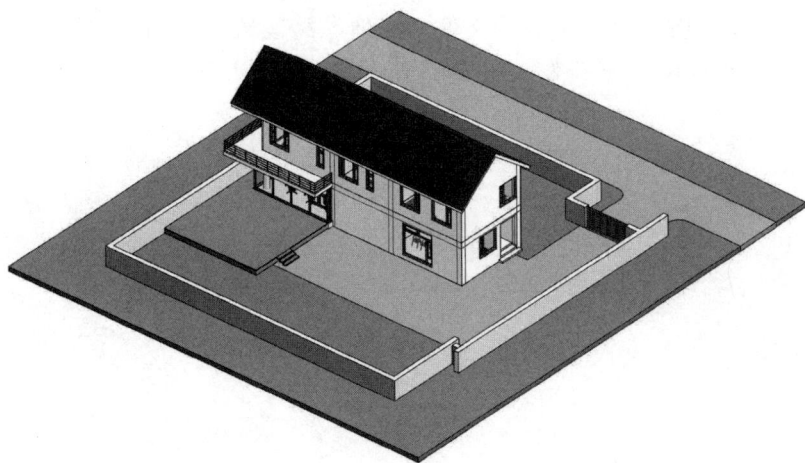

图 3-106

3.4.1　创建地形

1）通过放置点方式创建地形

在已知场地标高的情况下，可以通过直接输入高程点的标高数值来创建地形。打开在 3.3 节中所创建的建筑单体文件，我们以它为例，创建山地地形。

打开项目文件"建筑单体",并将其另存为项目"建筑单体及场地"。进入平面视图"0F",在功能区中使用"体量和场地">"地形表面"命令,默认情况下"放置点"处于激活状态,且状态栏中默认插入点的高程为"0.0",插入前我们将其数值设为4200,两次点击单体的北侧,确定场地北侧边缘的标高。再将状态栏的高程设定为300,在场地中部放置点确定其高程。以同样方式放置场地南侧的高程点,其高程为-2400。点击"完成"按钮,北高南低的地形表面创建完成(图3-107)。

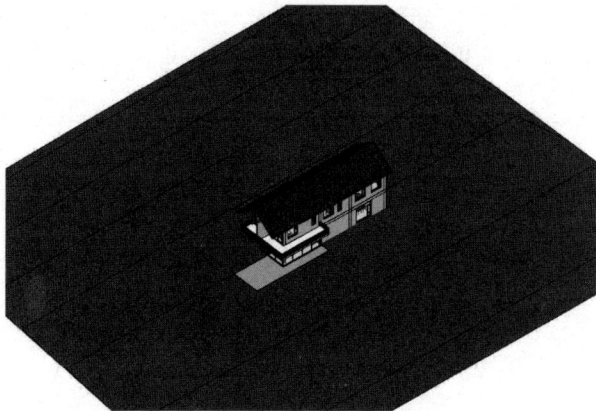

图 3-107

由于需要手动输入高程点,通过放置点的方式只能创建相对简单的地形,对于复杂的山地地形,我们可以通过导入带高差的 CAD 地形图来创建。

2)通过导入的 CAD 地形图创建地形表面

(1)将 CAD 文件导入到 Revit 模型中:使用"插入">"导入 cad"命令,在弹出的"导入 cad 格式"对话框中选中下载的文件"山地等高线地形",对话框下方"导入单位"根据 CAD 文件的单位设置为"米",点击打开。导入后的 CAD 地形如图 3-108 所示。

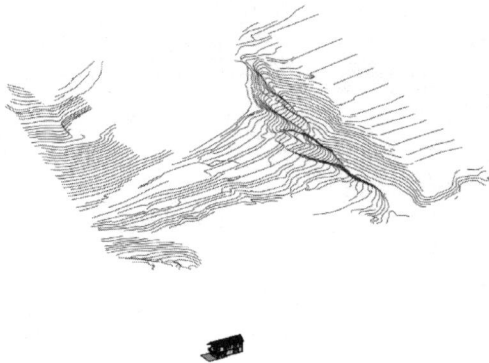

图 3-108

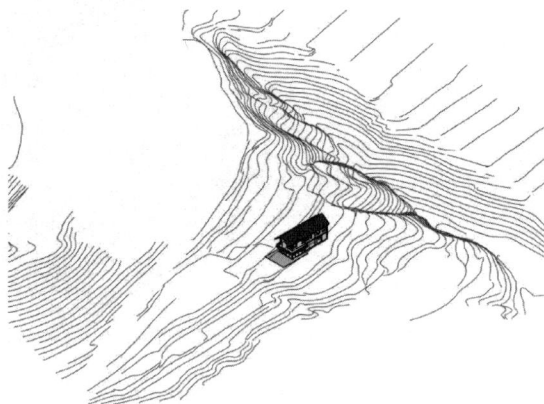

图 3-109

使用 View Cube 导航工具将视图定位到左视图,选中导入的地形等高线,拖拽到和建筑相适应的位置;以同样的方式将视图定位到前视图和顶视图,将 CAD 地形图拖拽到合适的位置,完成后如图 3-109 所示。

（2）通过 CAD 地形创建地形：使用功能区中的"体量和场地">"地形表面">"通过导入创建">"选择导入实例"命令，拾取导入的地形等高线，弹出"从所选图层添加点"（图 3-110），点击确定，系统会根据三维的等高线生成地形表面，点击完成按钮，地形表面绘制完成，如图 3-111 所示。

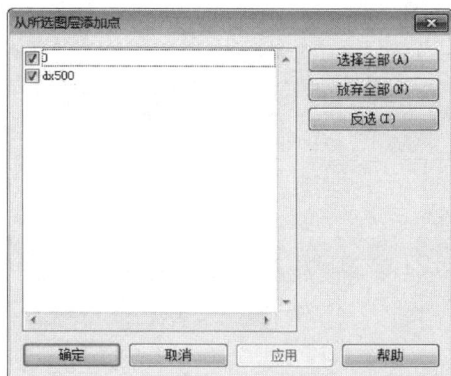

图 3-110

图 3-111

（3）指定地形表面的材质：选中生成的地形表面，在左侧的属性栏中点击"材质""按类别"后面的按钮 ，弹出材质浏览器对话框，点击材质浏览器左下角按钮 ，选择"新建材质"，右键新建材质"默认新建材质"将其重命名为"草地"；在选中材质"草地"的状态下点击材质浏览器左下角的"打开/关闭资源浏览器"按钮 ，在弹出的"资源浏览器"对话框（图 3-112）中选择左侧的"外观库">"现场工作"子类别，在右侧的材

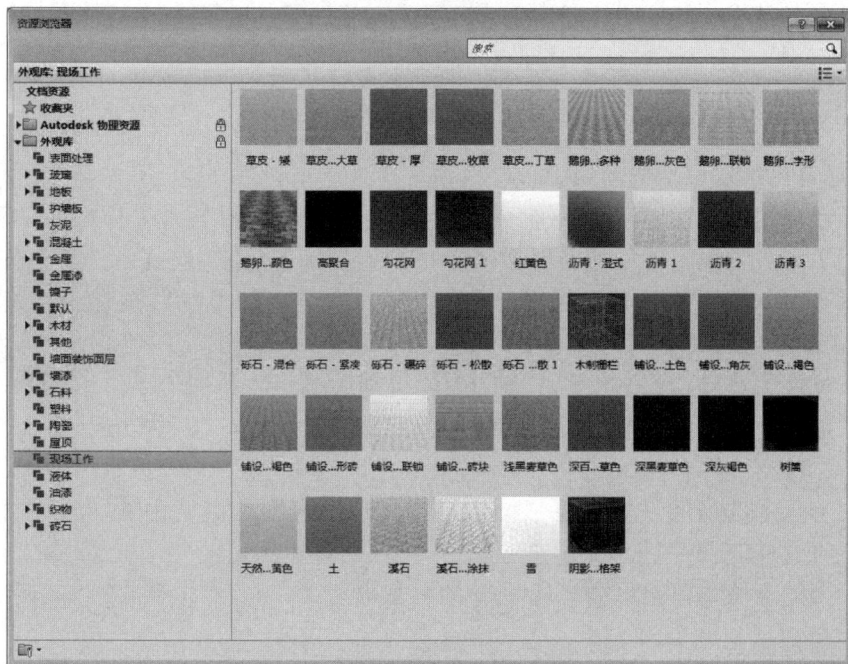

图 3-112

质窗口中双击"深黑麦草色"材质。关闭资源浏览器窗口，在材质浏览器中的"草地"材质的图形选项卡中勾选"使用渲染外观"项，如图 3-113 所示，点击确认。

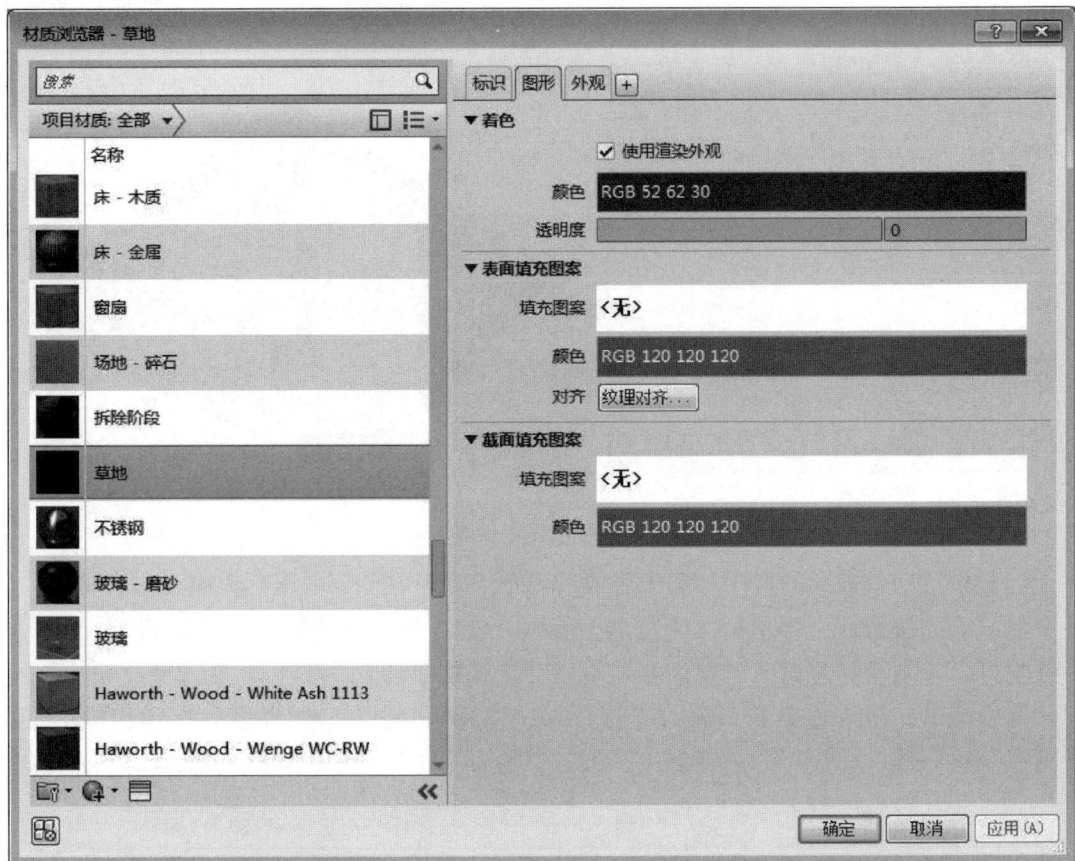

图 3-113

3）图形可见性及显示选项的设置

（1）调整视图可见性的设置：进入三维视图，使用"视图"选项卡＞"可见性/图形"命令，在弹出的三维视图可见性窗口中选择"模型类别"，点击展开"地形"子类别，取消对"次等高线"类别的勾选，如图 3-114；进入"导入的类别"选项卡，取消对顶部"在此视图中显示导入的类别"选项的勾选，如图 3-115，点击确认。

图形可见性工具可以控制各个视图的图元类别的显示，类似于 AutoCAD 中的图层管理，在绘图过程中可以有效控制视图的表达。需要注意的是，每个视图可见性的设置是相互独立的。

（2）图形显示选项的设置：在三维视图中，点击视图控制栏中的"视觉样式"按钮，在下拉菜单中选择"图形显示选项"，弹出"图形显示选项"对话框（图 3-116）。点击"照明"项的下拉菜单，将"环境光"的参数调整为 30，点击确定后，视图的整体亮度会相应提高。

在图形显示选项卡中可以调整视图的显示样式、阴影、背景等，通过它可以优化我们对视图或者图纸的表现。

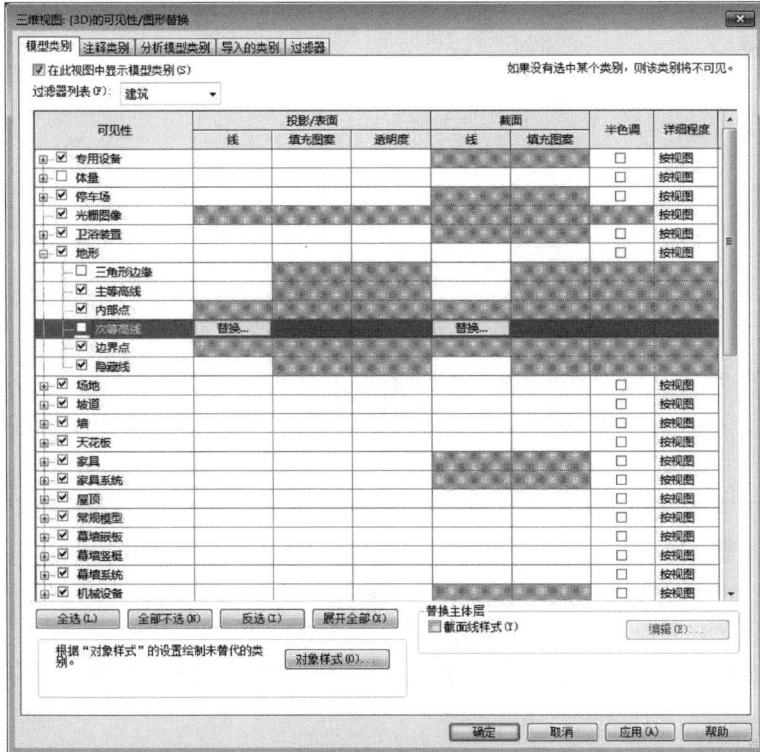

图 3-114

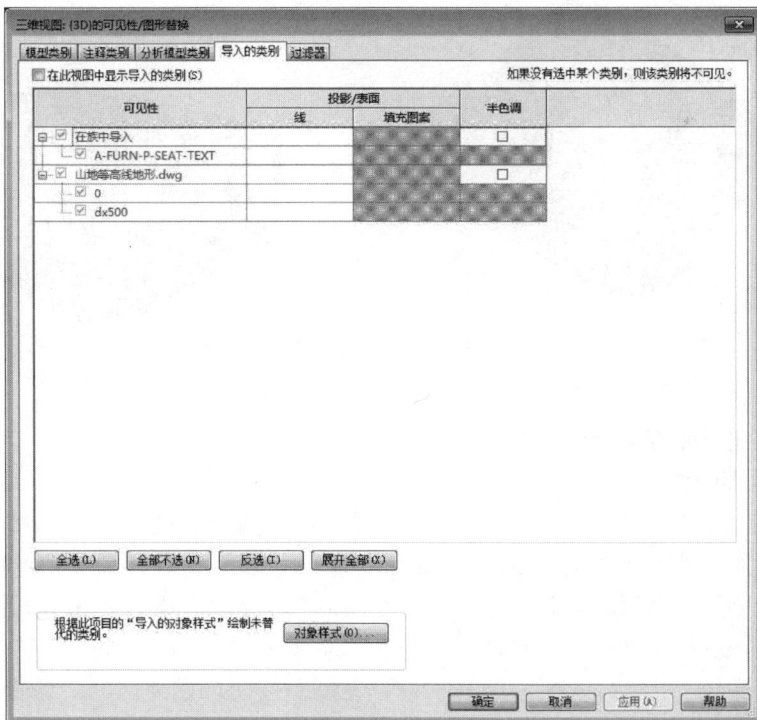

图 3-115

图 3-116

（3）在三维视图中添加剖面框：由于所创建的地形表面太大，为方便绘图，我们需要对地形进行一些裁剪。进入三维视图，在属性栏中勾选"剖面框"选项，三维视图中会出现一个立方体的透明剖面框，选中剖面框，在立方体的六个面会出现控制箭头，如图 3-117 所示，选中箭头拖拽到合适的位置，剖面框会对地形进行剪裁。打开视图可见性对话框，在"注释类别"选项卡中取消对"剖面框"的勾选，在视图中将不再显示线框，完成后如图 3-118 所示。

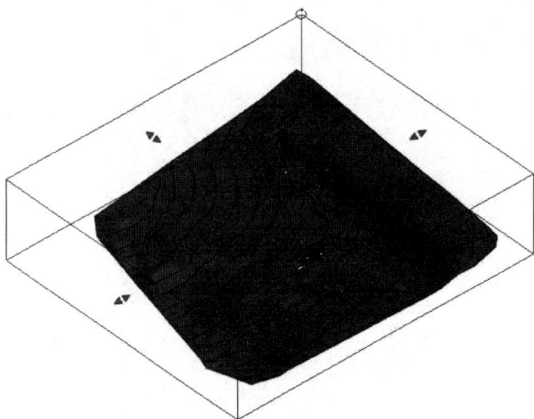

图 3-117

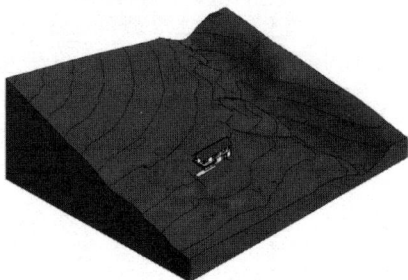

图 3-118

3.4.2 地形表面的编辑

1）建筑地坪的绘制

进入平面视图"1F"，为方便绘图，点击视图左下角的"视觉样式"按钮，将显示模式切换为"线框"。使用功能区中的"体量和场地"＞"建筑地坪"命令，绘制建筑地坪的轮廓如图 3-119 所示，建筑地坪的限定标高为"0F"，绘制完成后点击完成按钮，建筑地坪将会创建一个标高为"0F"的台地，如图 3-120 所示。

在三维视图中选中建筑地坪，点击"编辑类型"按钮，在弹出的"编辑部件"对话框中可以指定建筑地坪的材质。我们需要新建一个材质，设定其名称为"室外地坪"，图形选项卡中的表面填充图案为"正方形 250mm"。

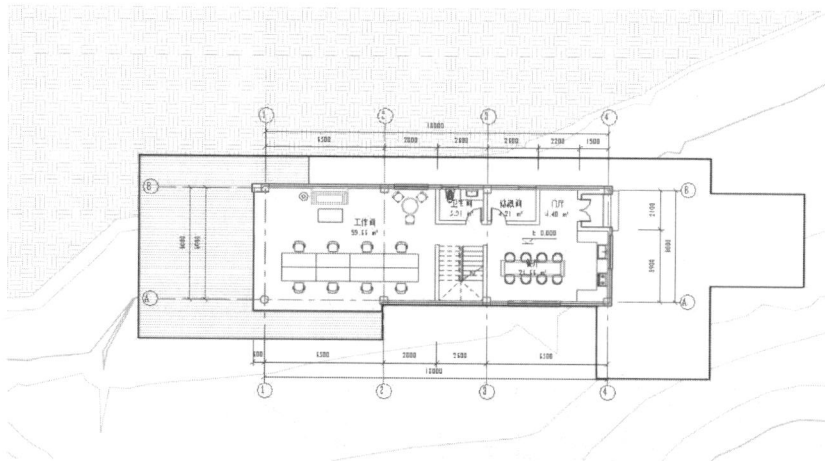

图 3-119

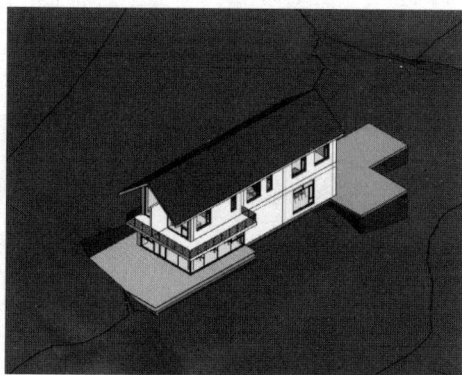

图 3-120

2）场地道路的绘制

进入平面视图"0F"，使用"体量与场地">"子面域"命令，在地形表面内绘制子面域的草图如图 3-121 所示，点击功能区的"完成"按钮，子面域绘制完成。

在选中子面域的状态下，通过子面域的属性栏指定其新建材质为"场地道路"。完成后的场地如图 3-122 所示。

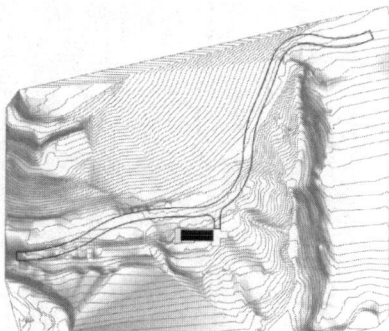

图 3-121

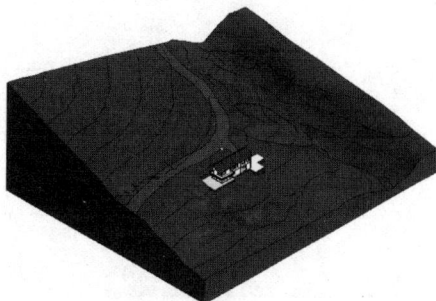

图 3-122

3) 通过放置点编辑地形

创建建筑地坪后，建筑地坪周边会有特别陡峭的地形，如图 3-123 所示，我们可以通过采用放置点的方法来完善地形表面。

选中地形表面，使用上下文选项卡中"编辑表面"命令，进入三维视图，使用 View Cube 导航工具将视图定位在"上"视图。选择选项卡中的"放置点"⌂命令，将状态栏的高程点数值设为"－1200"，将点放置在建筑地坪的南侧边缘；重新将高程点数值调整为"－500"，将高程点放置在建筑地坪的东南侧边缘，并旋转视图观察修改后的地形形状，也可以通过删除原有的高程点来调整地形。修改完成后点击"完成"按钮，完成后的地形如图 3-124 所示。

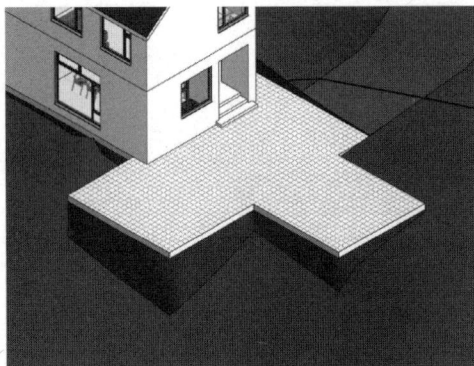

图 3-123

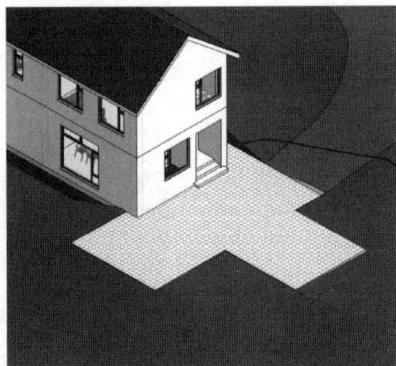

图 3-124

3.4.3 绘制用地红线

1) 调整视图显示

进入平面视图"0F"，默认状态下，视图控制栏中的剪裁线显示是关闭的，在视图控制栏中点击▢按钮，或者在视图属性栏中勾选"剪裁区域可见"选项，即可打开剪裁区域范围线。在视图剪裁按钮 ▢ 是打开的状态下调整视图剪裁范围。

按照前面"图形可见性及显示选项的设置"部分的操作打开"图形显示选项"对话框，并调整环境光的亮度，同时点击"图形显示选项">"照明"下拉菜单中的"日光设置"按钮，打开"日光设置"对话框，将其设置为如图 3-125 所示，点击确认按钮，调整完成，调整后的视图如图 3-126 所示。视图比例为 1:200，显示详细程度为中等。

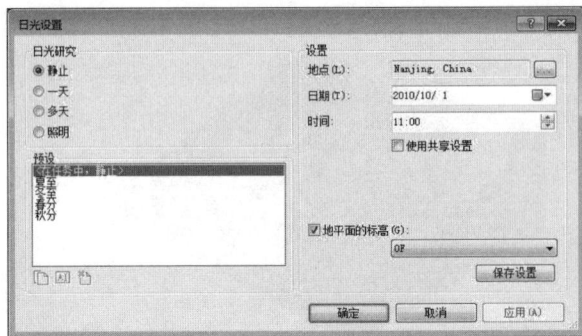

图 3-125

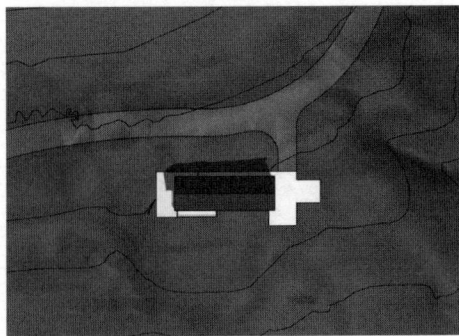

图 3-126

2）绘制建筑红线

在平面视图"0F"中，使用"体量和场地">"建筑红线"命令，弹出"创建建筑红线窗口"（图 3-127），提示创建建筑红线的方式，单击选择"通过绘制来创建"，绘制草图如图 3-128 所示（绘制过程中，无法通过拾取地形子面域来绘制建筑红线），点击完成按钮，建筑红线绘制完成。

拾取建筑红线后可以在其属性栏中读取建筑红线的面积。通过视图选项卡中的"视图可见性/图形">"模型类别">"场地"命令可以实现对建筑红线可见性的控制。

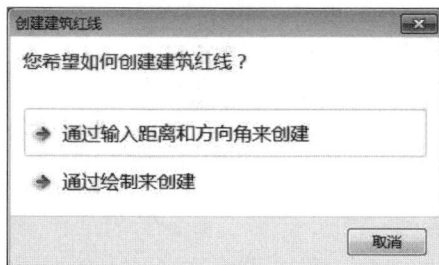

图 3-127

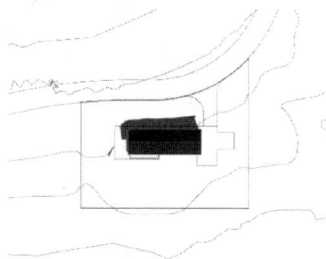

图 3-128

3.4.4　完善建筑模型和场地环境

在场地地形绘制完成后，我们需要对建筑模型做进一步的完善，同时也要通过载入人物和植物类别的族文件来完善对环境的表达。

1）完善建筑模型

（1）绘制挡土墙：选中一层平面的外墙，将其底部限定标高设定为"0F"，使用"建筑">"墙体"命令，属性栏中选择"基本墙 挡土墙-300mm 混凝土"绘制挡土墙，墙体材料设置为新建材质"石材-毛石"，材质浏览器中"图形"选项卡的设置如图 3-129所示，

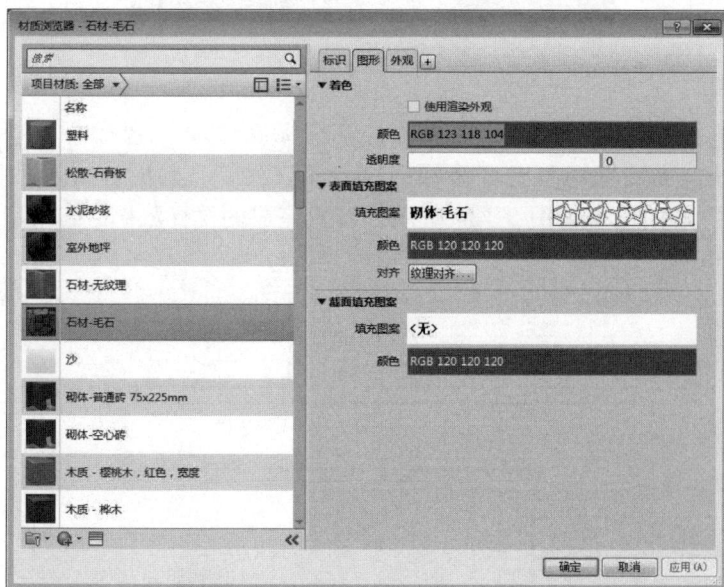

图 3-129

沿建筑绘制标高在"1F"的墙体和场地周边的挡土墙，绘制完成后墙体如图 3-130所示。

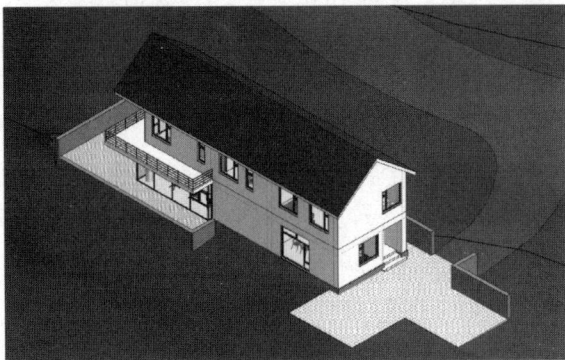

图 3-130

（2）绘制平台栏杆和台阶：使用"建筑"＞"栏杆扶手"命令绘制南侧室外平台的栏杆，绘制完成后如图 3-131 所示。

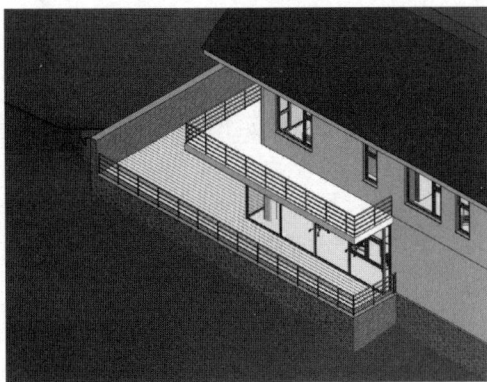

图 3-131

使用"建筑"＞"楼梯"命令绘制建筑北侧从标高"0F"到标高"1F"的楼梯，如图 3-132所示。楼梯类型选择"组合楼梯-工业装配楼梯"，其属性设置如图 3-133 所示，其中"梯段类型"项的设置如图 3-134 所示。设置完成的楼梯如图 3-135 所示。

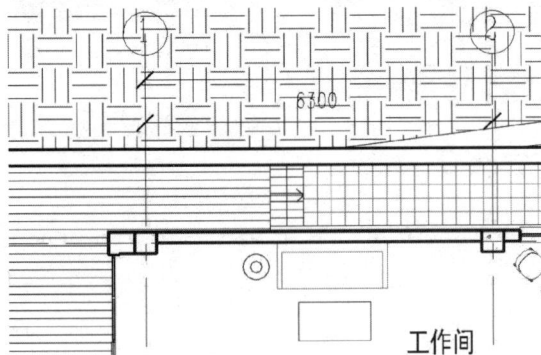

图 3-132

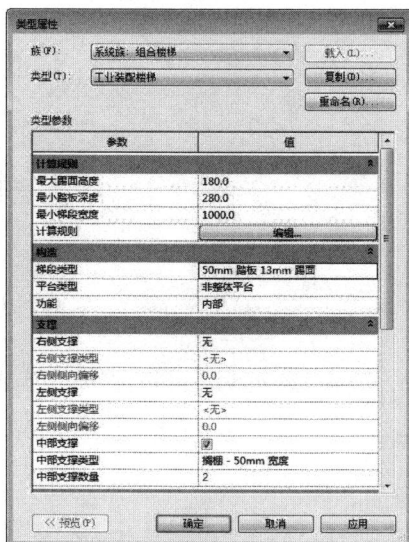
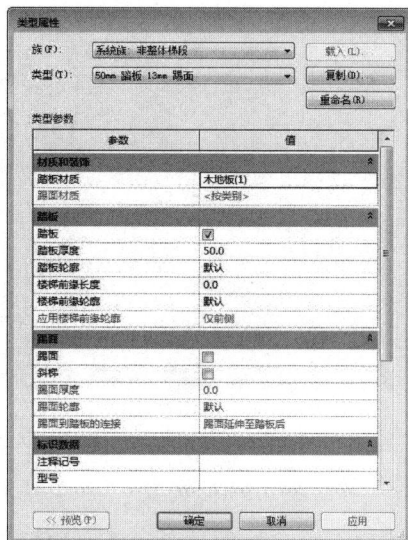

图 3-133　　　　　　　　　　　　　　　　图 3-134

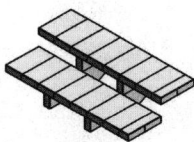
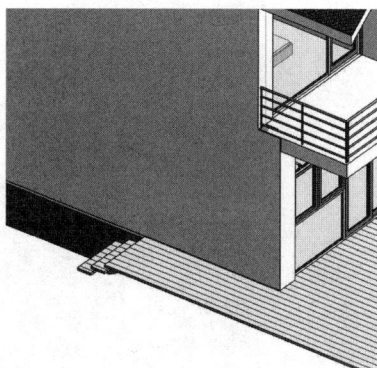

图 3-135

2）载入植物和环境类别

Revit 提供了多种表现树木、人物等环境类别的构件族，配合 mental ray® 渲染引擎，可以实现照片级别的建筑及环境表现。

（1）载入并放置植物构件族：使用功能区中的"插入"＞"载入族"命令，打开"建筑"＞"植物"＞"RPC"，选中"RPC 树-春天"和"RPC 树-秋天"，点击"打开"按钮将其载入到项目中。

进入平面视图"0F"，使用"建筑"＞"构件"＞"放置构件"命令，在属性栏中选中"RPC 树-春天 猩红栎-12.5 米"，单击鼠标在地形上放置该构件族，系统会自动捕捉到地形表面，将植物构件族放置在地形表面上。放置完成后如图 3-136 所示。

选中部分植物构件族"RPC 树-春天 猩红栎-12.5 米"，在属性栏中将其替换为"RPC 树-秋天 Black Oak-18.0 Meters"。将视图显示模式切换为"真实"，可以预览植物的渲染效果，如图 3-137 所示。

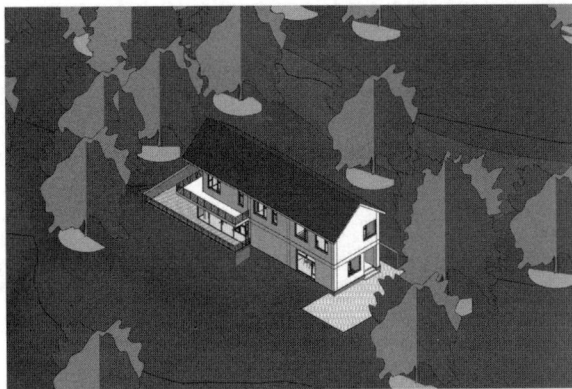

图 3-136

图 3-137

（2）载入并放置人物构件族：使用功能区中的"插入"＞"载入族"命令，打开"建筑"＞"配景"，选中"RPC 男性"和"RPC 女性"，点击打开按钮将其载入到项目中。

进入平面视图"1F"，使用"建筑"＞"构件"命令，在属性栏中选择"RPC 男性 Alex"，将其放置在建筑入口处。进入视图"3D"，并将显示模式切换到"真实"，可以预览渲染的人物效果，如图 3-138 所示。

以同样的方式可以根据表现需要，在项目中放置其他环境构件族，比如汽车、景观小品、室内装饰品等。

图 3-138

3.5 体量建模

3.5.1 体量的基本概念

在方案的开始阶段，可以使用体量工具对方案构思做概念研究。就设计方法而言，体量工具类似于方案研究中的实体概念模型，通过快速的修改、比较建筑体量来推动设计的进行。

体量工具是在 Revit2010 版本中被首次引入的，体量工具引入之后，Revit 的曲面建模的自由度得到很大的提升，所以它也经常作为曲面建模的工具。通过体量工具可以方便地统计建筑面积、体积、外表面积等数据，在确定概念方案以后可以在体量的基础上对建筑模型进行深化，为其添加楼板、墙体、幕墙等建筑图元，并且在继续调整建筑体量的情况下，可以实现对建筑图元的自动更新。

有两种创建体量族的环境，一种是通过公制体量族样板文件创建概念体量族文件，创建完成后可以将其载入到项目文件中；另外一种是直接在项目文件环境中创建建筑体量族，我们这里采用第二种方法来创建建筑体量。

本节我们将通过一个低层建筑和一个高层建筑的体量建模来学习建筑体量族的基本应用。

3.5.2　低层建筑体量的创建

1）新建项目并设定标高

（1）新建项目的方式同 3.2.1 节"基本界面"部分，通过"应用程序主菜单"＞"新建"＞"项目"，在弹出的"新建项目"对话框中选择"建筑样板"，点击确定。

（2）进入南立面视图，将"标高 2"的标高值修改为"4.200"选中并向上复制"标高 2"，得到"标高 3"和"标高 4"，将"标高 1"向下复制得到"标高 5"，选中"标高 5"在属性栏中将其设置为"标高：下标头"。标高数值的设定如图 3-139 所示。

图 3-139

（3）将项目保存为"低层建筑体量"。

2）创建体量模型

（1）创建实心体量模型：在南立面视图中使用"体量和场地"＞"内建体量"命令，弹出"名称"对话框，使用默认体量名称"体量 1"，点击"确定"按钮。进入视图"标高 1"，在出现的上下文选项卡中的"绘制"栏选择"参照"，在平面中绘制一个 27.3 米高，22 米宽的矩形参照线，如图 3-140 所示。进入视图"3D"，选中矩形参照线，在出现的上下文选项卡中选择"创建形状"＞"实心形状"命令，在出现的创建类型选择图标中选择前面的三维图标，在出现的体量草图中调整临时尺寸以修改体量的高度为"22000"，如图 3-141 所示。选中体量的底面，视图中将出现红绿蓝三色方向按钮，如图 3-142 所示，将视图切换到南立面，拖拽向下的蓝色图标，将体量底边拉伸到"标高 5"。

选中体量的一个面或者整个体量，在属性栏中定义体量的材质为新建材质"体量材质-白色"，其图形选项卡的设置如图 3-143 所示，点击"完成体量"按钮，实心体量绘制完成（图 3-144）。

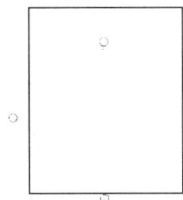

图 3-140

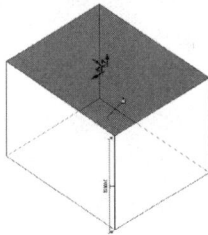

图 3-141

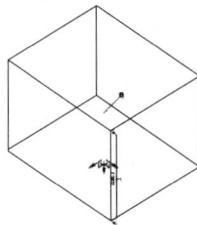

图 3-142

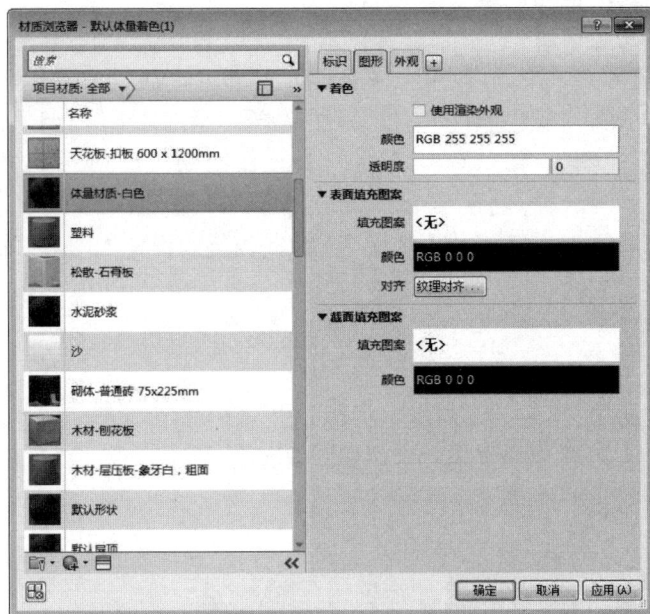

图 3-143

（2）创建空心体量模型：进入西立面视图，选中"体量1"后，选择关联选项卡中的"在位编辑" —— 或者双击"体量 1" —— 进入对体量 1 的编辑模式。使用关联选项卡中的"修改"＞"创建"＞"参照"命令，在弹出的"工作平面"对话框中选择"拾取一个工作平面"后点击"确定"按钮，用鼠标拾取体量的西立面将其设置为工作平面并绘制参照线如图 3-145 所示，确定绘制的参照线在同一工作平面并且闭合。

进入视图"3D"，拾取西立面的参照线，在关联选项卡中点击"创建形状"＞"空心形状"，在出现的提示图标中选

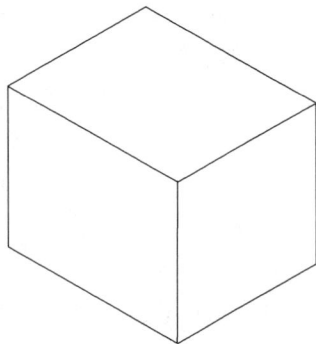

图 3-144

择三维形状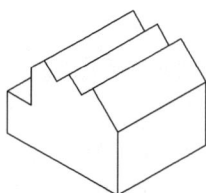，生成的体量如图 3-146 所示，选中被空心剪切的侧边，如图 3-147 所示，向右拖拽红色箭头以使空心体量完整剪切实心体量，完成后点击"完成体量"按钮。完成后的体量如图 3-148 所示。

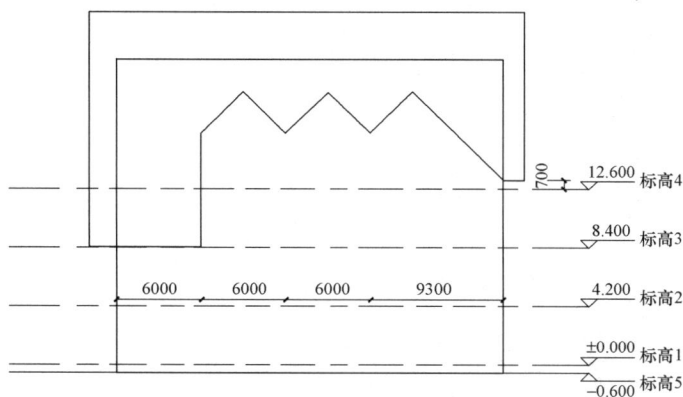

图 3-145

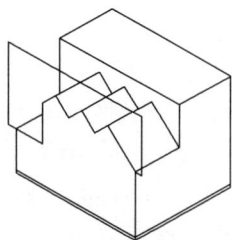
图 3-146

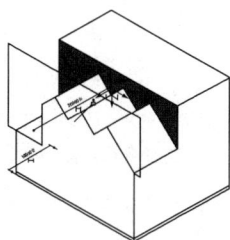
图 3-147

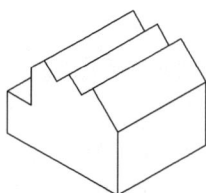
图 3-148

（3）添加南立面参照平面并调整立面视图深度：进入平面视图"标高 1"，在体量南侧使用"建筑">"参照平面"命令绘制一个参照平面，选中此参照平面，在其属性栏中设定其名称为"A"。将参照平面"A"向北复制 2100mm 后得到一个新的参照平面，并将其命名为参照平面"B"，如图 3-149 所示。

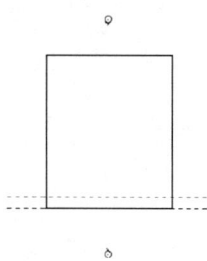
图 3-149

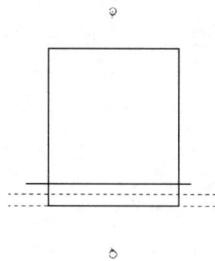
图 3-150

在平面视图"标高 1"中选中南立面的视图符号，如图 3-150 所示，视图中会显示南立面视图剪裁线，向南拖拽视图剪裁线至体量南侧，在其属性栏中勾选"剪裁视图"和"剪裁区域可见"，并点击"远剪裁"栏中的"不剪裁"按钮，在弹出的"远剪裁"对话框中选择"剪裁时有截面线"选项，如图 3-151 所示，点击确定。选中南立面的视图符号，如图 3-152 所示，可以通过调整视图剪裁线的端点和虚线部分的箭头来控制立面视图的范围和深度。

图 3-151

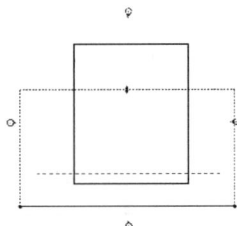

图 3-152

（4）创建南立面空心体量：进入南立面视图，双击"体量 1"进入体量编辑模式。如果南立面视图中无法看到"体量 1"，需检查视图可见性设置中是否在模型类别中勾选了"体量"，或者检查南立面视图深度设置。使用"创建"＞"参照"命令，在弹出的"工作平面"对话框中选择"名称"＞"参照平面：A"（图 3-153），点击确定按钮。分别绘制两个封闭的矩形参照线（图 3-154）。选中内侧的矩形参照线，在状态栏中将"主体"项的工作平面设置为"参照平面：B"。将视图控制栏的显示模式设置为线框模式 ，这样在南立面视图也能看到位于"参照平面：B"的参照线，使用对齐命令将内侧参照线的底部参照线对齐到"标高 1"，如图 3-155 所示。

进入视图"3D"，并将视图控制栏的显示模式设置为"线框"，同时选中位于参照平面 A 和参照平面 B 的两个矩形参照线，使用"创建形状"＞"空心形状"，创建完成的体量如图 3-156 所示。

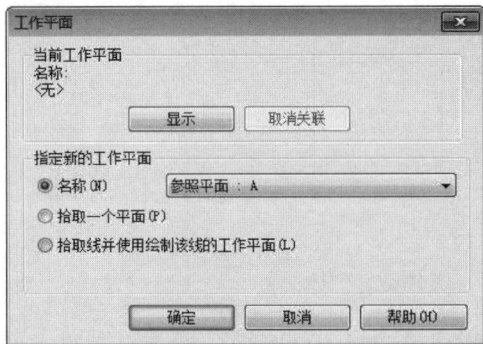

图 3-153

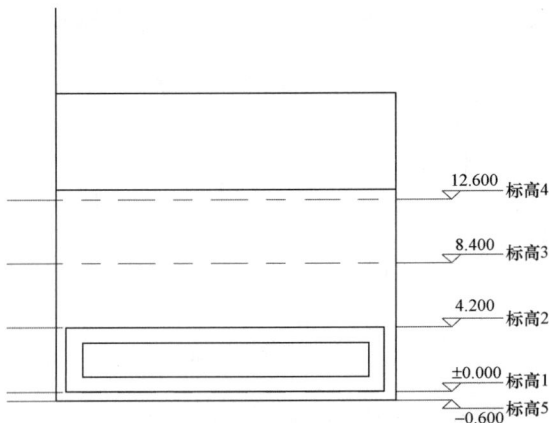

图 3-154

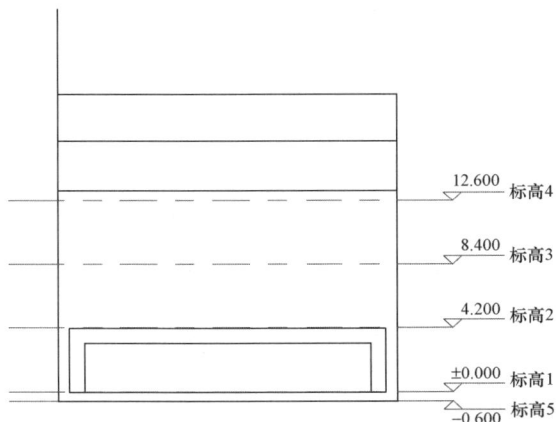

图 3-155

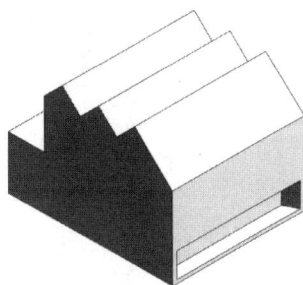

图 3-156

（5）创建西立面的空心体量：进入立面视图"西"，以西立面为工作平面，使用"创建">"参照"命令创建两个封闭的参照线框，如图 3-157 所示，以此参照线框为基础创建两个空心体量并剪切已创建的实心体量"体量 1"，如图 3-158 所示。

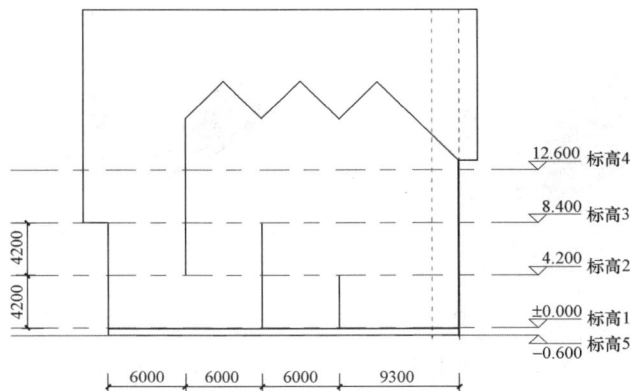

图 3-157

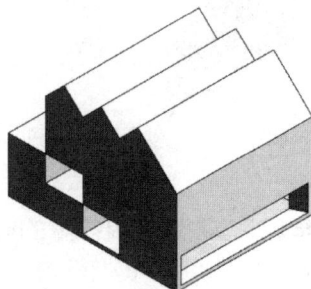

图 3-158

（6）创建表示中庭部分的透明体量：进入西立面视图，以体量 1 的西立面为工作平面，使用"修改">"模型"命令，创建三个封闭的矩形模型线，如图 3-159 所示。进入视图"3D"，选中一个矩形模型线，使用"创建形状">"实心形状"命令创建三个实心体量，如图 3-160 所示，使用"对齐"命令将实心形状的两侧分别与"体量 1"的东、西两个面对齐（灵活使用 Tab 键切换所选择的图元）；以同样的方式分别选中另外的两个矩形模型线创建实心体量，并将三个实心体量的材质定义为"玻璃"，创建完成后的体量如图 3-161所示。

（7）定义南侧洞口的材质并创建场地：进入视图"3D"，使用功能区中的"修改">"填色"命令，在弹出的"材质浏览器"对话框中选择"玻璃"材质，将鼠标悬停在南立面的内侧的墙体，墙面会变为蓝色，单击鼠标后会将"玻璃"材质附着到该墙面，此后通过编辑体量状态下对体量材质所做的修改将不会影响使用"填色"命名所修改的面。只有通过"修改">"填色">"删除填色"命令才能删除"填色"命令所修改的面的材质。

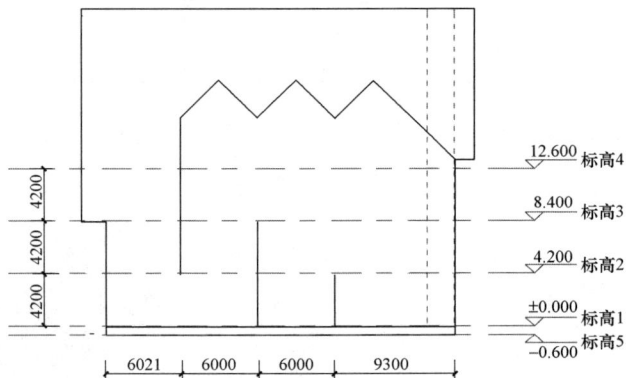

图 3-159

使用"建筑">"楼板"命令创建一个类型为"楼板 常规-300mm"的矩形楼板作为场地，并定义其材质为"体量材质-白色"，限定标高为"标高 5"。完成后的概念体量如图 3-162 所示。

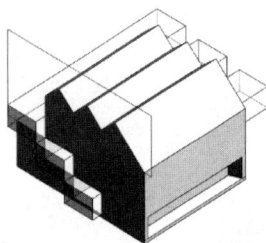
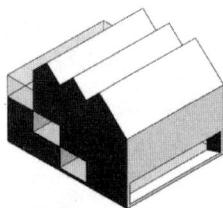
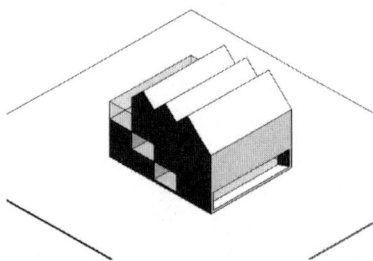

图 3-160   图 3-161   图 3-162

3.5.3 高层建筑体量的创建

在前一节中，我们学习了用体量建模的方式来表达低层建筑，重点是如何表达建筑的虚实关系。在本节中，我们将通过一个高层塔楼体量实例来了解如何对体量进行进一步操作。

1) 新建项目并设置标高

新建项目的操作可参考 3.2.1 节"基本界面"部分或者 3.5.2 节部分，新建项目后请将项目保存为"体量-高层"。

进入南立面视图，将"标高 2"的标高调整为"6.000"，并将其重命名为"2F"，将"标高 1"重新命名为"1F"。选中标高"2F"使用"阵列"命令向上阵列（状态栏的设置如图 3-163 所示），并输入向上复制的距离"4200"，在出现的复制数量的数字框内输入"36"，如图 3-164 所示，使用"Enter"键或在视图空白处点击确认，完成阵列后的标高如图 3-165 所示。

图 3-163

　　框选所有阵列得到的标高，使用选项卡中的"解组"命令，取消标高之间的关联，并以标高"2F"为基准分别将标高重命名为"3F"-"37F"。

图 3-164

图 3-165

2）创建高层塔楼体量

　　（1）创建实心体量：进入平面视图"1F"，使用"体量和场地"＞"内建体量"命令，在弹出的对话框"名称"中使用默认名称"体量 1"，点击确认。使用上下文选项卡中的"修改"＞"参照"命令，在平面视图"1F"中创建一个尺寸为 36m×36m 的封闭矩形参照线。

　　进入视图"3D"，选中矩形参照线，使用"创建形状"＞"实心形状"命令，创建一个高度为 156m 的实心体量，并定义其材质为"体量材质-白色"，点击"完成体量"按钮确认，创建完成的体量如图 3-166 所示。

　　（2）创建空心体量：进入平面视图"1F"，沿体量对角线绘制参照平面，如图 3-167所示，在其属性栏中将其命名为"A"。沿参照平面绘制一面墙，墙体类型为"基本墙 常规-200mm"作为参照墙面。

　　使用"视图"＞"立面"命令，将鼠标悬停在参照墙面上，系统会自动捕捉到参照墙面，点击鼠标添加一个与参照墙面垂直的立面"立面 1-a"，如图 3-168 所示。

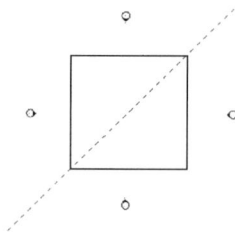
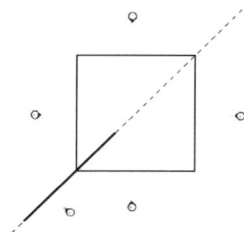

图 3-166   图 3-167   图 3-168

进入立面视图"立面 1-a",删除参照墙面"基本墙 常规-200mm",并调整视图剪裁框。默认立面视图可见性设置中,体量的显示是关闭的,使用"视图">"可见性/图形"命令,在弹出的"立面 1-a 的可见性/图形替换">"模型类别"中勾选"体量类别",点击确认按钮,立面视图"立面 1-a"显示为如图 3-169 所示。另外,即使在"可见性/图形"设置中的"体量类别"是关闭的,但通过切换"体量和场地">"按视图设置显示体量/显示体量形状和楼层"按钮同样可以控制体量的显示。

将立面视图"立面 1-a"的显示模式调整为线框模式,双击"体量 1"进入体量编辑模式,使用"修改">"参照"命令,在弹出的"工作平面"对话框中选择将参照平面 A 作为工作平面(图 3-170)。绘制闭合的参照线,如图 3-171 所示,进入视图"3D",选中闭合的参照平面,使用"创建形状">"空心形状"命令,创建完成后如图 3-172 所示。

进入立面视图"立面 1-a",选中参照线并调整参照线的形状以完善建筑形体,完成后的建筑体量如图 3-173 所示。

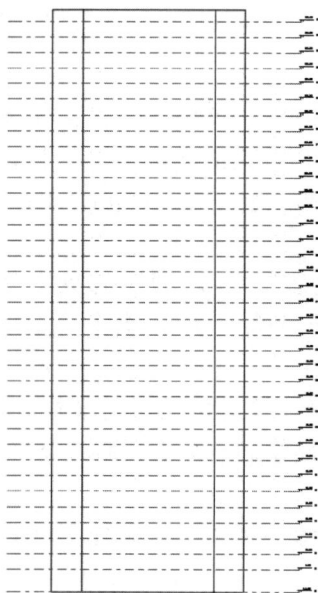
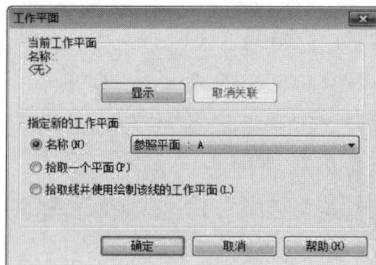

图 3-169   图 3-170

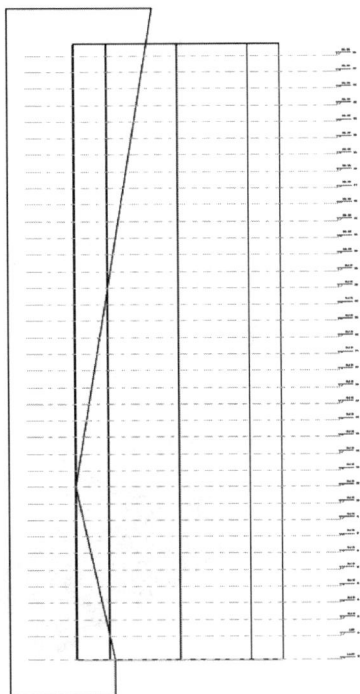

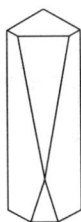

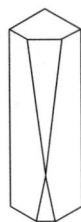

图 3-171　　　　　　　图 3-172　　　图 3-173

（3）添加体量楼层：进入视图"3D"，选中体量 1，在属性栏中点击"体量楼层"＞
"编辑"按钮，在弹出的对话框"体量楼层"对话框中（图 3-174）勾选所有楼层，点击
确定按钮，完成后的体量如图 3-175 所示。选中任一体量楼层，在其属性栏中即可显示其
楼层的建筑面积，如果选中建筑体量 1，则在其属性栏中显示整个塔楼的总建筑面积、总
表面积和总体积。

图 3-174　　　　　　　　　图 3-175

3.5.4　从体量表面创建图元

在用体量工具完成对建筑概念的推敲之后，可以以体量为基础创建楼板、墙体等建筑
图元，我们将以前面创建的两个体量实例为例学习如何为体量添加建筑图元。

1）创建建筑外墙、屋顶和幕墙

（1）创建外墙：打开项目文件"体量-低层"，进入视图"3D"，使用"体量和场地"＞"墙"命令，属性栏中墙的类型选择"基本墙 常规-200mm"，状态栏中墙体定位线选择"核心层中心线"，将鼠标悬停在建筑体量南立面，相应面的边线会以蓝色显示，单击鼠标即可放置外墙。以同样方式可以放置南立面其余外墙和北立面外墙，放置完成后如图 3-176所示。

对于两侧的山墙，由于存在角对角关系的窗户，所以无法自动生成墙面，需要手动绘制三段墙体：进入平面视图"标高 1"，选择"基本墙 常规-200mm"，绘制西立面的三段墙体，并使用"镜像"命令将其镜像到东立面，如图 3-177 所示。

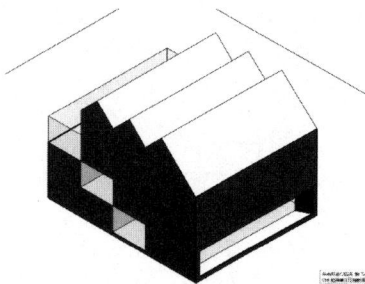

图 3-176

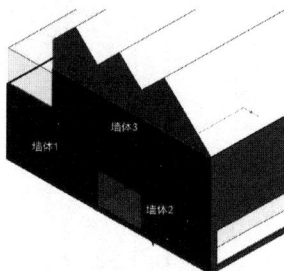

图 3-177

（2）创建幕墙：选中西立面的三段墙体，使用视图控制栏中的"临时隐藏/隔离"＞"隐藏图元"命令将其隐藏。使用"体量和场地"＞"墙"命令，在属性栏中选择"幕墙"并点击"编辑类型"按钮，复制一个新的幕墙类型"幕墙 自动分割-1500mm"，其类型属性如图 3-178 所示。将鼠标分别单击在体量中表示窗和幕墙的部分，系统将自动生成幕墙"幕墙 自动分割-1500mm"。使用"临时隐藏/隔离"＞"重设临时隐藏/隔离"命令取消对山墙墙体的临时隐藏，完成后如图 3-179 所示。

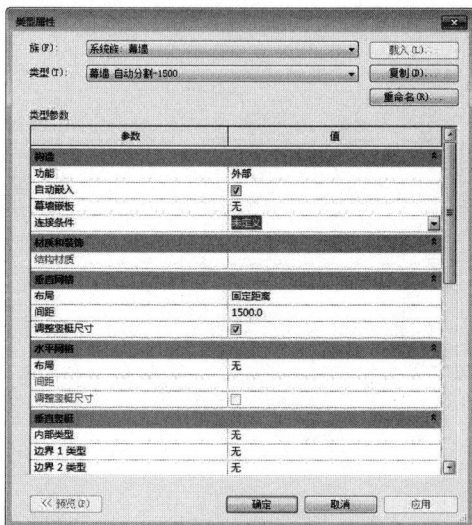

图 3-178

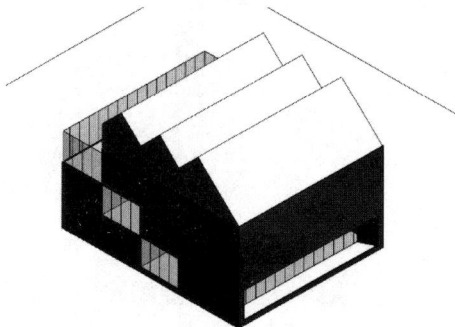

图 3-179

（3）创建屋面：使用"体量和场地">"屋顶"命令，属性栏中选择"基本屋顶 常规-125mm"，将鼠标悬停在"体量1"的屋面处并分别单击以蓝色边线着重显示的面，选中所有的屋面后在选项卡中点击"创建屋顶"命令，即可创建相应的屋面，如图 3-180 所示。使用"对齐"命令将屋面与东西立面墙体外边缘对齐，选中分段绘制的"墙体3"将其附着到屋面。

使用"体量和场地">"屋顶"命令，在属性栏中选择"玻璃斜窗"屋面类型，并将其类型属性设置为如图 3-181 所示，单击北侧退台屋面，添加玻璃斜窗屋面。

使用"视图">"可见性/图形"命令，在打开视图可见性对话框中取消对"模型类别">"体量"的勾选，完成后的建筑构件模型如图 3-182 所示。这里没有涉及从楼层体量生成楼板的内容，我们将以高层体量为例练习这部分内容。

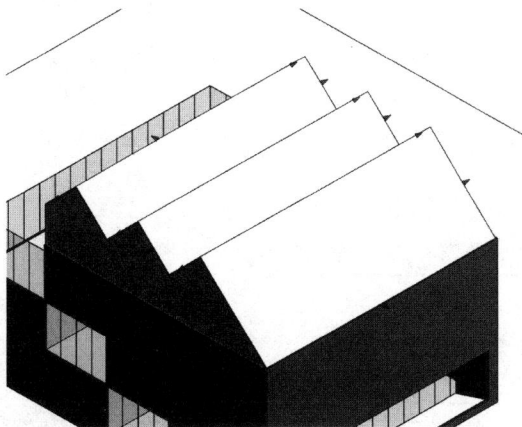

图 3-180

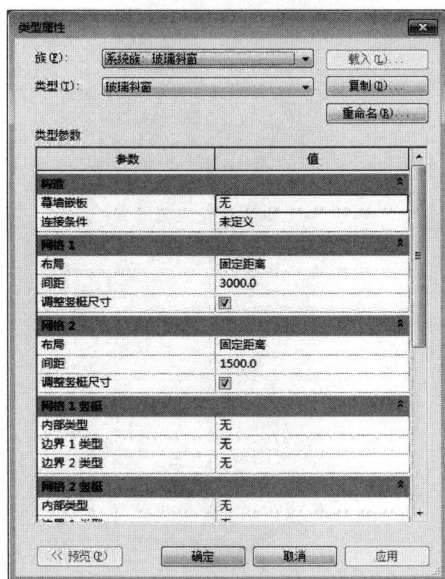

图 3-181

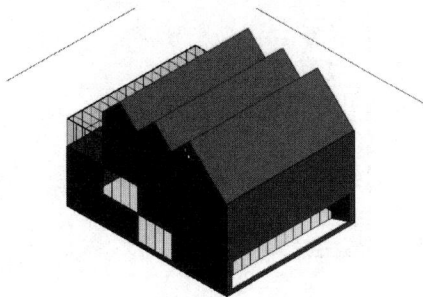

图 3-182

2）创建楼板和有理化处理体量表面

（1）创建楼板：打开项目文件"体量-高层"，进入视图"3D"，使用"体量和场地"＞"楼板"命令，在属性栏中选择"楼板 常规-300mm"，并在其基础上复制新的楼板类型"楼板 常规-700mm"，鼠标框选建筑体量内的所有体量楼层，状态栏中偏移量设置为"200"，点击选项卡中的"创建楼板"命令，系统将会以每个体量楼层为基础创建从体量表面向内偏移 200mm 的楼板，如图 3-183 所示。

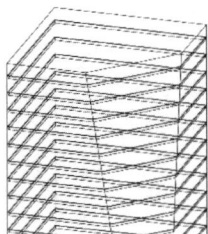

图 3-183

选中体量，选择其属性栏中的"体量楼层"＞"编辑"按钮，在弹出的体量楼层对话框中取消对所有楼层的勾选。

（2）分割体量表面：双击体量进入体量编辑模式，选中体量几个垂直表面，在选项卡中点击"分割表面"按钮，属性栏的设置如图 3-184 所示，分割完成的体量表面如图 3-185 所示。

选中高层体量上侧部分的斜面并使用"分割表面"命令，其属性栏的设置如图 3-186 所示；选中塔楼体量下侧部分的斜面并使用"分割表面"命令，其属性栏的设置如图 3-187 所示，完成分割表面后的体量如图 3-188 所示。

图 3-184

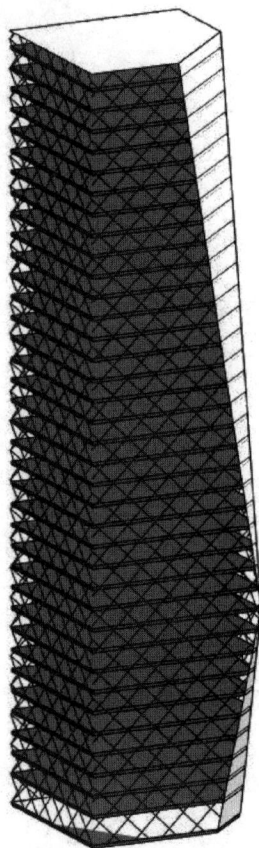

图 3-185

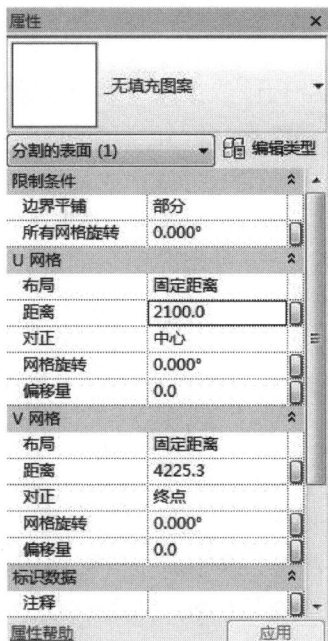
图 3-186

图 3-187

图 3-188　　　　　　　　图 3-189　　　　　　　　图 3-190

（3）在体量表面填充图案：在完成分割表面的基础上可以对高层建筑体量进行进一步的推敲，Revit 中提供了多种体量表面填充图案。双击体量进入体量编辑模式，选中所有的体量表面，将其替换为属性栏中的图案。图 3-189 即是以"三角形（扁平）"作为填充图案的效果。

若需要恢复为原有的 UV 网格表面分割模式，只需要选中体量表面后，在选项卡中关闭"填充图案"按钮"&"并打开"表面"按钮&，或者选择属性栏中的"无填充图案"类型。

（4）载入填充图案构件族：打开下载文件中的构件族文件"矩形-隐框"，并将其载入到项目中。双击建筑体量进入体量编辑模式，选中所有进行分割过的体量表面，并将其替换为属性栏中的"矩形-隐框"构件族，完成后的体量如图 3-190 所示。

所载入的构件族"矩形-隐框"是根据 Revit 自带的"基于公制幕墙嵌板填充图案"的族样板所创建的构件族，根据该样板可以创建基于多种填充图案的构件族。

3.6　建筑模型渲染

3.6.1　建筑模型渲染的目的和要点

1）建筑模型渲染的目的

创建三维透视图和渲染是帮助设计者理解平面图纸与空间关系的重要方法，特别是对于建筑学初学者，通过 Revit 可以帮助他们快速建立二维平面与三维空间之间紧密联系的思维模式。其次，创建三维视图和渲染也是推敲建筑形体和空间的比例、尺度、色彩的重要方法。

2）建筑模型渲染的要点

（1）选择合适的空间位置创建相机和调整构图：一方面，可以根据设计意图和平面关系选取放置相机的空间位置。另一方面，利用一点透视（水平线平行，竖线垂直，斜线消失于一个灭点）的构图更容易突出主体，展现氛围。一点透视也有利于帮助判断建筑形体与空间的比例关系。

（2）选择适合渲染的黄金时间：就像现实中建筑摄影选择黄金拍摄时间一样，在 Revit 中可以将模拟的渲染时间设置在日出前后的清晨或者日落前后的黄昏，对于展现光线和色彩的微差，营造柔和的氛围非常有效。在进行外观渲染时，黄金时间的光线较暗，这时需要在建筑内部补光，并调整画面整体的曝光值。

（3）选择和调整合适的贴图纹理：贴图的尺度、色彩和质感对最后渲染效果至关重要。不恰当的贴图尺度会让建筑失去尺度感，所以在选择贴图时尽量使之与真实世界的材料一致，必要的时候可以自己动手制作或者调整贴图。

3.6.2　以 D5 为例渲染项目文件

随着计算机硬件以及算法的发展，有更多的优秀的渲染工具出现，它们可以作为 Revit 的附加模块安装在软件中，例如 D5 和 Enscape，相对于 Revit 原有的 Mental Ray 的 CPU 渲染器，D5 和 Enscape 都是 GPU 类型的渲染器，它们可以进行更快速的实时渲染和渲染导出。本小节将以 D5 为例，简要介绍 GPU 类型的渲染器的渲染方法。

本小节示例的软件界面为 Revit2020 和 D5 2.5 版本。在开始渲染前需要安装好 D5 的附加模块，安装方式可参考 D5 产品官网。在 D5 安装完成后，在 Revit 的菜单栏中会出现 D5 的菜单栏。

1）升级项目文件

在 Revit 中打开下载文件中的项目"林中工作室-渲染"，将文件升级并保存。

2）启动 D5 模块

打开项目文件浏览器中的"三维视图">"3D"。打开菜单栏中的 D5 渲染器菜单，选择最左侧的"启动"命令，D5 会读取 Revit 模型中绝大部分材质贴图、建筑构造和人造光等信息，读取完成后软件会弹出 D5 的工作窗口，如图 3-191 所示。

图 3-191

D5 工作窗口默认为实时渲染模式，所以如果工作电脑配置了双显示屏，或者使用 PAD 与主机相连作为辅助显示屏，主屏幕作为 Revit 的工作屏幕来操作 Revit，辅助屏幕可以同步显示项目渲染结果，方便推敲、推进项目。

3）D5 主要功能介绍

D5 工作界面分为几个功能分区，这些功能分区的使用都非常直观便捷，我们在实际操作中经常用到的是如下功能：

（1）主场景：这是进行场景联动的主要区域，移动视角，调整所需要的效果，在三维空间中进行编辑修改。所有的操作均以实时渲染显示。

（2）导航栏：集合 D5 常用功能的快捷入口。从左到右依次为：菜单、模型导入、素材库入口、光源工具、路径动画工具、植物工具、粒子素材、图片渲染模式、视频编辑及渲染模式、渲染队列。

光源：目前有四种基础光源："点光源""聚光灯""灯带"和"区域光"。点击或通过快捷键可将光源体摆放到场景中。

路径：包含了"人物"和"车辆"两种工具，对应不同的参数，可用于快速制作大范围的人物和车辆配景。

植物：包含了"笔刷""散布"和"路径"三种操作方式，分别对应场景布置中植被不同的种植方式。

粒子：向场景中便捷添加动态粒子素材。

（3）场景控件：从左到右依次为：选择工具、材质工具、相机、显示和移动模式。

相机 ⬚相机：相机设置中包含曝光度、景深、视野高度等属性设置。也包含透视和正交视角。在人视三维视图中，需要选择正交视角以保证竖线垂直。

显示 ⬚显示：显示中可设置载体和构图线的显示与隐藏，光线、线框等模式，以及预览质量的选择。

移动模式 ⬚∨：移动模式中，可切换"漫游"和"环视"两种不同模式。

（4）列表栏：列表位于界面左侧，在列表中可方便地管理项目场景中的相关资源。列表分为三个部分，上半部分是保存的镜头"场景列表"；下半部分是资源列表，分为包含的光源、模型等条目的"物体列表"；以及通过导入功能导入的模型列表。

（5）侧边栏：侧边栏在界面右侧，分为环境、后期、参数三部分。环境对应全局的调整，包含天空、天气。

天空：可根据真实地理信息设置时间、日期、经纬度等参数；或使用 HDR 外景图，自定义太阳的角度。

天气：可分别控制场景中云、雾、风的效果。

后期：调节画面的色调或特效效果，校正画面或增加画面的表现力。

4）素材库：进入主界面后在导航栏中点击"素材库"，或是按下快捷键"M"均打开页面素材库页面，如图 3-192 所示。

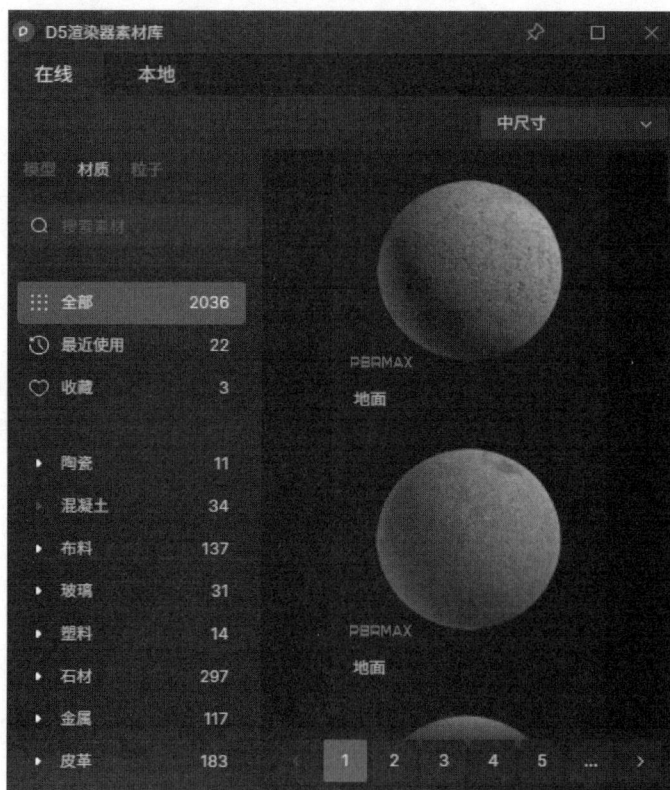

图 3-192

素材库分为三个层级：顶部可切换在线和本地自定义素材库；左上角的下拉菜单可在模型、材质、粒子之间切换；左侧边栏是具体的素材分类，并且集合了搜索和收藏的功能；左下方是素材工具。

5）使用 D5 进行调整和渲染

使用 D5 添加植物配景，调整材质、环境光等。具体操作过程如下：

（1）设定视角和添加材质：初始打开 D5 的项目文件，显示的是空白的场景，可以根据 Revit 里设定好的三维视图去同步 D5 里的视角。再根据同步的视图进行调整，针对不同的场景需要调整不同的视野、焦距以及透视关系，如图 3-193 所示。

图 3-193

在设定好三维视图后，可以打开"素材库">"材质"给建筑主体添加符合属性的材质。然后调试"地理天空"的滑块，根据建筑场地的条件修改月份、经纬度、时间和太阳亮度等参数。

（2）添加景观环境：打开"素材库">"模型"通过笔刷选择合适的配景素材，根据场景需求对建筑周边场地进行优化，如图 3-194 所示。

图 3-194

（3）使用"地理天空"和 HDR 两种方式细化建筑和场景：通过鼠标对材质进行选取，调整右侧参数面板对材质进一步细化。确定完材质效果以后，再次调整环境参数。通过"地理天空"和"HDR"参数去模拟场地的真实环境。确认效果以后对近景进行优化，打开"素材库">"模型"通过点选的方式优化场景，如图 3-195 所示。

需要注意的是，使用 HDR 方式模拟"黄金时间"的场景，更容易展现色彩和光线的微差，表达建筑室内外的关系，并呈现建筑的氛围。

图 3-195

（4）使用"后期"面板调整参数：点击"后期"面板。首先要校准画面的曝光和白平衡，让画面的明暗和冷暖处在适中的位置（当然也可以在校准的基础上，根据需要进一步调整这两个参数）。然后调整与色调映射曲线相关的三个参数："高光""阴影"和"反差"，目的是保留更多高光区和暗部的细节，以及让画面明暗反差适中。"泛光"和"镜头光晕"两个参数的恰当使用，可以让画面的光感更为贴近真实。另外还有两个常规的参数，"对比度"和"饱和度"，均可根据画面的需要来调整。最后得到模拟清晨 6:30 场景的渲染图，如图 3-196 所示。

图 3-196

3.7　族的概念和创建构件族

3.7.1　族的基本概念和分类

1）族的基本概念

所谓族，可以理解为某个建筑构件，我们可以通过改变参数而改变这个建筑构件的规格和形状等属性，这些因参数改变而生成的构件都源于同一个基础构件，由此得名为族。族的建模就是对基本建筑构件的建模。例如，窗作为一个图元类别，可以包含固定窗、上悬窗、百叶窗等多种族文件，每个族文件又可以复制为不同类型的族，百叶窗下面可以有"百叶窗-600×600mm""百叶窗-600×1200mm"等不同尺寸和材质的族类型。

2）族的分类

所有添加到项目中的图元均由不同类型的族文件组成，在项目浏览器中可以查看项目中所有类别的族文件，如图 3-197 所示。族文件可以分为三种类型：系统族、内建族和构件族。

（1）系统族：系统族是指 Revit 预定义了属性设置和图形表达的族类型，它不能作为单个文件载入或创建，但可以通过"管理"＞"传递项目标准"命令在不同的项目之间进行传递。例如，墙体、标高、轮廓等均为系统族。

（2）内建族：内建族是指通过"建筑"＞"构件"＞"内建模型"命令（图 3-198），并使用拉伸、放样、融合等方法（图 3-199）所创建的自定义图元。每个内建族只包含一种类型，无法通过复制内建类型来创建新的内建族。项目内过多内建族会占用大量的系统资源并会增加项目文件大小，所以需谨慎使用内建图元的方式创建内建族。

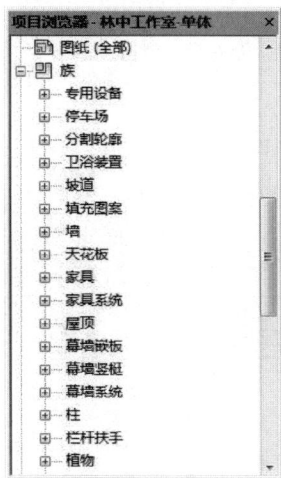

图 3-197

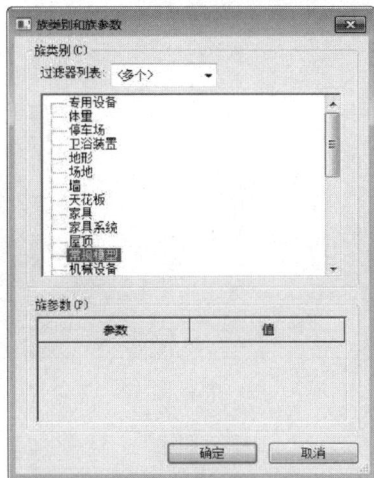

图 3-198

图 3-199

（3）构件族：构件族是指根据族样板文件创建并可以载入到任意项目中的族文件，它具有用户可自定义特征，包括模型图元和自定义的一些注释图元，是在 Revit 文件中经常创建和修改的族，例如，门窗、家具和标题栏均为构件族。

3.7.2 百叶窗的制作

掌握构件族的创建方法会大大提高建模效率,我们通过创建两个构件族实例来学习创建族文件的方法。

本小节我们将通过练习如何制作一个可旋转页片角度的百叶窗来学习族文件的创建方法,以及如何添加基本的类型参数来实现对族文件的参数化控制。

1)创建窗框

(1)利用族样板文件创建族:点击主菜单,选择"新建">"族",在弹出的"新族-选择样板文件"对话框(图 3-200)中选择"公制窗"族样板文件,点击"打开"按钮,弹出的视图如图 3-201 所示。将此文件保存并命名为"百叶窗-可旋转页片"。

图 3-200

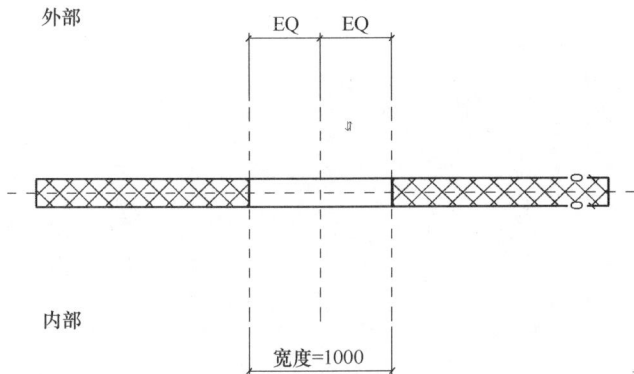

图 3-201

(2)指定工作平面:在"创建"选项卡中点击"设置"▦命令,在弹出的"工作平面"对话框(图 3-202)中选择"拾取一个平面"并点击确定;在平面视图中选择"参照平面：中心（前后）：参照"，在弹出的"转到立面"对话框（图 3-203）中选择"立面：外部"并点击"打开视图"按钮，打开立面视图"外部"。

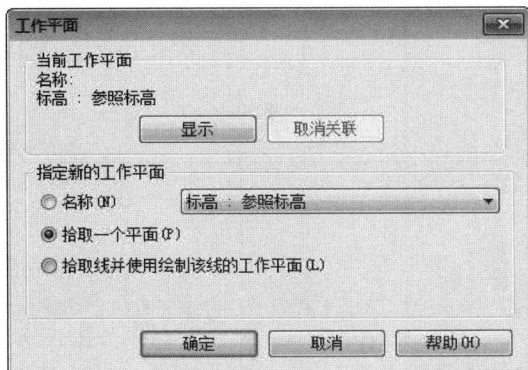

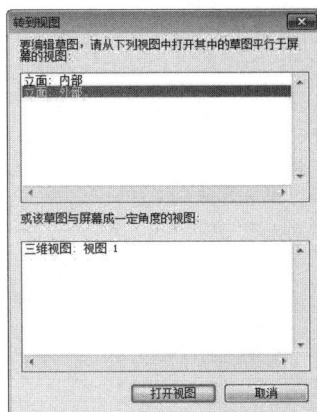

图 3-202　　　　　　　　　　　　　　　　图 3-203

（3）利用"拉伸"命令创建窗框：使用"创建"选项卡中的"拉伸"命令，使用绘制面板中的"矩形"绘制按钮 沿矩形窗洞对角线绘制矩形草图，并逐个单击草图线旁的锁定按钮将四边锁定，如图 3-204 所示。

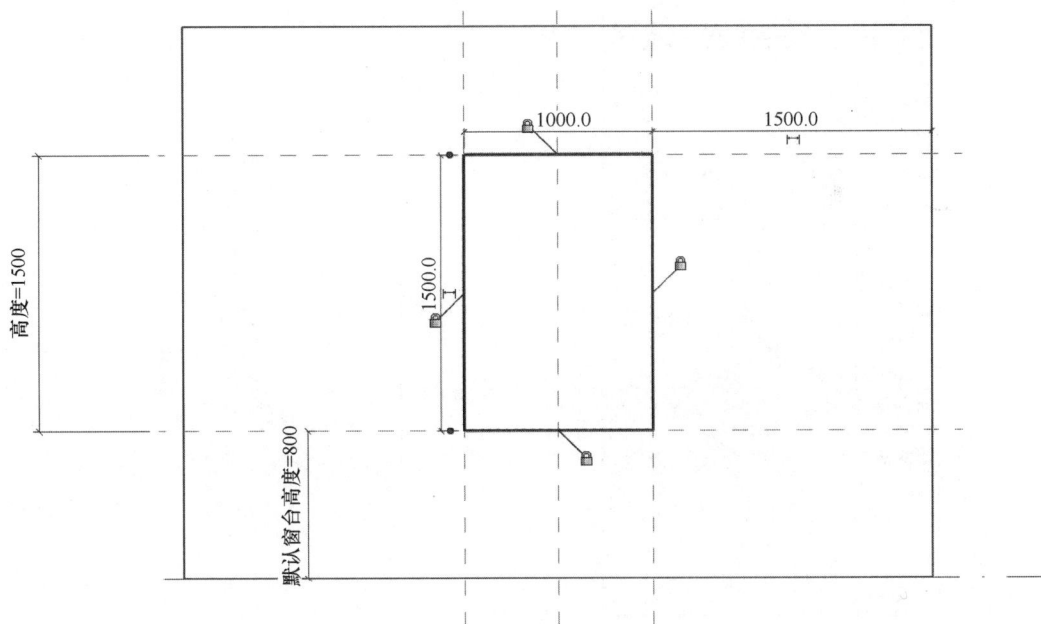

图 3-204

将草图线向内复制偏移 50 并标注四边草图线偏移的距离，选中四个尺寸标注线，在状态栏的标签选项中选择"添加参数"，在弹出的"参数属性"对话框（图 3-205）中添加名称为"窗框厚度"的族参数并点击确认，完成后如图 3-206 所示。

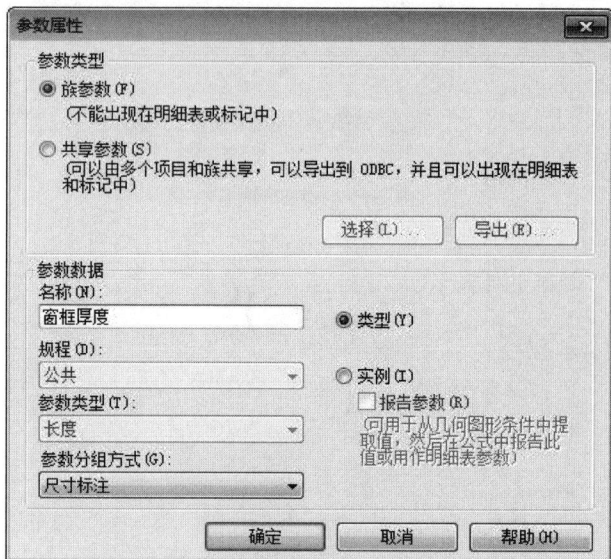

图 3-205

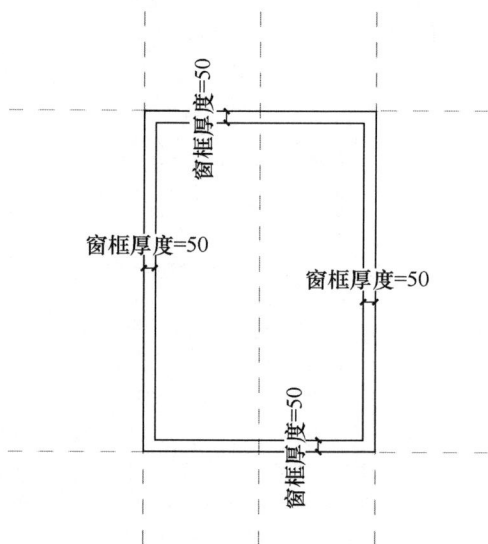

图 3-206

将属性栏中的拉伸参数设置为如图 3-207 所示，点击"应用"按钮后所创建的窗框如图 3-208 所示。

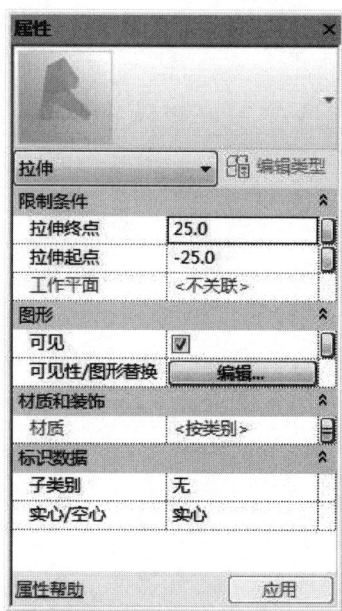

图 3-207

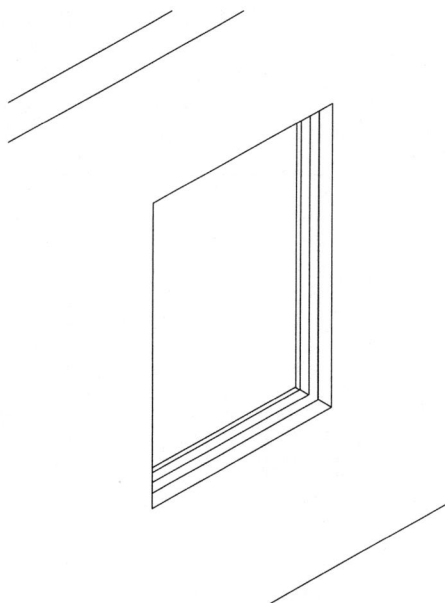

图 3-208

（4）添加窗框材质参数：选中窗框，点击属性栏中的材质栏右侧的"关联族参数"按钮，在弹出的"关联族参数"对话框中点击"添加参数"按钮，在弹出的"参数属性"对话框（图 3-209）中添加名称为"窗框材质"的族参数并点击确认。

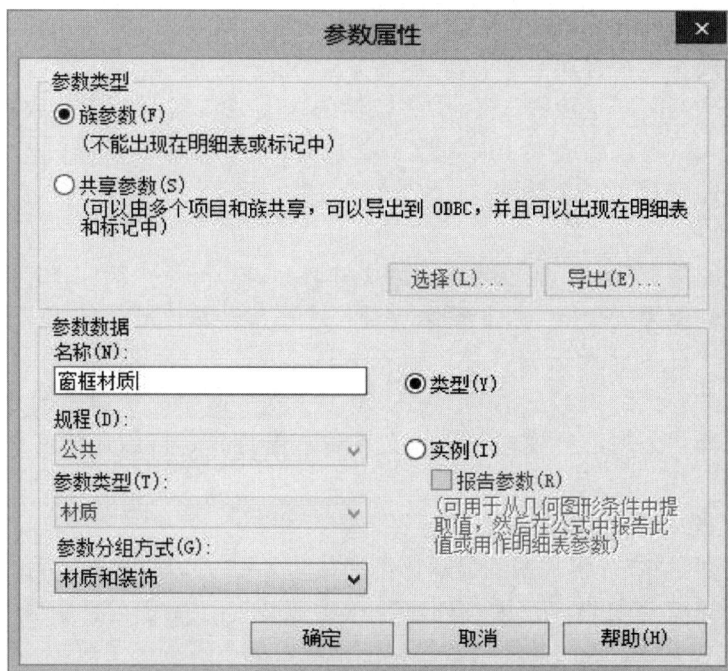

图 3-209

（5）验证本步操作是否有效：在创建选项卡中点击"族类型"按钮 ⬚，在打开的"族类型"对话框（图 3-210）中将尺寸标注项下的"高度"和"宽度"值分别由默认值修改为"1800"，点击确定后如果窗户由原来的竖窗变为方窗，并且所创建窗框如能随窗

图 3-210

洞一起变化,表明窗框创建成功,若窗框没有跟随窗洞相应变化或者有其他错误提示,需要检查前面几步操作是否有误。

初学者易忽略的问题是步骤(3)中将拉伸的草图线与窗洞锁定,或者在验证时将窗洞的尺寸设置过大,超过墙面大小而导致无法生成窗洞。在添加窗框材质参数后,再将族文件载入项目中即可对其定义材质。

2)创建百叶片

在创建复杂的族文件时,需要将一个族文件嵌套进另外一个族文件,并对其参数进行关联,这种族我们称为嵌套族。我们需要创建一个可旋转角度叶片的族文件,并将其载入到前面所创建的"百叶窗-可旋转叶片"族文件中。

(1)创建族文件:使用"主菜单">"新建">"族"命令,在弹出的"新族-选择样板文件"窗口中选择"公制常规模型"样板文件后点击打开,将创建的文件保存为"叶片-可旋转角度"。

(2)创建参照线:

进入立面视图"左",将视图的显示比例调整为1∶1。以参照标高和"参照平面:中心(前/后)"的交点为中心,使用"创建">"参照线"命令创建两条角度为90°的参照线,标注并锁定两条参照线的角度,标注但不锁定右侧参照线和参照标高的角度,完成的绘制如图 3-211 所示。

使用"对齐"命令将两条参照线的端点(单击"Tab"循环选取)分别和所在的两个参照平面锁定,这样保证了两个参照线可以以参照平面的交点为中心旋转。

选中尺寸标注"角度30°",在状态栏中的"标签"选项中选择"添加参数",在弹出的"参数属性"对话框(图 3-212)中将其名称命名为"叶片角度"。

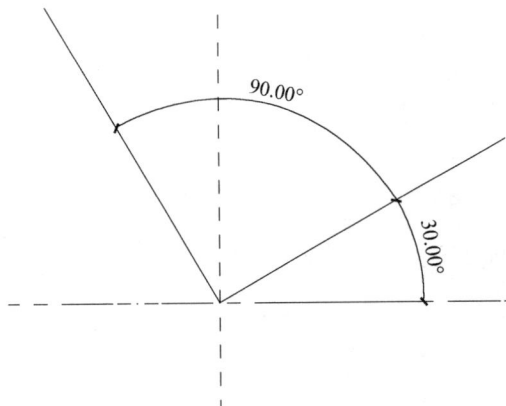

图 3-211

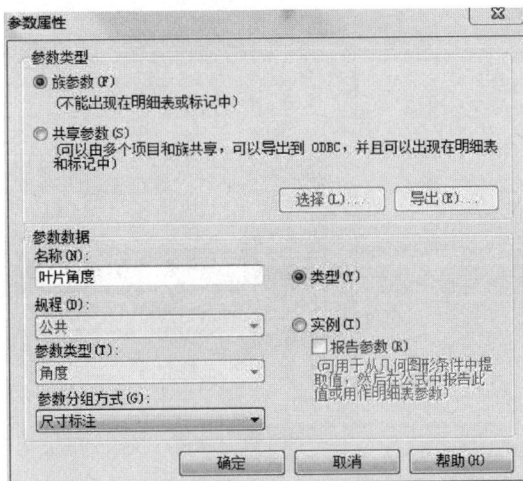

图 3-212

以创建的两条参照线为基础创建一个矩形参照线框,标注并锁定其相互垂直的角度,标注并锁定其与原有参照线的均分关系,标注并添加"叶片宽度"和"叶片厚度"两个参数,创建完成后如图 3-213 所示。

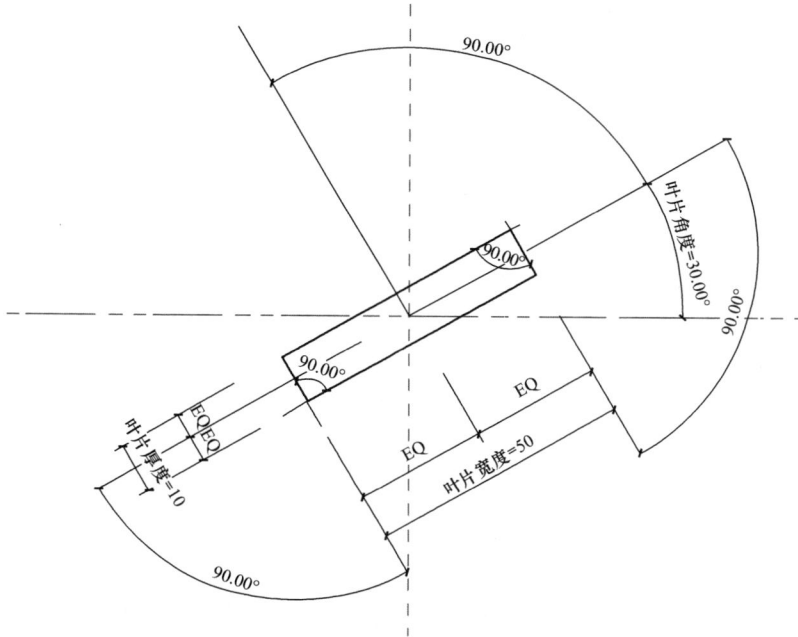

图 3-213

　　创建完成后即可对本步操作进行验证，打开"族类型"对话框，分别调整"叶片角度"参数为 45°，90°，0°等验证矩形参照线框是否以参照线交点为中心进行旋转，若有问题请检查前面的操作步骤是否有误。

　　（3）使用"拉伸"工具创建叶片：在立面视图"左"中，使用"创建"＞"拉伸"工具，拾取矩形参照线框并将草图线与参照线框锁定，如图 3-214 所示。

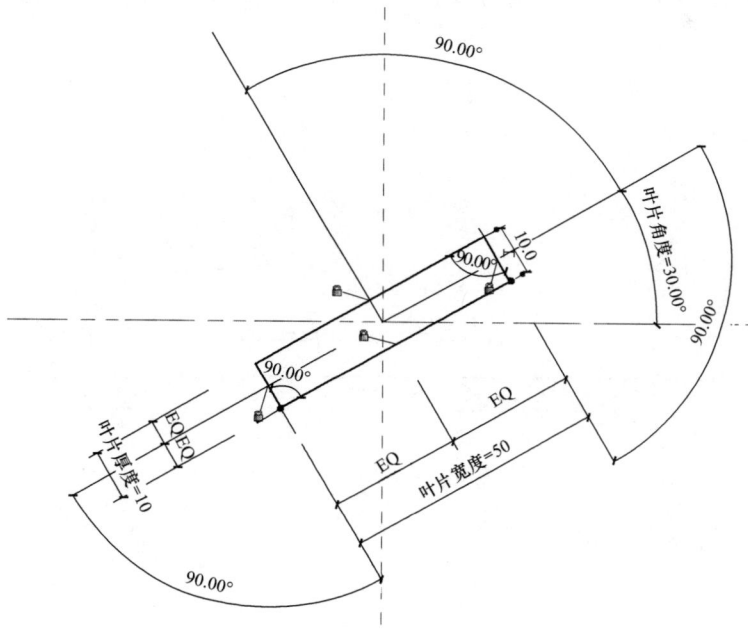

图 3-214

（4）添加叶片材质和长度参数：进入立面视图"前"，使用"创建">"参照平面"命令创建两条竖向的参照平面，在两个新建的参照平面和"参照平面：中心（左右）"之间标注一道尺寸标注，选中该尺寸标注并点击"均分"按钮；标注两条新建参照平面之间的距离并添加"叶片长度"的族参数。使用"对齐"命令将叶片与两侧的参照平面对齐并锁定，创建完成后如图 3-215 所示。

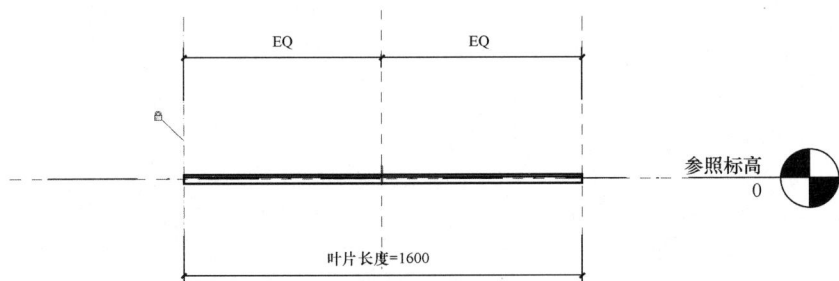

图 3-215

选中叶片，点击属性栏中的"材质">"关联族参数"按钮，添加族参数"叶片材质"。

（5）验证叶片是否有效：打开"创建">"族类型"按钮，在"族类型"对话框中分别调整"叶片角度""叶片厚度""叶片长度"等参数的有效性以验证所创建叶片的有效性，若有错误请检查前面的操作步骤。

本步骤是创建百叶窗的关键步骤，操作相对复杂。在创建相对复杂的构件族时，经常需要先创建参照线，将参照线与参照平面相关联，构件模型以参照线为基础进行创建。

3）将叶片载入百叶窗并创建百叶帘

（1）载入百叶片到百叶窗族文件中：在打开的"叶片-可旋转角度"族文件窗口中，点击选项卡右侧的"载入到项目中"工具🔼，窗口会自动切换到已打开的文件窗口"百叶窗-可旋转叶片"。

进入平面视图"参照标高"，使用"创建">"构件"命令，在视图中放置叶片的族文件，如图 3-216 所示。这样百叶窗族文件即成为一个嵌套族。

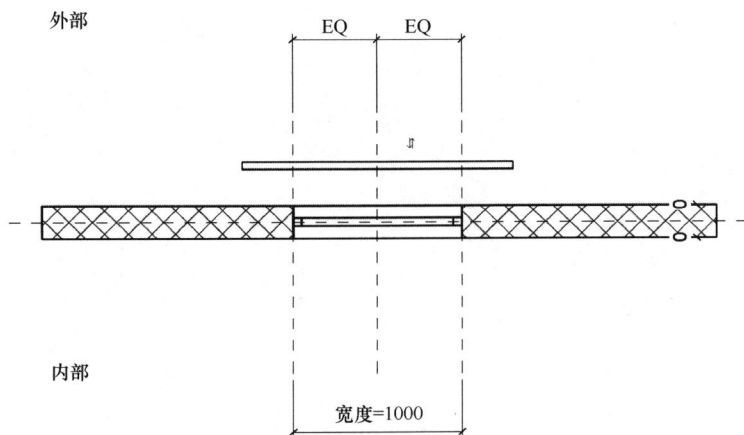

图 3-216

（2）关联嵌套族参数：选中叶片，点击"类型属性"工具，在弹出的"类型属性"对话框（图 3-217）中逐个点击"叶片材质""叶片长度""叶片角度""叶片宽度"和"叶片厚度"后的"关联族参数"按钮添加同名参数，完成后点击确定。

点击选项卡中的"族类型"工具，我们会发现叶片的参数已经关联到窗的族类型参数中。再将"叶片长度"参数后的公式定义为"宽度 -（窗框厚度 * 2）"，即叶片长度为窗洞宽度减去两边窗框的宽度，如图 3-218 所示，完成后点击"确定"按钮。

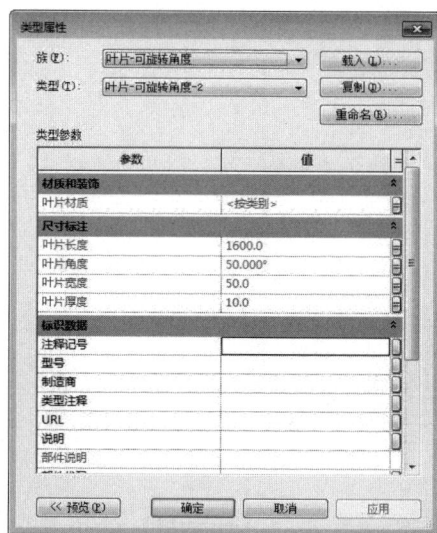

图 3-217

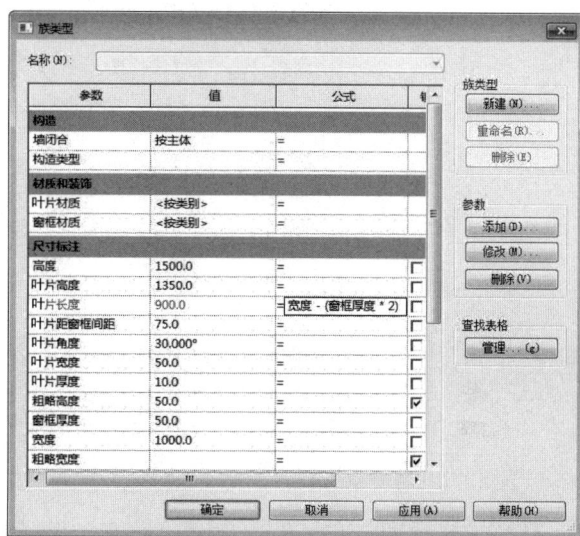

图 3-218

（3）创建百叶帘：进入平面视图"参照标高"，将叶片的横向和纵向两条参照线分别和"参照平面：中心（前/后）"，"参照平面：中心（左/右）"对齐并锁定，如图 3-219 所示。

进入立面视图"左"，在窗口内部创建两条距窗框距离为"75"的横向参照平面，并标注参照平面和窗洞间距，选中尺寸标注，在状态栏中添加参数为"叶片距窗洞距离"，并将载入的叶片中心点与下侧的参照平面对齐锁定，如图 3-220 所示。

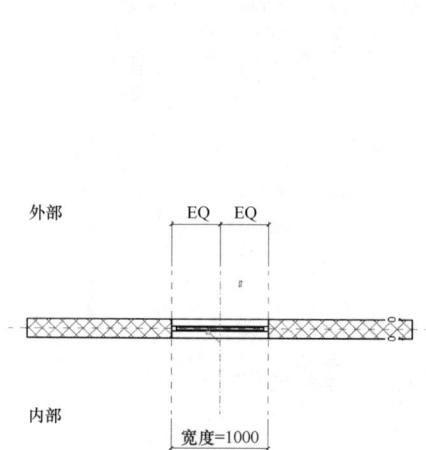

图 3-219

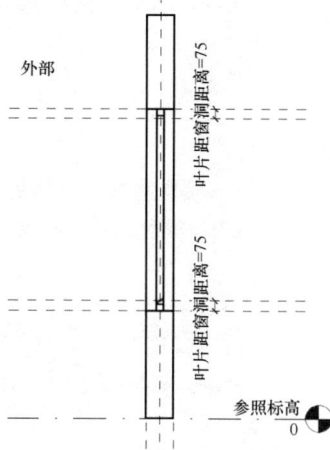

图 3-220

213

选中叶片，使用阵列命令向上阵列，在状态栏中选择"移动到：最后一个"，"项目数"数值为默认，将最上方的叶片中心点与上方的参照平面对齐锁定。选中任一叶片，左侧出现阵列的项目数值，选中项目数值并通过状态栏的标签工具添加参数"叶片数量"，如图 3-221 所示。

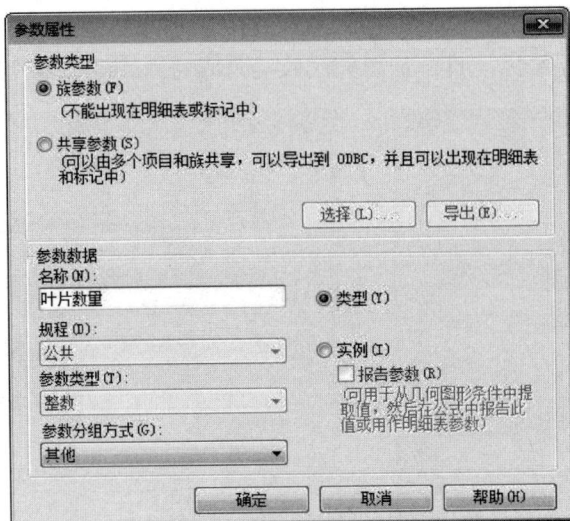

图 3-221

打开"族类型"对话框，以公式定义"叶片距窗洞距离"和"叶片数量"两个参数，如果公式书写正确，左侧的值将以灰色显示，书写完成后如图 3-222 所示。点击确认后叶片的数量会自动调整以适合窗洞。

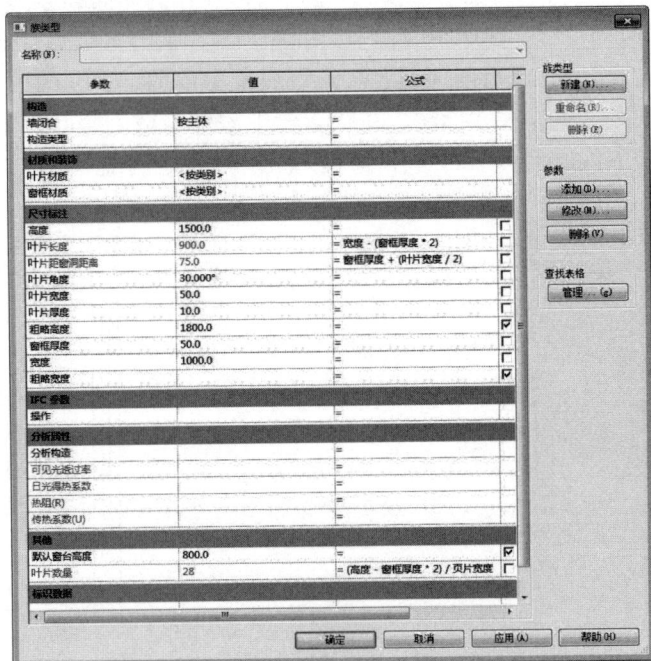

图 3-222

（4）添加控件：对于前后或者左右不对称的族文件，为了可以在项目文件中方便地前后或者左右翻转方向，可以在平面视图中使用"创建"＞"控件"命令添加控件。但对于本小节所创建的百叶窗，它是前后、左右对称的，不需要添加控件。

4）验证族文件的有效性

打开"族类型"对话框调整"高度""宽度""叶片厚度"和"叶片角度"等参数值并点击应用以检测族文件是否报错，若报错请检查前面步骤是否操作有误。也可以将族文件载入到项目文件中验证其是否有效。

3.7.3　万能窗的制作

本小节我们将通过学习创建一个以参数控制划分的窗构件族来继续学习构件族的创建，以及如何添加族的可见性参数和符号线。与前面所创建的百叶窗类似，我们需要单独创建万能窗的竖梃和横梃并载入到窗的族文件中。

1）创建窗框和玻璃

创建窗框的步骤同前一小节，注意添加"窗框材质"和"窗框厚度"两个参数。保存文件并将其命名为"万能窗"。

将工作平面设置为"参照平面：中心（前/后）"，打开立面视图"外部"，使用"创建"＞"拉伸"命令以窗框内侧为基准绘制并锁定草图线，完成后如图 3-223 所示。属性栏中拉伸的起点和终点分别设置为"10.5"和"－10.5"，点击属性栏中材质选项后的"关联族参数"按钮，并添加名称为"玻璃"的参数，即创建了一个厚度为 21 的中空玻璃。

点击"创建"＞"族类型"按钮，打开"族类型"对话框，点击"材质和装饰"栏中"玻璃"参数后的按钮打开材质浏览器，选择玻璃材质并点击确定，这样族文件中的玻璃将以半透明显示，如图 3-224 所示。

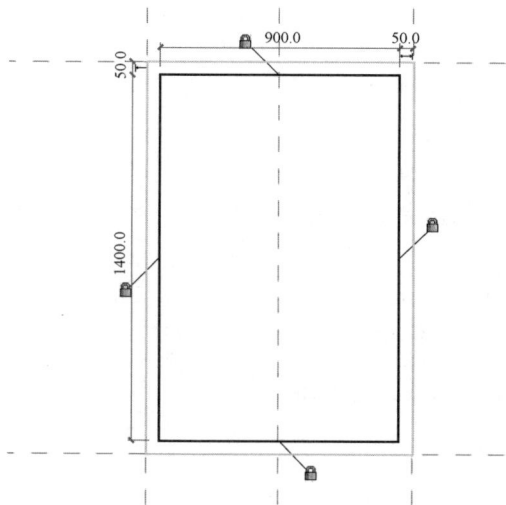

图 3-223

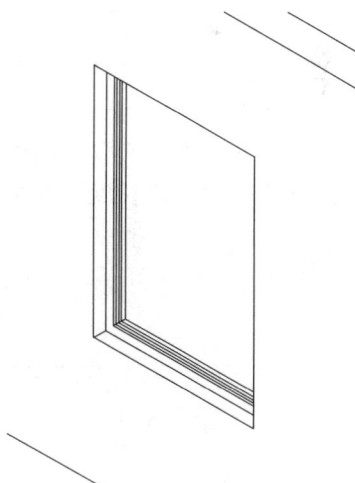

图 3-224

2）创建竖梃和横梃

（1）创建竖梃：使用"主菜单"＞"新建"＞"族"命令，在弹出的对话框中选择"公制常规模型"样板文件，点击打开并将其保存为"竖梃"。

在平面视图"参照平面"中使用拉伸工具，以两条中心参照线交点为中心创建一个 50mm×50mm 的正方形草图线，并定义其边长为参数"竖梃边长"，定义其材质参数为"竖梃材质"，完成后如图 3-225 所示。创建完成后点击完成。

在立面视图"前"中创建两个水平的参照平面，标注两个参照平面并添加名称为"竖梃高度"的参数，将所创建的竖梃上下边与两条参照平面对齐并锁定，完成后如图 3-226 所示。

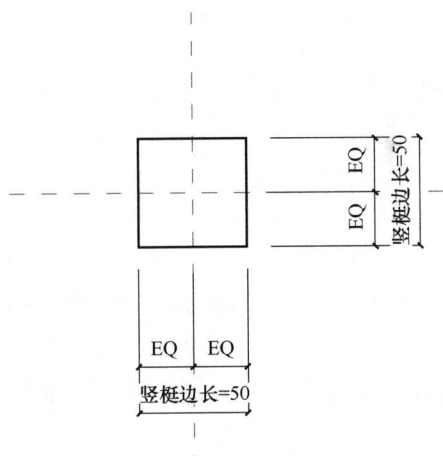

图 3-225

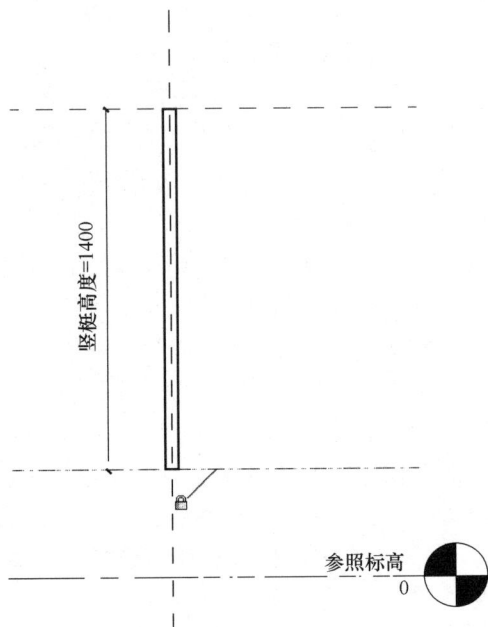

图 3-226

创建完成后修改"竖梃高度"的数值以检查所创建的族文件是否有效。

（2）创建横梃：与创建竖梃方法类似，我们需要创建一个横梃。与创建竖梃不同的是我们需要在"左"或者"右"立面视图中来创建拉伸草图。创建过程中需要添加"横梃边长"，"横梃材质"，"横梃长度"几个参数，创建完成的横梃如图 3-227 所示。

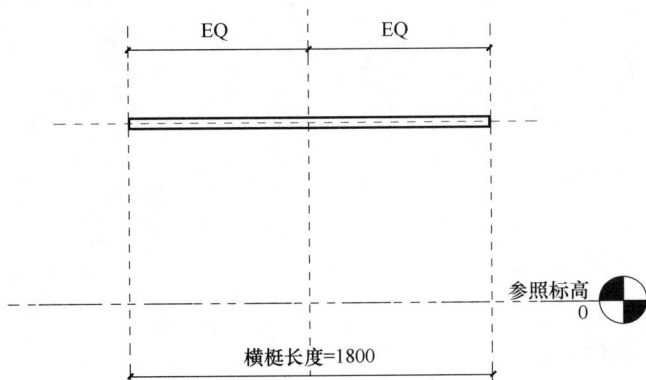

图 3-227

分别将所创建的横梃和竖梃使用"载入到项目中"命令载入到万能窗族文件中。

3）创建万能窗

（1）调整主体墙面和窗洞尺寸并绘制参照平面：选中窗洞所在的墙体"墙：基本墙 1"，将其属性栏中的"无连接高度"数值改为 4200，点击"族类型"按钮，在"族类型"对话框中将"高度"和"宽度"分别调整为 2400 后点击确定，即将窗调整为边长 2400 的方窗。

在窗洞四边绘制四个参照平面，标注所添加的参照平面与控制窗洞大小的参照平面的距离，分别添加四个尺寸标注为"横梃间距"和"竖梃间距"的族参数，完成后如图 3-228 所示。

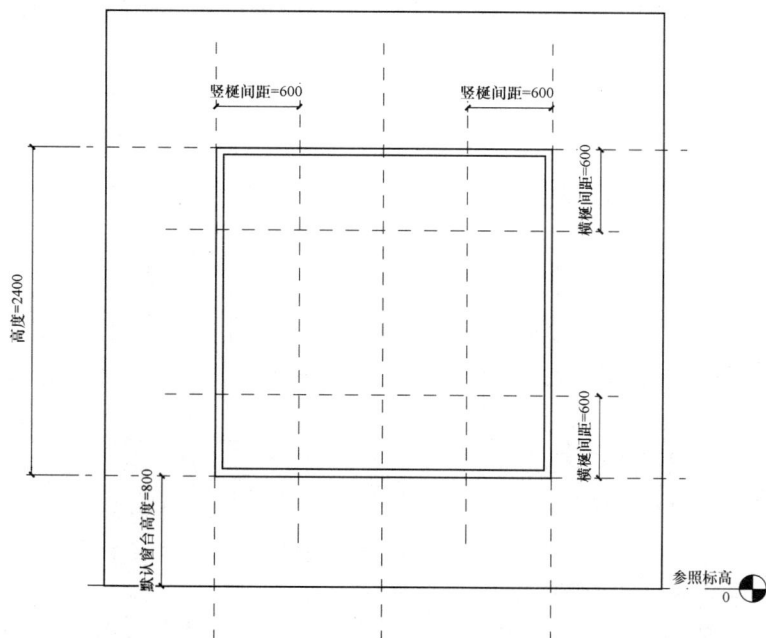

图 3-228

（2）阵列竖梃并定义其参数

在平面中放置竖梃，选中竖梃，点击"类型属性"按钮打开"类型属性"对话框，分别点击"竖梃高度"，"竖梃边长"参数后的"关联族参数"按钮将其关联到万能窗的族文件中，并将"竖梃材质"关联为"窗框材质"。

将竖梃的中心线分别和其中一个竖梃的间距控制线及"参照平面：中心（前/后）"对齐锁定，同时将竖梃的底边和窗框的内侧锁定，完成后如图 3-229 所示。

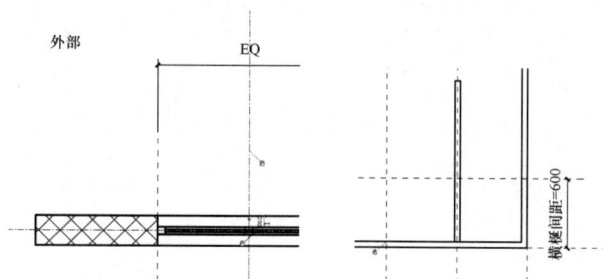

图 3-229

打开"族类型"对话框，将"竖梃高度"参数定义为"高度－窗框厚度×2"，点击确定后竖梃高度自动和窗框相吻合。

将竖梃的上下两端和窗框内侧对齐锁定，选中竖梃，使用"阵列"命令，将竖梃从右至左阵列，状态栏的"移动到"选项选择"最后一个"，项目数使用默认数量。将左侧的竖梃与左侧竖梃间距参照线对齐锁定，并将其上下两端与窗框内侧对齐锁定，选中任一竖梃将阵列数量添加为参数"竖梃数量"，完成后如图 3-230 所示。

打开"族类型"对话框，将"竖梃间距"定义为"宽度/(1 ＋ 竖梃数量)"，此时调整"竖梃数量"的参数为"4"或者其他数值并点击应用，即可验证前面的操作过程是否有效，如图 3-231 所示。

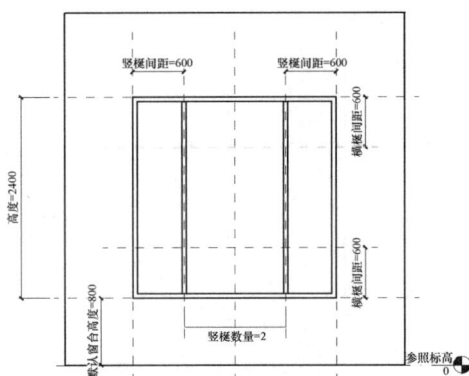

图 3-230

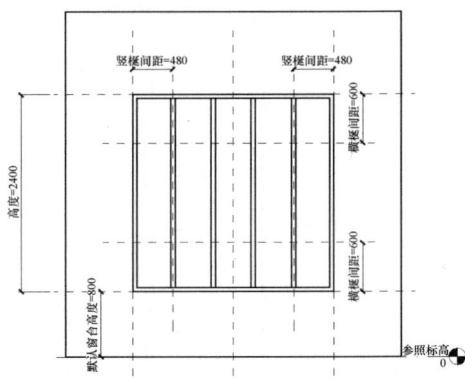

图 3-231

（3）阵列横梃并定义其参数

阵列横梃的方法与阵列竖梃方法类似，这里不再赘述，阵列完成后的万能窗和族类型设置如图 3-232、图 3-233 所示。

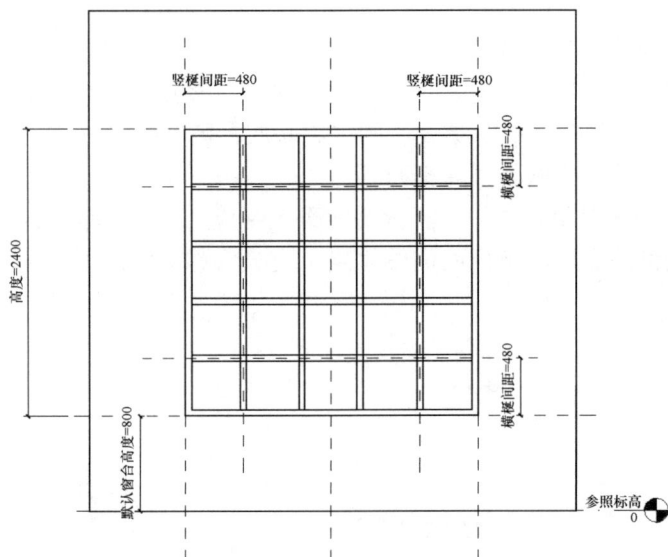

图 3-232

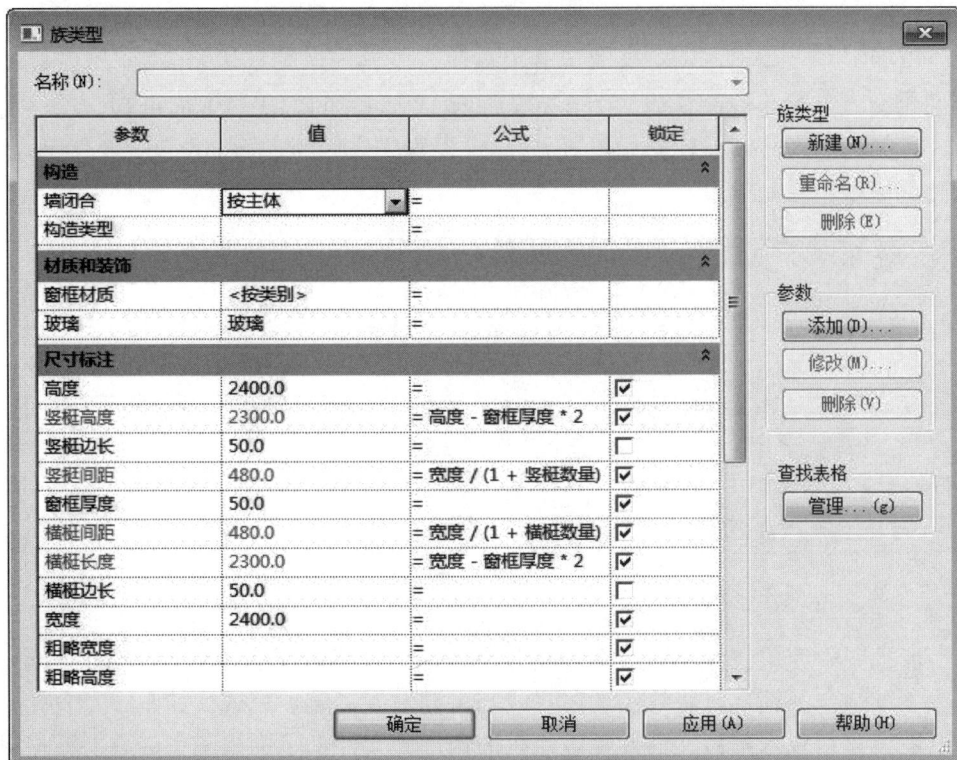

图 3-233

（4）检查所创建族

打开"族参数"对话框，将窗的"高度"和"宽度"参数调整为"3000"，将"竖梃数量"和"横梃数量"调整为"3"，点击确定，检查万能窗是否正常变化，如果有报错请检查前面操作是否有误。

将万能窗载入到项目中，使用"建筑">"窗"命令，在平面视图的墙上放置万能窗，如图 3-234 所示。选中万能窗，点击"类型属性"按钮，在"类型属性"对话框中调整窗洞尺寸及横梃竖梃数量检查构件族是否能正常变化。

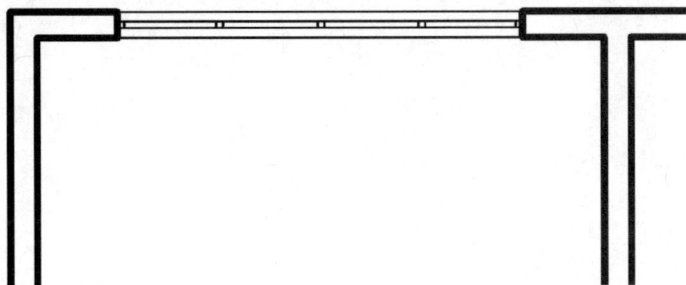

图 3-234

4）设置万能窗的可见性并添加符号线

从图 3-234 可以看出，在项目中的万能窗在表达上并不符合制图规范，我们需要调整构件族的可见性设置并添加符号线以使其表达符合制图规范。

　　进入组编辑器，选中窗框，在选项卡中选择"可见性设置"按钮 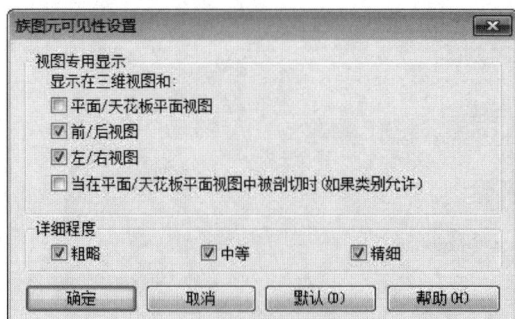，将弹出的"族图元可见性设置"对话框设置为如图 3-235 所示。以同样的方式设置横梃和竖梃（需要双击横梃或者竖梃进入其族编辑器设置可见性），设置完成后的平面如图 3-236 所示，窗框、横梃及竖梃均以灰色显示。

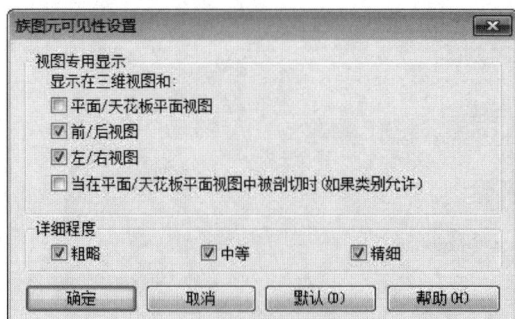

图 3-235

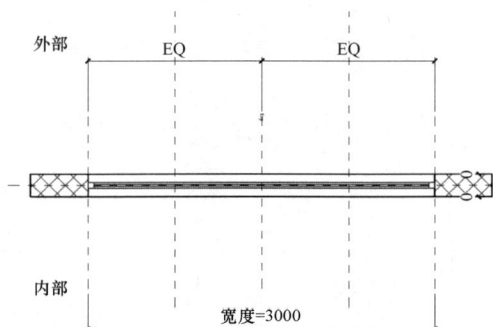

图 3-236

　　在平面视图中使用"注释">"符号线"命令，注释线的子类别选择"窗（投影线）"，以横梃为基准拾取并锁定，将绘制的注释线与窗洞对齐锁定，完成后如图 3-237 所示。

　　将万能窗重新载入项目文件并覆盖原有的构件族文件，平面视图中的万能窗将以符合制图标准的方式显示，如图 3-238 所示。

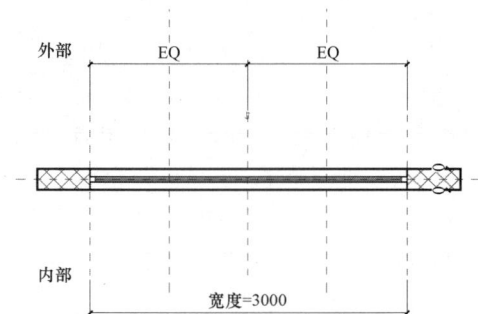

图 3-237

图 3-238

第4章　参数化建模（Grasshopper）

近年来，计算机辅助建筑设计出现了较大的进展。一方面，出现了一批以 Maya、Catia、Rhino 为代表的复杂造型软件，并在建筑设计领域得到较好的应用，使得建筑师能够更好地使用自由形式曲线和曲面来创造和研究空间与形式；另一方面，各种图形软件的二次开发工具使得建筑师可以通过编程方式，以一定的过程来控制和生成建筑空间与形式，产生了"生成设计"和"算法设计"等新的计算机辅助建筑设计概念。"生成设计"和"算法设计"通常基于参数化建模，即一系列以参数控制的、互相关联的模型。设计元素在参数化模型的多层级和每个层级下逐步建立，一个层级的某些参数也成为下一个层级设计元素的发生器，借此延伸，逐步形成整个设计，这样的设计方法通常称作"参数化设计"。

建筑设计中的参数化建模技术的发展时间虽然不长，但速度非常迅猛，其应用也越来越广泛。许多形式新颖的建筑，在其设计过程中或多或少都有参数化软件的辅助。在常用的参数化辅助设计软件当中，基于 Rhino 的 Grasshopper 是目前最为流行、使用最为广泛的设计平台之一，这主要得益于 Rhino 强大的造型能力和 Grasshopper 独特的可视化编程建模方式。

Rhino 是由美国 Robert McNeel 公司推出的一款主要基于 NURBS 的三维建模软件。NURBS（Non-Uniform Rational B-Splines，非均匀有理 B 样条）是一种先进的、可以描述复杂的自由曲线和曲面的计算机图形建模技术。Grasshopper 是一款在 Rhino 环境下运行的采用程序算法生成模型的插件。与一般绘图软件的二次开发的代码编程环境不同，Grasshopper 提供了一系列的运算器组件❶，不仅可以实现 Rhino 的大多数几何建模功能，同时还包括大量的用于代数和几何计算的运算器。这些运算器相当于以图标方式呈现的各种函数或子程序，用户无需代码，只需通过连接不同运算器之间的输出与输入参数即可完成较为复杂的程序编写，这样使得用户无需太多的程序语言编写知识，只要通过一些简单的流程方法就可以达到编程目的，这是 Grasshopper 的最大优点。同时，Grasshopper 可以将运算器运行的图形内容即时地显示在 Rhino 环境下，随时反映出参数或程序调整的结果，这样为建模过程提供了即时反馈机制。Grasshopper 的第三个优势在于它是一个开放的系统，有很多第三方为 Grasshopper 开发了各种各样的插件，大大拓展了它的功能。

本章将系统地介绍 Grasshopper 的应用方法，采用的版本是 Rhino 7 SR21 自带的 Grasshopper 1.0.0007。Rhino 是功能非常强大的三维建模软件，由于目的和篇幅所限，本书只把它作为 Grasshopper 的支撑平台使用，涉及非常有限的功能，不进行全面系统的介绍，读者可以参见相关书籍或网络上的资料或借助于 Rhino 的帮助文件做一些必要的了解。另外，本章的定位为 Grasshopper 的应用基础，重点在于基本概念和方法的介绍，对

---

❶　本书称作运算器。由于运算器组件的连接方式和图标样式，许多参考资料把它称作"电池"。

于它的一些高级或复杂的功能，如脚本编程等，本书未做完整的介绍，而其附带的物理引擎 Kangaroo2 以及其他第三方插件，都没有包括在本章的内容之中。

4.1 基本操作及基本图形创建

4.1.1 界面

运行 Rhino 7，在如图 4-1 所示的 Rhino 界面中点击"载入 Grasshopper"图标，或在命令行输入"grasshopper"命令，或选择菜单"工具">"Grasshopper"，打开 Grasshopper 运行界面。如图 4-2 所示，Grasshopper 界面主要包括以下几个部分：

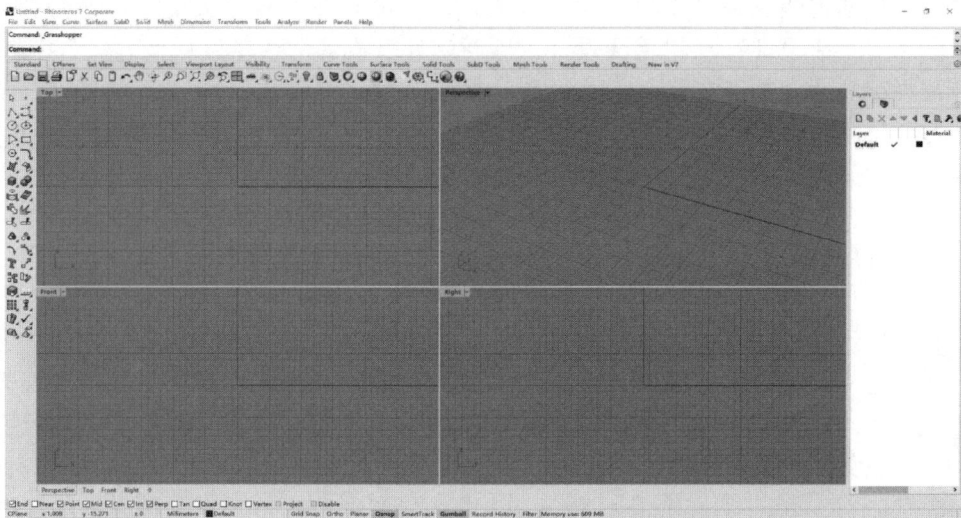

图 4-1　Rhino 7 界面

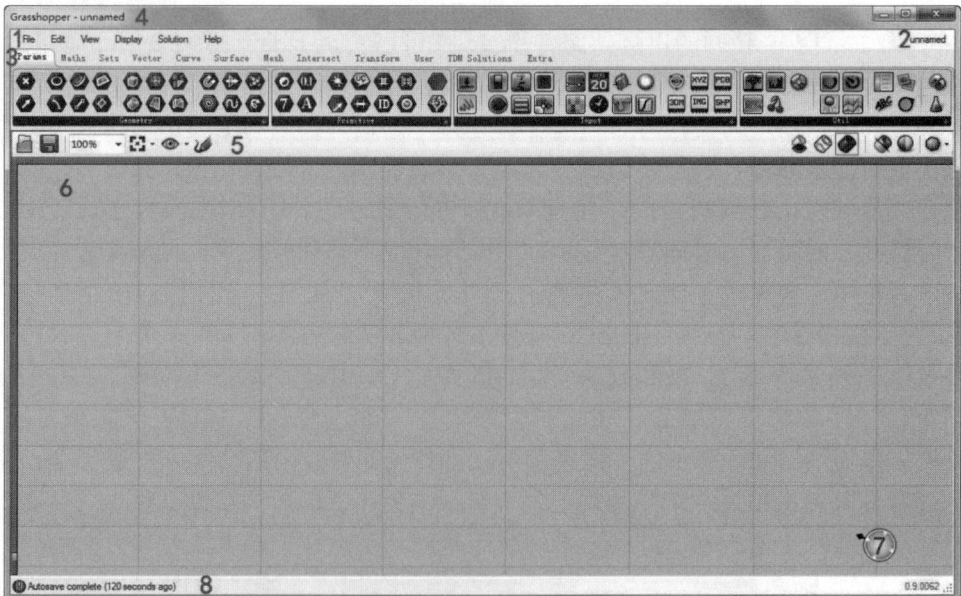

图 4-2　Grasshopper 界面

1）**主菜单栏**：包括 File、Edit、View、Display、Solution、Help 几个菜单，和经典的 Windows 菜单相似。

2）**文件浏览控制器**：用于在载入的多个文件间快速地切换。

3）**运算器面板**：包括 Params、Maths、Sets、Vector、Curve、Surface、Mesh、Intersect、Transform、Display 等目录，各目录下有一系列的面板，分类集合了各种 Grasshopper 运算器。图 4-2 所示的是 Params 目录下的面板，单击面板右下角的下箭头，可以展开该面板，显示出该面板包括的所有运算器及其名称，如图 4-3 所示。

4）**窗口标题栏**：经典的 Windows 窗口标题栏，用于显示当前工作的文件。

图 4-3　展开的 Params＞Primitive 面板

5）**工作区工具栏**：放置了打开、保存文件，以及控制显示和在工作区绘制示意草图的一些工具。

6）**工作区**：用于放置和连接运算器来进行运算和建模工作。

7）**用户界面工具**：用于指示工作区的左上角以及工作区中运算器的位置方向。

8）**状态栏**：显示上次保存时间、版本等信息。

注意：工作区是 Grasshopper 编程的主要工作区域，按住鼠标右键拖动，可以移动工作区的显示位置。转动鼠标滚轮，可以放大或缩小工作区视图，放大或缩小的百分比将显示在工作区工具栏。

4.1.2　运算器的基本操作

运算器是 Grasshopper 编程的基本单元，每个运算器可以完成一定的功能。运算器图标的左侧为该运算所需的输入参数，右侧为该运算器的运算结果，即输出参数。一般运算器都包括一个或多个输入、输出参数，显示为运算器两端的半圆形，并在运算器图标上显示参数的名称。把鼠标移动到运算器图标上的参数名称，可以显示出参数值。

如果运算器的参数含有图形，则该图形会在 Rhino 里预览显示。当前选择的运算器所包含的图形显示为绿色，未选择的以红色显示。用户可以通过 Grasshopper 的 Display 菜单，根据自己的喜好来设置和改变预览图形的显示模式和颜色，本书不再赘述。

1）运算器的放置、选择、移动和删除

在运算器面板或展开的运算器面板中单击某运算器图标后，把鼠标移至工作区，或在运算器图标上按下鼠标并拖动到工作区，即可在工作区放置该运算器。

在工作区空白处双击鼠标，在弹出的对话框中输入查找关键字，如运算器名称的前几个字母，可以搜索到符合关键字的一系列运算器，单击所找运算器，可将运算器放置在工作区。

单击工作区中的运算器图标，即可将其选择；按住"Shift"单击，可以增加选择；而按住"Ctrl"单击，可以减少选择；从空白处按下鼠标并拖动，可以用矩形框进行选择，类似于 AutoCAD 中的"Window"和"Cross"选择方法。

按住运算器图标可以移动所选图标的位置。

2）运算器的连接与断开

用鼠标按住运算器的输出参数的半圆形，拖动到另一个运算器的输入参数的半圆形，即可将前一个运算器的输出参数作为后一个运算器的输入参数，反过来拖动也可以。按"Shift"键再拖动，可以增加一个连接而不破坏原有的连接，以实现一对多的参数连接；而按住"Ctrl"键进行拖动，可以断开一个连接。鼠标右键单击某个输入或输出参数，在弹出的菜单中单击"Disconnect"，可以选择断开和某个运算器的连接。

注意：我们把鼠标右键单击而弹出的菜单称作右键菜单。

3）输入参数的赋值、预设（缺省）值、内化、外化和清空

如上述，运算器的输入参数可以通过连接其他运算器的输出参数来赋值。一般的运算器的输入参数还可以进行手工赋值。如图 4-4 所示，在某输入参数的右键菜单中选择"Set Data Item"（不同运算器会有所不同），在弹出的对话框中输入参数值后点击"Commit changes"，即可对此参数赋值；选择"Set Multiple Data Items"可以对参数赋多个值。另外，某些运算器的输入参数本身可能带有预设值。

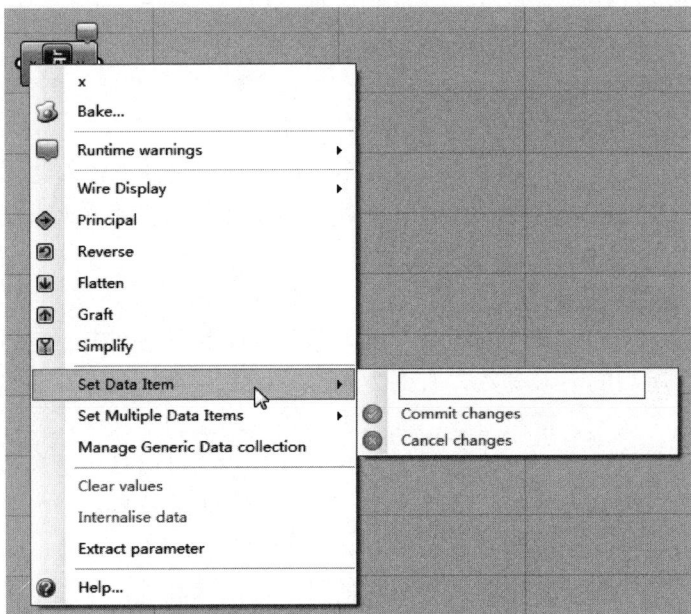

图 4-4　输入参数的手工赋值

如果运算器的某个输入参数为图形或与图形直接相关的数据类型，对它进行手工赋值时，会自动转入 Rhino，要求用户在 Rhino 中绘制或选择图形。如果先行选择了 Rhino 中的图形，当在参数的右键菜单选择"Set Data Item"或"Set Multiple Data Items"且所选图形的数据类型符合参数的要求时，则所选图形将被赋予此参数。注意某些图形参数或与图形直接相关的参数只可以绘制，某些只可以选择 Rhino 中的已有图形，还有某些图形参数既可以绘制也可以选择，这取决于具体参数的数据类型。在选择图形的过程中，一般有两种方式，即关联（Reference）方式或拷贝（Copy）方式，如果是关联方式，输入参数的值将随着所选图形的改变而改变；而拷贝方式把图形的数据拷贝给输入参数，之后所选图形的改变不会影响输入参数的值。

当运算器输入参数的值是通过连接其他运算器的输出参数或通过关联 Rhino 图形获得的，它会随着其他运算器输出参数或图形的改变而改变，因而被称作动态参数。

对于动态参数，在其右键菜单选择"Internalise data"，可以断开它与其他运算器的连接或断开与 Rhino 图形的关联，此时与之相连的其他运算器的输出参数的值，或与之关联的 Rhino 图形就被拷贝给此参数，成为一个固定值，这个过程称作参数值的内化。我们把具有固定值的参数称作静态参数。

对于一个静态参数或未赋值的参数，在其右键菜单选择"Extract Parameter"，会在此参数前出现一个与之相连的数据类型运算器，并将参数值赋给该运算器，这个过程称作参数值的外化，这时静态参数或未赋值的参数变成了动态参数。当我们需要把输入参数的值赋给其他运算器或者对此输入参数进行单独的预览控制时，这个操作非常有用。在静态参数的右键菜单选择"Clear Values"，将会清空其参数值；某些运算器可以同时清空参数值并断开它与其他运算器的连接。

4）运算器的名称与显示

运算器的显示有名称和图标两种模式。Grasshopper 的 Diaplay＞Draw Icons 菜单命令可以切换这两种模式。在运算器右键菜单的首行，可以更改运算器名称（图 4-5）。

工作区中的运算器会显示为不同的颜色，如图 4-6 所示，不同颜色代表了运算器的不同状态：A）深灰色（黑色）：不包含图形参数。B）橘色：未进行运算。C）绿色：当前所选运算器。D）浅灰色：包含图形参数。E）红色：运算器运行出错。

当运算器关闭"Preview"选项时，将显示为深灰色，关闭"Enable"选项时（见小节 6），也会变化显示方式。

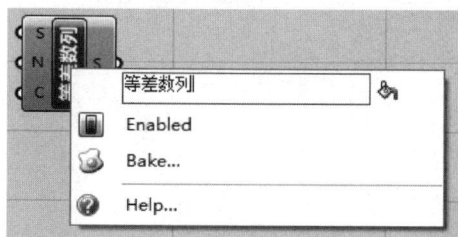

图 4-5　修改运算器名称　　　　图 4-6　运算器图标的颜色显示

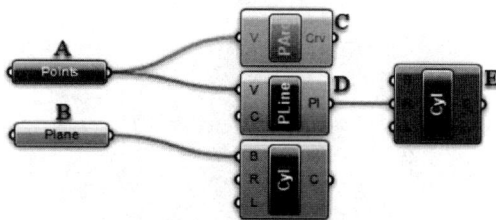

5）参数名称的改变和参数的增减

输入参数和输出参数的名称都可以改动，在参数右键菜单的第一行进行修改即可，如图 4-7 左图所示。Diaplay＞Draw Full Names 菜单命令可以切换以缩写或全名方式来显示参数名称。

某些运算器的参数的数量是可以改变的。如图 4-7 右图所示，滚动鼠标滚轮放大工作区视窗，当图标放大到一定程度时，这些运算器的输入或输出参数旁边会出现⊕号和⊖号，单击⊖号，将删除这一参数，单击⊕号，会增加一个参数。

6）运算器结果的预览、"烘焙"与运行控制

在运算器右键菜单选择"Preview""Enable"命令，可以切换该运算器在 Rhino 中是否预览和是否进行运算。要同时改变多个运算器的预览与运行状态，可以先选择这些运算器，然后单击鼠标滚轮，在弹出的面板（图 4-8）中单击相应的"Enable Preview""Disa-

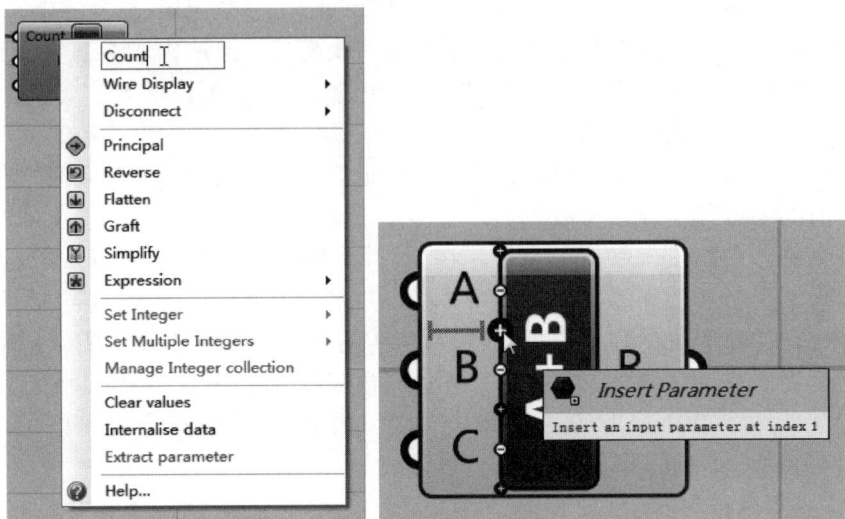

图 4-7　参数名称的改变和参数的增减

ble Preview""Enable""Disable"图标即可。

　　当运算器的参数为图形时，可以把图形"烘焙"到 Rhino 中，方法是在该图形参数的右键菜单中选择"Bake…"，然后在如图 4-9 所示的 Attributes 弹出对话框中为拷贝的图形设置图层、颜色等属性后，点击"OK"按钮，图形就被拷贝到了 Rhino 中。

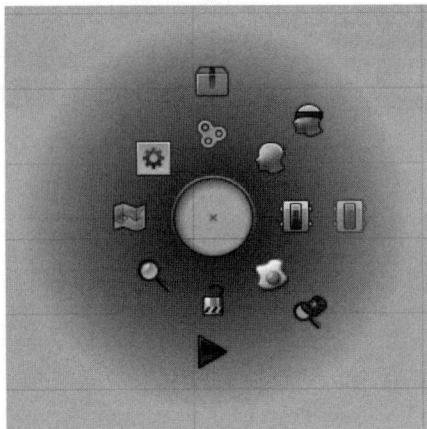

图 4-8　鼠标滚轮面板

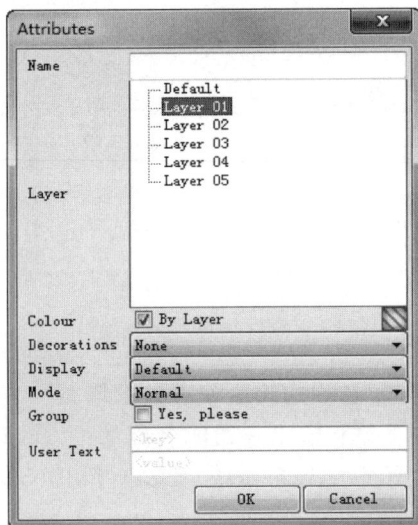

图 4-9　"烘焙"图形的属性设置对话框

4.1.3　Grasshopper 的数据类型

　　对于编程来说，了解数据类型是十分必要的。下面我们对 Grasshopper 的数据类型做一个简单的介绍，具体的应用会在后面的章节中进行必要的说明。在 Grasshopper 中，每一种数据类型基本上都有一个运算器，用于存放该类型的数据，这些运算器位于 Params＞Geometry 和 Params＞Primitive 面板。

1）图形及与图形相关的数据类型

Grasshopper 的 Params＞Geometry 面板（图 4-10）列出了 Grasshopper 的各种图形以及与图形相关的数据类型。其中，Point（点）、Circle（圆）、Circular Arc（圆弧）、Curve（曲线）、Line（直线段）、Rectangle（矩形）、Box（长方体）、Brep（面或体）❶、Mesh（网格）、Mesh Face（网格面）、SubD（细分网格）、Surface（面）、Twisted Box（扭曲长方体）、Geometry（图形）等为图形数据类型。而 Vector（向量）、Plane（坐标平面）、Field（场）、Transform（图形变换矩阵）并非直接的图形，它们是与图形计算直接相关的一些数据类型。

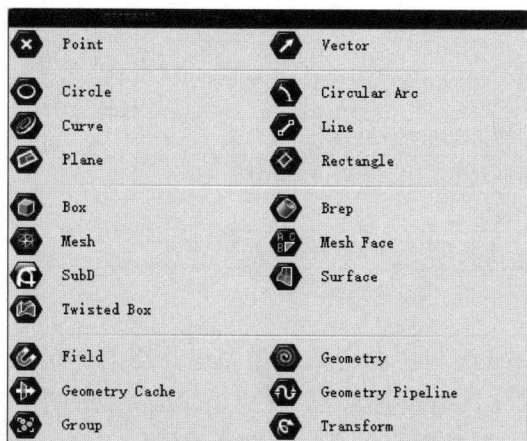

图 4-10　Params＞Geometry 面板　　　　图 4-11　Params＞Primitive 面板

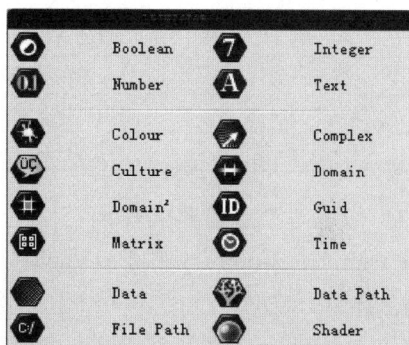

2）非图形数据类型

Grasshopper 的 Params＞Primitive 面板（图 4-11）列出了 Grasshopper 的数值和文本等各种非图形数据类型，包括 Boolean（布尔值，取值为 True 或 False）、Integer（整数）、Number（实数）、Text（文字）、Colour（颜色）、Domain（值域，即取值范围）、$Domain^2$（二维值域）、Matrix（矩阵）、Time（时间）、Data Path（数据路径）、Data（数据）、File Path（文件路径）、Complex（复数）、Culture（语言）、Guid（全局唯一标识符）、Shader（着色）等。

3）数据类型间的包含关系和转化

Grasshopper 的各种数据类型之间具有一定的包含关系，其中 Data 是最宽泛的类型，它包含了其他所有的数据类型。在图形中，Curve 包含了 Circle、Circular Arc、Line、Rectangle 类型；Twisted Box 包含了 Box；Brep 包含 Twisted Box、Surface；而 Geometry 包含了所有图形。

如果两种数据类型具有包含关系，下级的数据可以直接转化为上级的数据类型；上级的数据如果符合下级数据类型的内部定义并且能够被运算器识别，也可以进行转化。需要

---

❶ Brep：Boundary representation（边界表示法）的缩写，其基本思想是一个实体可以通过面的集合来表示，而每个面可以用边来描述，边可以用点来描述。Rhino/Grasshopper 中的实体描述采用的即是边界表示法。简单理解，Grasshopper 的 Brep 数据类型包括各种面和体。

注意的是某些数据类型具有特殊的转化方式，例如，各种图形都可以转化为 Box，这时，除了 Box 之外，其他图形的转化结果都是包含图形对象的、与坐标系平行的最小长方体。

不同类型的数据也可以进行一定的转化，例如点与向量之间、点与坐标平面之间、整数和实数之间、数值和文字之间、整数实数和布尔值之间都可以转化，进行这类转化，应了解内在的转化规则（表 4-1），防止意外的错误发生。

一些数据类型的转化规则　　　　　　　　　　　　　　　表 4-1

数据转化方式	转化规则
实数→整数	四舍五入后去掉小数部分
文字→整数或实数	全部由数字构成的文字可以转化
整数或实数→布尔值	0→False，其他→True
布尔值→整数或实数	True→1，False→0
点→向量	点的 X、Y、Z 坐标转化为向量的 X、Y、Z 分向量
向量→点	向量的 X、Y、Z 分向量转化为点的 X、Y、Z 坐标
坐标平面→点	取坐标平面的坐标原点
点→坐标平面	点为坐标平面原点，坐标平面平行于世界坐标系 XY 平面

4）数据类型运算器的作用

Params＞Geometry 和 Params＞Primitive 面板中的各数据类型运算器的作用在于存放相应类型的数据，他们还同时承担着尝试将其他数据类型转化为该数据类型的作用。另外，Grasshopper 的各种运算器的输入和输出参数都有各自的数据类型限定，它们的输入参数同样也有存放数据和转化数据类型的作用。对于静态参数，在其右键菜单中选择"Extract Parameter"，运算器前端会出现一个运算器与该参数相连，这个运算器必定是 Params＞Geometry 或 Params＞Primitive 面板中的某一个，不过其名称采用的是输入参数的名称而非数据类型运算器的预设名称。

4.1.4　数据的手动赋值

我们已经讲过，对于数据类型运算器或一般运算器的输入参数，可以用右键快捷菜单的"Set…"来给各种数据赋值。Grasshopper 还提供了一些运算器，可以更加灵活地对数据进行赋值，便于用户修改数据，并及时观察产生的结果，提高了参数化模型的交互性和反馈性。我们下面介绍一些常用的运算器，它们基本上都位于 Params＞Input 面板中，如图 4-12 所示。

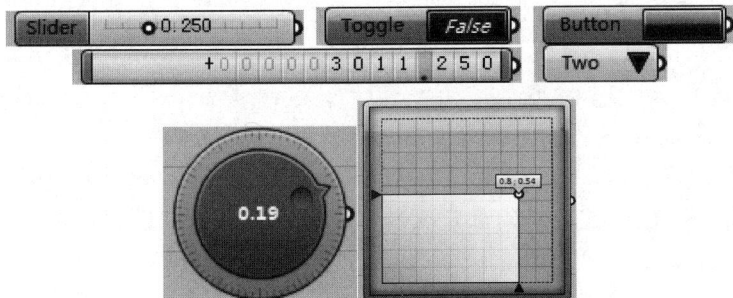

图 4-12　几个交互数据输入运算器，依次为 Number Slider、
Boolean Toggle、Button、Digit Stroller、Value List、Control Knob、MD Slide

Number Slider 是最常用的用户输入数值的运算器之一，用鼠标左右拖动该运算器的小圆圈，或者双击小圆圈后输入数值，可以改变输出参数的大小，小圆圈右边会即时显示当前参数。双击运算器左边的"Slider"部分，打开如图 4-13 所示的对话框，可以对数值的类型和范围进行设定：1) Rounding 部分用以设置类型：R 为实数，N 为整数，E 为偶数整数，O 为奇数整数。当类型为整数时（包括偶数和奇数），运算器的小圆圈将显示为小菱形。2) Digits 部分用于设定实数的小数位数。3) Numeric domain 用于设定数的取值范围，Min 为最小值，Max 为最大值，Range 为变化幅度，双击后输入数值即可。4) Numeric value 用于设定当前的数值。

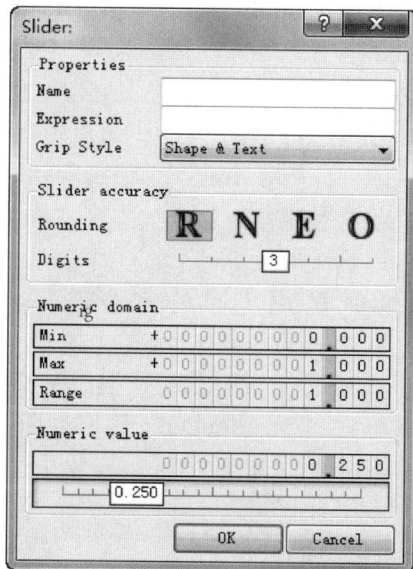

Boolean Toggle 运算器用于设置布尔类型数据，用户双击图标的右半边，数据值将在 True 和 False

图 4-13　Slider 对话框

之间切换。Button 运算器也用于设置 Boolean 类型数据，它的数据值为 False，当用户按下鼠标，它将变为 True。另外，Control Knob 用转盘形式设置数值，Digit Stroller 用数值的每一位的滚动方式设置数值，MD Slide 通过在网格上拖动圆点位置来设置二维坐标，Value List 通过内置的名称来设置数值，这些运算器提供了多种交互输入数据的方法，可以根据喜好来采用。

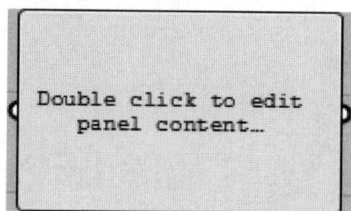

Panel 运算器（图 4-14）是一个使用非常广泛的运算器，可以用来交互输入文本：双击后键入文字即可。拖动 Panel 运算器的边或角，可以改变它的大小。注意，无论输入多少字符，包括 Return 键，输入的都是单个文本。在右键菜单中选择"Multiline Data"，可以在单文本模式和多文本模式之间切换，多文本模式即把 Return 键的键入当作一个新的文本的开始。虽然 Panel 的输出参

图 4-14　Panel 运算器

数是文本，如前所述，当我们把它连接到其他运算器的输入参数时，其他运算器会根据输入参数的数据类型，尝试进行数据类型转化，因而我们也经常用 Panel 运算器输入各种类型的数据，但使用时一定要十分清楚其他运算器参数所要求的数据类型，同时也要了解如何用文本来表示相应的数据。例如，点和向量的表示方法为 {x, y, z}（x、y、z 为坐标值）。最保险的方法是将它先输入数据类型运算器，再输入其他运算器，如图 4-15 所示。

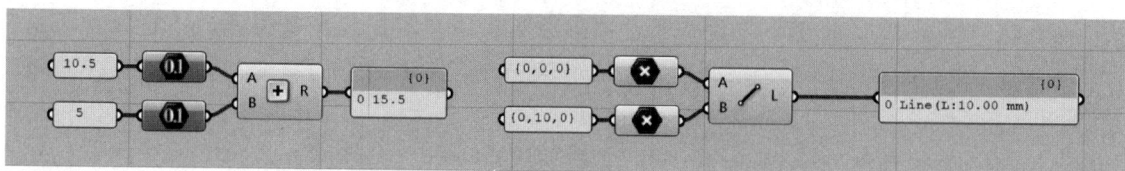

图 4-15　用 Panel 运算器输入非文本数据和显示结果

Panel 运算器还有一个重要的功能，它可以显示任何一个运算器的输出参数，以帮助我们观察中间结果和发现错误。Panel 运算器会以不同的方式显示不同类型的数据，我们将会在后面的一些案例中看到对它的应用。

另外，在 Math＞Util 面板下还有几个常用数学常数相关的运算器，包括圆周率 π，欧拉数（自然对数函数的底数）e，黄金比例 φ；Epsilon（ε）是系统设定的极小的数。这几个运算器都有一个输入参数，默认值为 1，运算器的输出结果为 π、e 等常数与这个输入参数的乘积。

4.1.5　点（point）的创建

可以用 Vector＞Point 面板的 Construct Point 运算器，以 X、Y、Z 坐标来创建点。其中 X、Y、Z 坐标值可以通过连接其他运算器的数值型输出参数进行赋值，也可以用右键菜单的"Set Number"赋值（图 4-16）。由于 Construct Point 运算器的输出参数为图形，当赋值完成后，Rhino 视窗中会在相应坐标处显示这个点。

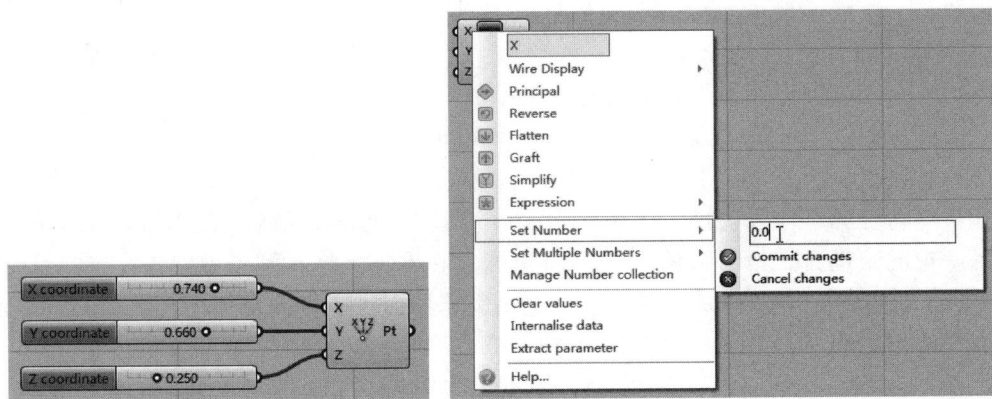

图 4-16　Construct Point 运算器的赋值

还可以在 Rhino 中交互式地定位一个点，过程如下：

① 在 Params＞Geometry 面板找到 Point 运算器并放置在工作区，然后在右键菜单中单击"Set one Point"（图 4-17）。

② 这时会转到 Rhino 窗口，在 Rhino 命令行将显示"Point object to reference（Type（T）=Point）："或类似的提示。

③ 键入 T，命令行中显示"Grasshopper Point type ＜＞（Coordinate（C）Point（P）Curve（U））："。

④ 键入 C，然后在 Rhino 工作视窗中点取一个点的位置，这个位置的坐标就输入给了 Point 运算器。这一步也可以采用在 Rhino 中设定坐标的其他方式。

在步骤①选择"Set Multiple Points"，可以一次设定多个点。

注意：Rhino 窗口的命令行提示的括号部分为选项，下划线字母为选取或进入这个选项的字母。需要选取或进入哪个选项，就在命令行中键入相应字母，也可以用鼠标点击进行选择。

Grasshopper 的点可以和 Rhino 中的点或线进行关联，意味着一旦 Rhino 中关联的点或线发生改变，Grasshopper 的相关点也随之而变。这种方式非常有用，在我们后面的例子中会经常采用。与点关联的过程如下：

①②③同上。

④键入 P，命令行中将显示 "Point object to reference（Type（T）＝Point）:"

⑤用鼠标选择 Rhino 中已经存在的点图形。

这样被选择的点就作为关联参考点输给了 Point 运算器。如果 Rhino 中的这个点发生改变，Point 运算器的值也将随之改变。如果在 Rhino 中预先选择了点，在进行步骤④操作时，被选择的点就直接作为关联参考点输给了 Point 运算器，不需要进行第五步操作。另外，在步骤①选择 "Set Multiple Points"，可以一次设定多个点进行关联。

如果在步骤④键入 U，可以用曲线或直线段上的某个位置来给 Point 运算器赋值，并建立 Point 运算器与这个位置的关联。此时命令行提示 "Point on curve（Type（T）＝Curve Method（M）＝Ratio）"，键入 M，命令行提示 "Grasshopper Point on Curve method ＜Ratio＞（Ratio（R）FromStart（F）FromEnd（O））:"，表示有三种模式：Ratio（比率）、FromStart（与线的起点的距离）和 FromEnd（与线的终点的距离）。选择其中一种模式，然后在 Rhino 工作窗口点取曲线或直线段上的一点，完成给 Point 运算器的赋值。

FromStart 模式表示点与所选的曲线或直线段的起点的沿线距离保持不变；FromEnd 模式表示点与所选的曲线或直线段的终点的沿线距离保持不变；Ratio 模式表示点在曲线的参数域的某个固定比率（0～1）的位置（关于参数域，请参见 NURBS 曲线的相关概念）。

如果需要准确地设置点与线的起点或终点的距离值或点在曲线参数域的比率值，可以在点取曲线或直线段上的一点之后，在如图 4-17 所示的右键快捷菜单中选择 "Manage Point Collection"，打开如图 4-18 所示的对话框，在左侧选择 "Point on Curve"，然后在右侧的 "Distance" 或 "Ratio（t）" 的右侧输入相应的数值。注意，以 FromStart 和 FromEnd 模式定位的点只能修改 Distance 值，以 Ratio 模式定位的点只能修改 Ratio（t）值，其他的修改无效。

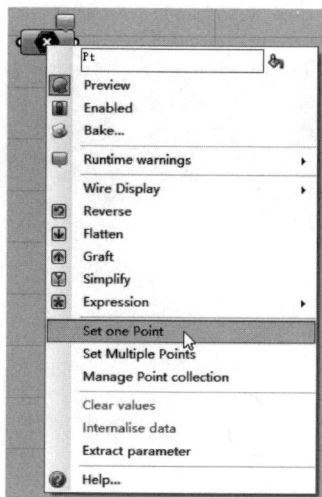

图 4-17

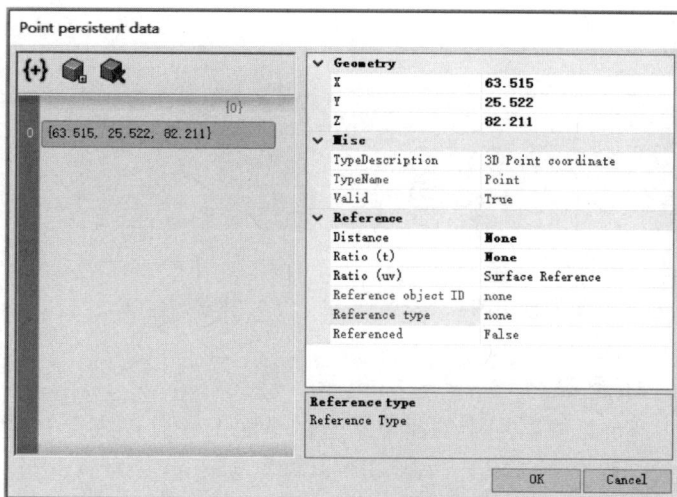

图 4-18　修改点位置的对话框

4.1.6 基本二维图形的创建

Curve>Primitive 面板提供了各种运算器用于直线段、圆、圆弧、正多边形等基本二维图形的创建。

1) 直线段

创建直线段最基本的方法是采用 Line 运算器。将两个点分别输入给运算器的 A、B 输入参数即可创建一条起点为 A、终点为 B 的直线段（图 4-19）。Line SDL 运算器采用起点、方向向量和长度来创建直线段（图 4-20）。Line 4Pt 运算器创建 A、B 投影到直线段 L 的垂点间的直线段（图 4-21）。另外，Tangent Lines 运算器可以求点到圆的垂线，Tangent Lines（Ex）运算器和 Tangent Lines（In）运算器分别用于求两个圆之间的外切线（两圆同侧的公切线）和内切线（两圆异侧的公切线），Line 2Plane 可以求直线被两个平面切割所得的直线段，Fit Line 运算器可以根据一组点拟合一条逼近直线段。

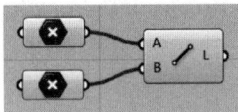

图 4-19　Line 运算器创建直线段

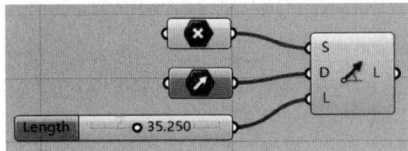

图 4-20　Line SDL 运算器创建直线段

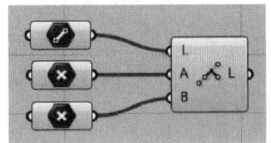

图 4-21　Line 4Pt 运算器创建直线段

2) 圆

圆的创建方法也有多种。Circle 运算器创建位于坐标平面 P（圆心为 P 的原点）、半径为 R 的圆（图 4-22）。Circle 3Pt 运算器创建过 A、B、C 三点的圆 C，输出参数 P 为创建的圆所位于的坐标平面，R 为半径（图 4-23）。InCircle 运算器创建由 A、B、C 三点构成的三角形的内切圆。Circle CNR 运算器创建圆心为 C、半径为 R、法向量（与圆所在平面垂直的方向）为 N 的圆（图 4-24）。Circle TanTan 运算器用于创建与两条线相切的圆，Circle TanTanTan 运算器用于创建与三条线相切的圆，Circle Fit 运算器用于在一组点中拟合一个圆。

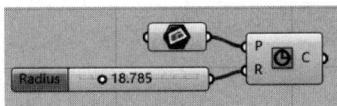

图 4-22　Circle 运算器创建圆

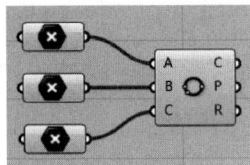

图 4-23　Circle 3Pt 运算器创建圆

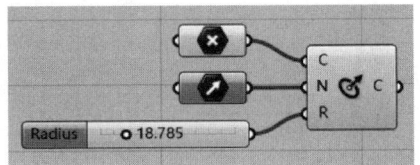

图 4-24　Circle CNR 运算器创建圆

3) 圆弧

Arc 运算器用于创建位于坐标平面 P（圆心位于 P 的原点）、半径为 R、弧度范围为 A 的圆弧（图 4-25）。Arc 3Pt 运算器创建起点为 A、经过点 B、终点为 C 的圆弧，输出数 P 为圆弧所位于的坐标平面，R 为半径（图 4-26）。Arc SED 运算器根据起点、终点、起点处圆弧的切向量创建圆弧；BiArc 运算器根据起点、起点处圆弧的切向量、终点、终点处圆弧的切向量、半径创建圆弧；Modified Arc 运算器通过改变输入的圆弧参数的半径和弧度范围来创建圆弧；Tangent Arcs 运算器可用于求与两个圆相切的圆弧。

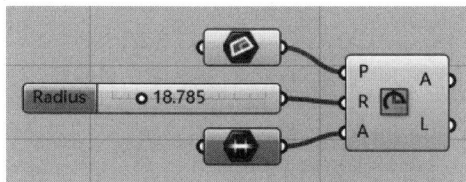

图 4-25 Arc 运算器创建圆弧

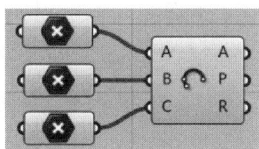

图 4-26 Arc 3Pt 运算器创建圆弧

4）椭圆、矩形、正多边形

创建椭圆最基本的方法是采用 Ellipse 运算器，它通过设置椭圆所在的坐标平面和长短轴半径来创建椭圆（图 4-27），创建的椭圆心位于坐标平面原点，两轴分别平行于坐标平面的 X、Y 轴。另外，InEllipse 运算器可以求由三个点构成的三角形的最大面积的内切椭圆（Steiner 内切椭圆）。

Rectangle 运算器通过设置矩形所在的坐标平面、矩形两个边在坐标平面的 X、Y 方向上的坐标值范围来创建矩形（图 4-28）。Polygon 运算器通过设置多边形所在坐标平面、外接圆半径、边数来创建正多边形，参数 Rf 控制多边形倒圆角的半径（图 4-29）。其他创建矩形和多边形的运算器还有 Rectangle2Pt、Rectangle3Pt、PolygonEdge 等，在此不一一介绍了，读者可以自己尝试一下。

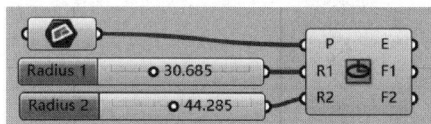

图 4-27 Ellipse 运算器
创建椭圆

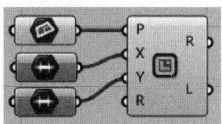

图 4-28 Rectangle
运算器创建矩形

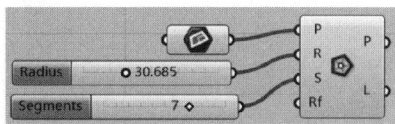

图 4-29 Polygon 运算器
创建正多边形

5）多段线和自由曲线

绘制多段线和自由曲线的运算器位于 Curve＞Spline 面板。PolyLine 运算器（图 4-30）用于创建多直线段，输入参数 V 为多直线段的各顶点，C 设置是否封闭（首尾连接）。Nurbs Curve 运算器（图 4-31）可以根据一系列点 V 来创建曲线，V 控制曲线的形状但曲线不经过这些点，P 设置曲线是否光滑封闭，D 设置曲线的次数，次数越高则越光滑。Interpolate 运算器（图 4-32）也是根据一系列点 V 来创建曲线，不同的是创建的曲线通过这些点，P 和 D 的作用同 Nurbs Curve 运算器，在输入参数 K 的不同选项时可以进一步调整曲线的形状。关于自由曲线的相关概念将在 4.4 节进一步介绍。

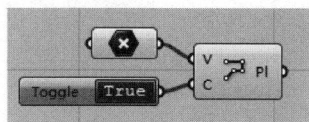

图 4-30 PolyLine
运算器创建多直线段

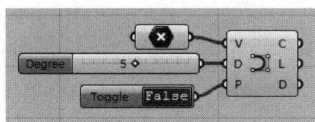

图 4-31 Nurbs Curve
运算器创建曲线

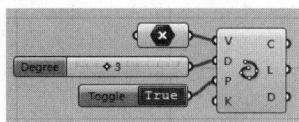

图 4-32 Interpolate
运算器创建曲线

4.2 数值及几何相关基本运算

4.2.1 数值计算

Grasshopper 提供了许多用于数值计算的运算器，主要位于 Math>Operators、Polynomials 和 Trig 面板如图 4-33 所示。这些运算器的使用简单易懂，我们在这里简单介绍一下这些运算器的功能。

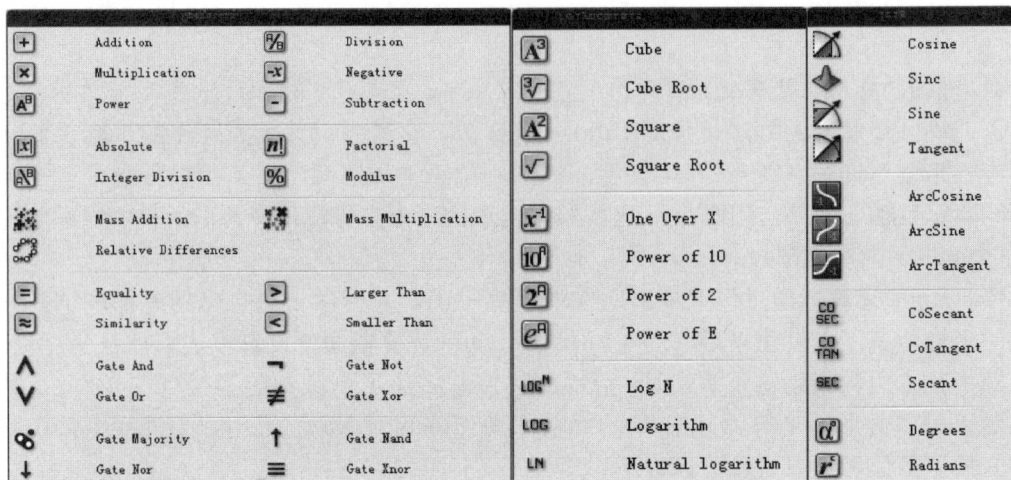

Addition	Division	Cube	Cosine
Multiplication	Negative	Cube Root	Sinc
Power	Subtraction	Square	Sine
Absolute	Factorial	Square Root	Tangent
Integer Division	Modulus		ArcCosine
Mass Addition	Mass Multiplication	One Over X	ArcSine
Relative Differences		Power of 10	ArcTangent
Equality	Larger Than	Power of 2	CoSecant
Similarity	Smaller Than	Power of E	CoTangent
Gate And	Gate Not	Log N	Secant
Gate Or	Gate Xor	Logarithm	Degrees
Gate Majority	Gate Nand	Natural logarithm	Radians
Gate Nor	Gate Xnor		

图 4-33　Math>Operators、Polynomials 和 Trig 面板

1）一般数值计算

Addition：加法；Division：除法；Multiplication：乘法；Negative：求负值；Power：乘方；Subtraction：减法；Absolute：求绝对值；Factorial：阶乘；Integer Division：整除；Modulus：求余数；Mass Addition：累加；Mass Multiplication：累乘；Relative Differences：求一组数字顺序相减。

2）数值大小判断

Equaltiy：判断两个数是否相等；Large Than：判断前一个数是否大于后一个数；Similarity：判断两个数在误差范围内是否约等于；Smaller Than：判断前一个数是否小于后一个数。这些判断的结果，如果成立则输出为 True，否则为 False。

3）布尔运算

Gate And：两个输入参数均为 True 时结果为 True，否则 False；Gate Or：两个输入参数均为 False 时结果为 False，否则为 True；Gate Not：输入参数为 True 时结果为 False，输入参数为 False 时结果为 True；Gate Xor：两个输入参数均为 Ture 时结果为 False，均为 False 时也为 False，一个为 True 一个为 False 时为 True；Gate Majority：三个输入参数多数为 True 时结果为 True，多数为 False 时结果为 False。另外 Gate Nand、Gate Nor 和 Gate Xnor 的计算结果和 Gate And、Gate Or 以及 Gate Xor 正好相反。

4）乘方及对数运算

Cube：求三次方；Cube Root：求三次方根；Square：求平方；Square Root：求平方

根；One Over X：求负 1 次方（倒数）；Power of 10：求 10 的多次方；Power of 2：求 2 的多次方；Power of E：求 e（自然对数函数的底数）的多次方；Log N：求对数；Logarithm：求 10 为底的对数；Natural logarithm：求自然对数，即以 e 为底的对数。

5）三角函数

Cosine：余弦函数（邻边比斜边）；Sine：正弦函数（对边比斜边）；Sinc：辛格函数，Sinc（x）＝Sin（x）/x；Tangent：正切函数（对边比邻边）；ArcCosine：反余弦函数；ArcSine：反正弦函数；ArcTangent：反正切函数；CoSecant：余割函数（斜边比对边）；Cotangent：余切函数（邻边比对边）；Secant：正割函数（斜边比邻边）。

注意：角的大小都是以弧度表示的。

6）角度弧度互相转化

Degrees 运算器用于把弧度转为角度，Radians 运算器用于把角度转为弧度。

7）Graph Mapper 运算器

Params＞Input 面板的 Graph Mapper 是一个通过直观的函数曲线求取函数值的运算器。在右键菜单的 "Graph types" 菜单下可以选择不同的函数曲线，包括 None（无）、Bezier（贝塞尔曲线）、Conic（圆锥曲线）、Gaussian（高斯曲线）、Linear（直线）、Parabola（抛物线）、Perlin（柏林函数曲线）、Power（乘方曲线）、Sinc（辛格函数曲线）、Sine（正弦曲线）、Sine Summation（正弦和曲线）、Square Root（平方根曲线）。选择曲线类型后，运算器图标将显示相应曲线，移动图标内的圆点可以改变曲线的形状，图标右下角和左上角分别标明了曲线在当前图标中所显示的 X 坐标和 Y 坐标的范围。Graph Mapper 运算器的输入参数即为曲线的 X 坐标，显示为一条垂直的红色直线，红色直线与曲线的交点的 Y 坐标即为运算器的输出参数，如图 4-34 所示。

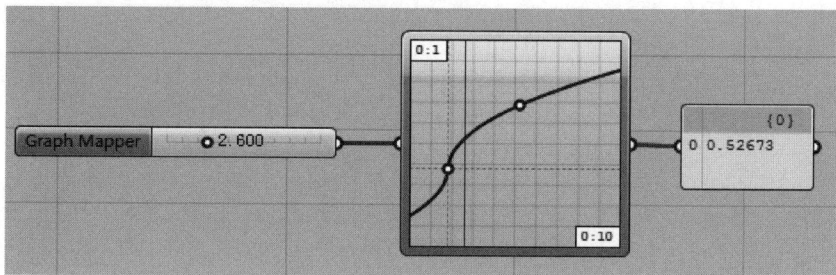

图 4-34　Graph Mapper 运算器

双击运算器图标，打开图 4-35 所示的 Graph Editor 对话框，在对话框的左上角可以调整图标显示的 X 坐标和 Y 坐标的范围，在右边的图形窗口可以通过拖动圆点来改变曲线的形状。

4.2.2　值域的操作与计算

值域（Domain）即数值的取值范围。Grasshopper 有两种值域的数据类型，一种是一维值域，另一种是二维值域，分别对应于 Params＞Primitive 面板下的 Domain 和 Domain^2 运算器。用 Panel 运算器输入一维值域的方式是 "x To y"（x、y 为具体数字），二维值域一般不用 Panel 运算器输入。

Math＞Domain 面板提供了对值域进行操作的各种运算器，其功能见表 4-2。

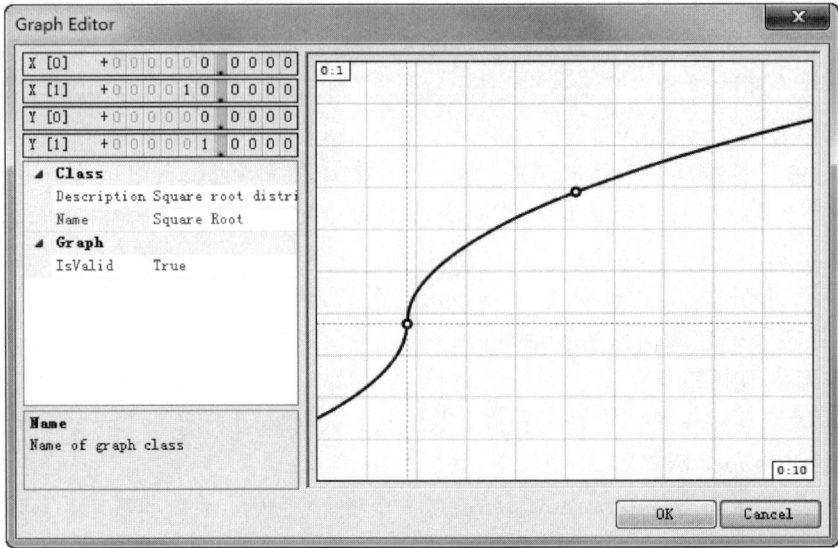

图 4-35　Graph Editor 对话框

值域操作相关运算器　　　　　　　　　　　　　　　表 4-2

图标	名称	功能
	Construct Domain	构建范围为 A~B 的值域 I
	Deconstruct Domain	求值域 I 的起始值 S 和终止值 E
	Bounds	将一组数 N 中的最小值和最大值构建为值域 I
	Consecutive Domains	在 n 个数之间创建 $n-1$ 个值域；如果 A=False，则顺序将 N 中各数作为各值域的起始值和终止值；如果 A=True，则进行累加后再构建值域（图 4-36）
	Divide Domain	将值域 I 均分为 C 个值域
	Includes	测试数值 V 是否包含在值域 D 中。输出参数 I 为测试结果；当 I 为 True 时，输出参数 D=0，当 I 为 False 时，输出参数 D 为 V 到值域的距离
	Find Domain	在一组值域 D 中，寻找第一个包含数字 N 的值域。输出参数 I 为第一个包含数字 N 的值域的序号，如果 N 不包含在 D 中的任何值域内，则 I=-1。输出参数 N 为最接近数字 N 的值域的序号，如果 N 包含在 D 中的某个值域内，则 N=I。输入参数 S 用于设定包含关系的判断是否包括各值域的起始值和终止值；如果 S=Ture，则值域的起始值和终止值不算作值域内部，如果 S=False，将起始值和终止值也算作值域内部

续表

图标	名称	功能
	Remap Numbers	按照比率关系，将值域 S 上的数 V 映射到值域 T。例如值域 S 为 0~1，T 为 0~5，如果 V＝0.5，则 R＝2.5，如果 V＝0.1，则 R ＝0.5。这是一个非常有用的运算器
	Construct Domain^2	构建两个方向数值范围分别为 U_0~U_1 和 V_0~V_1 的二维值域
	Construct Domain^2	用两个一维值域 U 和 V 构建二维值域
	Deconstruct Domain^2	将二维值域分解出两个一维值域的起始值和终止值
	Deconstruct Domain^2	将二维值域分解出两个一维值域
	Bounds 2D	根据一组坐标点 C，以它们的 X 坐标的最小值和最大值作为第一维的起始值和终止值，Y 坐标的最小值和最大值作为第二维的起始值和终止值，形成二维值域
	Divide Domain^2	将二维值域的第一维分成 U 等份，第二维分成 V 等份，形成 U ×V 个二维值域

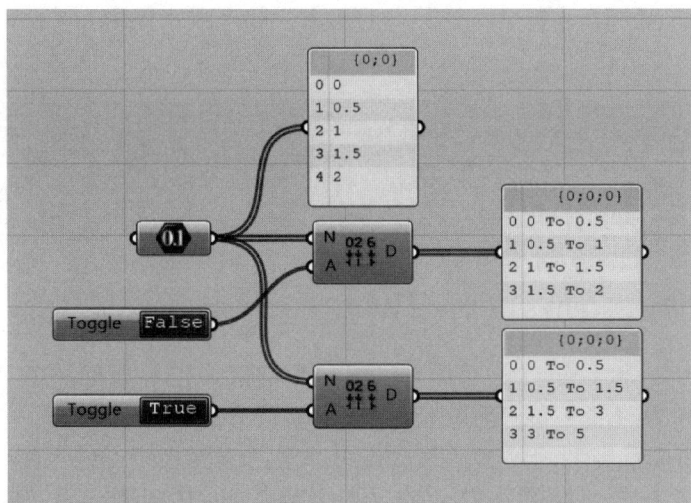

图 4-36　Consecutive Domains 运算器构建值域

4.2.3 向量的赋值与计算

几何中，把既有大小又有方向且遵循平行四边形定则及三角形定则的量称作向量（图 4-37、图 4-38）。向量又称矢量，由于我们经常会碰到矢量图形的说法，为避免混淆，这里采用向量一词。向量可分为自由向量与固定向量，自由向量只确定方向与大小，而不在意位置，而固定向量还要确定起点位置。Grasshopper 中的向量是自由向量，只有方向和大小两个属性。自由向量没有位置，可以理解为可在任何位置。向量不是一种几何形体，但它为几何运算提供了巨大的便利。大小为 1 的向量称作单位向量，大小为 0 的向量称作 0 向量。

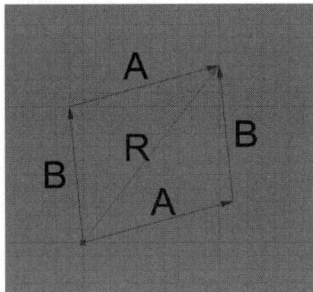

图 4-37　向量的加法　　　　　图 4-38　向量的减法

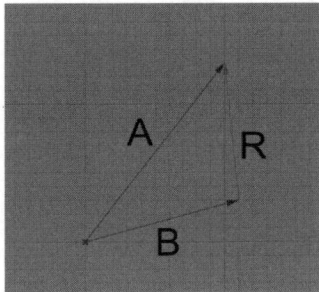

1）向量的赋值

在 Grasshopper 中，虽然向量和点属于不同的数据类型，但它们的内在描述是一样的，即它们都是采用世界坐标系的 X、Y、Z 坐标来表示。不同之处在于，点表示的是坐标系中的位置，而向量表示的是方向和大小，其方向为从坐标原点指向点 (x, y, z) 的方向（包括所有平行的方向），其大小为坐标原点到点 (x, y, z) 的距离。

Vector＞Vector 面板的 Vector XYZ 运算器（图 4-39 左图）提供了为向量赋值的基本方法，操作方法与 Construct Point 运算器相同，其输出参数 L 为向量的大小。

Vector 2Pt（图 4-39 右图）运算器也是一种常用的向量赋值的办法，它得到方向为从点 A 指向点 B 的向量，大小为 A、B 两点的距离，如果输入参数 U 为 True，则结果为单位向量，即大小为 1。

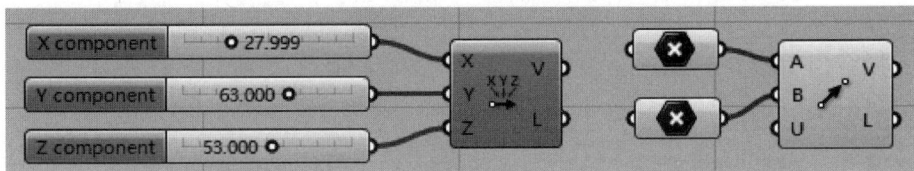

图 4-39　用 Vector XYZ 运算器和 Vector 2Pt 运算器为向量赋值

Unit X、Unit Y 和 Unit Z 运算器分别将向量设置为世界坐标系的 X、Y、Z 轴平行方向，输入参数 F 为向量大小，预设值为 1（即单位向量）。

鼠标右键单击向量类型运算器（Param＞Geometry 面板中的 Vector 运算器）或数据类型为向量的输入参数，在弹出菜单中选择 "Set one Vector" 或 "Set Multiple Vectors"，可以在 Rhino 窗口中给向量赋值。这时在 Rhino 命令行中输入 U、N 或 I，可以将向量设置为世界坐标系的 X、Y 或 Z 轴方向的单位向量，输入 S，可以通过起点、终点来设置向量。

2）向量及点的操作

Grasshopper 中点和向量的内在描述方式相同，当把坐标为 $(x，y，z)$ 的点作为参数输入给一个要求数据类型为向量的运算器参数时，Grasshopper 会把它直接转化为 $(x，y，z)$ 的向量，反之亦然。

Vector＞Vector 面板提供了其他的一些有关向量操作的运算器，其中 Unit Vector 运算器用于求向量的单位向量，即大小为 1，方向与输入向量参数相同的向量。Reverse 运算器用于求与输入向量参数大小相同、方向相反的向量。Vector Length 运算器用于求向量的大小。其他运算器功能如表 4-3 所示。

部分向量计算或操作相关运算器 表 4-3

图标	名称	功能
	Amplitude	求大小为 A，方向与输入参数 V（向量）相同的向量
	Angle	如果设置了输入参数 P（坐标平面），则求坐标平面 P 上围绕 Z 轴由 A 向量逆时针旋转到 B 向量的经过的角度 A（弧度）；如果未设置输入参数 P，则求 A、B 两向量在空间的夹角 A，A 小于等于 π。输出参数 R 为 A 的反角，即 $2\pi-A$
	Cross Product	求向量 A 和 B 的叉积 V（向量），输出参数 L 为 V 的大小。如果输入参数 U 为 True，则 V 为单位向量。叉积是向量的一个重要计算，它的意义在于：（1）V 的方向垂直于 A 和 B，且按 A、B、V 次序构成右手系，若 A、B 共线，则 V 为 0 向量；（2）V 的大小等于以 A 和 B 为边的平行四边形的面积。
	Dot Product	求向量 A 和 B 的点积 D（数值），D 等于 A 的大小乘以 B 的大小再乘以 A 和 B 的夹角的余弦；当 A 垂直于 B 时，D=0。
	Rotate	求向量 V 围绕轴 X（向量）旋转弧度 A 所得的向量
	Deconstruct Vector	把向量 V 分解为 X、Y、Z 三个分值

另外，Vector Display 运算器用于在 Rhino 中显示向量：输入参数中除了需要显示的向量之外，需要设置一个向量显示的起始点 A，这样 Rhino 中会显示一个以 A 为原点、长度为向量大小的带箭头的线。Vector Display Ex 运算器还允许设置颜色和线条粗细来显示向量。

Grasshopper 的 Math＞Operators 面板下的一些算术运算器可以进行向量的相关计算，如表 4-4 所示。

算术运算器用于向量计算的功能 表 4-4

图标	名称	功能
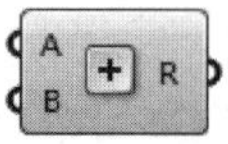 A ⊕ R / B	Addition	加法运算器，可以计算两个向量的加法，其结果如图 4-37 所示；也可以计算点＋向量，其结果为 A 点沿着向量 B 的方向、移动 B 的大小后的点的位置。输入参数 B 也可以为点，这时运算器会自动把点转化为向量进行计算
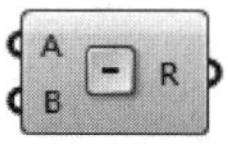 A ⊖ R / B	Subtraction	减法运算器，可以计算两个向量的减法，其结果如图 4-38 所示；也可以计算点－向量，其结果为 A 点沿着向量 B 的反方向、移动 B 的大小后的点的位置。和加法运算器一样，输入参数 B 也可以为点，这时运算器会自动把点转化为向量进行计算
 x ⊟ y	Negative	负号运算器，可以计算向量的负向量，即如果输入参数为 (x, y, z) 的向量，输出为 $(-x, -y, -z)$ 的向量；如果输入参数为 (x, y, z) 的点，则输出为 $(-x, -y, -z)$ 的点
 A ⊠ R / B	Multiplication	乘法运算器，可以计算向量或点和一个数值的乘积，即如果输入参数为 (x, y, z) 的向量或点和数字 r，则输出 (rx, ry, rz) 的向量或点
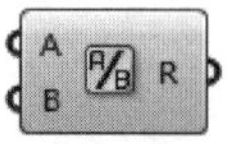 A ⊘ R / B	Division	除法运算器，可以计算向量或点除以一个数值的结果，即如果输入参数为 (x, y, z) 的向量或点和数字 r，则输出 $(x/r, y/r, z/r)$ 的向量或点

4.2.4 坐标平面操作

Grasshopper 中的 Plane 类似于 AutoCAD 中的用户坐标系的概念。Plane 是右手定则的空间直角坐标系，它既可以是坐标系本身，也可以指坐标系的 XY 平面，Grasshopper 的一些运算用它表示无穷大的平面。所谓右手定则，即伸出右手的大拇指、食指和中指，并互为 $90°$，用大拇指指向 X 坐标轴的正方向、食指指向 Y 坐标轴的正方向，则中指指向的方向为 Z 坐标轴的正方向。

为了表述清晰，我们把 Plane 称作坐标平面；Rhino 和 Grasshopper 初始的坐标系称作世界坐标系，它是 Rhino 和 Grasshopper 记录空间位置的坐标体系。坐标平面的数据类型运算器位于 Params＞Geometry 面板。Grasshopper 的坐标平面的预设显示方式为 Rhino 中的 $10×10$ 正交网格，原点位于网格中心点，X 轴显示为红色的粗线，Y 轴为绿色粗线。

1）设置坐标平面

Grasshopper 的 Vector＞Plane 面板中包括了操作坐标平面的各种运算器，表 4-5 所列运算器提供了各种设置坐标平面的方法。

设置坐标平面的运算器 表 4-5

图标	名称	功能
 O ⊞ P	XY Plane	求原点为 O、与世界坐标系的 XY 平面平行的坐标平面
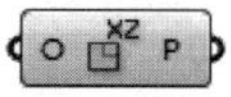 O ⊟ P	XZ Plane	求原点为 O、与世界坐标系的 XZ 平面平行的坐标平面

图标	名称	功能
	YZ Plane	求原点为 O、与世界坐标系的 YZ 平面平行的坐标平面
	Construct Plane	求原点为 O、X 轴为向量 X、Y 轴为向量 Y 的坐标平面
	Line+Line	求以直线段 A 的起点为原点、直线段 A 为 X 轴方向（起点指向终点）、以直线段 A 和 B 共在的面为 XY 平面的坐标平面。要求 A 和 B 必须共面且不平行，Y 轴的方向根据 B 的起点终点方向而定
	Line+Pt	求以直线段 L 的起点为原点、直线段 L 为 X 轴方向、Y 轴平行于点 P 与直线段 L 的垂线（方向为垂点到 P）的坐标平面
	Plane 3Pt	求 XY 平面位于 A、B、C 三点确定的平面的坐标平面。可以理解为上述方式中的参数 L 被替换为起点 A 和终点 B
	Plane Fit	根据点集❶ P 拟合坐标平面 PI，另一个输出参数 dx 为 P 中的点与坐标平面的最大距离
	Plane Normal	求经过 O 点且 Z 轴平行于向量 Z 的坐标平面
	Plane Offset	求将坐标平面 P 沿其 Z 轴平移后的坐标平面，O 为平移距离
	Plane Origin	求将坐标平面 B 从其原点平移到点 O 的坐标平面
	Adjust Plane	求将坐标平面 P 的 Z 轴方向转动到与向量 N 平行的坐标平面，原点不变
	Align Plane	求坐标平面 P 绕 Z 轴转动、使得 X 轴平行于向量 P 在 XY 平面的分向量（在 XY 平面的投影）的坐标平面。输出参数 A 为转动的角度（弧度）
	Align Planes	把坐标平面集 P 绕各自的 Z 轴转动、使得 X 轴在目标坐标平面 M 上的投影与 M 的 X 轴平行。如果 P 中的某坐标平面与 M 垂直，假设 M 的 X 轴在 M 的向量为 (a, b, 0)，则该坐标平面转动后的 X 轴在 M 的向量为 (a, 0, b)；如果 M 为空值，则以 P 中的第一个坐标平面为目标坐标平面

❶　点集的意思是多个点的集合。与此类似，坐标平面集的意思是多个坐标平面的集合。

241

图标	名称	功能
	Flip Plane	翻转坐标平面 P，即翻转了坐标平面 P 的 Z 轴。输入参数 X、Y 控制是否同时翻转 X、Y 轴，S 控制是否把 X 和 Y 轴对调
	Rotate Plane	求将坐标平面 P 绕 Z 轴逆时针转动 A 的坐标平面，A 为弧度值

2）坐标平面的手动赋值

坐标平面的手动赋值的方法是在右键弹出菜单中选择"Set one Plane"或"Set Multiple Planes"，然后在 Rhino 窗口中设定坐标原点、X 轴方向、Y 轴方向，或者在 Rhino 命令行输入 W、O 或者 R，把坐标平面设置为世界坐标系的 XY、YZ、ZX 平面。Rhino 提供了操作坐标平面的各种方法和命令，但 Grasshopper 没有提供选择和关联 Rhino 坐标平面的手段。另外，Grasshopper 的一些图形分析运算器提供了与各种图形相关的构造坐标平面的方法，我们将在相关内容中加以介绍。

3）坐标平面的分析、基于坐标平面的点赋值和坐标转化

Vector＞Plane 面板中，有以下三个运算器分别用于分析坐标平面、求点到坐标平面距离、求点在坐标平面的坐标，见表 4-6。

Deconstruct Plane、Plane Closest Point、Plane Coordinates 运算器　　　表 4-6

图标	名称	功能
	Deconstruct Plane	对坐标平面 P 进行分析数据提取，输出参数 O 为原点坐标，X、Y、Z 分别为 X 轴、Y 轴、Z 轴方向的单位向量
	Plane Closest Point	求点 S 到坐标平面 P 的正投影，输出参数 P 为投影点，uv 为投影点在坐标平面 P 的坐标，D 为 S 点到投影点的距离
	Plane Coordinates	求点 P 在坐标平面 S 中的 X、Y、Z 坐标

前面讲到了通过 Construct Point 运算器来定位点，Vector＞Point 面板中还提供了一个 Point Oriented 运算器，可以通过坐标平面的坐标值来定位点。如图 4-40 所示，输入参数 P 为坐标平面，U、V、W 为点在 P 中的三个坐标值，其结果为以世界坐标系表达的点。

除了通过直角坐标系来定位点之外，Grasshopper 还提供了一些采用其他坐标系统来定位点和转换坐标系统的方式，包括 Vector＞Point 面板中的 Point Cylindrical、

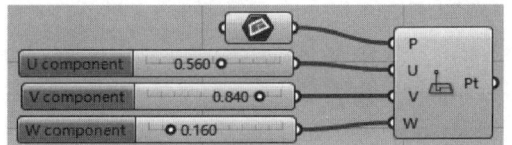

图 4-40　通过坐标平面的坐标值来定位点

Point Polar 和 To Polar 运算器。Point Cylindrical 采用柱坐标来定位点，Point Polar 运算器采用空间极坐标来定位点，而 To Polar 运算器可以把直角坐标计算为极坐标。这些运算器的使用都涉及坐标平面，其使用方法就不具体介绍了，读者可以自己尝试一下。

注意：虽然坐标可以在不同的坐标系之间进行转化，但 Grasshopper 中的点最终都是以世界坐标系的坐标来表示的。另外，Grasshopper 目前只有坐标平面这一种空间直角坐标系的数据类型，没有表示其他类别坐标系的数据类型。

4.2.5 文本操作

Sets＞Text 面板包含了各种对文本进行操作的运算器，见表 4-7。

Sets＞Text 面板下用于文本操作的运算器 　　　　　　　　　表 4-7

图标	名称	功能
	Character	把文本 T 分解为单个字符。输出参数 C 为分解后的字符，U 为各字符的 Unicode
	Concatenate	把文本 A 和 B 合并
	Text Join	把 T 中的一系列文本合并，并在文本之间插入文本 J。例如，如 T 为"Happy""New""Year"三个字符串，J 为空格，则结果为"Happy New Year"
	Text Length	求文本 T 的长度即字符的个数
	Text Split	和 Text Join 正相反，它以字符 C 为间隔符，把文本 T 分成若干个文本。通常把 C 设为空格，可用于把文本中的单词分解出来
	Text Case	按照语言 C，把文本 T 全部变为大写字母输出到 U，全部小写输出到 L
	Text Fragment	在文本 T 中，从某个索引位置 i 起，取 N 个字符构成文本 F。它用来获取文字中的一个片段。如 T 为"ABCDEF"，则其中各个字母的索引位置分别为 0、1、2、3、4、5，若 i 为 3，N 为 2，则从索引位置为 3 开始取 2 个字符构成文本，结果为"DE"
	Text Trim	用于去除文本开头和结尾的空字符，S 确定是否去掉开头的空字符，E 确定是否去掉结尾的空字符

另外，Format 运算器可以把字符串改写成某种格式并组合字符串，Match Text 运算器可以用"通配符"和"正则表达式"来对字符串内容进行判断，Replace Text 运算器可以用来替换掉字符串中的某个片段部分，Sort Text 运算器可以对一组字符串进行排序，Text Distance 运算器可以计算两个字符串之间的"编辑距离"（Levenshtein 距离），这些

都是文字编辑中常常会用到的功能，但涉及的内容比较繁杂，有些需要一定的编程知识，本书略过，需要使用时可查阅有关资料。

4.2.6 小练习：绘制正弦曲线

下面，我们通过一个小练习，熟悉一下之前介绍的一些运算器，内容是通过一系列数值和它们的正弦函数值来构造坐标点，然后连接起来形成正弦曲线。过程和结果参见图 4-41 和图 4-42，步骤如下：

① 放置 Number Slider 运算器并设置成整数形式，最大值可以设为 20，再放入 Pi 运算器，并以 Number Slider 运算器的结果作为输入参数得到 nπ。放入 Construct Domain 运算器，用 Panel 运算器把值域起始值设为 0，连接 Pi 运算器设置终止值。

② 在 Sets＞Sequence 面板找到 Range 运算器，把输入参数 D 设置为 Construct Domain 运算器的结果，再用 Number Slider 运算器设置参数 N（最大值可以设为 100），这样就把值域分为 N 等分并得到 N＋1 个平分点的数值。再放入 Sine 运算器计算这些数值的正弦函数值，再把 Range 运算器和 Sine 运算器的结果分别输入 Construct Point 运算器的 X 和 Y，这样就得到了 0～nπ 的正弦函数曲线上的一组点。

③ 把步骤②获得的点输入给 Interpolate 运算器的输入参数 V，就绘制了一条 0～nπ 的正弦函数曲线。调整 Number Slider 运算器的数字，观察一下变化。可以用右键菜单关闭 Construct Point 运算器的预览。

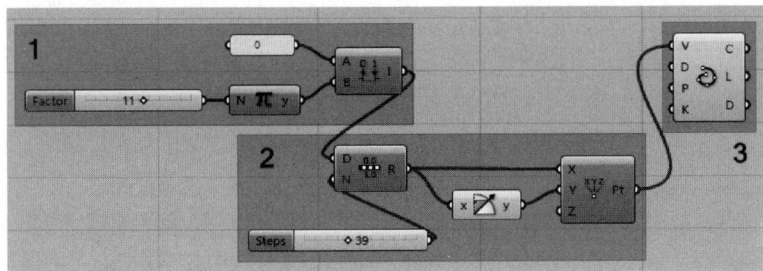

图 4-41

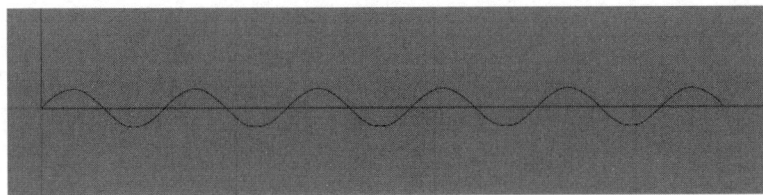

图 4-42

本案例文件见 4-1.gh。

4.3 数据结构与数据匹配

4.3.1 数据列表（List）

从前面的一些运算器的介绍和案例中可以发现，Grasshopper 运算器的输入、输出参

数可以同时包含多个数据。如图 4-43 所示，当我们在一个输入参数的右键菜单中选择
"Set Multiple…"，可以给参数设置多个值；将多个值连接到运算器的输入参数，同样也
给这个参数赋了多个值；运算器对多个数据进行计算，其结果往往也是多个数据；而某些
运算器的运算结果通常是多个数值。

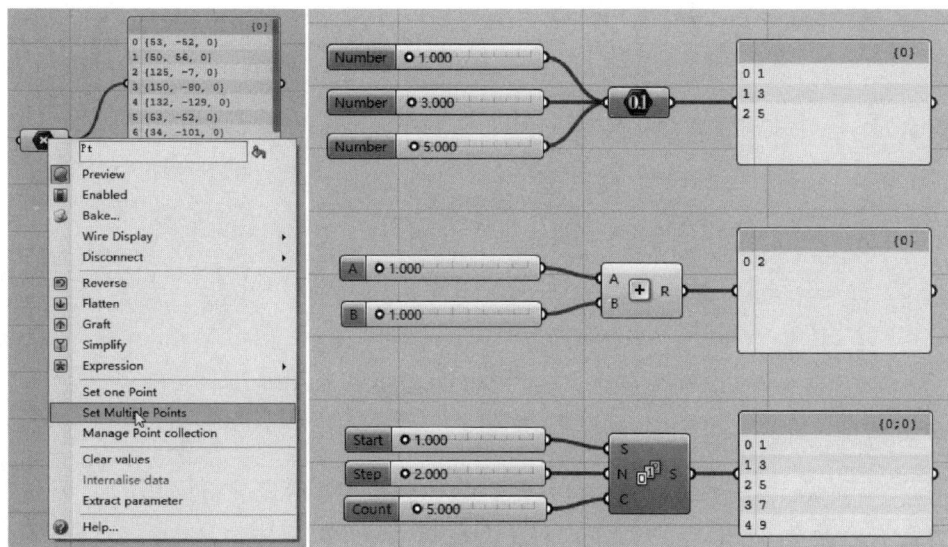

图 4-43　数据列表的形成

　　在 Grasshopper 中，当多个数值并列，就形成了一个数据列表（List），列表中的数
据顺序为赋值的顺序或计算的顺序。单一的数据可以认为是只包含一个数据的列表。数据
列表中每一个数据都有一个索引号（Index），索引号标定了数据在列表中的位置。
　　注意：数据列表的索引号是从 0 开始的。

4.3.2　基本数列的创建

　　Sets＞Sequence 面板中有几个运算器可以用来生成常用的数列，如图 4-44 所示。其
中，Serious 和 Range 运算器用于创建等差数列，前者通过设定起始值 S、增量 N、数量
C 来创建等差数列，后者通过将值域 D 平分成 N 等份来创建。Fibonacci 运算器用于创建
斐波纳契数列，其输入参数 A、B、N 分别为数列的第一个数、第二个数和数量。另外，

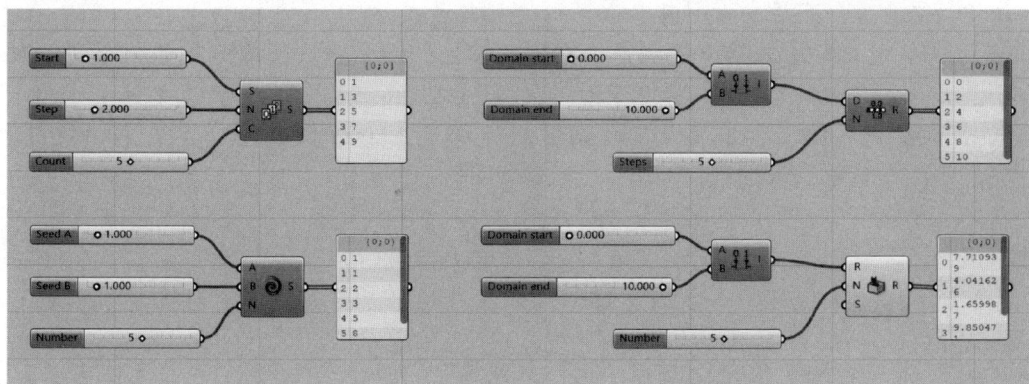

图 4-44　Serious、Range、Fibonacci、Random 运算器

Random 运算器用于创建一组随机数，输入参数 R 为随机数的取值范围，N 为数量，S 为随机数种子❶。

Grasshopper 没有提供创建等比数列的运算器，我们可以通过等差数列运算器和前面介绍的乘方和乘法运算器来实现，如图 4-45 所示。读者可以当作一个小练习试一试。

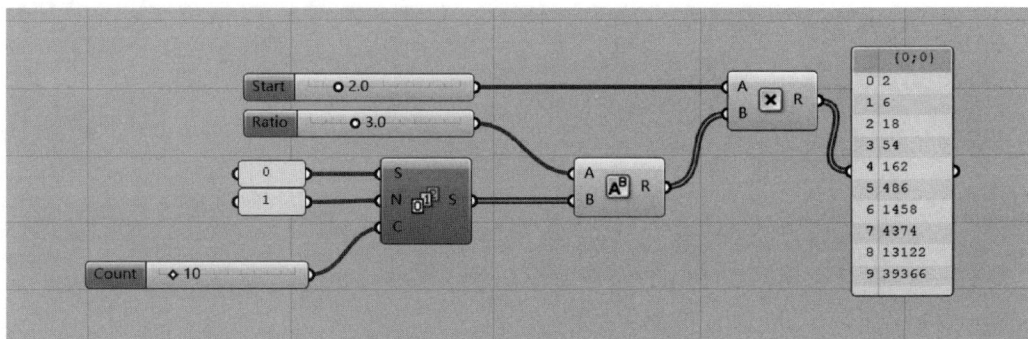

图 4-45　用 Serious、Power、Multiplication 运算器创建等比数列

4.3.3　列表的操作

Sets＞Sequence 和 Sets＞Lists 面板包含了许多用于对列表进行操作的运算器，熟悉这些运算器，掌握对列表的各种操作，对于 Grasshopper 的应用十分重要。

Cull Index 运算器用于在列表中删除某个或某些索引位置的数据。输入参数 L 为要操作的列表，I 为要删除数据的索引位置。如图 4-46 的左图所示，输入参数 L 为包含五个数字的列表，I 为 1 和 2，可以看到输出的列表只包含了 3 个数字，它删除了原列表中索引位置为 1 和 2 的数字（20 和 30）。

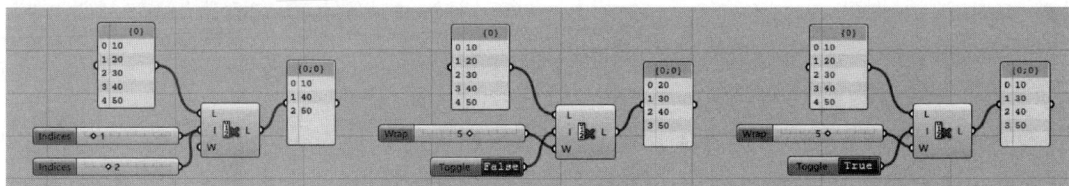

图 4-46　Cull Index

注意：新生成的列表的索引是从 0 开始重新编号的。

输入参数 W（Wrap）用于控制是否把原列表当作一个循环反复的列表来处理，如图 4-46 中的右边两个图所示，输入参数列表包含五个数字，最大索引为 4，I 等于 5 表示要删除索引位置为 5 的数据，它大于最大索引，当 W 为 False 时，由于不存在索引位置为 5 的数据，所以运算器显示出错；而当 W 为 True 时，则相当于把输入参数列表的数据进行了复制，于是索引位置为 5 的数据相当于索引位置为 0 的数据（10），运算结果就是把这个数据删除了。

注意：在对列表操作的许多运算器中，以及我们后面要讲到的对数据树（Tree）进

---

❶　计算机的随机数是通过一定的算法实现的，它并不是真正随机的，只是符合随机分布的规律而已。所谓随机数种子，是计算机求随机数的一个初始参数，随机数种子不同，所产生随机数不同，否则每次产生随机数是一样的。

行操作的一些运算器中，也有 W（Wrap）输入参数，它们的含义和用法基本上是一样的。

Cull Nth 运算器的作用是将列表中第 N 个和第 N 的整倍数（注意不是索引位置，而是索引位置＋1）的数据删除。Cull Pattern 运算器根据 True 和 False 组成的"Pattern"来保留和删除列表中的数据：保留 True 相应索引位置处的数据而删除 False 位置处的数据，当输入参数 P 的长度小于要操作的列表时，则先对 P 进行 Wrap 处理使之大于等于要操作的列表的长度后再进行处理。另外，Random Reduce 运算器用于随机删除列表中的几个数据，输入参数 R 为要删除的数据数量，S 为随机数种子。这三个运算器的应用如图 4-47 所示。

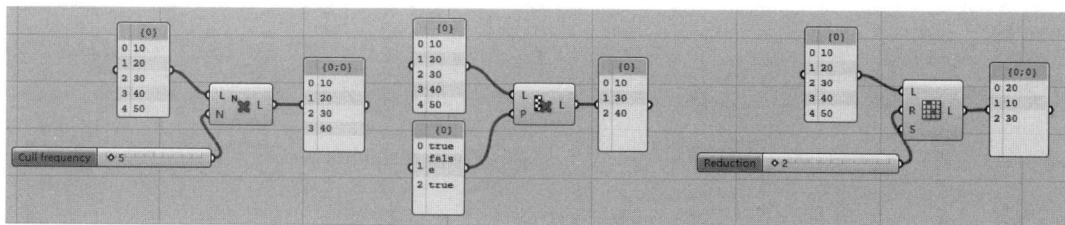

图 4-47　Cull Nth 、Cull Pattern 和 Random Reduce

Insert Item 运算器用于在列表 L 的索引位置 i 处插入数据 I，Replace Item 运算器用于在列表 L 的索引位置 i 处替换数据 I，如图 4-48 所示。

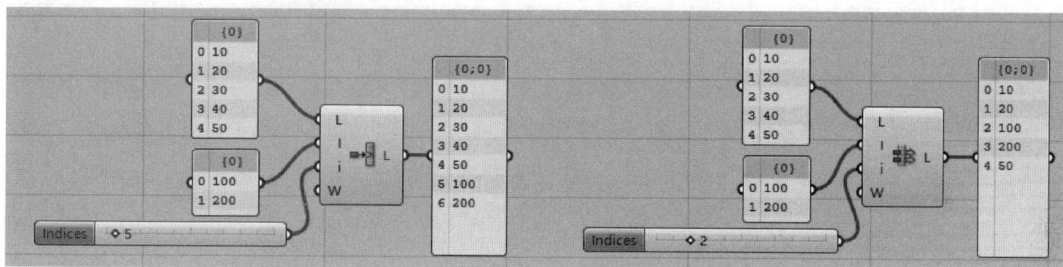

图 4-48　Insert Item 和 Replace Item

Item Index 用于查找数据在列表中的索引位置，如果数据不在原列表中，则结果为 −1，如图 4-49 所示。注意图 4-49 的右图，虽然左下角的 30 和 50 的大小等于列表中索引

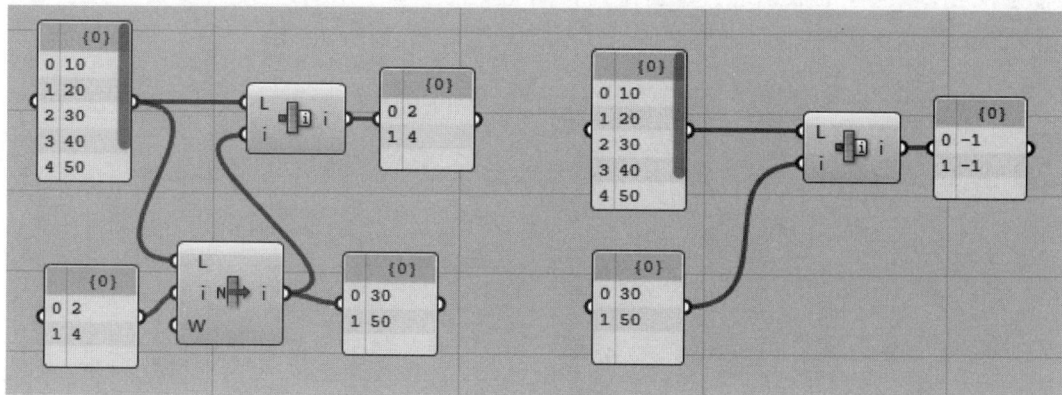

图 4-49　Item Index

247

位置为 2 和 4 的数，但它们并非列表中的两个数据本身，而是另外生成的两个数字，因此得到的结果为"－1""－1"。这一点一定要注意，如果读者了解计算机编程的有关数据存储问题，应该很容易地理解是为什么。

List Item、List Length 和 Reverse List 是比较简单的运算器，前者用于获取索引位置i处的数据，后者用于将列表中的数据反向排列，List Length 求列表的长度。这三个运算器的用法如图 4-50 所示。

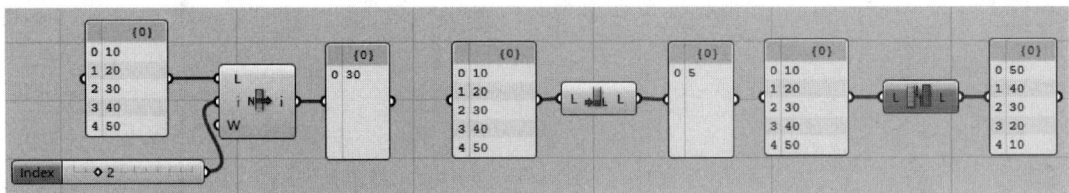

图 4-50　List Item、List Length 和 Reverse List

Shift List 运算器用于将列表中的数据移动位置生成新的列表，第一个数据为原列表索引位置为 S 的数据。当 W 为 False 时，原列表中索引位置在 S 之前的数据将被删除；为 True（预设值）时，原列表中索引位置在 S 之前的数据将被顺序复制在生成的列表的后部，如图 4-51 所示。

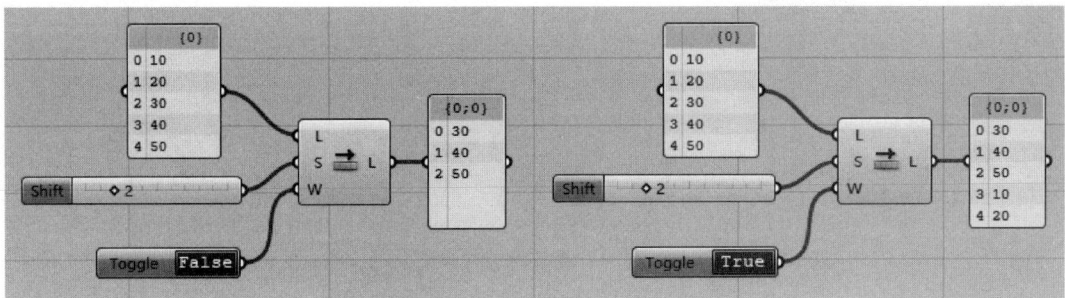

图 4-51　Shift List Item

Sort 运算器用于将列表中的数据从小到大重新排列，如图 4-52 左图所示。它还可以用来对不能比较大小的数据进行重新排列：如图 4-52 的右图所示，输入参数 K 为一个以数字组成的列表，通过 Sort 运算器进行了从小到大的重新排列，输入参数 A 为一个不能

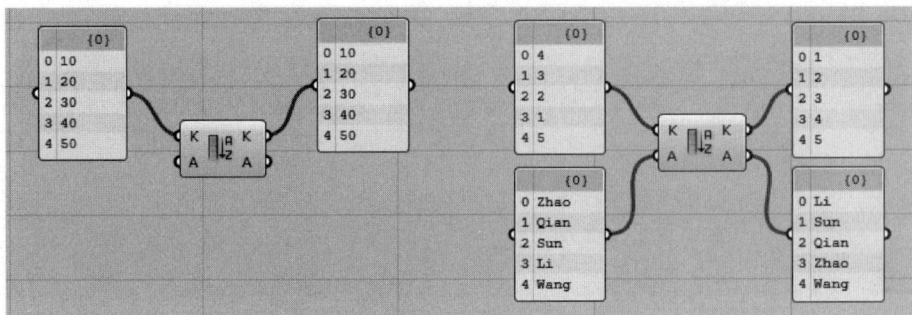

图 4-52　Sort List

比较大小的数据列表，长度与 K 相同，可以发现，在 K 进行从小到大重新排列的同时，A 中的数据也根据 K 重新排列的数据顺序（索引位置顺序）进行了相应的重新排列。这个功能非常有用，例如，可以用来按照曲线的长度顺序排列曲线、按照 Z 坐标的大小顺序排列坐标点，等等。

　　Split List 运算器从索引位置 i 处将列表分成两个列表。Sub List 运算器按照索引范围 D 提取数据形成新的列表 L，输出参数 I 为新列表数据在原列表中的索引位置（图 4-53）。

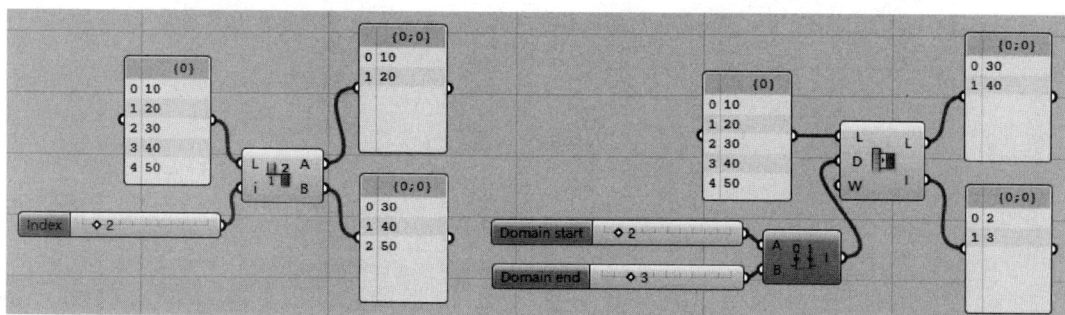

图 4-53　Split List 和 Sub List

　　Dispatch 运算器用 True 和 False 组成的"Pattern"（参见 Cull Pattern 运算器介绍）把列表分成两个列表：与 True 对应的数据放入新列表 A 中，与 False 对应的数据放入新列表 B 中，如图 4-54 的左图所示。这个运算器的一个重要作用是根据条件判断，把原列表中符合条件的数据和不符合条件的数据分开。

　　Pick'n'Choose 运算器用来在一些列表中选择数据以构成新的列表。如图 4-54 的右图所示，输入参数 P 为选择列表 {0，1，1，0}，它表示从列表 0、列表 1、列表 1、列表 0 选取索引位置为 0、1、2、3 的数据，构成新的列表。

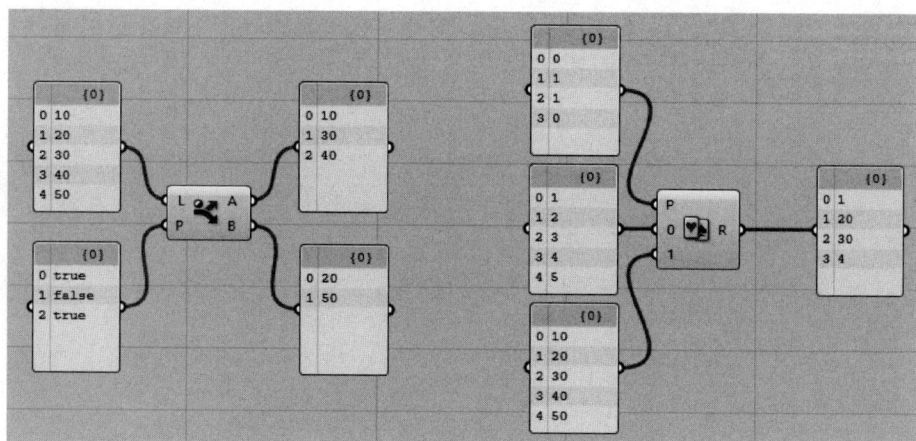

图 4-54　Dispatch 和 Pick'n'Choose

　　Sift Pattern 运算器与 Dispatch 运算器类似，不同点在于它将与 True 对应的数据放入新列表 1 中，与 False 对应的数据放入新列表 0 中，并用 null（空数据）填补删除的数据，以保持新列表的长度和原列表相同（图 4-55 左图）。Combine Data 运算器用列表 1 中的数据填补列表 0 中的空数据（图 4-55 右图）。

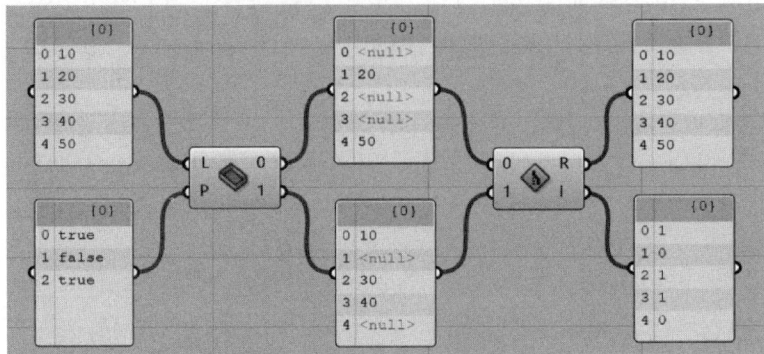

图 4-55　Sift Pattern 和 Combine Data

Weave 运算器与 Pick′n′Choose 运算器类似，不同之处在于 Weave 运算器的输入参数 P 为列表序号的"Pattern"，它循环重复列表序号，然后顺序选取相应列表中的数据，直到所有列表中的所有数据被选择并放置到输出列表为止（图 4-56）。它根据输入参数 P 的设定顺序，将输入列表中的所有数据放置入新的列表，实现了数据的"编织"。

Null Item 运算器用于测试列表中的空数据和错误数据，Replace Nulls 运算器用另一个列表中数据替代列表中的空数据。图 4-57 演示了用 Null Item 运算器和 Dispatch 运算器来清除列表中的空数据的方法，需要时可借鉴使用。

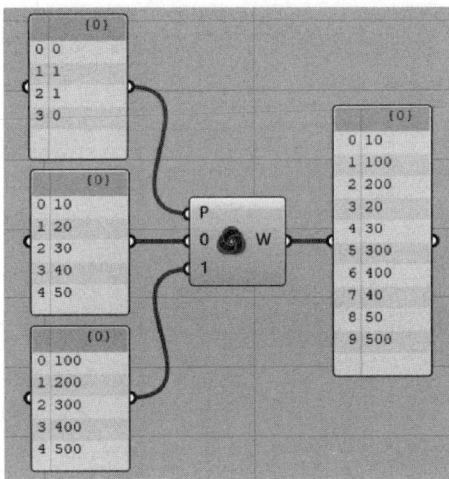

图 4-56　Weave

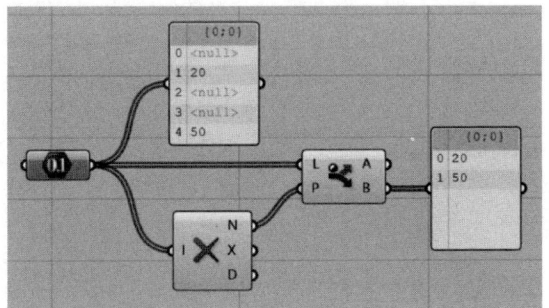

图 4-57　Null Item 和 Dispatch 运算器组合清除列表中的空数据

4.3.4　列表与列表的数据匹配

Grasshopper 的很多运算器具有两个以上输入参数，这些参数之间需要一对一进行计算，例如 Addition（加法）运算器、Line（创建直线段）运算器等等。当其中的某些输入参数包含多个数据时，Grasshopper 是如何进行运算器运算的呢？

图 4-58 所示是非常简单地用 Line 运算器创建直线段的一个例子，其中参数 A 为右侧

屏幕截图的上方的一个点,参数 B 为下面一排的四个点,顺序为从左到右。从屏幕截图可以看出,A 点和 B 中的每一个点都进行了创建直线段的运算。在图 4-59 中,A 为上面一排的四个点,B 为下面一排的四个点,其结果是 A 和 B 的点顺序配对创建了四个直线段。

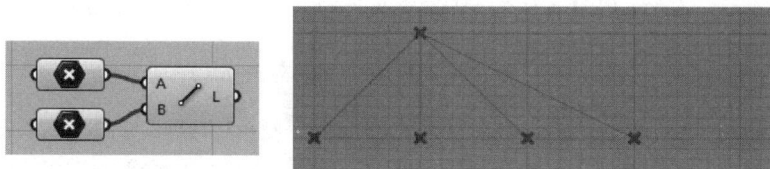

图 4-58　一对多数据的匹配

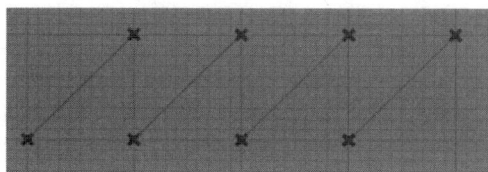

图 4-59　数量相等时的数据匹配

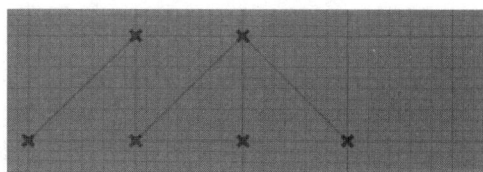

图 4-60　数量不相等时的数据匹配

这两个结果说明,在两个列表中,当其中一个列表的数据为单个数据而另一个列表为多个数据时,列表中的单个数据和另一个列表中的每一个数据都进行了相应的运算(本例中为 Line 运算器创建直线段);而当两个列表中的数据数量相等时,两个列表中的数据顺序配对后进行了运算。这两种是我们最经常使用的情况。

在图 4-60 中,参数 A 为上面一排的两个点,参数 B 为下面一排的四个点,它们都包含了多个数据但各自数量不相等,其结果是 A 的第一个点和 B 的第一个点连接成直线段,A 的第二个点和 B 的第二、第三和第四个点连成了直线段。

以上三种情况看上去似乎不同,但其实都是 Grasshopper 预设的列表与列表的数据匹配方式:当列表与列表的数据数量不相等时,Grasshopper 会把数据数量少的列表的最后一个数据重复,使它的数据数量与数据最多的列表的数据数量相等,然后再顺序配对进行运算。这种数据匹配方式称作 Longest List 匹配。

Sets>Lists 面板中的 Longest List 运算器可以进一步控制 Longest List 匹配时短列表中的数据的重复方式。如图 4-61 所示,在 Longest List 运算器右键菜单中可以选择

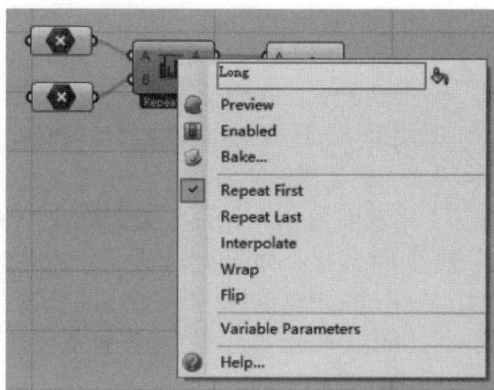

图 4-61　Longest List 数据匹配控制

Repeat First (在前端重复第一个数据)、Repeat Last (在后端重复最后一个数据,为预设方式)、Interpolate (在中间重复各单个数据)、Wrap (将所有数据在后端重复)、Flip (将所有数据在后端翻转重复) 等重复数据的方式。其中 Interpolate 和 Flip 方式比较复

杂，使用时最好用 Panel 运算器观察数据重复的情况。

Sets＞Lists 面板中 Shortest List 运算器和 Cross Reference 运算器提供了另外两种控制列表与列表之间的数据匹配的方式。其中 Shortest List（图 4-62）减少较长的列表中的数据，使得数据数量与最短的列表相等。具体方式（通过右键菜单选择）包括 Trim Start（从前端截除数据）、Trim End（从后端截除数据）、Interpolate（间隔截除数据）等方式。

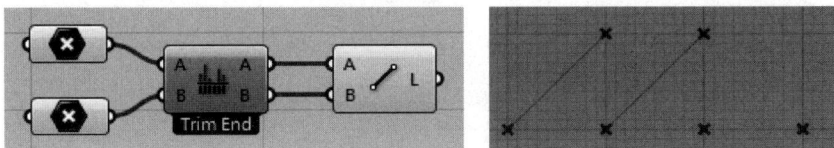

图 4-62　Shortest List（Trim End）数据匹配

Cross Referenced 则对不同长度的列表同时操作，使得它们的数据量相等，最常用的是 Holistic 方式，当对两个列表操作时，它用 Longest List 运算器的 Wrap 方式重复第一个列表中的数据，用 Interpolate 方式重复第二个列表中的数据，使得第一个列表中的每一个数据和第二个列表中的每一个数据都能够一一对应。Cross Reference 还有其他多种具体的数据匹配方式，这里就不一一介绍了。一般情况下，Cross Reference 匹配会使得数据量大量增加，应谨慎使用。图 4-63 所示为使用 Cross Reference 的 Holistic 方式匹配的结果，参数 A 包含三个点，参数 B 包含四个点，结果为 A 的所有点与 B 的所有点之间都创建了连线，共 12 条。

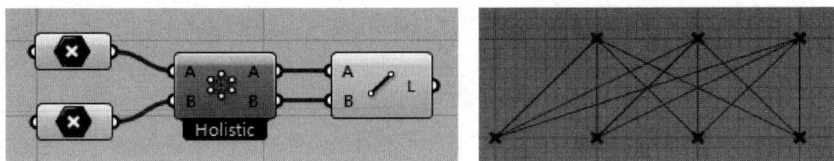

图 4-63　Cross Reference（Holistic）数据匹配

本小节只讨论了两个数据列表之间的数据匹配方式，如果有更多的列表，情况将更为复杂。一般情况下，我们应采用一对多或列表长度相等的多对多的情况。如果是其他方式，可采用 Panel 运算器进行观察，避免出错。

4.3.5　列表操作小练习

接下来我们做一个小练习（见案例文件 4-2.gh），内容是将一个圆进行等分后再把等分点进行间隔连接，如图 4-64 所示，步骤如下（图 4-65）：

① 在 Rhino 中绘制一个圆，在工作窗口放入 Curve 数据类型运算器并选择绘制的圆。再放入 Number Slider 运算器并设置成整数形式，放入 Divide Curve 运算器。连接三个运算器将圆进行等分。

② 放入 Number Slider 运算器并设置成整数形式，放入 Boolean Toggle 运算器并设置为 True，放入 Shift List 运算器。分别将 Number Slider 运算器和 Boolean Toggle 运算器的输出端连接到 Shift List 运算器的输入参数 S 和 W，再将 Divide Curve 运算器的输出参数 P（平分点）连接到 Shift List 运算器的输入参数 L。

因为输入参数 W 为 True，所以 Shift List 运算器的输出参数和 Divide Curve 运算器的输出参数 P 一样，包含了所有的平分点，但点的排列与 Divide Curve 运算器的输出参数 P 中的点的排列发生了错位，错位量为 S。

③ 放入 Line 运算器，将 Shift List 运算器的输出端和 Divide Curve 运算器的输出参数 P 连接到 Line 运算器，即生成了如图 4-64 所示的图形。拖动两个 Number Slider，观察一下变化。

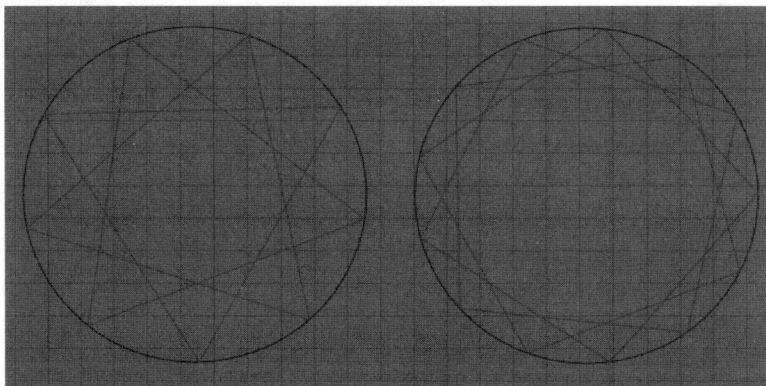

图 4-64

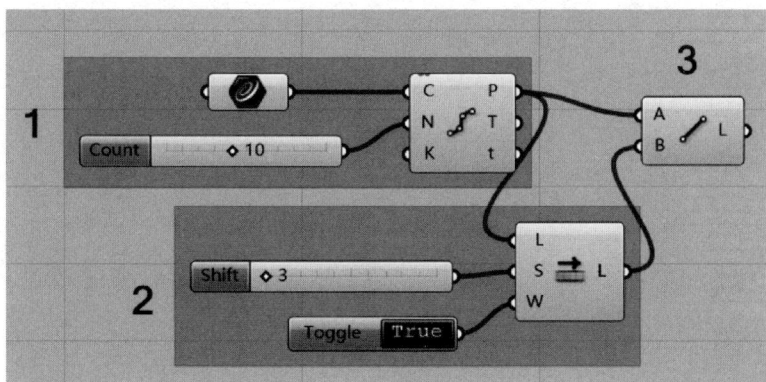

图 4-65

4.3.6　数据树（Tree）

在数据列表中，数据之间是简单的并列关系，而当需要对多数据进行进一步的分组时（如多个等差数列），就需要一种层次化的数据结构。Grasshopper 采用了一种分枝结构来满足这样的需求。

Grasshopper 分枝数据结构可以形象地表示为树形，如图 4-66 所示，Grasshopper 用 Tree 命名了这个结构，为了表述清晰，本书把它称作数据树，它具有以下的一些特征：

1）数据树是一种多层级的分叉数据结构，每个层级都可以有若干个分叉，类似于树木在树干及树枝的各个层级的分叉。

2）数据树的基本数据单元为数据列表（单数据也可以看作列表，不过只包含一个数据），数据列表位于末端的分叉，中间分叉上没有数据（这与现实中的树木不同）。我们把数据树上每一个数据单元（数据列表）称作数据分枝。

3）数据树的每一个数据分枝都有一个索引与之对应，称作路径（path），这样就可以通过路径查找到各个数据单元。路径的表示方法为 $\{a_1; a_2; \cdots a_n\}$，其中 a_1，a_2，$\cdots a_n$ 为数字，从左到右依次为层级 1、层级 2、$\cdots$ 层级 n 的索引。观察数据树的所有路径，如果在某层级上出现了不同的数字，则说明数据树在此层级上出现了分叉。

4）一般情况下，一个数据树的路径的深度（即层级的数量）是保持一致的，这样便于数据的查找和其他操作。虽然 Grasshopper 数据树可以有不同深度的路径，但通常只会引起不必要的错误和麻烦。

5）单一的数据列表可以认为是数据树的特例，它在每个层级都没有出现分叉。因此数据树实际上是 Grasshopper 的终极数据结构。

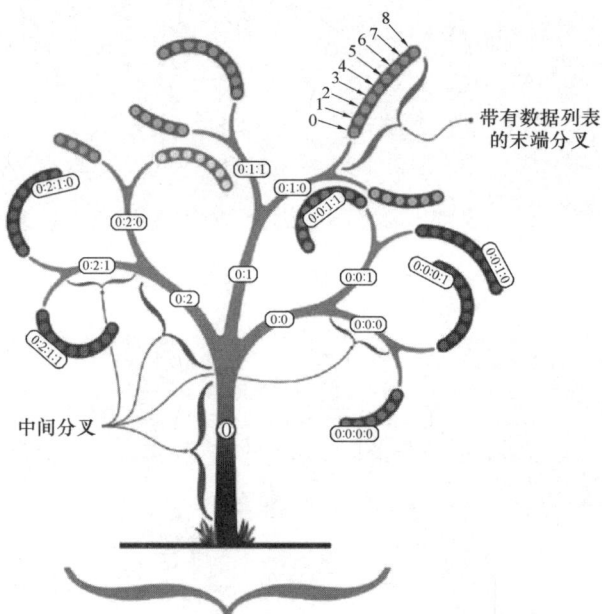

图 4-66　Grasshopper 数据的树形结构示意

用 Panel 运算器观察数据时，它在各组数据（数据分枝）之前会显示它的路径，如图 4-67 所示。Params＞Util 面板下的 Param Viewer 运算器也可以用于观察数据的结构。

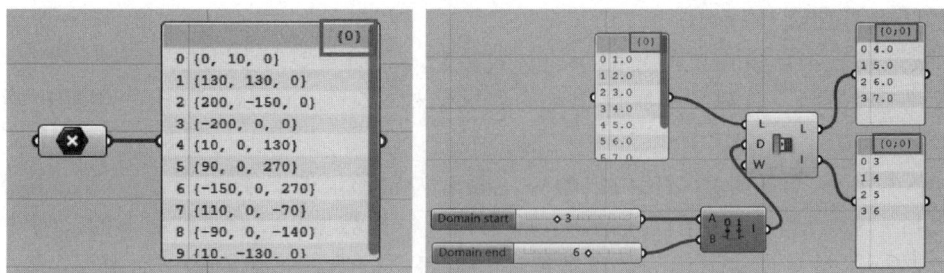

图 4-67　Panel 运算器对数据路径的显示

4.3.7　数据结构的显示、数据的输入和配对

当把鼠标放在运算器的输入参数或输出参数时，会弹框显示该参数的数据类型和数据

结构，数据类型以图标表示，数据结构如果为数据列，会显示"…as list"，为数据树时显示"… as tree"，如图 4-68 所示。

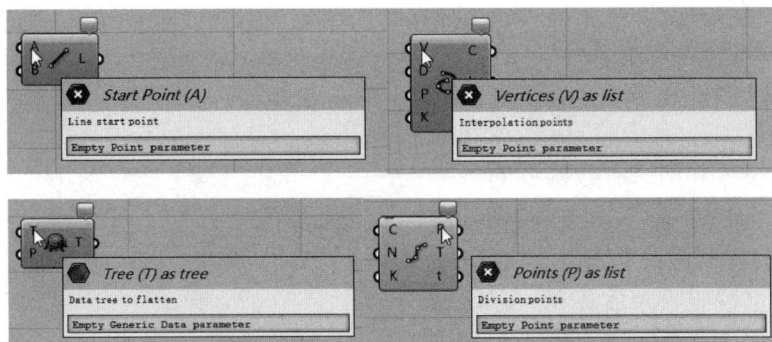

图 4-68　Grasshopper 运算器参数的数据类型和数据结构显示

运算器参数之间的连接线也指示了输出数据的结构。当运算器的输出参数为单个数据时，它与其他运算器的连线显示为实线；为单列数据时，显示为空心的实线；为多列数据即数据树时，显示为空心的虚线。

在对多个数据进行运算时，Grasshopper 的有些运算器会对运算结果进行分组，而有些运算器不会进行分组。如何知道运算器对结果是否进行分组呢？我们可以用 Panel 运算器连接运算器的输出参数，观察数据的路径，如果该运算器输出参数的路径相对于输入参数的路径增加了层次，那么，这个运算器就对运算结果进行了分组，否则没有进行分组。采用进行分组处理的运算器可以得到多组数据。

可以这样理解，每个 Grasshopper 运算器都是一个运算程序，它获取输入参数，经过计算后把结果赋给输出参数，在这个过程中，它规定了每次计算时各输入参数输入的数据量，即每一次是输入单个数据、一组数据（数据列）还是多组数据（数据树），以及计算的结果为单个数据、一组数据（数据列）或多组数据（数据树）。当输入参数的数据量超过规定的数据量时，运算器实际上进行了多次计算，并把生成的多次结果顺序放入输出参数。所以，当输出参数为单个数据时，如果运算器进行了多次计算，其结果就成了数据列表，而如果输出参数为列表结构时，其多次计算的结果就成了数据树。

当输入数据不对应时，Grasshopper 运算器需要对输入数据进行配对。我们在前面介绍了列表与列表的数据匹配问题，就是基于输入参数为单个数据情况下的配对方式。在输入参数为单个数据情况下，而我们输入的数据为多组数据即数据树时，它们是如何配对的呢？一般情况下，首先将数据分枝进行配对，数据分枝少的树把最后一个数据分枝复制，达到与数据分枝多的树的分枝数相同，类似于列表配对的 Longest List 方式；接下来进行数据分枝与数据分枝之间的数据配对，即数据列表之间的数据配对，缺省为 Longest List 的 Repeat Last 方式，当然可以用 Longest List、Shortest List 或 Cross List 运算器进行各种配对设置。

注意：Longest List、Shortest List 或 Cross List 运算器只作用于数据分枝之间的数据和数据配对，对数据树之间数据分枝与数据分枝的配对不起作用。另外，顺便提示一下，之前讲解的数据列表操作的运算器一般都可以用于数据树的操作，其结果是对每一个数据分枝各自进行了操作。

当 Grasshopper 运算器的输入参数和输出参数的数据结构包括了数据列和数据树时，其配对方式和输出数据的情况将各有不同，比较复杂，但只要理解它的计算过程，也不难进行判断。而最稳妥的办法是采用 Panel 运算器或 Param Viewer 运算器进行观察。

4.3.8　数据树的一般操作

Sets＞Tree 面板列出了操作数据树的各种运算器。其中，Graft Tree 运算器用于增加一个层级，并把原有数据枝的每一个数据分开，放置在不同的路径上。Flatten Tree 运算器删除数据树的层级结构，将所有数据按照顺序放置在一起，形成单一的数据列表，可以通过输入参数 P 为这个单一的数据列表设置一个的路径，预设值为 {0}。Simplify Tree 运算器用于删除不必要的层次（在此层次没有分叉）以简化数据树的结构，输入参数 F 的为 False 时（预设值），所有没有分叉的层次都被删除，为 True 时，则只删除分叉开始之前的层次。图 4-69 所示是这三个运算器的例子。

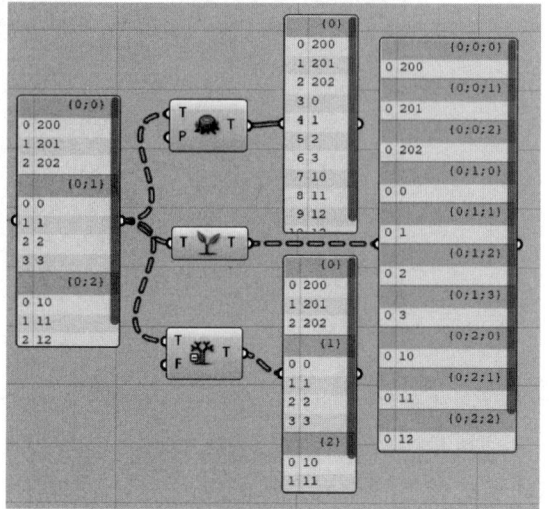

图 4-69　Graft Tree、Flatten Tree、Simplify Tree

一般运算器输入参数的右键菜单中通常包括"Flatten""Graft""Simplify"选项，相当于先用这三个运算器对输入参数进行处理之后再进行运算。

Trim Tree 运算器（图 4-70）和 Graft Tree 运算器相反，它从右向左减少路径的层级并把数据合并，输入参数 D 为减少的层级数量。Unflatten Tree 运算器（图 4-71）则与 Flatten Tree 运算器相反，它把单一列表中的数据按照另一个数据树的结构放置。Prune Tree（图 4-72）运算器用于保留长度（数据数量）为 N0 ~ N1 的数据分枝，删除其他数据分枝。Clear Tree 运算器用于删除空（Null）数据和无效数据，Tree Statistics 运算器用于分析数据树的路径、各数据分枝的长度、数据分枝的数量。

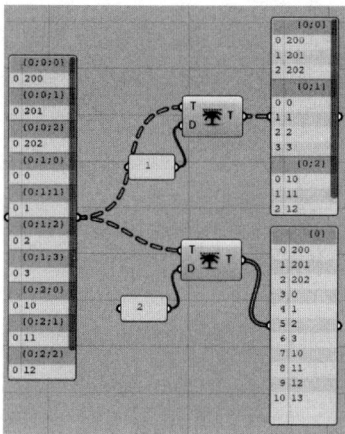

图 4-70　Trim Tree　　　　图 4-71　Unflatten Tree　　　　图 4-72　Prune Tree

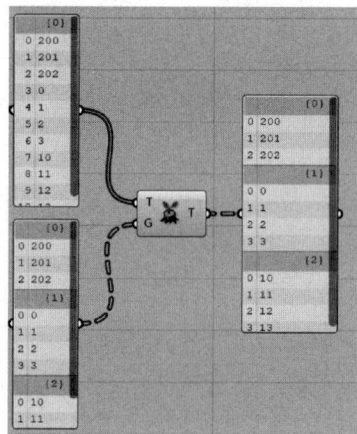

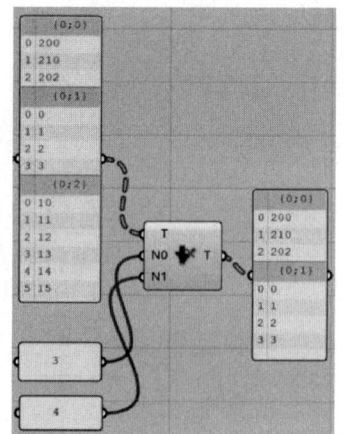

Entwine 运算器将几个数据树进行 Flatten Tree 操作后再合并为一个数据树，原数据树的数据各自合并为一个数据分枝；Explode Tree 运算器将数据树分解为一系列独立的列表；图 4-73 所示为这两个运算器的例子。Merge 运算器（图 4-74）把几个数据树的相同路径上的数据合并，注意会出现数据处于不同深度的情况。

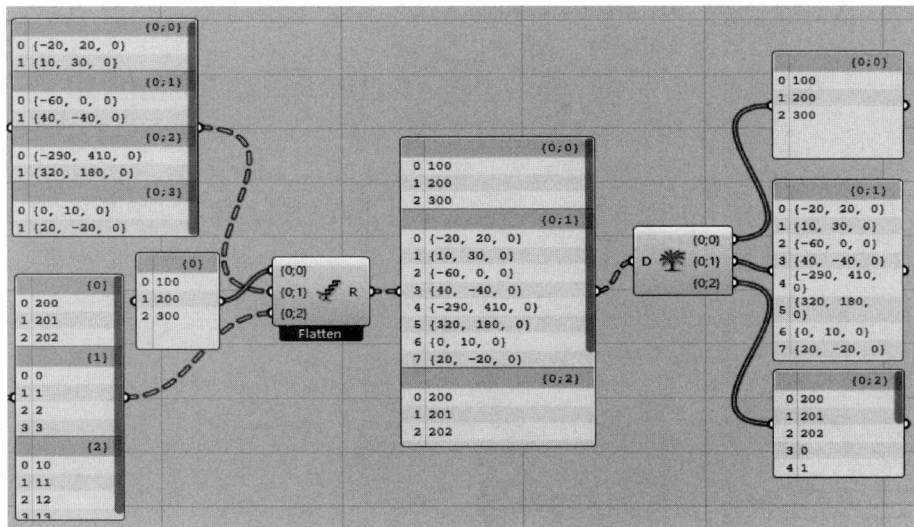

图 4-73　Entwine、Explode Tree

注意：当我们按住 Shift 键，同时把几个或几组数据赋值给某个运算器的某个输入参数时，这些数据实际上是进行了 Merge 操作，应特别注意各个数据或各组数据的路径的情况，可以通过 Panel 运算器或 Param Viewer 进行观察，如果需要，可以事先进行 Flatten、Simplify 、Graft 或其他处理，以确保合并后的数据的结构符合随后的运算的要求。

Flip Matrix（图 4-75）将数据树的各个数据分枝的第一个数据、第二个数据等各自合并成数据分枝，当原有数据树的各个数据分枝的长度不一致时，用 Null 填补数据直至达到最大的数据分枝长度。

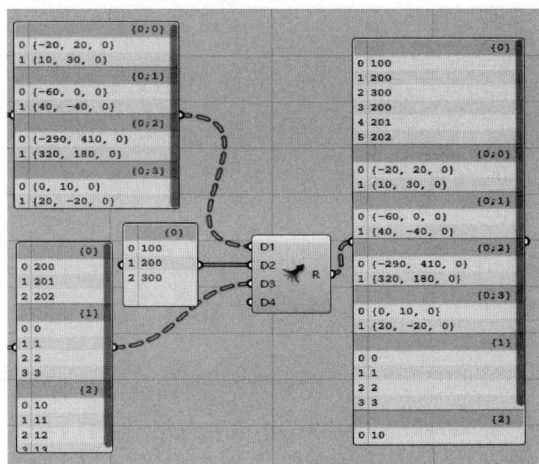

图 4-74　Merge

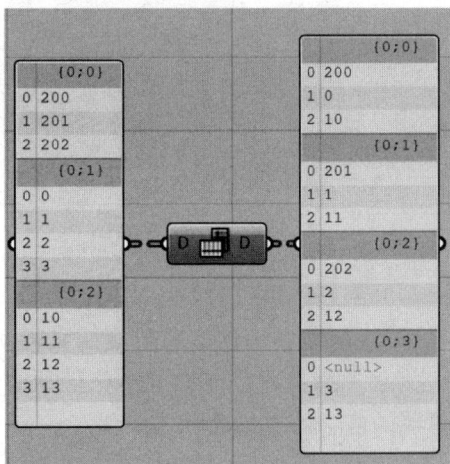

图 4-75　Flip Matrix

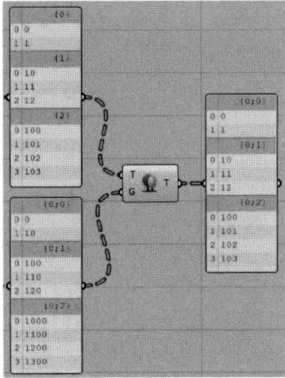

图 4-76　Match Tree

Match Tree 运算器（图 4-76）用于把输入参数 T 的路径改为输入参数 G 的路径，前提是 T 与 G 的数据数量和结构关系是一致的。Shift Path 运算器用于截短路径长度，并将截短后路径相同的数据进行合并，输入参数 O 为截短的长度，为正数时从根部（左边）截短，为负数时从端部（右边）截短，如图 4-77 所示。

Stream Filter 运算器用于在几组数据中选择某一个（由输入参数 G 指定）作为输出；Stream Gate 运算器用于把输入数据输出给某一个输出参数（由输入参数 G 指定）。这两个运算器分别类似于火车并道和分道处的扳道器，使用方法参见图 4-78。

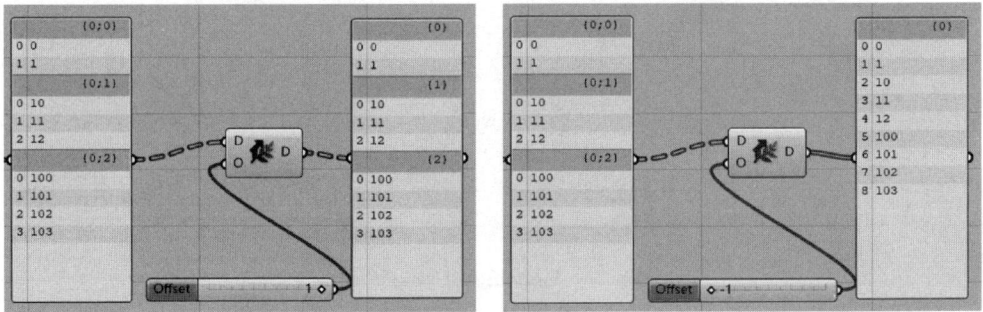

图 4-77　Shift Path

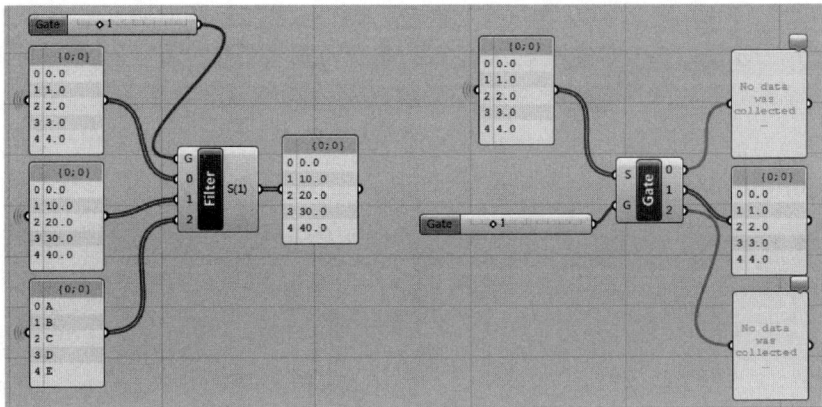

图 4-78　Stream Filter 和 Stream Gate

4.3.9　数据树的简单应用案例

1）正交网格的创建（见案例文件 4-3. gh）

（1）如图 4-79 所示，在工作区放置 2 个 Series 运算器，并用 Number Slider 设置 Series 运算器的各个输入参数。再放置 Cross Referenced 运算器和 Construct Point 运算器，并进行连接。观察 Rhino 工作窗口，可以发现已经创建了一个正交的网格点阵。用 Panel 运算器观察 Construct Point 运算器生成的点，可以发现点阵中的点全部排列于单个的列表中。

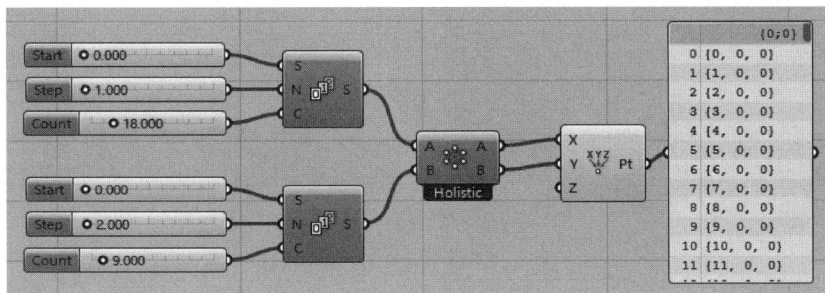

图 4-79

（2）删除 Cross Referenced 运算器，放置 Graft Tree 运算器，如图 4-80 连接。观察 Rhino 工作窗口，可以发现生成了和上一步同样的网格，在 Panel 运算器可以发现点阵中的点分组排列成了若干个列表，它们组成了一个具有多个数据分枝的数据树。

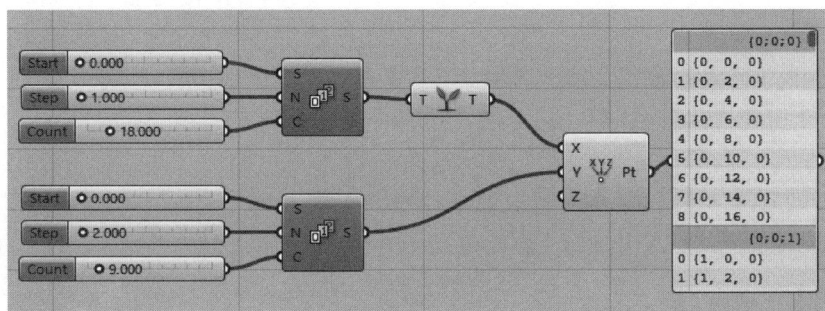

图 4-80

（3）放置 Polyline 运算器，并将 Construct Point 运算器的输出端连接到 Polyline 运算器的输入参数 V。观察 Rhino 工作窗口，可以发现点阵沿着 X 轴方向的点连成了一系列的平行线。

（4）放置 Flip Matrix 运算器，并将 Construct Point 运算器的输出端连接到 Flip Matrix 运算器。再放置 Polyline 运算器，并将 Flip Matrix 运算器的输出端连接到 Polyline 运算器的输入参数 V，观察 Rhino 工作窗口，可以发现点阵沿着 Y 轴方向的点连成了一系列的平行线。

最终程序如图 4-81 所示，结果如图 4-82 所示。思考一下 Cross Referenced 与 Graft

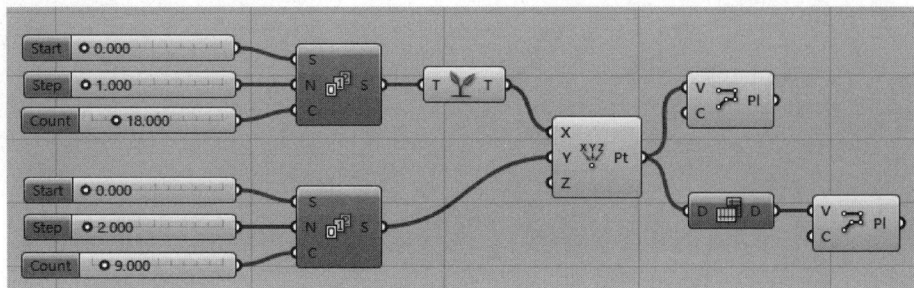

图 4-81

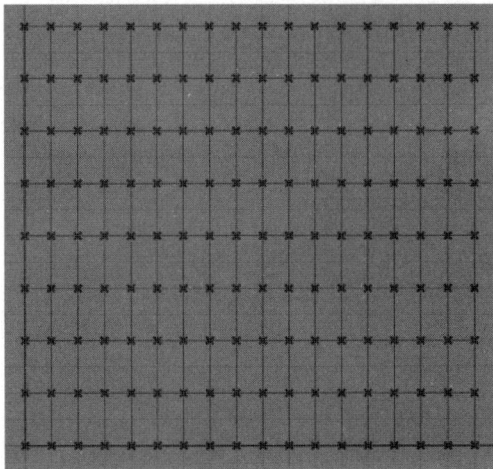

图 4-82

Tree 运算器在结果上的差别、Graft Tree 运算器的优越性以及 Flip Matrix 运算器的作用。

2) 若干点之间两两连线

（1）在 Rhino 中绘制若干个点，在 Grasshopper 工作窗口放置 Point 运算器，在 Point 运算器右键菜单中选择 "Select Multiple Points"，到 Rhino 窗口中选择绘制的点。

（2）放置 List Length 运算器，将其输入端连接到 Point 运算器，计算点的数量。再放置 Series 运算器，将 Series 运算器的输入参数 S（起始值）设为 1，将输入参数 N（增量）设为 1，将 List Length 运算器的输出端连接到 Series 运算器的输入参数 C（数量）。这一步用来生成起始值为 1、增量为 1、数量为点的数量的一组等差数列。

（3）放置 Split List 运算器，将 Point 运算器的输出端连接到 Split List 运算器的输入参数 L，将 Series 运算器的输出端连接到输入参数 i。这样，就把点列表分别在第 1、2、3、…的位置切割成了两个列表。假设原来的点列表为｛P1，P2，P3，P4，P5｝，则 Split List 运算器的输出参数 A 为包含了数据分枝｛P1｝、｛P1，P2｝、｛P1，P2，P3｝、｛P1，P2，P3，P4｝、｛P1，P2，P3，P4，P5｝的数据树，而输出参数 B 为包含了｛P2，P3，P4，P5｝｛P3，P4，P5｝｛P4，P5｝｛P5｝的数据树。

（4）放置 Graft Tree 运算器，并连接到 Point 运算器。同样假设原来的点列表为｛P1，P2，P3，P4，P5｝，则 Graft Tree 运算器的结果为包含了｛P1｝、｛P2｝、｛P3｝、｛P4｝、｛P5｝的数据树。

（5）放置 Line 运算器，并将 Graft Tree 的输出端和 Split List 运算器的输出参数 B 分别连接到 Line 运算器的输入参数 A 和 B，就实现了点与点之间两两连线。

本案例文件为 4-4. gh，程序和结果如图 4-83 所示。

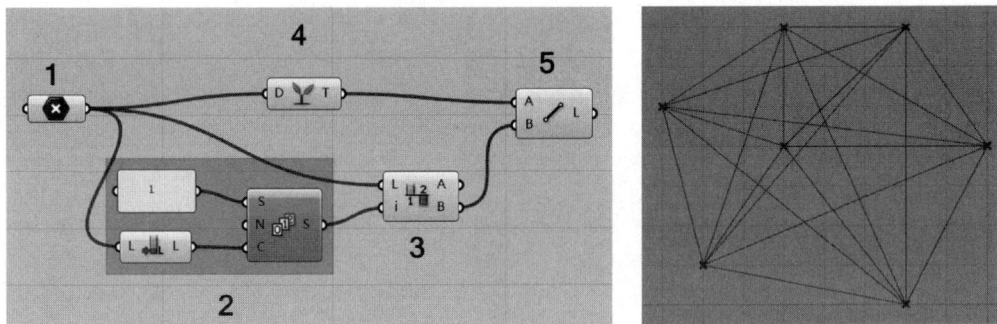

图 4-83

4.3.10　通过路径对树进行操作

如前面所述，路径是数据分枝的索引，我们可以通过路径查找到数据分枝，进而可以查找数据分枝的各个数据，因此，对数据树的特定数据分枝及数据的操作往往需要根据路径进行。路径是 Grasshopper 的一种数据类型，Params＞Primitive 面板提供了它的数据类型运算器 Data Path。用字符串表示路径的方法是花括号以及包含在内的用分号隔开的各层级的序号数字，如 {0} {0；1} {0；1；0} 等等。

Sets＞Tree 面板下有两个对路径进行基本操作的运算器：Construct Path 运算器用于将一组数字转化为路径，Deconstruct Path 运算器则将路径分解为数字，如图 4-84 所示。

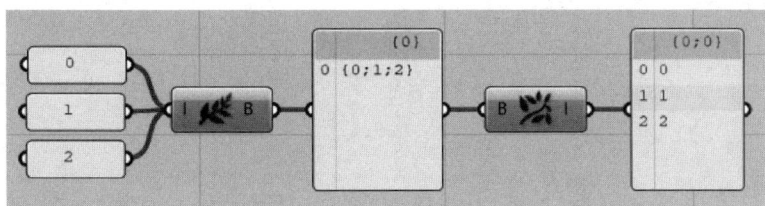

图 4-84　Construct Path 和 Deconstruct Path

通过路径，我们可以对特定数据分枝的数据进行操作。如图 4-85 所示，Tree Branch 运算器用于获取与路径相应的数据分枝，Tree Item 运算器则可以通过路径及列表索引获取数据树的某个具体数据。

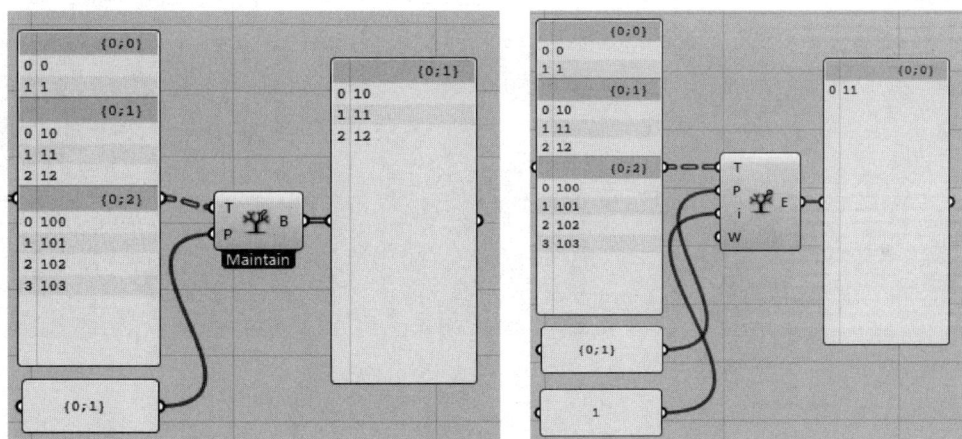

图 4-85　Tree Branch 和 Tree Item

Relative Item 运算器对数据树 T 中的每一个数据，查找与它相对位置为 O（输入参数）的数据，如果该数据存在，则将该数据顺序放入输出参数 B 中，同时将源数据顺序放入输出参数 A 中，形成具有一定相对位置关系的两个数据树。如图 4-86 左图所示，其输入参数 O 为 {0；1}（1），该运算器顺序考察 T 中的每一个数据，假设这个数据所在的数据分枝的路径为 {a；b}，在数据分枝中的索引为 i，运算器将查找是否存在路径为 {a＋0；b+1}、索引为 i+1 的数据，如果存在则将其放入输出参数 B 中并同时将原来那个数据放入输出参数 A 中，否则 A、B 中都不放入数据。Relative Item 运算器的输入参数 Wp 用以设置是否对数据树中的数据分枝进行 Wrap 操作，Wi 用以设置是否对数据分枝中的数据进行 Wrap 操作。关于 Wrap，请参见前面关于数据列表的章节。

Relative Items 运算器则用于通过相对关系把两个数据树中的数据进行位置对位，如

图 4-86 右图所示。

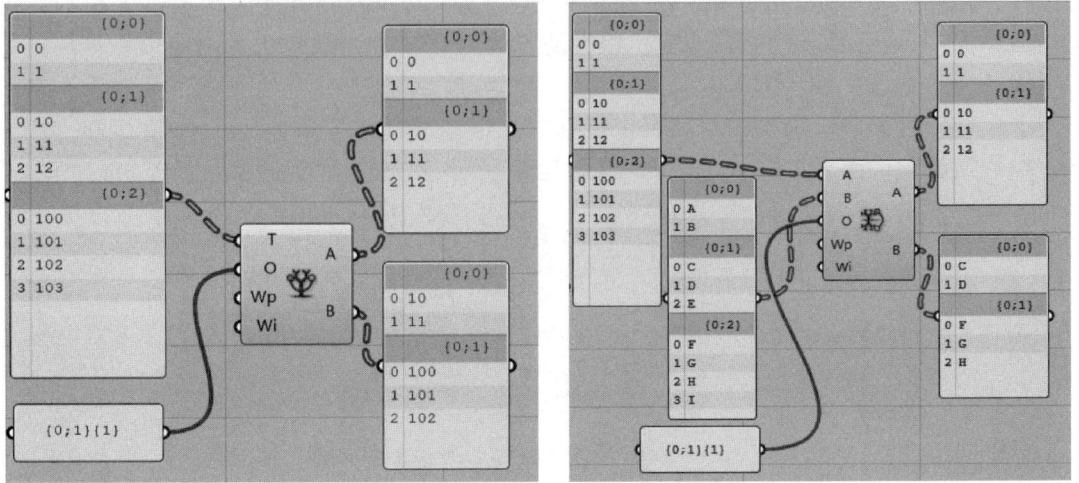

图 4-86　Relative Item 和 Relative Items

　　用 Relative Item 运算器也可以实现图 4-87 所示的案例。把它稍加改造，用 Relative Items 运算器可以实现如图 4-88 所示的图形。这两个案例请参见案例文件 4-5. gh。

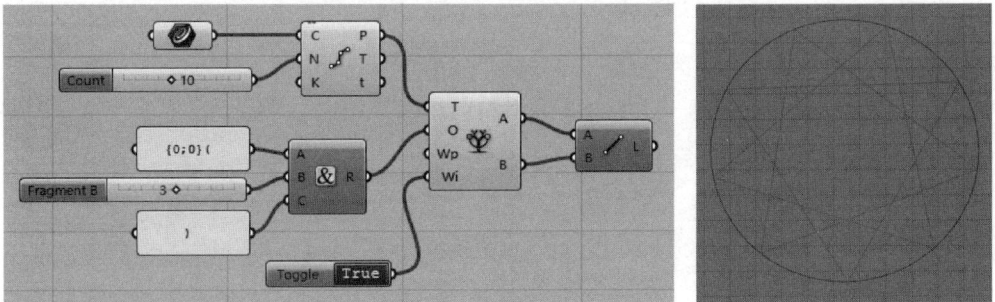

图 4-87

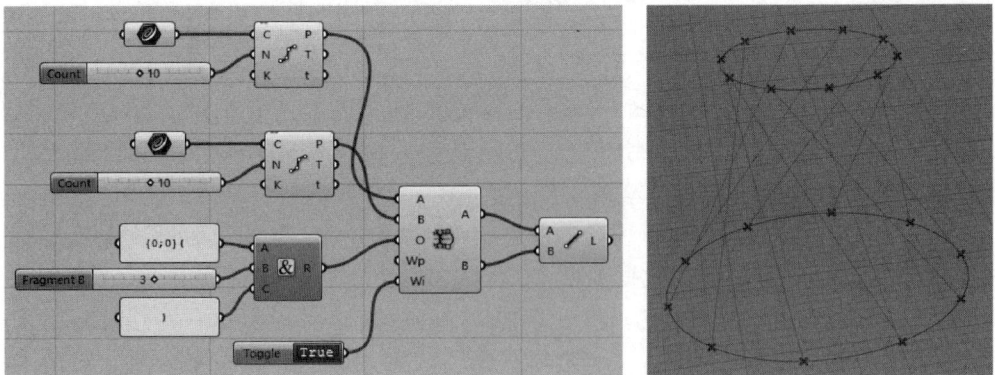

图 4-88

Split Tree 运算器（图 4-89）根据输入参数 M 设置的路径和列表索引条件，把符合条件的数据分枝放入输出参数 P，把不符合条件的数据分枝放入输出参数 N，从而把数据树 D 分为两半。输入参数 M 为字符串，用于判断数据分枝的路径，可以用"?"表示任意的字符，用 * 表示任意的字符串，用范围 [A-B] 表示从 A 到 B 的任意一个数（例如 [2-4] 表示 2、3、4 中的任意一个数），用组合 [A，B，C，D，…] 表示 A、B、C、D、…中的任意一个字符（例如 [X，2、Y、5、A] 表示 X、2、Y、5、A 中的任意一个字符）；另外，还可以使用大于、小于等于、不等于等判断符号，例如用＞＝4 表示大于等于 4 的所有数，用! [0，2、5] 表示不等于 0、2、5 的所有数。这种判断即所谓的"正则表达式"，请参阅有关资料作进一步了解。

另外，Sets＞Tree 面板下还有两个运算器，即 Path Compare 和 Replace Paths，都需要使用与 Split Tree 运算器同样的方法设置判断条件，本书也不再具体介绍，读者可以自己摸索一下这两个运算器的运算规律。

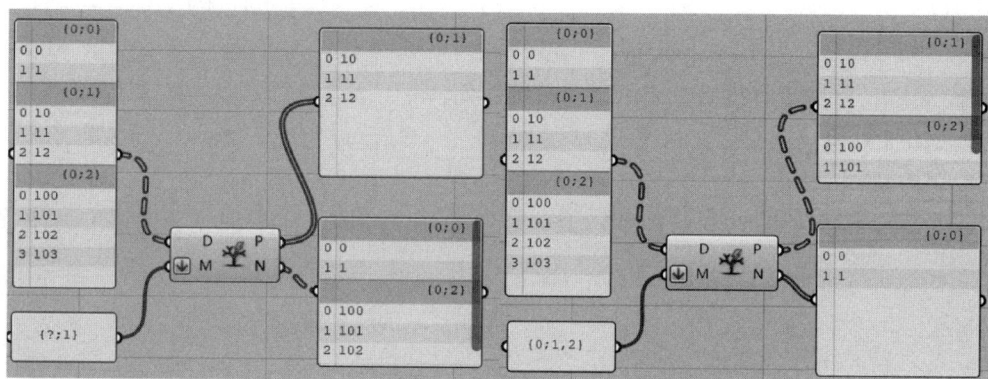

图 4-89　Split Tree

4.4　曲线的创建、分析与编辑

4.4.1　NURBS 曲线简介

NURBS（Non-Uniform Rational B-Splines）即非均匀有理 B 样条，可以描述复杂的自由曲线和曲面，它是 Rhino 三维建模的主要几何基础。要使用好 Rhino 和 Grasshopper 建模，需要对 NURBS 具有一定的理解。NURBS 比较复杂，我们从样条、贝塞尔曲线说起。

1）样条、贝塞尔曲线

"样条"的概念来源于船舶制造，船舶设计师需要通过几个点来画一条光滑曲线，他们想出了一个简单而有效的方法：用金属薄片在一系列固定的金属重物点之间绕过，利用金属薄片自然弯曲来获取光滑变化的曲线形状，这个形状被称为样条。

对于计算机绘图来说，要绘制自由曲线需要有数学方法作为基础，这一直是计算机辅助设计及计算机图形学面临的一个问题，贝塞尔曲线正是一种可以描述自由曲线的数学方法。贝塞尔曲线也是根据一系列固定点而确定的曲线，这些固定点称作控制点，如图 4-90中的 P_0、P_1、P_2、P_3；根据控制点数量和位置的不同，可以得到相应的曲线。

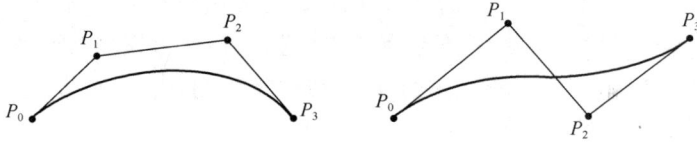

图 4-90　贝塞尔曲线

20 世纪 60 年代，法国数学家 Pierre Bézier 研究出了这种以一系列控制点精确描述曲线（也可以描述直线）的数学表述方法。它以发明者的名字命名，即贝塞尔曲线，其参数方程组如下：

$$\begin{cases} x(t) = B_{0,n}(t)x_0 + B_{1,n}(t)x_1 + B_{2,n}(t)x_2 + \cdots + B_{n,n}(t)x_n \\ y(t) = B_{0,n}(t)y_0 + B_{1,n}(t)y_1 + B_{2,n}(t)y_2 + \cdots + B_{n,n}(t)y_n \\ z(t) = B_{0,n}(t)z_0 + B_{1,n}(t)z_1 + B_{2,n}(t)z_2 + \cdots + B_{n,n}(t)z_n \end{cases}$$

其中，$(x_0，y_0，z_0)$、$(x_1，y_2，z_2)$ $\cdots$ $(x_n，y_n，z_n)$ 是控制点的坐标，控制点的数量为 $n+1$，$B_{0,n}$、$B_{1,n}$、$B_{1,n}$、$B_{n,n}$ 为一系列系数。t 是参数，取值范围为 0~1，随着 t 值由 0 到 1 变化，可以求出曲线上相应点的坐标 $(x(t)，y(t)，z(t))$。系数 $B_{0,n}$、$B_{1,n}$、$B_{1,n}$、$B_{n,n}$ 的计算设定十分巧妙，它是 $((1-t)+t)^n$ 进行展开后的各项，例如 $((1-t)+t)^2 = (1-t)^2 + 2(1-t)t + t^2$，$((1-t)+t)^3 = (1-t)^3 + 3(1-t)^2 t + 3(1-t)t^2 + t^3$。对于有四个控制点的贝塞尔曲线，其方程如下，把 0~1 参数值带入计算，就得到了整条曲线。

$$\begin{cases} x(t) = (1-t)^3 x_0 + 3(1-t)^2 t x_1 + 3(1-t)t^2 x_2 + t^3 x_3 \\ y(t) = (1-t)^3 y_0 + 3(1-t)^2 t y_1 + 3(1-t)t^2 y_2 + t^3 y_3 \\ z(t) = (1-t)^3 z_0 + 3(1-t)^2 t z_1 + 3(1-t)t^2 z_2 + t^3 z_3 \end{cases}$$

在贝塞尔曲线参数方程组中，x、y、z 坐标的计算公式是一样的，通常表示为如下的方程式，注意它实际为上述贝塞尔曲线参数方程组的简洁表示。

$$B(t) = B_{0,n}(t)P_0 + B_{1,n}(t)P_1 + B_{2,n}(t)P_2 + \cdots + B_{n,n}(t)P_n$$

贝塞尔曲线中，控制点数量称作阶数（order），为 $n+1$，n 称作贝塞尔曲线的次数（degree），阶数＝次数＋1；t 为参变量，取值范围为 0~1。

贝塞尔曲线在描述曲线的形状方面还有所欠缺，为了能获得各种曲线，发展出了有理贝塞尔曲线，它的方程如下：

$$B(t) = \frac{B_{0,n}(t)P_0 w_0 + B_{1,n}(t)P_1 w_1 + B_{2,n}(t)P_2 w_2 + \cdots + B_{n,n}(t)P_n w_n}{B_{0,n}(t)w_0 + B_{1,n}(t)w_1 + B_{2,n}(t)w_2 + \cdots + B_{n,n}(t)w_n}$$

这个方程为前述的贝塞尔曲线方程（我们暂且称作经典的贝塞尔曲线方程）的各项乘以不同的权重（w_0、w_1、w_2、$\cdots$、w_n）后进行求和，再除以各项系数乘以相应权重后的和。

我们可以把贝塞尔曲线的控制点比作具有吸力的点，增加的权重设置使不同的控制点具有了不同的吸力，这样可以得到更为复杂的曲线。例如经典的二次贝塞尔曲线方程只能表示抛物线，而加上权重后可以表示圆弧、椭圆线、双曲线等其他二次曲线。

上述方程的分子和分母都是参数 t 的 n 次多项式，数学上把多项式相除的函数称作"有理（rational）函数"，所以上述方程表述的曲线被称作有理贝塞尔曲线。

当有理贝塞尔曲线方程的所有权重相等时，分子和分母可以消掉权重值，这时分母为 $(B_{0,n}(t)+B_{1,n}(t)+B_{2,n}(t)+\cdots+B_{n,n}(t))$，它是 $((1-t)+t)^n$ 的展开式，值为1，也可消除，因而此方程就蜕化为经典的贝塞尔曲线参数方程。所以，经典的贝塞尔曲线可以看作是有理贝塞尔曲线的特殊情况，或者说有理贝塞尔曲线包含了经典的贝塞尔曲线。

2）B 样条曲线和 NURBS 曲线

由贝塞尔曲线方程可以看出，贝塞尔曲线的形状受到所有控制点的影响。对于交互式的计算机绘图来说，当控制点较多时，会对曲线的形状控制增加困难；同时，更多的控制点意味着更高次的多项式计算，会降低计算效率。而 B 样条曲线则较好地解决了这个问题。

B 样条曲线用分段的办法来控制曲线，例如基于 P_0、P_1、P_2、P_3 四个控制点的曲线可以分为一段，则整条曲线形状由四个点共同控制（类似于三次贝塞尔曲线）；或分为两段，第一段由 P_0、P_1、P_2 控制，第二段由 P_1、P_2、P_3 控制；也可以分为三段，第一段由 P_0、P_1 控制，第二段由 P_1、P_2 控制，第三段由 P_2、P_3 控制。这种用分段方式描述的曲线使得控制点的改变只作用于曲线的局部，从而增加了曲线形状的可控性。与贝塞尔曲线一样，每段由 $n+1$ 个控制点控制的 B 样条曲线称作 n 次（degree）B 样条曲线，或 $n+1$ 阶（order）B 样条曲线。

B 样条曲线同样用参数方程来进行数学描述，它用 B 样条基函数替换贝塞尔曲线方程中的各项系数（"B 样条"一词中的"B"即是基底（basis）的意思，而"样条"则借用了开始时说到的样条一词）。B 样条曲线参数方程为：

$$B(t)=B_{0,k}(t)P_0+B_{1,k}(t)P_1+B_{2,k}(t)P_2+\cdots+B_{n,k}(t)P_n$$

其中，B 样条基底函数为：

$$B_{i,k}(t)=\frac{t-t_i}{t_{i+k-1}-t_i}B_{i,k-1}(t)+\frac{t_{i+k}-t}{t_{i+k}-t_{i+1}}B_{i+1,k-1}(t)$$

其中，i 为 B 样条曲线参数方程的第 i 项，k 为阶数（次数+1），t_i、t_{i+k-1}、t_{i+1}、t_{i+k} 为参数轴 t 上进行分段的分割点的值。这是一个递归函数。约定当 $t_i \leqslant t < t_{i+1}$ 时，$B_{i,1}(t)=1$；当 t 为其他值时，$B_{i,1}(t)=0$，并约定 $0 \div 0 = 0$。

下面我们以五个控制点的 B 样条曲线为例来说明，图 4-91 为递归计算关系的图示。左图为 5 阶 B 样条曲线，即 5 个控制点共同控制 1 条曲线。P_0、P_1、P_2、P_3、P_4 为五个控制点，需要配对 5 个 5 阶的 B 样条基底 $B_{0,5}$、$B_{1,5}$、$B_{2,5}$、$B_{3,5}$、$B_{4,5}$，它们分别由下一层的两个 4 阶 B 样条基底计算获得，这样逐层往下最终需要 9 个 1 阶 B 样条基底，即 $B_{0,1}$、$B_{1,1}$、$B_{2,1}$、$B_{3,1}$、$B_{4,1}$、$B_{5,1}$、$B_{6,1}$、$B_{7,1}$、$B_{8,1}$，图中 t 为实数参数域，t_0、t_1、t_2、t_3、t_4、t_5、t_6、t_7、t_8、t_9 为参数轴 t 上的 10 个分割点，把参数域分割成 11 段。

对于任意的参数值 T，根据 1 阶 B 样条基底的计算规定，9 个 1 阶 B 样条基底最多只有一个取值为 1，其他取值为 0，经过往上层层计算得到 5 个 5 阶的 B 样条基底，再分别乘以五个控制点的坐标后相加，就得到了参数值 T 处的曲线坐标。实际上，最终只取参数值域为 $[t_4, t_5]$ 这一段作为该 B 样条曲线，因为这段曲线是由 5 个控制点共同控制的一段曲线（从图中可以看到，在 1 阶基底中只有 $B_{4,1}$ 同时影响了 5 个 5 阶基底的计算）。

对于右图来说，它是 4 阶的 B 样条曲线，因此最终只要 8 个 1 阶基底，对应地，需要 9 个参数轴分割点。与参数域 $[t_3, t_4]$ 和 $[t_4, t_5]$ 对应的 1 阶基底 $B_{3,1}$ 和 $B_{4,1}$ 分别同时

影响 $B_{0,4}$、$B_{1,4}$、$B_{2,4}$、$B_{3,4}$ 和 $B_{1,4}$、$B_{2,4}$、$B_{3,4}$、$B_{5,4}$。这样，当参数值在 t_3、t_4 之间时，曲线由 P_0、P_1、P_2、P_3 控制，当参数值在 t_4、t_5 之间时，曲线由 P_1、P_2、P_3、P_3 控制，这样就实现了分段控制。

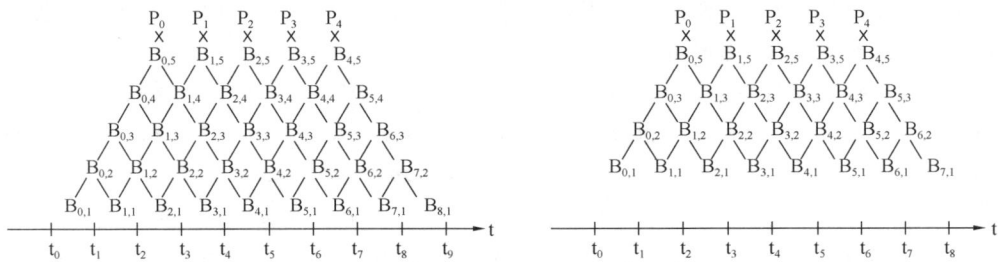

图 4-91　五个控制点的 5 阶和 4 阶 B 样条基底的计算关系

参数轴上的分割点称作节点，节点序列称作节点向量（knot vector），注意这个"向量"和我们前面说的几何向量是不同的概念。B 样条曲线参数轴上各节点之间的分段长度（节点值的差）可以是均等的，也可以是非均等的，前者称作均匀 B 样条曲线，后者称作非均匀 B 样条曲线。均匀 B 样条曲线可以看作是非均匀 B 样条曲线的特例。可以把参数的变化看作参数在实数轴上的均匀运动，曲线随着参数的均匀运动而生成，当某分段长度较长时，这段参数对曲线生成的作用时间也就越长，反之则越短，因而节点间的分段长度影响着曲线的形状。另外，与有理贝塞尔曲线相似，也可以给每个控制点赋予权重，它可以用如下的多项式相除方式表达，同理，它被称作有理 B 样条曲线。NURBS 即为非均匀有理 B 样条（Non-Uniform Rational B-Splines）的简称。

$$B(t) = \frac{B_{0,k}(t)P_0 w_0 + B_{1,k}(t)P_1 w_1 + B_{2,k}(t)P_2 w_2 + \cdots + B_{n,k}(t)P_n w_n}{B_{0,k}(t)w_0 + B_{1,k}(t)w_1 + B_{2,k}(t)w_2 + \cdots + B_{n,k}(t)w_n}$$

有了这个方程，就可以按照所需的精度，在参数 t 的取值范围内（$t_{k-1} \leqslant t \leqslant t_{n+1}$）取一系列参数值代入方程，求出曲线上的点，连线形成曲线。NURBS 曲线非常强大，除自由曲线外，各种常见的线形，包括直线段、多段直线、圆弧、抛物线、双曲线、椭圆线等等都可以采用 NURBS 的方式描述，贝塞尔曲线也可以用 NURBS 方式来描述。

NURBS 参数方程看起来相当复杂，但根据 NURBS 参数方程和 B 样条基函数，我们可以得出以下结论：

（1）B 样条基函数是一个以参数 t 为变量的多项式，它只与阶数和节点有关，因而一旦确定阶数、节点、控制点坐标、控制点权重，NURBS 参数方程便确定了。所以，NURBS 曲线可以用阶数（或次数）、节点、控制点、控制点权重来描述。

（2）B 样条基函数公式都是分数形式，分子和分母都是 t 值的相减，因而参数 t 的取值范围值和节点的参数值本身并不重要，关键是它们之间的数值比例关系。例如当控制点不变、阶数相同时，节点向量为 1、2、3、4、5 与节点向量为 3、4、5、6、7 或 0.3、0.4、0.5、0.6、0.7 的曲线是一样的。

（3）NURBS 通过 B 样条基底函数和节点的设置实现了曲线的分段控制，而且其参数值具有一定的取值范围。

（4）各阶的 B 样条基底相加等于 1（证明从略），因此当 NURBS 参数方程中所有的权重都相等时，分子分母的权值抵消，因而权值相同的 B 样条曲线就成了"非有理"B 样条曲线，它可以认为是有理 B 样条曲线的特殊情况。

（5）NURBS 曲线的控制点数量与节点的数量有如下关系：节点数＝控制点数＋阶数。但实际上，第一个和最后一个节点的取值对曲线没有任何影响，因而在 Rhino 中，NURBS 曲线的控制点数、阶数和节点数的关系变为：节点数＝控制点数＋阶数－2，或节点数＝控制点数＋次数－1。这样，节点数少了两个，相应地，其参数取值范围从 $t_{k-1} \sim t_{n+1}$（即从第 k 个节点值到倒数第 k 个节点值）变成了从第 $k-1$ 个节点值到倒数第 $k-1$ 个节点值。

3）NURBS 曲线的光滑度和连续性

NURBS 曲线次数越高，曲线越光滑。一次的 NURBS 曲线为直线或直线段的组合（Polyline，多直线段），二次 NURBS 曲线为圆锥曲线或圆锥曲线的组合，可以表示圆弧、抛物线、双曲线、椭圆线等。Rhino 中自由曲线常用的是 3 次或 5 次的 NURBS 曲线。

曲线的光滑度可以表示为几何连续性或参数连续性。几何连续性体现为实际的视觉效果，是一般计算机造型系统采用的概念。在曲线上的某点的几何连续性可表示为：G_0 连续，即曲线两侧在此点处相连，G_0 连续的点称为尖点（kink）；G_1 连续，即曲线两侧在此点相切；G_2 连续，即曲线两侧在此点相切且曲率相同；另外还有 G_3、G_4…等更高的连续性。

参数连续性是一个数学概念，如果参数曲线某点处的左、右 n 阶导数存在，并且左、右的 $1 \sim n$ 阶导数均相等，则在此点处的连续性为 C_n，因而参数连续性可以用 C_0、C_1、C_2…表示。参数连续性与几何连续性具有相应关系，并且比几何连续性严苛，也就是说，满足 C_0 连续必然满足 G_0 连续，满足 C_1 连续必然满足 G_1 连续，以此类推。如果曲线在各点（不讨论起点和终点）都是 C_n 连续的，则称曲线为 C_n 连续，同时也必然是 G_n 连续的。

NURBS 曲线为分段曲线，各段曲线内部任意阶左右导数都相等，其连续性为 C_∞。而在 NURBS 曲线的分段位置，即参数节点相应的位置，一般情况下，d 次的 NURBS 曲线为 C_{d-1} 连续，因而也是 G_{d-1} 连续，即 1 次 NURBS 曲线为 G_0 连续，2 次 NURBS 曲线为 G_1 连续，3 次 NURBS 曲线为 G_2 连续，以此类推，但也有可能因巧合出现更高的几何连续性。

在 NURBS 的节点序列中，后一个节点可以重复前一个节点，这样相当于跳过了一个控制点。每重复一次，节点处的连续性降 1（图 4-92 右图）。当节点的重复数等于曲线次数时，称为全复节点。全复节点在曲线上的位置一定处于控制点处，且全复节点一般为 G_0 连续。

在 Rhino 中，开放 NURBS 曲线的两端一般为全复节点，例如一条六个控制点的三次 NURBS 曲线的节点向量可能为 0，0，0，1，2，3，3，3，它的起点和终点均为全复节点，起点位于第一个控制点，终点位于最后一个控制点，且在起点处与前两个控制点的连线相切，终点处与后两个控制点的连线相切（图 4-92 中图和右图）。

当开放 NURBS 曲线的两端为全复节点且第一个控制点与最后一个控制点相同时，就得到了一条封闭曲线（图 4-93 左图）；还有一种封闭的曲线叫作周期性曲线，它是通过重复 degree 个控制点和相应的节点数值间距得到的（如图 4-93 右图中，控制点 1、2、3 和 5、6、7 重合，节点间距 0-1、1-2 和 7-8、8-9 重复）。

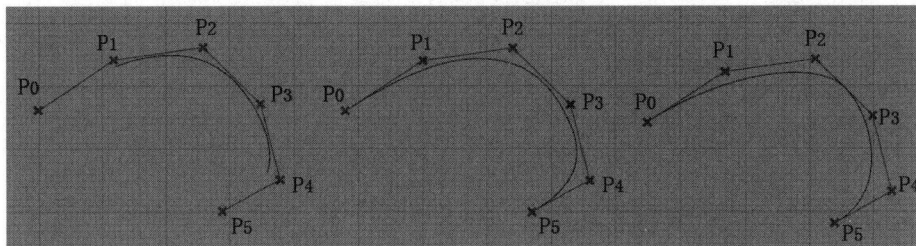

图 4-92　控制点数为 6 的几个三次开放 NURBS 曲线

（节点向量：左：0，1，2，3，4，5，6，7；中：0，0，0，1，2，3，3，3；
右：0，0，0，1，1，2，2，2）

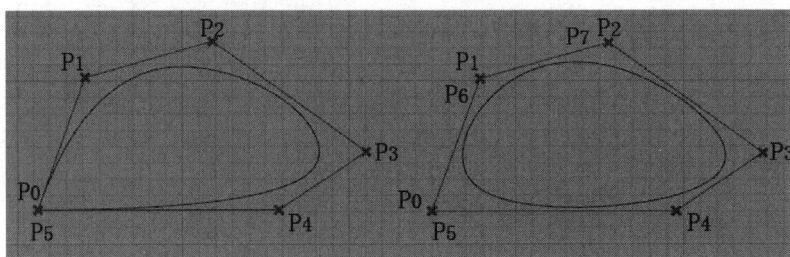

图 4-93　三次封闭 NURBS 曲线和周期性 NURBS 曲线

（左：控制点数＝6，节点向量为 0，0，0，1，2，3，3，3；右控制点数＝8，
节点向量为 0，1，2，3，4，5，6，7，8，9）

4.4.2　曲线的创建、分析等

1）由点创建曲线

我们在 4.1 节介绍了用 Nurbs Curve 和 Interpolate 运算器创建自由曲线的方法，其中 Nurbs Curve 运算器根据控制点和次数创建曲线，创建的曲线的各控制点的权重相同（非有理），曲线两端为全复节点，其他节点为均匀分段。Nurbs Curve 运算器输出参数 C 为绘制的曲线，L 是曲线的长度，输出参数 D 为曲线的参数域，也就是前面介绍的曲线参数 t 的有效取值范围。

Interpolate 运算器创建通过一系列给定点的曲线，曲线的次数也是给定的，Interpolate 运算器创建的曲线也是非有理的，输入参数 k 用来控制节点关系：0 为 Uniform Spacing，创建的曲线两端为全复节点，其他节点为均匀分段；1 为 Chord Spacing，是预设值，两端为全复节点，其他节点间距设置为通过点之间的距离；2 为 Sqrt（chord）Spacing，两端为全复节点，其他节点间距设置为通过点之间的距离的平方根。不同的设置使创建的曲线的形状有所差别，内在的控制点、节点向量均有不同。

如果需要直接用控制点、控制点权重和节点向量来创建曲线，可以采用 Curve＞Spline 面板的 Nurbs Curve PWK 运算器，Knot Vector 运算器可以帮助生成节点向量。该面板还有 Bezier Span、Interpolate（t）、Kinky Curve、PolyArc、Tangent Curve 等由点创建曲线的工具，有些繁杂，有兴趣的读者可以尝试一下。

2）曲线相关数据的分析与提取

一般来说，与曲线相关的图形操作首先要对曲线进行分析，在获取数据的基础上再进行接下来的操作。Grasshopper 提供了分析曲线的各种工具。

（1）曲线的参数域和次数

曲线的参数域即参数 t 的取值范围，要获得曲线的参数域，可以直接将曲线连接到 Domain 运算器（位于 Param＞Primitive 面板）。也可以用 Curve Domain 运算器获取曲线的参数域，通过它还可以重新设置曲线的参数域。

注意：如果某个参数的类型为 Curve，在此参数的右键菜单选择"Reparameterize"，可以把曲线的参数域改为 0～1。

Grasshopper 没有提供分析曲线次数的运算器，如果要获取曲线的次数，可以先用下面将介绍的 Control Points 运算器来分析曲线，然后根据控制点数量和节点数量计算出次数：次数＝节点数－控制点数＋1。如何得到控制点数量和节点数量，请参见上一节数据列表的操作（List Length 运算器）。

（2）曲线的控制数据和属性

Grasshopper 的曲线分析运算器主要位于 Curve＞Analysis 面板，表 4-8 所列运算器用于分析提取曲线的控制数据和属性。

用于分析和提取曲线控制数据或属性的运算器　　　　表 4-8

图标	名称	功能
	Control Points	获取曲线 C 的控制点 P、控制点权重 W、节点序列 K
	Control Polygon	获取曲线 C 的控制点形成的折线或多边形 C，以及折线或多边形的顶点 P
	Length	求曲线 C 的长度
	Length Domain	求曲线 C 上曲线参数值范围为 D 的一段曲线的长度
	Length Parameter	求曲线 C 的起点到参数值为 P 的点的曲线长度 L－，以及参数值为 P 的点到曲线终点的曲线长度 L＋
	Segments Lengths	求曲线 C 上最短的曲线段的长度 Sl、最短的曲线段的参数 t 的范围 Sd，以及曲线 C 上最长的曲线段的长度 Ll、最长的曲线段的参数 t 的范围 Ld。这里的曲线段指的是曲线上尖点之间的曲线
	Closed	判断曲线是否为封闭曲线和周期性曲线。如果 C 是封闭曲线，则输出参数 C 为 Ture，否则为 False；如果为周期性曲线，P 为 True，否则为 False
	Planar	判断曲线 C 是否为平面曲线（即曲线上所有点处于一个平面上）。如果是平面曲线，则第一个输出参数 P 为 True，否则为 False。第二个输出参数 P 为曲线拟合出的坐标平面。输出参数 D 为曲线与曲线拟合出的坐标平面在坐标平面上方的偏差，曲线为平面曲线时，D＝0

图标	名称	功能
	Curvature	分析曲线 C 上曲线参数为 t 的点的曲率。输出参数 P 为参数为 t 的点，C 为 P 点位置的曲率圆（与曲线相切的圆，半径为曲率的倒数，数据类型为 Curve），K 为曲率向量（由点 P 指向曲率圆圆心，大小为曲率）
	Discontinuity	求曲线 C 上连续性达不到 L 的点 P 及各点相应的曲线参数 t。L=1，求未达到 C_1 连续（切线连续）的点；L=2，求未达到 C_2 连续（曲率连续）的点；L=3，求未达到 C_3 连续的点
	Extremes	求曲线 C 相对于坐标平面 P 的最高（Z 坐标最大）的点 H 和最低（Z 坐标最小）的点 L

另外，Curvature Graph 运算器用于显示曲线的曲率图形、Derivatives 可以分析曲线 C 上曲线参数为 t 处的导数、Torsion 运算器可以分析曲线 C 上曲线参数为 t 处的挠率。

（3）特殊曲线的数据分析：对于圆、圆弧、矩形、多边形，Curve＞Analysis 面板还提供了如下专门的分析工具，如表 4-9 所示。

用于分析圆、圆弧、矩形、多边形的运算器 表 4-9

图标	名称	功能
	Deconstruct Arc	分析圆弧或圆 A 所在的坐标平面 B（B 的原点为圆心）、半径 R、和弧角取值范围 A（弧度，起始角～终止角）
	Deconstruct Rectangle	分析矩形 R 所在的坐标平面 B（B 的原点为矩形左下角，X、Y 轴与矩形的边平行）以及矩形长宽相对于坐标平面 B 的 X、Y 坐标取值范围
	Polygon Center	分析多边形 P 的顶点平均点 Cv（所有点坐标相加后除以点数）、边线平均点 Ce（边线上所有点的平均值，等于各边中点乘以各边长后相加再除以总长度）以及多边形的面积平均点 Ca（即形心，等于多边形内部所有点的平均值）

3）从曲线获取点、线等图形

前述的分析工具的结果是数据或图形，在 Curve＞Analysis 面板下还有可用于在曲线上获取点、线、坐标平面等的运算器，如表 4-10 所示。

用于在曲线上获取点、线、坐标平面等的运算器 表 4-10

图标	名称	功能
	Curve Middle	求曲线的中点
	End Points	求曲线的起点 S 和终点 E

续表

图标	名称	功能
0.5...	Point On Curve	求曲线某位置处的点。按长度关系，0 为起点，1 为终点，可以拖动滚动设置，通过右键菜单可以选择起点、1/4、1/3 等处的点
P→P t C→D	Curve Closest Point	求点 P 到曲线 C 的最近点。输出参数 t 为该最近点在曲线参数域中的值，D 为点与曲线的最近距离
A→A B B→D	Curve Proximity	在曲线 A 和曲线 B 上分别求取一点，使两点距离最短。输出参数 A、B 分别为位于曲线 A 和曲线 B 的点，D 为两点距离
C→A B G→I	Curve Nearest Object	求曲线 C 和一组图形对象 G 上分别求取一点，使两点距离最短。输出参数 A 为位于曲线 C 的最近点，B 为位于 G 上的最近点，I 为 B 点所位于的对象在 G 中的序号
C→P T t A	Evaluate Curve	求取曲线 C 上曲线参数为 t 的点 P，输出参数 T 为曲线在 P 点的切向量，A 为 P 点两侧曲线段的夹角（弧度）
C→F t	Curve Frame	获取原点在曲线 C 上参数为 t 的位置的密切平面（参数 t 处的极小曲线段所在的平面）
C→F t	Horizontal Frame	获取原点在曲线 C 上参数为 t 的位置的、与世界坐标系 XY 平面平行的坐标平面
C→F t	Perp Frame	获取原点在曲线 C 上参数为 t 的位置的、与曲线垂直的坐标平面
C→P L→T N t	Evaluate Length	求曲线 C 上从起点开始、沿曲线的长度为 L 处的点 P，输出参数 T 为 P 点处的切向量，t 为 P 点处的曲线参数值。输入参数 N 为 False 时，L 为实际长度；为 Ture 时，L 为曲线长度上的比率，即将曲线总长度视为 1 时的相对长度

4）点、线关系的判断

表 4-11 所列运算器用于判断点线关系。

判断点线关系的运算器　　　　　　表 4-11

图标	名称	功能
C→S P→L PI→R	Curve Side	判断点 P 在曲线 C 的哪一侧。输出参数 S 为点在线的左右侧关系（−1＝左，0＝重合，＋1＝右），L 和 R 分别判断是否在左侧或右侧。输入参数 PI 可以设置用以判断的参考平面
P→R C→P'	Point In Curve	判断点 P 是否在封闭曲线 C 的内部。输出参数 R 显示点和曲线的关系，在内部时为 2，在边界上时为 1，在外部时为 0。它是通过把点正投影到曲线 C 拟合的坐标平面上进行判断的，输出参数 P' 为点在拟合坐标平面上的投影点

续表

图标	名称	功能
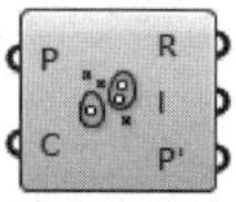	Point in Curves	判断点 P 是否在若干封闭曲线 C 的任何一条曲线内部。输出参数 R 同上，I 为第一个包含点 P 的曲线（包括点 P 在曲线上）的序号，P′为点在第一个曲线拟合的坐标平面上的投影点

5）曲线的分段操作

Curve>Division 面板包含了一些通过对曲线分段来获取点、线、向量、坐标平面等图形及相关数据的运算器，如表 4-12 所示。

获取点、线、向量、坐标平面等图形及相关数据的运算器　　　　表 4-12

图标	名称	功能
	Divide Curve	求将曲线 C 等距离分为 N 段的分割点 P。输出参数 T 为各分割点处的切向量，t 为各分割点处的曲线参数值。输入参数 K＝True 时，输出参数 P 中还包括曲线的尖点
	Divide Length	以固定长度 L 从起点开始对曲线 C 进行分段。输出参数 P 为分割点，T 和 t 同上
	Divide Distance	从起点开始对曲线 C 进行分段，并使各分割点之间的直线距离为 D，T 和 t 同上
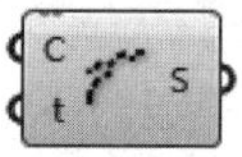	Shatter	将曲线 C 在输入参数 t 设置的一组曲线参数位置处分段，输出参数 S 为各段曲线
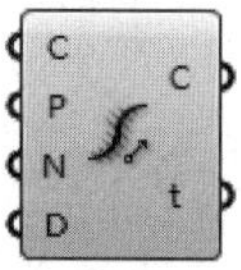	Contour	以与向量 N 垂直的一组平面对曲线 C 进行切割，切割面的具体位置为过点 P 的平面以及和这个平面平行、距离为±D、±2D、±3D…的一组平面。输出参数 C 为各平面与曲线 C 的交点，t 为各交点在原曲线上的参数 t 值（图 4-94 左图）
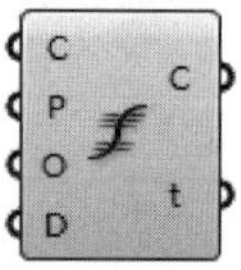	Contour（ex）	以与坐标平面 P 平行的一组平面来切割曲线 C。输入参数 O 设定与坐标平面 P 的一组距离来确定各切割平面；如果参数 O 未赋值，则可通过输入参数 D 设定各切割平面的距离增量
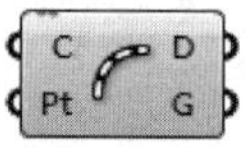	Dash Pattern	以 Pt 设置的距离"Pattern"将曲线 C 分为虚线形式的两组曲线。所谓 Pattern，即一组重复的数据，例如，如果 Pt 设置为 1、2、3，则 Pattern 为 1、2、3、1、2、3…；该运算器将曲线切割为长度为 1、2、3、1、2、3、…的分段，输出参数 D 为奇数段的一组曲线，G 为偶数段的一组曲线（图 4-94 右图）

　　另外，Curve Frames、Horizontal Frames、Perp Frames 运算器采用和 Divide Curve 同样方式对曲线分段，分别获取各分割点处的坐标平面、与世界坐标系 XY 平面平行的坐标平面以及与曲线垂直的坐标平面，相当于综合了 Divide Curve 运算器和 Curve Frame、Horizontal Frame 或 Perp Frame 运算器。

6）其他创建曲线的方法

　　Curve＞Spline 和 Curve＞Util 面板还提供了一些通过曲线或曲面创建曲线的工具，以下是其中的常用的通过曲线生成曲线的运算器，如表 4-13 所示。

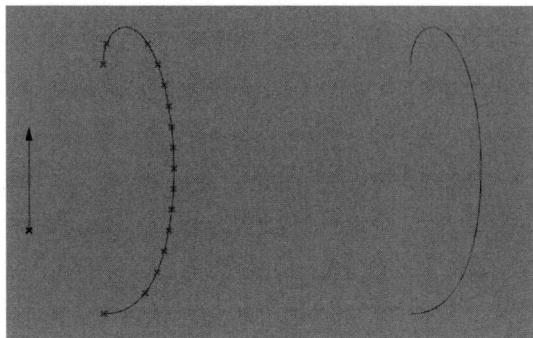

图 4-94　Contour 和 Dash Pattern

通过曲线生成曲线的运算器　　　　　　　　　　　　　　　　　　　　表 4-13

图标	名称	功能
	Sub Curve	获取曲线 C 上参数范围为 D 的局部曲线
	Tween Curve	求取曲线 A 和 B 之间的中间过渡曲线 T。F 为 T 处于 A 和 B 之间的位置比率：当 F＝0 时，得到曲线 A；F＝1 时，得到曲线 B；F 在 0～1 之间时，获得相应位置的中间过渡曲线
	Blend Curve	在曲线 A 和 B 的尾首之间连接一条曲线，输入参数 C 控制生成的曲线与曲线 A、B 连接处的连续性，Fa、Fb 分别控制曲线 A、B 连接时向外延伸的膨胀度（用于控制曲线的形状）
	Blend Curve Pt	在曲线 A 和 B 的尾首之间连接一条通过点 P 的曲线。输入参数 C 控制生成的曲线与曲线 A、B 连接处的连续性
	Connect Curves	将一组曲线 C 的尾首用曲线两两连接，生成一条新的曲线。输入参数 G 控制连续性，B 控制膨胀度，L 控制是否将最后一根曲线的终点连接第一条曲线的起点以形成封闭曲线
	Offset Curve	求曲线 C 的平行线，D 为距离，P 为平行操作的参考坐标平面。当 Offset 操作使得创建的曲线在角部断开时，左下的输入参数 C 用以控制断开的角部处理：C＝0，不处理，保持断开；C＝1 时，延长两边的曲线使它们相交；C＝2，以圆弧连接；C＝3，做平滑相连；C＝4，做切角相连
	Offset Curve Loose	将曲线的控制点进行平行拷贝，再通过新的控制点创建一条新的曲线

续表

图标	名称	功能
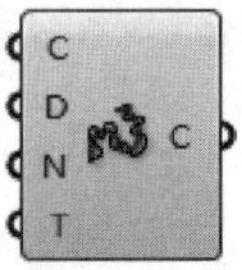	Rebuild Curve	设置次数 D 和控制点数量 N 来对曲线 C 进行重建，以生成新的曲线。参数 T 控制是否保持曲线两端的切向量方向
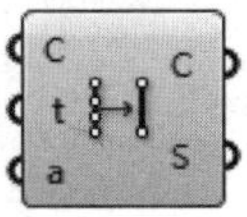	Simply Curve	通过简化曲线 C 以创建新的曲线，t 为新建曲线与原曲线之间的距离容差，a 为角度容差。如果创建的曲线与输入曲线不同（创建成功），则输出参数 S 为 Ture，否则为 False

Curve＞Util 面板还有 Explode、Extend Curve、Flip、Join Curves、Fillet、Fillet Distance、Seam、Curve To Polyline、Fit Curve、Polyline Collapse、Reduce、Smooth Polyline 等运算器，它们牵涉的概念比较清晰，使用也较为简单，限于篇幅，在这里不做介绍，读者可以自己摸索一下。通过曲面来创建曲线的方法，我们将在曲面的有关章节中介绍。

4.4.3 曲线的交互式设置和选取

对于 Curve 类型的输入参数，可以通过右键菜单"Set one Curve"或"Set Multiple Curves"选取 Rhino 中的曲线来赋值，圆、圆弧、直线段、矩形等也可以被选择，它们会被转化为 Curve 类型。在 Rhino 选取时有两种模式：Reference 和 Copy，前者把 Rhino 中的曲线关联给参数成为动态参数，后者把 Rhino 中的曲线拷贝给参数成为静态参数。这种方法也可以选取 Rhino 的多曲线段（PolyCurve，例如用 join 命令连接几条曲线），这时 Grasshopper 会把多曲线段转化为单条曲线，其次数为各单条曲线中的最高次数。

对于 Circle、Circular Arc、Line、Rectangle 类型的参数，在右键选择"Set one …"或"Set Multiple …"后，Grasshopper 要求用户在 Rhino 中通过交互式方式绘制相应的图形完成对参数赋值，绘制的图形并不实际存在于 Rhino 中，这个方式得到的是静态参数。如果需要把 Rhino 中的圆、圆弧、直线段、矩形赋值给 Circle、Circular Arc、Rectangle 类型的参数，可以采用 Params＞Geometry 面板的 Curve 运算器，然后通过右键菜单"Set one Curve"或"Set Multiple Curves"选取图形，再把它连接到 Circle、Circular Arc、Line、Rectangle 类型参数，也可以用 Geometry 运算器作为过渡。这是利用了数据类型之间的转换关系。

4.4.4 案例

接下来我们通过一个简单的例子来操作一下，要求在 Rhino 中绘制的一条曲线上创建一个与曲线垂直的圆，圆心位于曲线上绘制的一个点。步骤如下：

① 在 Rhino 中绘制一条曲线，并在曲线上绘制一个点（图 4-95）；或在 Rhino 打开案例文件夹中的 4-6.3dm 文件。

② 在 Grasshopper 工作区中放置 Curve 和 Point 两个参数运算器（位于 Params＞Geometry 面板）。右键点击 Curve 运算器，在弹出菜单中选择"Set One Curve"并在 Rhino 中选择曲线，并用类似方式为 Point 运算器选择点。

③ 在 Curve＞Analysis 面板选择 Curve Closest Point 运算器，放置到 Grasshopper 工

作区，并连接 Curve 和 Point 两个运算器，如图 4-96 所示。

④ 在 Curve＞Analysis 面板下选择 Perp Frames 运算器，并将 Curve Closest Point 运算器的输出参数 t 连接到输入参数 t，将 Curve 运算器的输出端连接到输入参数 c，如图 4-97 所示。这样我们就在点的位置创建了一个与曲线垂直的坐标平面。

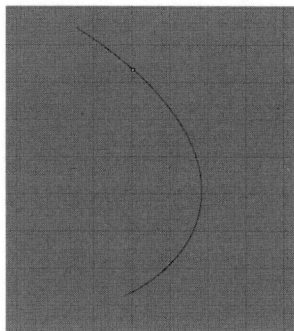

图 4-95

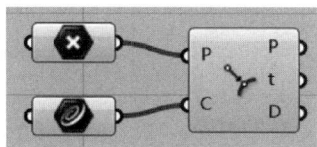

图 4-96

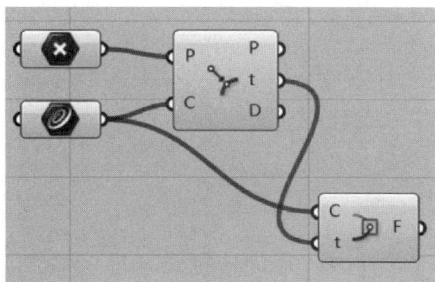

图 4-97

⑤ 如图 4-98 所示，在 Curve＞Primitive 面板选择 Circle 运算器，将 Perp Frames 运算器的输出参数 F 连接到输入参数 P，并用输入参数 R 的右键菜单的 Set Number 输入 10（半径）。这时可以看到在点的位置创建了一个半径为 10 的圆，如图 4-99 所示。在 Rhino 中移动这个点，观察一下发生的情况。

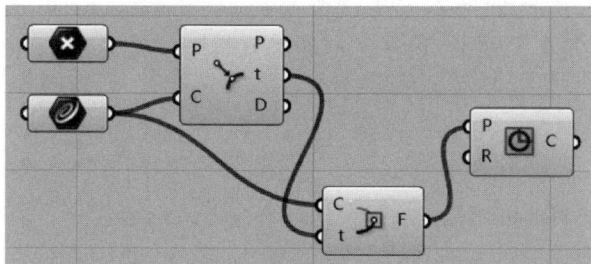

图 4-98

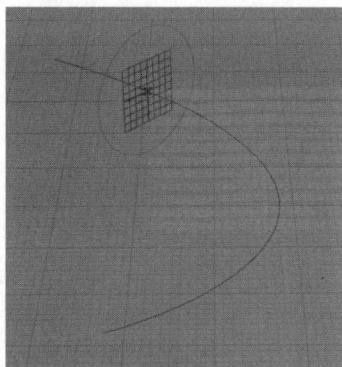

图 4-99

此案例的 Grasshopper 文件名为 4-6.gh。文件 4-7.gh 演示了利用 Curve＞Division 面板的 Perp Frames 运算器在曲线上创建了一系列矩形，读者可以试着做一下。

这个案例非常简单，但它展示了一个非常重要的曲线操作途径：曲线上的某个具体位置一般要通过获取它在曲线参数域中的取值来设定，这是由 Nurbs 曲线的内在数学描述方式所决定的；即便某个点明确位于曲线上，也要通过能获取参数值的运算器（本例中为 Curve Closest Point）来确定位置；获得参数值后，才可以根据它进一步获取所需数据（如本例中的垂直坐标平面），以进行接下来的操作（本例中创建圆）。

4.5 曲面和体积

4.5.1 基本概念

1）NURBS 曲面

我们在上一节介绍了 NURBS 曲线，其参数方程为：

$$B(t) = \frac{B_{0,k}(t)P_0 w_0 + B_{1,k}(t)P_1 w_1 + B_{2,k}(t)P_2 w_2 + \cdots + B_{n,k}(t)P_n w_n}{B_{0,k}(t)w_0 + B_{1,k}(t)w_1 + B_{2,k}(t)w_2 + \cdots + B_{n,k}(t)w_n}$$

或者用 Σ 表示为：

$$B(t) = \frac{\sum_{i=0}^{n} B_{i,k}(t)P_i w_i}{\sum_{i=0}^{n} B_{i,k}(t)w_i},$$

其中，P_i 为控制点，w_i 为控制点权重，k 为阶数，$B_{i,k}$（t）为 k 阶 B 样条基底函数，另外，B 样条基底函数中包括节点的描述。t 为参数，取值范围为节点 $t_{k-1} \sim t_{n+1}$（在 *Rhino* 中为 $t_k \sim t_n$）。NURBS 曲线是以控制点及控制点权重，以及节点向量和阶数共同描述的曲线。

把 NURBS 曲线的控制点、控制点权重、节点向量、阶数从一维扩展到二维，可以得到 NURBS 曲面，其公式如下：

$$P(u,v) = \frac{\sum_{i=0}^{n} \sum_{j=0}^{m} B_{i,k}(u)B_{j,h}(v)P_{i,j}w_{i,j}}{\sum_{i=0}^{n} \sum_{j=0}^{m} B_{i,k}(u)B_{j,h}(v)w_{i,j}}$$

其中，u、v 为 NURBS 曲面的参数。NURBS 曲线的参数 t 是一个一维的参数，可以映射为一条均匀量度的直线。对于 NURBS 曲面来说，其参数 u、v 为二维的，可以映射为均匀量度的、正交的坐标平面，称为 UV 坐标平面。注意这只是一个抽象的二维坐标体系，不是一个实际的面。

$P_{i,j}$ 为网格化的控制点，i 为 $0 \sim n$，j 为 $0 \sim m$，控制点的数量为（$m+1$）×（$n+1$）；$w_{i,j}$ 为控制点权重；$B_{i,k}$ 为 U 方向的 k 阶 B 样条基底函数，$B_{j,h}$ 为 V 方向的 h 阶 B 样条基底函数；另外，B 样条基底函数还包括相应的 U、V 两个方向的节点，形成网格。在前面我们介绍过，NURBS 曲线是在节点处分段的多段曲线，而对于 NURBS 曲面来说，它是由分块的曲面构成的，每个分块曲面对应于节点网格中的一个矩形面。图 4-100 所示是一个 6×4 控制点网格的 NURBS 曲面的控制点、基底函数及节点关系示意图，它的 U 方向为 4 阶，V 方向为 3 阶，uv 参数的有效范围为 $u_3 \sim u_6$、$v_2 \sim v_4$，曲面分成了 3×2＝6 个块面，每个块面的形状由 4×3＝12 个控制点确定。

关于 NURBS 曲面，我们可以根据公式以及我们对 NURBS 曲线的了解，建立起如下概念：①NURBS 曲面可以描述简单或复杂的曲面，它是 Rhino/Grasshopper 中描述面的基本手段；②NURBS 曲面是一个参数曲面，曲面上的每一点的计算参数为 UV 坐标平面上的坐标（u，v），具体空间位置还取决于控制点网格、各控制点的权重、U 方向与 V 方向的阶数以及 UV 两个方向的节点；③NURBS 曲面在 UV 两个方向的阶数可以相互不同，但它们各自为固定值，如果把 NURBS 曲面看成是沿着 U 方向（或 V 方向）的紧密排列的 NURBS 曲线构成的曲面，那么这些曲线的阶数或次数是相同的；④NURBS 曲面

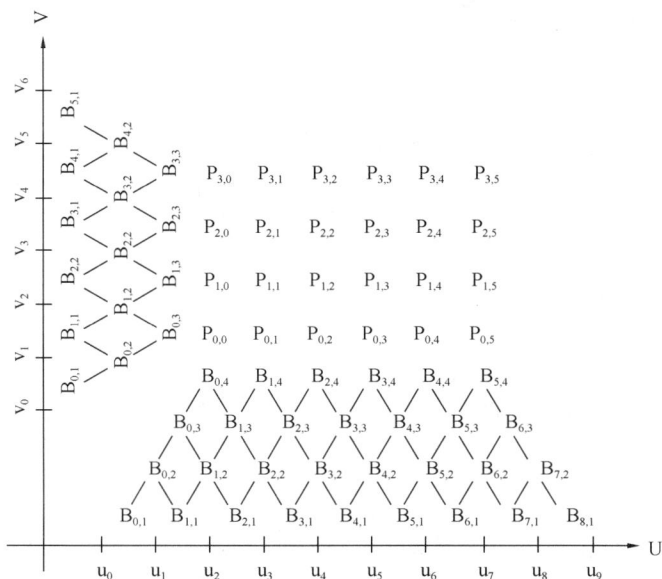

图 4-100　NURBS 曲面控制点、基底函数、节点关系示意图

具有与 NURBS 曲线类似的特性，只不过从一维扩展到了二维，例如分段控制特性：
NURBS 曲线上的点的位置只与局部的某些控制点相关，而 NURBS 曲面上的点的位置只
与局部的控制点网格相关。

2）Grasshopper 有关面和体的数据类型

在 Grasshopper 中，与面和体相关的基本数据类型是 Surface，它包括上面所介绍的
NURBS 曲面，以及被剪切过的 NURBS 曲面（称作剪切曲面），Surface＞Util 面板的
Untrim 运算器可以获取剪切曲面的原 NURBS 曲面。

Surface 类型的输入参数可以通过其右键菜单的"Set one Surface"或"Set Multiple
Surfaces"选取 Rhino 中的 NURBS 曲面或剪切曲面，与 Curve 类型参数类似，可以关联
（Reference）或拷贝（Copy）所选对象。另外，当把一个封闭曲线连接到 Surface 类型的
输入参数时，曲线会转化为一个被剪切的平面型曲面。

在介绍 Grasshopper 数据类型时，我们已经涉及了 Brep 概念。在 Grasshopper 中，
Brep 也是一种数据类型，它包括了 NURBS 曲面、剪切曲面、由 NURBS 曲面或剪切曲
面构成的封闭体，以及由 NURBS 曲面或剪切曲面相互连接而成的 Polysurface。Brep 类
型的输入参数可以通过右键菜单"Set one Brep"或"Set Multiple Breps"，关联或拷贝
Rhino 的各种面或体。当 Brep 只包括一个 NURBS 曲面或剪切曲面时，等同于 Surface。

另外，还有两种特殊的与体相关的数据类型：Box 和 Twisted Box，它们都是由八个
顶点设定的长方体或扭曲长方体。用右键菜单"Set one …"或"Set Multiple …"时，需
要在 Rhino 中顺序指定八个顶点来给 Box 或 Twisted Box 类型的参数赋值。Box 和 Twis-
ted Box 都可以直接转化为 Brep；而当把其他图形转化为 Box 和 Twisted Box 时，将得到
与坐标系平行的、包围图形对象的最小的长方体（Bounding Box）。另外，Box 可以直接
转化为 Twisted Box，Twisted Box 转化为 Box 时，得到的也是 Bounding Box。

4.5.2 基本曲面和实体的创建

Surface＞Primitive 面板中包含了一些创建基本曲面和实体的运算器，具体功能如表 4-14 所示。

创建基本曲面和实体的运算器   表 4-14

图标	名称	功能
	Plane Surface	以坐标平面 P 的原点为计算原点，以 X、Y 为长宽范围（Domain），创建位于坐标平面 P 的矩形平面
	Plane Through Shape	求包围几何对象 S，投影于坐标平面 P，边线平行于坐标平面 P 的 X、Y 轴的最小矩形，输入参数 I 使矩形向四边扩大 I
	Bounding Box	创建包含对象 C 的最小长方体，输入参数 P 为坐标平面；输出参数 B1 为平行于坐标平面 P 的最小长方体，B2 为把 B1 进行由坐标平面 P 到世界坐标系的转换后得到的长方体（关于坐标系的变换，见第六节）。运算器的"Union Box"选项用于控制输出结果是单个包含了所有对象的最小长方体（运算器下方显示为 Union Box）或是对每个对象创建一个独立的最小长方体（运算器下方显示为 Per Object）
	Box 2Pt	以对角点 A、B 创建平行于坐标平面 P 的长方体
	Box Rectangle	以矩形 R 和高度 H 创建长方体
	Center Box	创建以坐标平面 B 的原点为中心、长宽高分别为 X、Y、Z 的，平行于 B 的长方体
	Domain Box	创建以坐标平面 B 的原点为计算原点，以 X、Y、Z 为长宽高取值范围的，平行于 B 的长方体。这个运算器看上去和 Center Box 一样，但注意它的输入参数 X、Y、Z 的数据类型为 Domain 而不是 Number
	Cone	以坐标平面 B 的原点为圆心，创建半径为 R、高度为 L 的圆锥面。输出参数 C 为圆锥面（不包括圆锥体的底面），T 为圆锥面的顶点
	Cylinder	以坐标平面 B 的原点为圆心，创建半径为 R、高度为 L 的圆柱面（不包括圆柱体的上下底面）

续表

图标	名称	功能
B R S	Sphere	以坐标平面 B 的原点为球心，创建半径为 R 的球面
P1 P2 P3 P4 C R S	Sphere 4Pt	创建通过空间四个点 P1、P2、P3、P4 的球面 S，输出参数 C 为球心，R 为半径
P C R S	Sphere Fit	根据点集 P 创建拟合的球面 S，C 为球心，R 为半径
B R S	Quad Sphere	以坐标平面 B 的原点为球心、R 为半径创建球面，该球面是一个由四片曲面构成的 Brep

4.5.3 复杂曲面或几何体的创建

复杂的自由形态的曲面一般以点或曲线为基础进行构造，而曲面可进一步构造成几何体。Surface＞Freeform 面板提供了许多创建复杂曲面和几何体的工具，当然，它们也可以用来创建简单形式的曲面。

1）由点成面

相关运算器如表 4-15 所示。

通过点创建面的运算器   表 4-15

图标	名称	功能
A B C D S	4Point Surface	由 3 个或 4 个角点生成曲面
P U I S	Surface From Points	根据网格点生成曲面。输入参数 P 为网格点，U 为 U 方向的网格点数。当参数 I 为 Ture 时，曲面通过点集 P；当为 False 时，P 为曲面的控制点

注意：目前 Grasshopper 没有提供详细定义 Nurbs 曲面的运算器，控制点权重和节点网格都无法设置，这使曲面形状的控制和曲面的编辑受到了一定的限制，相关功能需要借助脚本编程或调用相关函数来实现。

Fit Loft 和 Control Point Loft 运算器通过在一组曲线上取点后拟合生成曲面，相关运算器如表 4-16 所示。

Fit Loft 和 Control Point Loft 运算器　　　　　　表 4-16

图标	名称	功能
C Nu Du Dv　S	Fit Loft	对一组曲线 C 进行分割,根据分割点拟合曲面 S。参数 Nu 为曲线的分割点数。Du 为 u 方向即曲线方向的次数,Dv 为 v 方向次数
C D　S	Control Point Loft	根据一组曲线 C 的控制点创建曲面 S。参数 D 为曲线排列方向(v 方向)的次数

2) 拉伸操作

拉伸(Extrude)操作也称作挤出操作,其结果可理解为先把线或面沿着直线段或曲线做一系列的平移(不产生旋转)和缩放,再把这些线或面连接成面或体(图 4-101)。

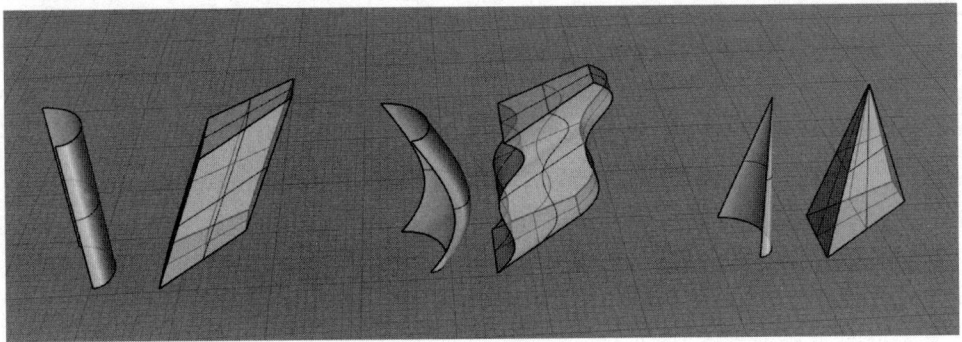

图 4-101　拉伸成面或体

Grasshopper 提供了几个拉伸操作的运算器,见表 4-17,其结果的数据类型为 Surface 或 Brep,拉伸方向为曲面的 U 方向(图 4-102)。

拉伸操作运算器　　　　　　表 4-17

图标	名称	功能
B D　E	Extrude	把对象 B 沿着向量 D 的方向和长度拉伸。当 B 为曲线时结果为曲面,B 为多直线段时结果为 Polysurface,B 为曲面时结果为实体
B C　E	Extrude Along	把对象 B 沿着曲线 C 进行拉伸。当 B 为曲线时结果为曲面,B 为多直线段时结果为 Polysurface,B 为曲面时结果为实体
P Po A Ao　E	Extrude Linear	沿着直线段 A 的方向拉伸曲线或曲面 P。如果坐标平面 Po 和 Ao 不同,则先将 P 从坐标平面 Po 转换到坐标平面 Ao,再进行拉伸操作。当 P 为曲线时结果为曲面,P 为多直线段时结果为 Polysurface,P 为曲面时结果为实体
B P　E	Extrude Point	把曲线或曲面 B 向点 P 拉伸并缩小为一点,以形成锥面或锥体

3）圆形管状面或体

相关运算器如表 4-18 所示。

Pipe 和 Pipe Variable 运算器 表 4-18

图标	名称	功能
C R E → P	Pipe	沿着曲线 C 生成管状面或体 P。输入参数 R 为管子的半径。E 有三个选项：当为 None（0）时，管子的两个端头无盖；为 Flat（1）时，两端为圆面；为 Round（2）时，两端为半球面
C t R E → P	Pipe Variable	沿着曲线 C 在不同的参数 t 处设置不同的半径生成粗细改变的管状面或体。输入参数 t 为曲线参数的多个值，R 为相应的多个半径值。参数 E 的设置同上

上述运算器的输出参数的数据类型为 Brep。管状曲面的 U 方向为曲线 C 的方向。

4）扫略操作

扫略分为单轨扫略和双轨扫略，如图 4-103 所示。单轨扫略可理解为把称作轨线的曲线进行分段，然后根据断面曲线起点与轨线起点的关系把断面曲线复制到轨线的各分段点，并旋转到与轨线垂直的方向，最后将一系列断面曲线连接成曲面或体。双轨扫略采用两条轨线，分别对应于断面曲线的起点和终点，断面曲线沿着两条轨线复制、缩放并旋转，最后这一系列的断面线连接成面或体。扫略操作输出参数的数据类型为 Brep，扫略面的 U 方向为轨线方向。相关运算器如表 4-19 所示。

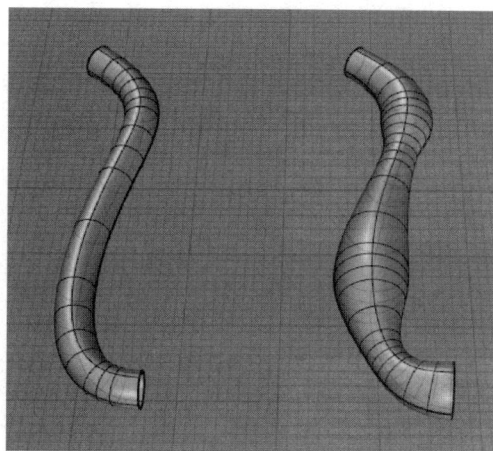

图 4-102　Pipe 和 Pipe Variable

为了便于控制和观察结果，在单轨扫略中一般让轨线的起点与断面线的起点重合，在双轨扫略中一般让两条轨线的起点分别重合于断面线的起点和终点。

单轨扫略和双轨扫略运算器 表 4-19

图标	名称	功能
R S M → S	Sweep1	单轨扫略，断面曲线 S 沿着轨线 R 扫略形成曲面或 Brep。当 R 有尖点时，参数 M 控制扫略面在尖点处的连接：为 None（0）时，相当于轨线在尖点处断开，断面曲线沿着各段轨线分段扫略；为 Trim（1）时，在轨线尖点处呈尖角，创建的面可能是剪切曲面；为 Rotate（2）时，在轨线尖点处呈圆角
R¹ R² S H → S	Sweep2	双轨扫略，断面曲线 S 沿着两条轨线 R¹ 和 R² 扫略，形成曲面或 Brep。参数 H 控制断面曲线在扫略中高度是否保持不变

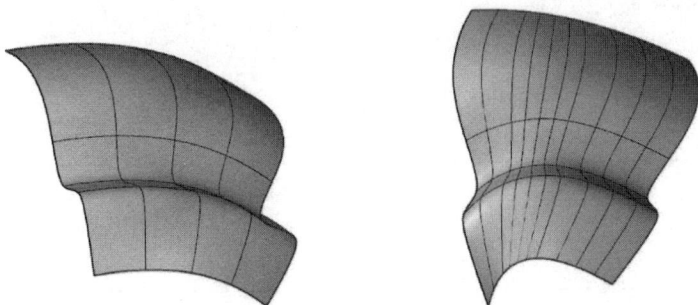

图 4-103　单轨扫略和双轨扫略

5）旋转操作

相关运算器如表 4-20 所示。

Revolution 和 Rail Revolution 运算器　　　　　　　　　　　　表 4-20

图标	名称	功能
	Revolution	断面曲线 P 以直线段 A 为轴旋转形成曲面。输入参数 D 为 Domain 数据类型，起始值为旋转的起始角（弧度），终止值为旋转的终止角（弧度）
	Rail Revolution	断面曲线 P 以直线段 A 为轴旋转，它以轨线 R 控制旋转的起始角和终止角以及断面曲线在旋转过程中的缩放。参数 S 控制在旋转轴方向是否缩放

　　Rail Revolution 与单轨扫略有些相似，其不同点在于，单轨扫略的断面曲线旋转到与轨线垂直的方向，而 Rail Revolution 中断面曲线始终围绕旋转轴旋转（图 4-104）。旋转操作输出参数的数据类型为 Brep，旋转面的 U 方向为旋转方向。

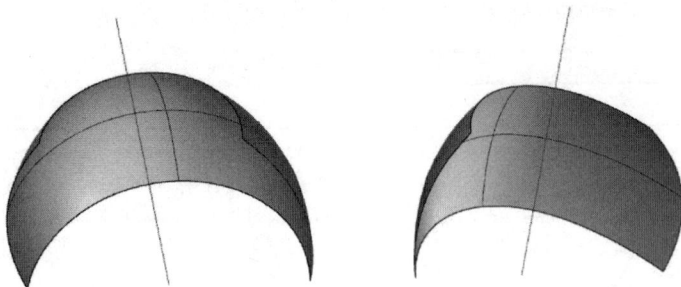

图 4-104　Revolution 和 Rail Revolution

6）直纹曲面和 Loft 曲面

相关运算器如表 4-21 所示。

直纹曲面和 **Loft** 曲面生成及控制运算器　　　　　　　　　表 **4-21**

图标	名称	功能
A B S	Ruled Surface	根据两条曲线 A 和 B 创建直纹曲面，可以理解为将 A、B 两条曲线各自进行无限等分后，由两条曲线上的分割点两两连成的无数直线段形成的曲面
C O L	Loft	根据一组断面线 C 创建放样曲面，如果断面曲线上有尖点，则拟合的结果为一组曲面（Brep），输入参数 O 为控制选项（见下一个运算器）。放样曲面可以理解为在一组断面线的两两曲线之间插入无数个中间曲线形成的曲面
Cls Adj Rbd Rft T O	Loft Options	Loft 曲面的控制选项，用于连接 Loft 运算器的输入参数 O。其中，输入参数 Cls 用于控制是否（有可能的话）将最后一个断面和第一个断面连接形成封闭曲面；当断面线为封闭曲线时，Adj 控制是否调整对齐各封闭曲线的接缝点以避免曲面的扭曲；Rbd 控制对断面线进行 Rebuild 预处理：为 0 时不进行 Rebuild，正数将重新设置控制点数进行 Rebuild（次数为断面曲线中最大的次数）；Rft 设置对断面曲线进行 FitCrv 预操作的误差控制数值，具体参见 Rhino 帮助文件关于 FitCrv 命令的说明；T 用于设置 Loft 的方式：为 Normal 时，断面曲线两两之间以相同数量的中间曲线生成曲面，适合于断面曲线间变化路径相对平直或断面曲线两两之间距离较大的情况；为 Loose 时，曲面的控制点与原断面曲线控制点吻合，适合于以后需要编辑控制点的情况；为 Tight 时，曲面与原断面曲线形状最为吻合，适合于原断面曲线位于曲面转角的情况；为 Developable 时，断面曲线两两之间形成单独的曲面；为 Uniform，则创建均匀曲面

　　Ruled Surface 运算器结果的 U 方向为曲线方向，Loft 运算器结果以断面曲线的方向为 V 方向，如图 4-105 所示。

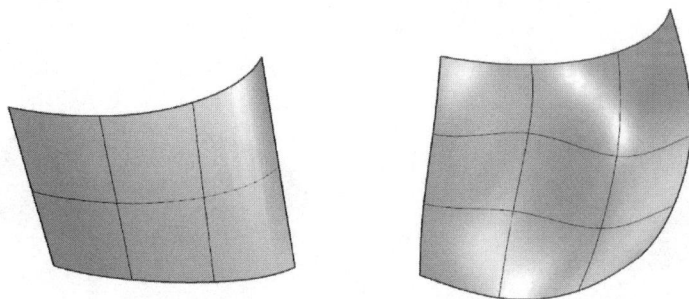

图 4-105　直纹曲面和 Loft 曲面

7）其他构造曲面的方法

相关运算器如表 4-22 所示，运行效果如图 4-106 和图 4-107 所示。

其他用于构造曲面的运算器　　　　　　　　　表 **4-22**

图标	名称	功能
E S	Boundry Surface	根据一组曲线构成的封闭平面轮廓生成平面型曲面

图标	名称	功能
A B C D — S	Edge Surface	根据 2-4 条边生成曲面
U V C — S	Network Surface	根据 U、V 方向各一组曲线拟合出曲面 S。输入参数 C 控制曲面的连续性
A B — S	Sum Surface	相当于拷贝曲线 B 到曲线 A 的端点，再在曲线 B 的两个拷贝的另一端拷贝曲线 A，最后用四条边构造曲面
B — P	Fragment Patch	根据封闭的 Polyline B 生成折面
C P S F T — P	Patch	根据曲线集 C 和点集 P 拟合一个曲面。参见 Rhino 的 Patch 命令

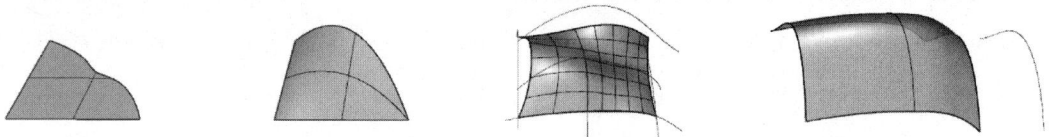

图 4-106　Boundry Surface、Edge Surface、Network Surface 和 Sum Surface

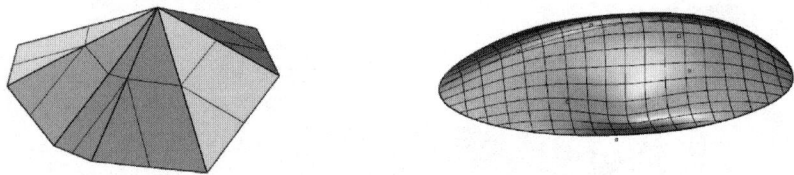

图 4-107　Fragment Patch 和 Patch

在 Surface＞Util 面板下还有两个运算器可以用于对曲面进行平行拷贝（offset），以创建新的曲面，如表 4-23 所示。

Offset Surface 和 Offset Surface Loose 运算器　　　　表 4-23

图标	名称	功能
S D T — S	Offset Surface	对曲面 S 进行 offset，D 为距离，沿曲面的法线方向为正数。输入参数 T 用于控制是否对 Offset 创建的曲面进行与原曲面同样的剪切

续表

图标	名称	功能
S D T	Offset *Surface* Loose	对曲面 S 进行 offset，参数的设置同上。Offset Surface 与 Offset Surface Loose 的区别在于前者的输入曲面和生成曲面是严格的平行关系，而后者的输入曲面和生成曲面的控制点是平行的

4.5.4　创建曲面案例

1) Extrude Point 运算器的应用

我们在 4.3 节里介绍了一个制作正交网格的案例，我们这里以此为基础，制作如图 4-108 所示的模型。

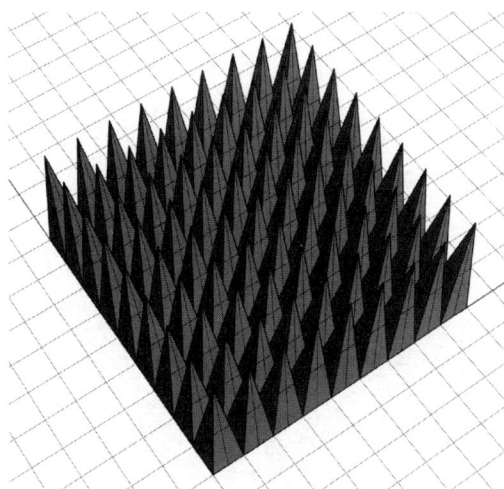

图 4-108

步骤：

① 首先参照案例 4-3. gh，建立一个正交网格点阵（图 4-109）。

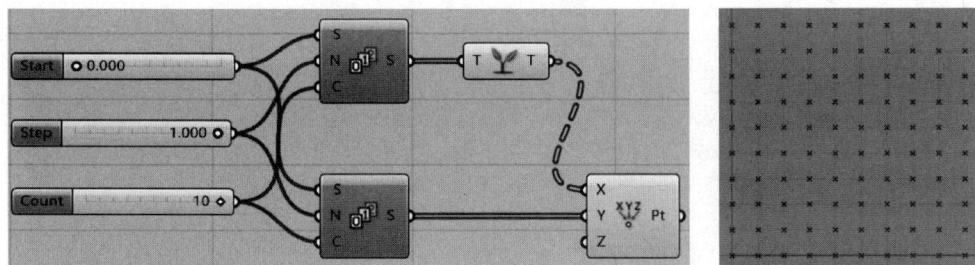

图 4-109

② 接下来进行数据的结构处理。如图 4-110 所示，先用 Graft Tree 运算器将每一个点放在数据树的一个独立的分枝上，并用 Simply Tree 运算器将路径简化；再用 Relative Item 运算器，将输入参数 O（Offset）设为 {1；1}，这样，我们在输出参数 A 就获得了去除了最上边一行和最右边一列的点阵。

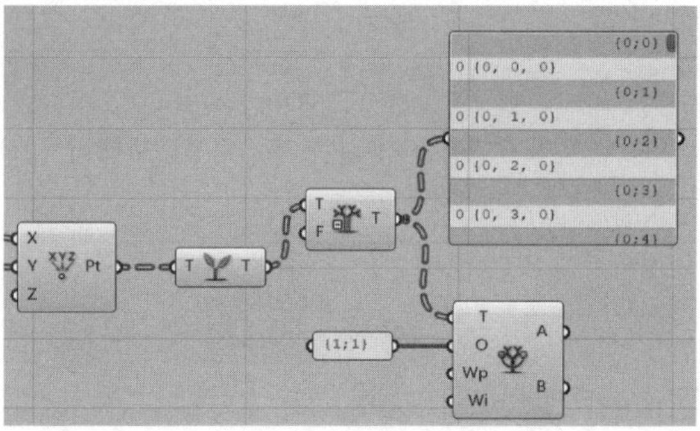

图 4-110

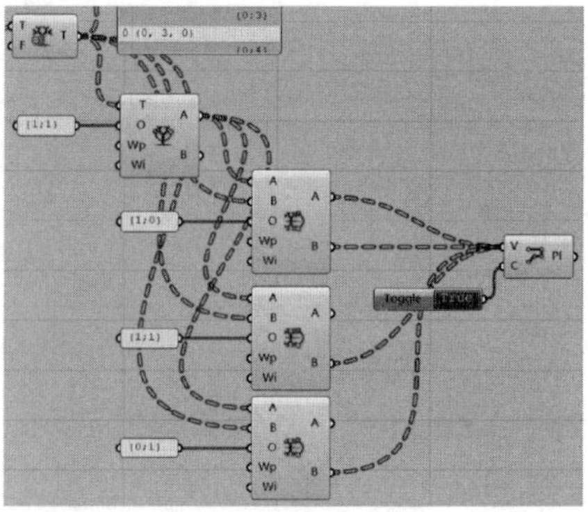

图 4-111

③ 如图 4-111 所示,用 Relative Items 运算器获取步骤②的输出参数 A 的每一个点的右侧、右上和上侧的点,并用 Polyline 运算器将它们连成正方形。

④ 参照步骤①,再建一个网格点阵,行数与列数比步骤①的网格点阵均小 1,并用 Number Slider 运算器给网格点阵的 Z 坐标赋值,如图 4-112 所示。

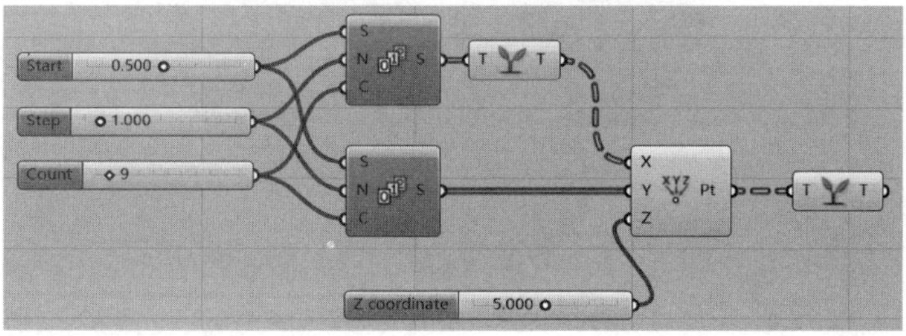

图 4-112

⑤ 最后,用 Extrude Point 运算器,将步骤③的 PolyLine 运算器和步骤④的 Graft 运算器的输出参数分别连接 Extrude Point 运算器的输入参数 B 和 P,就获得了图 4-108 所示的模型。

完整的程序如图 4-113 所示,本案例文件见 4-8.gh。

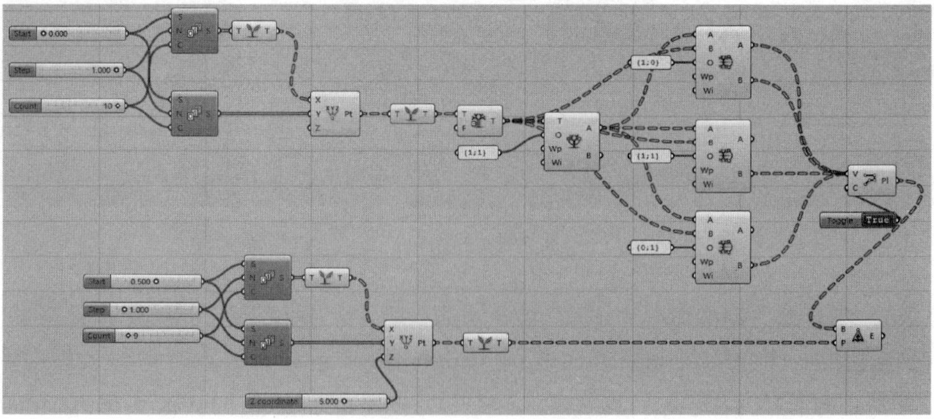

图 4-113

2）用 Loft 运算器制作莫比乌斯环

我们在这个案例中（见案例文件 4-9. gh）将演示用 Loft 运算器制作如图 4-114 所示的"莫比乌斯环"的方法，思路是先将一条封闭曲线进行分段，然后在每一个分段点处的与曲线垂直的各个坐标平面上，顺序绘制与坐标平面 X 轴呈 0～180°渐变的直线段，再用 Loft 运算器将这些线段连接成面。步骤如下（图 4-115）：

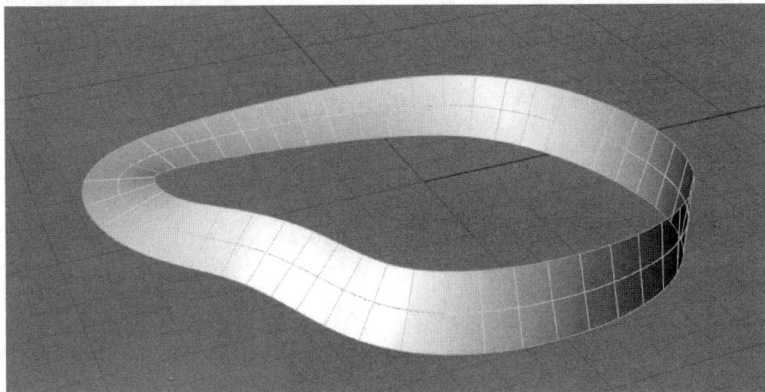

图 4-114

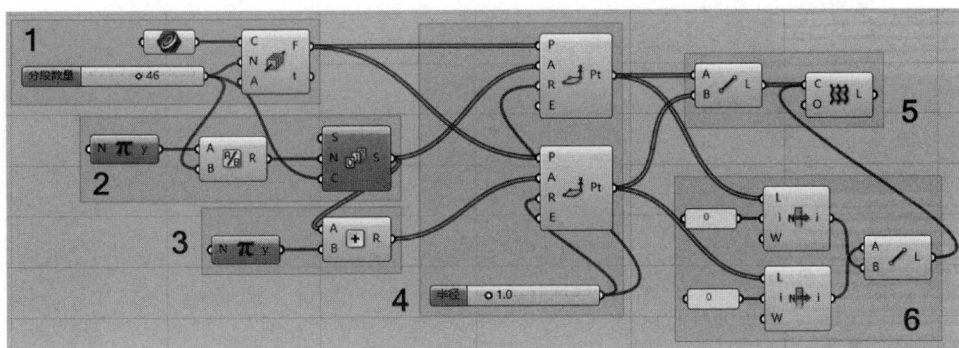

图 4-115

步骤：

① 在 Rhino 绘制一条封闭的曲线，在 Grasshopper 放置 Prep Frames 运算器，将绘制的曲线选择为 Prep Frames 的输入参数 C，并用 Number Slider 设置 Prep Frames 运算器的分段数（输入参数 N）。

② 以 Pi 除以分段数为增量，以分段数为数量，用 Series 运算器生成一个数列（起始值 S＝0）。

③ 用 Pi 加上步骤②的数列，得到另一个数列。

④ 以步骤①的 Prep Frames 运算器的输出参数为坐标平面，以步骤②和③的数列为角度，以 Number Slider 运算器设置半径（直线段长度的一半），用 Point Cylindrical 运算器生成两组点阵。

⑤ 用 Line 运算器将步骤④的两组点阵连接成一组直线段，并用 Loft 运算器连接成面。此时的结果如图 4-116 所示。

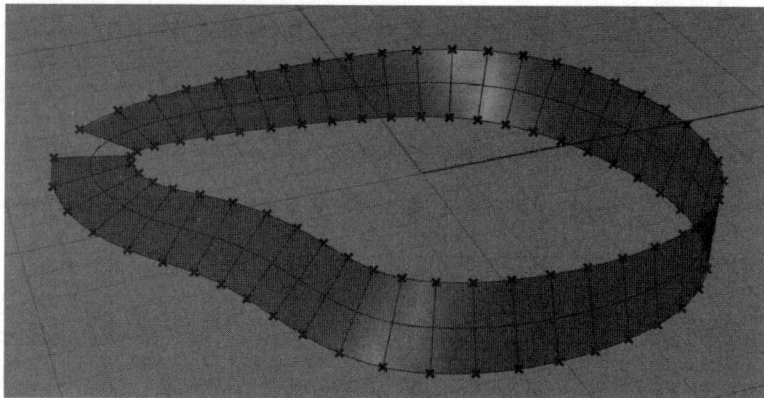

图 4-116

⑥ 由于生成 Loft 曲面的第一条直线段和最后一条直线段的起点和终点的相应关系发生了颠倒，如果把 Loft 运算器的选项设置为封闭，则曲面会发生错误的扭曲，因此需要处理。我们这里采用的方法是用 List Item 运算器，把步骤④得到的两组点阵的第一个点分别提取出来，颠倒顺序后连接成一条新的直线段，加入 Loft 运算器的输入参数 C。

4.5.5　Surface 和 Brep 的分析

Surface＞Analysis 面板中有许多用于分析曲面和 Brep 的工具，下面我们介绍一下一些常用的运算器。在曲面分析中，经常需要用到 UV 坐标，前面我们已经介绍，UV 坐标系可以看作一个正交的平面坐标系，在 Grasshopper 中，UV 坐标的表示方法与三维坐标点相同，只是其 Z 坐标被忽略。

1）Surface 的分析

与 Curve 类似，可以用 $Domain^2$ 运算器获取曲面的参数域，对于 Surface 数据类型的输入参数，可以在右键菜单选择 Reparameterize，使它的 U、V 域都为 0～1。表 4-24 所列为用于对曲面进行分析的运算器。

曲面分析运算器　　　　　　　　　　　　　　　　　　　　　　　表 4-24

图标	名称	功能
	Surface Points	求曲面的控制点等信息。输出参数 P 为控制点，W 为控制点权重，U 为控制点网格在 U 方向的点数，V 为控制点网格在 V 方向的点数。G 为 Greville 点的 UV 坐标。所谓 Greville 点，以曲线为例，如果曲线的次数为 3，而节点向量为 0，0，0，1，2，3，3，3，则它的 Greville 点即为参数值为 （0＋0＋0）/3＝0、（0＋0＋1）/3＝1/3、（0＋1＋2）/3＝1、（1＋2＋3）/3＝2、（2＋3＋3）/3＝8/3、（3＋3＋3）/3＝3 处的点，在 Rhino 中即为曲线的编辑点；曲面的 Greville 点以此类推
	Surface Closest Point	求曲面 S 上与点 P 最近距离的点。输出参数 uvP 为输出参数 P 点在 S 上的 UV 坐标，D 为距离

续表

图标	名称	功能
	Evaluate Surface	求曲面 S 上 UV 坐标为 uv 处的点 P。输出参数 N 为 uv 处的曲面法向量，U、V 分别为 uv 处的 U 方向和 V 方向向量，F 为 uv 处与曲面相切的坐标平面
	Principal Curvature	求曲面 S 上 UV 坐标为 uv 处的切平面 F、主曲率（最大曲率 C^1、最小曲率 C^2）和主曲率方向（最大曲率方向 K^1、最小曲率方向 K^2）
	Osculating Circles	求曲面 S 上 UV 坐标为 uv 处的点 P，及该位置上的两个主曲率圆（最大曲率圆 C1、最小曲率圆 C2）
	Surface Curvature	求曲面 S 上 UV 坐标为 uv 处的切平面 F、高斯曲率 G（两个主曲率的乘积）和平均曲率 M（两个主曲率的平均值）

2）Brep 的分析

表 4-25 所列为对 Brep 进行分析的一些运算器。

Brep 分析运算器 　　　　　　　　　　　　　　　　　　　表 4-25

图标	名称	功能
	Deconstruct Brep	获取 Brep 的面 F、边线 E、和顶点 V
	Brep Edges	分析 Brep 的边线，输出参数 En 为外边线，Ei 为内部边线，Em 为独立的线
	Brep Closet Point	求点 P 到 Brep B 最近的点，输出参数 N 为最近点处的法向量，D 为 P 到 B 的最近距离
	Brep Wireframe	提取 Brep B 的线框，D 设置线的密度
	Dimensions	获取曲面在 U 方向和 V 方向的近似尺寸
	IsPlanar	判断曲面 S 是否为平板。如果参数 I 为 Ture，则限定检测的是剪切后的曲面；否则检测整个曲面。如果 S 是平板，则输出参数 F 为 Ture，否则为 False。输出 P 为拟合的平面

在 Surface>Util 面板下，Grasshopper 新增了一些 Brep 边线提取的工具，如表 4-26 所示。

Brep 边线提取相关运算器   表 4-26

图标	名称	功能
Cv Cc Mx B	Convex Edges	获取 Brep 当中的凹边和凸边序号。Cv 为凸边序号，Cc 为凹边序号，Mx 为混合凹边序号
B D R A E I M	Edges from Directions	根据指定方向 D 及其角度范围 A 来筛选 Brep B 的边线 E。输入参数 R 设置是否测试反角，输出参数 I 为 E 的边界序号
B P E I	Edges from Faces	根据位于 Brep B 上的点 P，筛选出包含点 P 的面的边线 E，及其序号 I
B L- L+ E I	Edges from Length	筛选出 Brep B 中指定长度范围在 L—到 L+之间的边线 E，及其序号 I
B L- L+ E I	Edges from Linearity	筛选出 Brep B 中指定线性偏差在 L—到 L+之间的边线 E，及其序号 I
B P V T E I M	Edges from Points	筛选 Brep B 上通过点 P 的边线。V 控制要筛选出最小通过几个点的边界，T 为容差。输出参数 E 为符合条件的边界，I 为 E 的序号，M 为边界通过的点的序号

3) Box 的分析

在 Grasshopper 中，Box 是一种独立的数据类型，前面介绍的创建 Box 的各种运算器的结果都是 Box 类型。可以用以下运算器对 Box 进行各种数据的分析（表 4-27）。强调一下，如果把其他图形作为输入参数，相关的 Box 分析运算器分析的将是图形的 Bounding box。

Box 分析运算器   表 4-27

图标	名称	功能
B A B C D E F G H	Box Corners	获取 Box B 的 8 个顶点

续表

图标	名称	功能
	Box Properties	获取 Box B 的中心 C、对角向量 D、表面积 A、体积 V。d 为 Box 的"退化"情况，0 表示输入的 Box 为长方体，1 表示输入的 Box 为矩形，2 表示输入的 Box 为直线段，3 表示输入的 Box 为点
	Deconstruct Box	获取 Box B 所处的坐标平面 P 以及 B 在坐标平面 P 的 X、Y、Z 方向上的数值范围 X、Y、Z
	Evaluate Box	以 Box B 左下角为原点，以 B 的长宽高方向为坐标轴方向，长宽高取值范围为 0~1 建立坐标系，求该坐标系下（U、V、W）坐标处的空间位置 Pt。输出参数 Pl 以该点为原点的坐标平面，I 用于表示该点是否位于 Box 内部或边界

4）其他分析曲面和 Brep 的工具

相关运算器如表 4-28 所示。

其他分析曲面和 Brep 的运算器　　　　表 4-28

图标	名称	功能
	Divide Surface	平分曲面 S 的 UV 域以生成网格点，输入参数 U 为 U 方向的网格数，V 为 V 方向的网格数。输出参数 P 为网格点，N 为各网格点处的法向量，uv 为各网格点的 UV 坐标
	Surface Frames	平分曲面 S 的 UV 域，求取各 UV 分格点处与曲面相切的坐标平面。输入参数 U 和 V 同上，输出参数 F 为各坐标平面，uv 为分格点的 UV 坐标值，即各坐标平面的原点的 UV 坐标值
	Isotrim	从曲面 S 获取 UV 范围为 D 的局部曲面

以上两个运算器位于 Surface>Util 面板。在 Curve>Spline 面板下还有几个从曲面获取曲线的工具，如表 4-29 所示。

从曲面获取曲线的运算器　　　　表 4-29

图标	名称	功能
	Curve On Surface	创建通过曲面 S 上的一系列点的、位于曲面 S 上的曲线。输入参数 uv 为这一系列点在曲面 S 上的 UV 坐标，C 设定是否创建闭合曲线。输出参数 L 为曲线的长度，D 为曲线的参数域

图标	名称	功能
S U uv V	Iso Curve	在曲面 S 的 uv 坐标处生成沿 U、V 方向的曲线。U 为 U 方向曲线，V 为 V 方向曲线
S S E G	Geodesic	在曲面 S 上生成从点 S 到点 E 的测地线，即曲面上距离最短的线。如果 S 或 E 不在曲面上，则把它们投影到曲面后生成测地线
C B D C	Project	将曲线 C 向 Brep B 投影生成曲线，向量 D 为投影方向
C S C	Pull Curve	沿曲面 S 的法线方向，将曲线 C 向曲面投影生成曲线
C D S C	Offset on Srf	在曲面 S 上对曲线 C 进行 Offset，D 为距离

Surface＞Analysis 面板下还有如下几个运算器可用于分析面和 Brep 的相关数据：Area 运算器用于求曲面或 Brep 的面积与面积中心；Volume 计算器用于求体积和体积中心，这两个运算器比较简单。Area Moments 运算器用于求面积矩，Volume Moment 运算器用于求体积矩，概念比较复杂，在此略过。

另外，还有几个判断图形包含关系的运算器：Point In Brep 用于判断点是否在一个体积之内；Point In Breps 用于判断点是否在一组体积之内；Point In Trim 用于判断 UV 坐标点是否位于一个面的被剪切掉的范围内；Shape In Brep 用于判断体积是否包含了图形对象，这几个运算器也比较简单，这里也不具体介绍了。

4.5.6　曲面和 Brep 的编辑操作

在 Surface＞Util 面板下，有几个编辑曲面或 Brep 的运算器，如表 4-30 所示。

Surface＞Util 面板下编辑曲面或 Brep 的运算器　　　　　表 4-30

图标	名称	功能
S T S	Copy Trim	把曲面 S 的剪切线通过 UV 坐标映射到曲面 T，对 T 进行剪切
S T S	Retrim	把剪切曲面 S 的剪切线 Pull（参见上小节的 Pull Curve）到曲面 T 对曲面 T 进行剪切
S S	Untrim	获取剪切曲面的原曲面
B B C	Brep Join	用于把一组 Brep 中可连接的连接在一起，输出参数 C 显示结果 B 是否为封闭体积。注意输出参数 B 中除了连接成功的 Brep，还包含着未被连接的对象

续表

图标	名称	功能
B🎁B	Cap Holes	用面把 Brep B 上的平面型洞口（例如封闭曲线拉伸形成的面在两端的开口）封闭
B📦 B C S	Cap Holes Ex	尽可能封闭 Brep B 上的各种洞口，输出参数 B 为结果 Brep，C 为被封闭的洞口数量，S 指示结果是否为封闭的体积
B🗂 B N0 N1	Merge Faces	把 Brep B 中共平面的面合并成一个面。输出参数 B 为结果 Brep，N0 为合并前的 Brep 中的面的数量，N1 为合并后的面的数量
S G 🔄 S R	Flip	翻转曲面 S 的法线方向。如果有输入参数 G（参考曲面），则根据 G 的法线方向确定是否对 S 进行翻转（两曲面法向量夹角大于 90°则翻转）
S B M E R 🔷 B	Fillet Edge	根据指定边缘序号对 Brep 倒角。S 输入需要处理的 Brep，输入参数 B 和 M 设定倒角类型和计算方式，E 输入需要倒角的边的序号，R 输入每条边的倒角半径

4.5.7　在曲面上绘制图形的案例

1）映射坐标到曲面绘制六边形网格

我们在这个案例里将演示一种在曲面上绘制网格的方法，该方法可以应用于很多类似的情况。过程是，首先在平面绘制网格，然后通过 Evaluate Surface 运算器把平面上的点映射到曲面，最后再连接成网格。结果如图 4-117 所示。

① 打开案例文件 4-10.3dm，在 Grasshopper 中用 Loft 运算器将文件中的两条曲线制作为放样曲面。

② Vector>Grid 面板下有几个生成网格的运算器。我们采用 Hexagonal 运算器生成

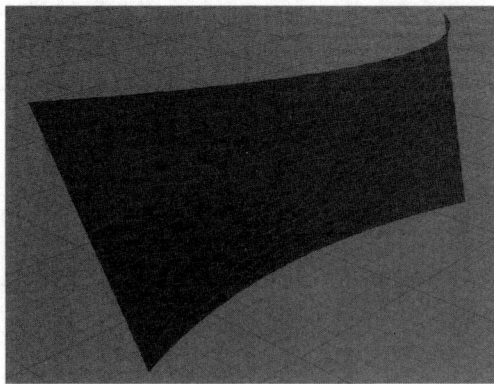

图 4-117

一个正六边形网格。该运算器的输入参数 P 为网格所在的坐标平面，预设值为世界坐标系 XY 平面；S 为网格的大小（正六边形的外径），预设值为 1；Ex、Ey 分别为 X 轴、Y 轴方向的六边形数量，我们用 Number Slider 运算器设置。输出参数 C 为各个正六边形，P 为各六边形的中心点。这时，在 Rhino 的 XY 坐标平面上将出现一个正六边形网格。接下来我们要把这个网格的各个六边形的顶点映射到曲面上，然后再连接成六边形。

③ 把 Hexagonal 运算器的输出参数 C 连接到 Control Points 运算器，获取各个六边形的顶点，然后用 Deconstruct 运算器获得各顶点的坐标，用 Flatten Tree 运算器将 X、Y 坐标处理后，用 Bounds 运算器分别获取 X、Y 坐标的取值范围。同时用 Domain^2 运算器获取曲面的 UV 域，并用 Deconstruct Domain^2 运算器分解成 U 和 V 两个域。

④ 用 Remap Numbers 运算器将各六边形顶点的 X、Y 坐标分别从 X、Y 坐标的取值范围映射到曲面的 U、V 域，再用 Construct Point 运算器重新构造成 UV 坐标点，最后用 Evaluate Surface 运算器在曲面上求得各 UV 坐标相应的空间点，用 PolyLine 运算器绘制各个六边形。

全部过程如图 4-118 所示，案例文件为 4-10.gh。

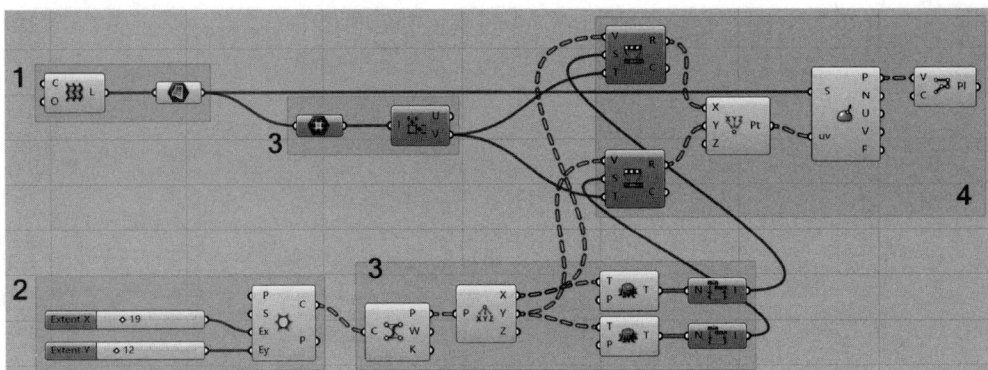

图 4-118

2）在封闭曲面绘制菱形网格

在这个案例里我们将演示如何处理封闭曲面的问题，如图 4-119 所示，我们将在一个封闭的曲面上绘制一个菱形网格。

① 在 Rhino 打开 4-11.3dm 文件，在 Grasshopper 里用 Revolution 运算器制作封闭旋转面。

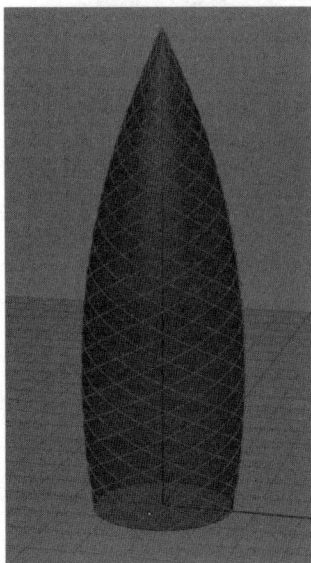

图 4-119

② 用 Domain^2 运算器获取曲面的 UV 域，并用 Deconstruct Domain^2 运算器分解成 U 和 V 两个域。

③ 用 Range 运算器在 U、V 域范围内进行平分并获得平分处的数值（等差数列）。

④ 用 Graft Tree 运算器处理非封闭域（V）生成的等差数列，用 Cull Nth 运算器去除封闭域（U）生成的等差数列的最后一个数值后，用 Construct Point 运算器构造出 UV 网格坐标点。对于封闭域，用 Range 运算器获得的等差数列的最后一个数值，其生成的 UV 坐标所对应的空间点和第一个数值生成的 UV 坐标所对应的空间点是重复的，所以我们把它去除掉。

⑤ 接下来我们在 UV 坐标系里看看如何把点连接成我们需要的网格，我们可以用 Shift List 运算器来处理，方式如下：

用 Serie 运算器创建一个从 0 到非封闭方向分段数＋1 的等差数列，再用 Graft Tree 运算器把数列中的数据放置到数据树的各个分枝，再运用 Shift List 运算器对步骤④获得的 UV 网格坐标点数据树进行处理，输入参数 W 设为 Ture。

这样，UV 网格坐标点数据树的第一个数据分枝中的第一个点、第二个数据分枝中的第二个点、第三个数据分枝中的第三个点…，第 n 个数据分枝中的第 n 个点在生成的数据树的各个分枝列表上就处于相同的索引位置；第一个数据分枝中的第二个点、第二个数据分枝中的第三个点等等，也位于各分枝表同样的索引位置。由于 Shift List 运算器的 W 选项为 True，同样的索引位置还包括最后一个数据列中的第一个点。其他数据也是如此，可以比作一系列拨盘把这些数据列分别拨动了 1、2、3…，使得斜向的数据在位置上对齐。另外，请注意步骤④的 Graft Tree 运算器连接的是非封闭方向，这是为了把封闭方向的 UV 坐标点放置在同一个分枝数据列表中，这样做是为了以后把它们相应的空间点连接起来时，起点的位置不会对结果产生影响。

⑥ 用 Flip Matrix 运算器对上一步生成的数据树进行处理，使得处于各数据分枝同样索引位置的数据（UV 坐标）被放置在新数据树的同一个数据分枝上。再用 Evaluate Surface 运算器，把 UV 坐标映射为曲面上的点，最后用 Interpolate 运算器将各个数据分枝上的点连接成曲线。我们就获得了菱形网格一个方向上的斜线。还可以用 Pull Curve 运算器把这些线投射到曲面上。

⑦ 重复步骤⑤和⑥，在用 Serie 运算器创建等差数列时，将增量设为－1，可以理解为反方向转动拨盘，这样就获得了另一个方向的斜线。

图 4-120 为本案例的完整程序（见案例文件 4-11. gh）。

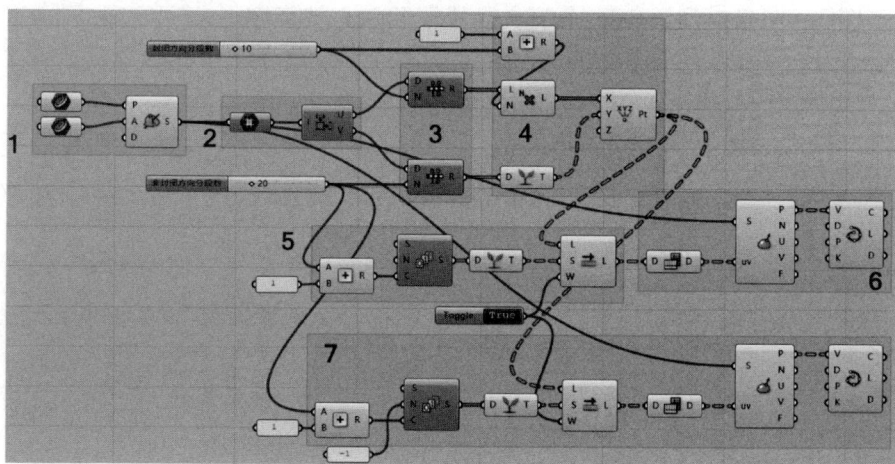

图 4-120

4.6　网格（Mesh）模型和一些复杂图形创建工具

4.6.1　网格模型及其构成

Rhino 是以 NURBS 为核心的三维 CAD 建模软件，但它同时也包含了基于网格模型的建模方式。在三维计算机图形学中，网格（Mesh）模型是用多边形表示或近似表示曲面的造型方法，许多 CAD 软件都支持网格模型，而一般的建筑物理模拟分析软件，特别是计算流体动力学（CFD）分析软件，采用的模型都是网格模型。注意这里的网格（Mesh）和我们通常所说的网格（Grid）是不同的概念。

网格模型为一组由多边形表示的面，其基本元素为三维空间中的点，称为顶点，由不同顶点组合连接起来可以得到若干个封闭多边形，这些多边形构成了网格模型的面。大多数建模软件的网格模型采用的多边形为三角形和四边形，Rhino 也是如此。

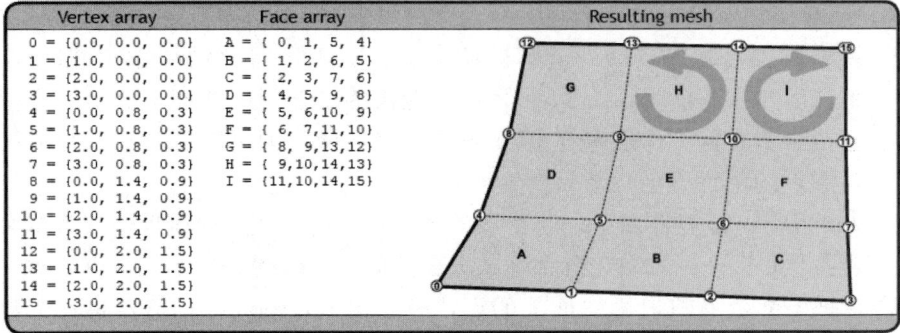

图 4-121　网格（Mesh）模型的描述方式

如图 4-121 所示，网格模型的内在描述方式主要为顶点列表和面列表，顶点列表为所有顶点的坐标；面列表为各个网格面，每个网格面表述为顺序连接的顶点的序号，这与 NURBS 曲面的表述是完全不同的。Rhino 网格模型的网格面只包括三角形和四边形两种，另外，Rhino 网格模型还包括顶点颜色列表和顶点法向量列表。Grasshopper 中提供了一些构建、分析和编辑网格模型的运算器，都位于 Mesh 菜单下的面板中。我们先通过 Mesh＞Primitive 和 Mesh＞Analysis 面板下的几个运算器了解一下 Rhino/Grasshopper 网格模型的基本构成（表 4-31）。

基本网格模型运算器　　　　　　　　　　　　　　　　　　　　　表 4-31

图标	名称	功能
	Construct Mesh	由顶点 V、网格面 F、和顶点颜色 C 三个列表构造网格模型
	Mesh Quad	由顶点序号设定四边形网格面
	Mesh Triangle	由顶点序号设定三角形网格面
	Deconstruct Mesh	分析网格模型的构成，V 为顶点，F 为网格面，C 为顶点颜色，N 为顶点向量

图 4-122 所示是我们用上述的几个运算器构造分析一个简单的网格模型的例子。首先由六个点形成了一个点列表 Pt，通过 Mesh Triangle 和 Mesh Quad 运算器设定了网格面的顶点顺序，由 Colour Swatch 运算器（位于 Parameter Input 面板）设定了顶点颜色Pattern。接下来我们把以上设置连接到 Construct Mesh 运算器的各输入参数，构造出右图中的网格模型。Construct Mesh 运算器的输入参数 C 如果不设置，则网格模型不包含顶点颜色信息。最后，我们用 Deconstruct Mesh 运算器对这个网格模型进行了分析，分解出顶点、面、顶点颜色、顶点向量各种信息。读者可以自己尝试一下这个过程，特别要注意网格面的描述方式。

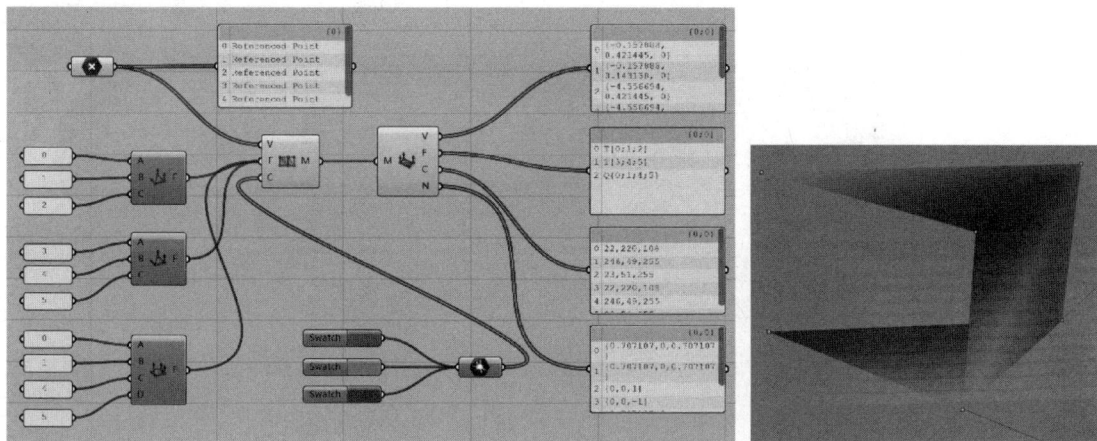

图 4-122 网格模型的基本构成

4.6.2 其他创建网格模型的运算器

在 Mesh>Primitive 面板下，还有以下几个与创建网格模型相关的运算器，如表 4-32所示。

创建网格模型的运算器

表 4-32

图标	名称	功能
	Mesh Colors	设定网格模型 M 的顶点的颜色，输入参数 C 为颜色的 Pattern
	Mesh Spray	通过给一系列点 P 赋色来为网格模型 M 着色
	Mesh Box	根据 Box B 创建网格模型。输入参数 X、Y、Z 为长、宽、高方向的网格数
	Mesh Plane	根据 Rectangle B 创建平面网格模型。输入参数 W、H 为长、宽方向的网格数，输出参数 A 为面积

图标	名称	功能
B R U V M	Mesh Sphere	以经纬方式创建网格球（图 4-123 左图）。输入参数 B 为坐标平面，R 为半径，U、V 为 U 和 V 方向的网格数
B R C M	Mesh Sphere Ex	以对称方式创建网格球（图 4-123 右图）。输入参数 B 为坐标平面，R 为半径，C 用于控制网格面的数量

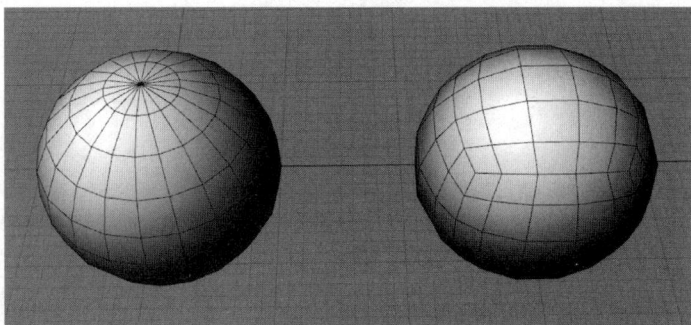

图 4-123　Mesh Sphere 和 Mesh Sphere Ex 创建的网格球

另外，在 Mesh＞Util 面板下还有 Mesh Surface 运算器用于根据曲面的 UV 坐标等分来创建近似于曲面的网格模型；Simple Mesh 和 Mesh Brep 运算器用于创建与 Brep 近似的网格模型，Mesh Brep 可以用 Setting（Custom）、Setting（Quality）、Setting（Speed）来设置网格模型的精细度。由于网格模型在我们的建模工作中使用较少，这里就不一一详细介绍了。

Mesh＞Triangulation 面板下还增加了 Quad Remesh 运算器用以生成全四边形网格，Tri Remesh 运算器可生成均匀三角形网格和对偶六边形网格，十分强大，读者可以用球面尝试一下看看效果。

4.6.3　网格模型的分析

除了前面介绍的 Deconstruct Mesh 运算器，Grasshopper 还提供了其他许多对网格模型进行分析的工具，表 4-33 所列的运算器位于 Mesh＞Analysis 面板。

Mesh＞Analysis 面板下分析网格模型的运算器　　　　　　　　　　表 4-33

图标	名称	功能
M C N	Face Normals	分析网格模型 M 的各个面的法向量。输出参数 C 为各面的中心，N 为各面的法向量
M B	Face Boundaries	获取网格模型 M 的各个面的边界多边形
M C R	Face Circle	获取网格模型 M 的各个三角面的外切圆 C，输出参数 R 为各圆半径

续表

图标	名称	功能
E1 E2 E3 M	Mesh Edges	获取网格模型 M 的边线。输出参数 E1 为只属于一个面的边，E2 为同时属于 2 个面的边，E3 为同时属于 3 个或 3 个以上面的边
A B C D F	Deconstruct Face	分析网格面 F 的顶点序号。当 F 为三角形面时，D＝C
M P S I	Mesh Inclusion	判断点 P 是否在网格模型 M 的体积之内
P M P I P	Closest Point	求网格模型 M 上与点 P 最近的点。输出参数 I 为最近点所在的面的序号；下面一个 P 为最近点位置的参数，其格式为：X [$f1$；$f2$；$f3$；$f4$]，其中 X 为面序号，$f1$、$f2$、$f3$、$f4$ 为面顶点的插值系数，假设面顶点为 $V1$、$V2$、$V3$、$V4$，则点的坐标为 $V1 \times f1 + V2 \times f2 + V3 \times f3 + V4 \times f4$
M P P N C	Mesh Eval	获取网格模型 M 上位置参数（X [$f1$；$f2$；$f3$；$f4$]，同上）为 P 的点 P、法向量 N 和颜色 C

4.6.4　网格模型的编辑

Mesh＞Util 面板包含了一些对网格模型进行编辑操作的运算器，如表 4-34 所示。

Mesh＞Util 面板下用于编辑网格模型的运算器　　　　表 4-34

图标	名称	功能
M I M	Blur Mesh	模糊颜色
M P M	Cull Faces	按照 True 和 False 构成的 Pattern P 删除网格面
M I M	Delete Faces	删除序号为 I 的网格面
M P S M	Cull Vertices	按照 True 和 False 构成的 Pattern P 删除顶点。S 设定是否把因顶点被删除而缺少了一个顶点的四边形网格面转为三角形网格面
M I S M	Delete Vertices	删除序号为 I 的顶点
M M	Mesh Join	合并网格模型

图标	名称	功能
	Disjoint Mesh	如有可能,把一个网格模型分开为若干个独立的网格模型
	Mesh Split Plane	用坐标平面 P 将网格模型切开成 A、B 两个模型
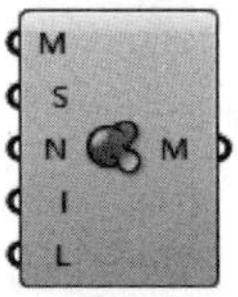	Smooth Mesh	对网格模型 M 进行平滑处理。S 为平滑处理的强度(0—1),N 控制是否处理位于模型边界的边,I 为平滑处理的次数,L 控制处理前后顶点的最大的位移距离
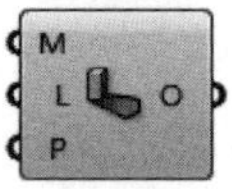	Mesh Shadow	计算网格模型 M 沿向量 L 在坐标平面 P 上的投影轮廓
	Triangulate	把网格模型 M 的四边形面转化为三角形面。输出参数 N 为得到转化的四边形网格面的数量
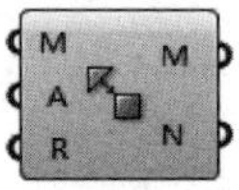	Quadrangulate	把网格模型 M 的三角形面尽可能合并为四边形面。输入参数 A 为合并三角形面的控制角度,如果两个三角形面的夹角小于 A 则不合并;R 为四边形两对角线的比例控制值,如果将要合并成的四边形的短对角线和长对角线的比例小于 R,则不合并。输出参数 N 为转化的三角形数量
	Weld Mesh	合并尖角处的面使之平滑,A 控制小于多少度的尖角需要处理
	Unweld Mesh	分开尖角处的面使之恢复成尖角状态

4.6.5 一些复杂图形创建

Mesh>Triangulation 面板下有一些非常有用的创建多种复杂图形的工具,如表 4-35 所示,图 4-124～图 4-134 为部分结果示例。这些图形在许多参数化建筑设计的案例中可以见到。

Mesh>Triangulation 面板下一些创建复杂图形的运算器　　　　表 4-35

图标	名称	功能
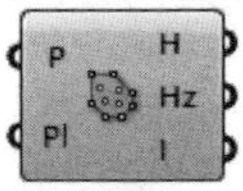	Convex Hull	如图 4-124 所示,在坐标平面 PI 生成包含点集 P 的投影凸多边形 H,输出参数 Hz 为与 H 端点相应的点相连接的空间多边形,I 为多边形 H 各顶点在 P 中的序号
	Delaunay Edges	如图 4-125 所示,把点集 P 连接生成三角网格边线 E,输出参数 C 为生成网格线的拓扑关系
	Delaunay Mesh	如图 4-126 所示,把点集 P 生成三角面网格模型

续表

图标	名称	功能
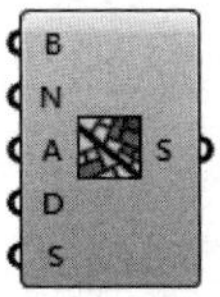	Substract	生成如图 4-127 所示的肌理（参见 http：//complexification. net/gallery/machines/substrate）。输入参数 B 为肌理的边界矩形，N 为肌理图中线的数量，A 为肌理图的角度（弧度），D 为线段的最大变化角度（弧度），S 为随机种子
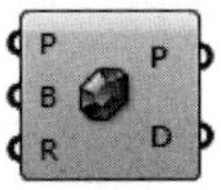	Facet Dome	如图 4-128 所示，根据点集 P 拟合出球面 D，并生成外切球面 D 的多边形集 P，切点为各点在球面上的投影。输入参数 B 为以 Box 设定的范围，R 为多边形外切圆的半径；输出参数 P 为生成的多边形（根据 R 的大小可能是圆或圆弧边）
	Voronoi	如图 4-129 所示，根据点集 P 在坐标平面 PI 生成 Voronoi 多边形。R 为多边形外切圆的半径，B 为边界范围
	Voronoi 3D	如图 4-130 所示，根据点集 P 在坐标平面 B 生成 Voronoi 多面体 C（Brep），输入参数 B 为以 Box 限定的边界，输出参数 B 指示各多面体是否处于体积的边界
	Voronoi Cell	如图 4-131 所示，根据点 P 和一系列相邻点 N 构成的点集，生成 P 处的 Voronoi 多面体单元。输入参数 B 为以 Box 限定的边界
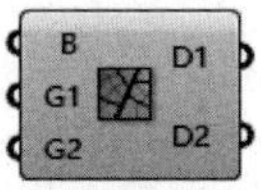	Voronoi Groups	如图 4-132 所示，在矩形 B 范围内，根据点集 G1 生成 Voronoi 多边形 D1，再根据点集 G2，将 D1 进行 Voronoi 划分，生成 D2，是层级性的 Voronoi 多边形划分。还可以增加输入参数 G3、G4、…，可以进一步将 D2、D3、…划分成 Voronoi 多边形
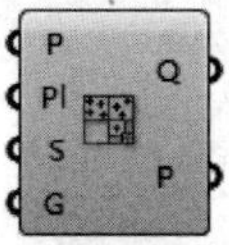	QuadTree	如图 4-133 所示，把点集 P 投影到坐标平面 PI，生成平面四分化网格。输入参数 S 设定是否为正方形网格，G 设定每个网格单元最多可以包含的点的数量；输出参数 Q 为各个矩形，P 为各矩形包含的投影到 PI 的点
	OcTree	如图 4-134 所示，根据点集 P 生成空间八分化网格。输入参数 S 设定是否限定为正方形网格，G 设定每个网格单元最多可包含的点的数量；输出参数 B 为各长方体，P 为各长方体包含的点
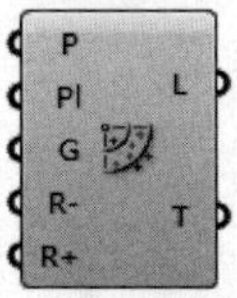	Proximity 2D	在坐标平面 PI 中计算点集 P 中各点间的相互距离，以求得与每一个点距离最近且距离大于等于 R－小于等于 R＋的 G 个点（可能小于 G）。输出参数 L 为连接各点到满足条件的点的连线，分别存储于数据树的各个分支，T 为相应的满足条件的点的序号
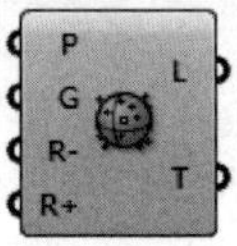	Proximity 3D	类似于 Proximity 2D 运算器，不同点在于它在三维空间中计算各点间的相互距离

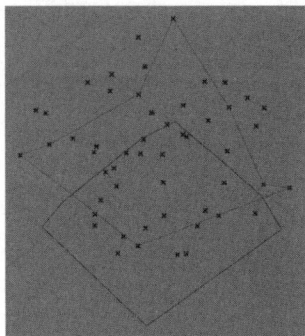

图 4-124　Convex Hull

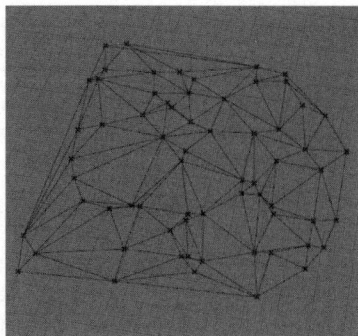

图 4-125　Delaunay Edges

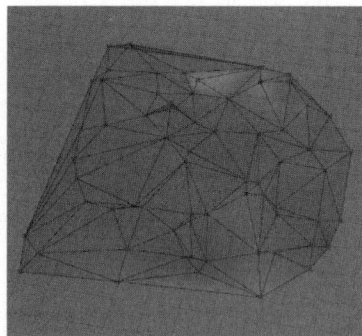

图 4-126　Delaunay Mesh

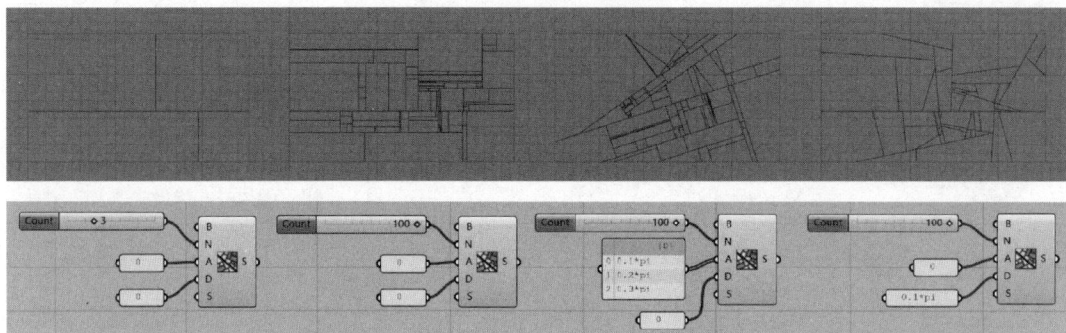

图 4-127　Substract

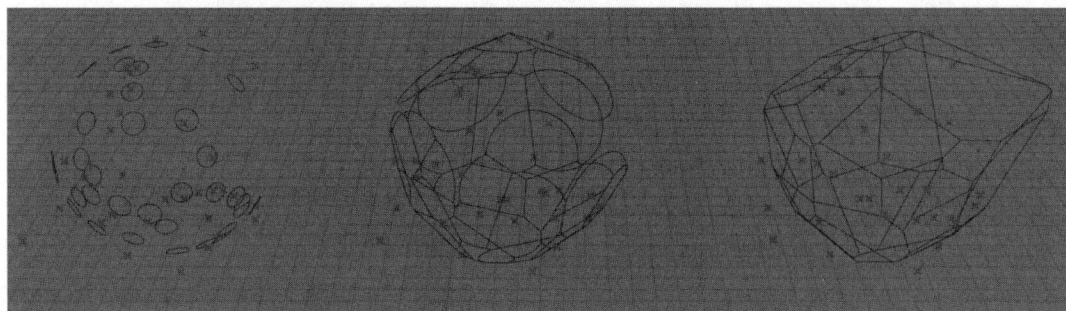

图 4-128　Facet Dome

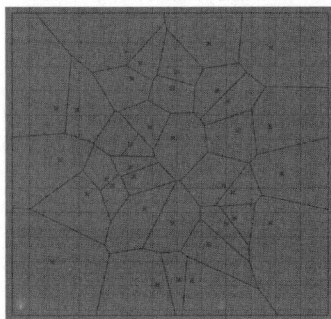

图 4-129　Voronoi

图 4-130　Voronoi 3D

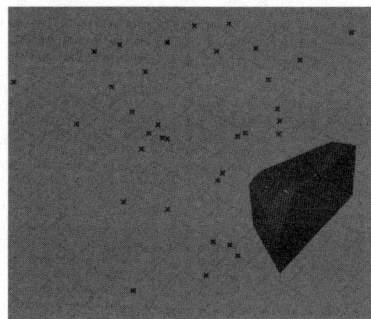

图 4-131　Voronoi Cell

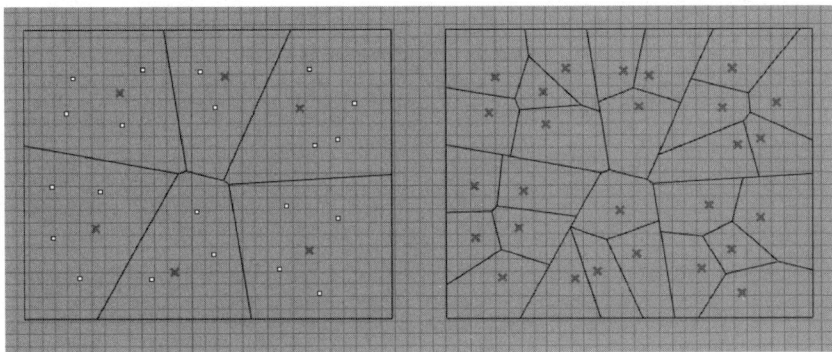

图 4-132　Voronoi Groups（左图为 G1 和 D1，右图为 G1 和 D2）

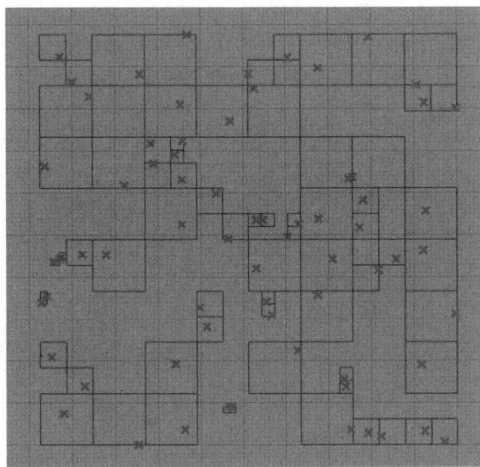

图 4-133　QuadTree

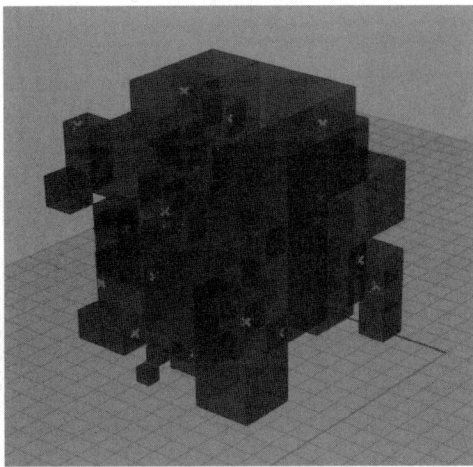

图 4-134　OcTree

表 4-36 所列三个运算器是与 MetaBall（变形球、元球）相关的运算器，可以求取不同方式设定的 MetaBall 的断面线。所谓 MetaBall，是指若干个球体表面相互吸引而发生变形和融合的体积，如图 4-135 所示。变形球可以由各球体的球心和一个阈值 t 来设定：设空间中的某点的坐标为 $(x，y，z)$，如果满足 $\sum_{i=0}^{n} f(x,y,z)_i < t$，则点在变形球体积之内，如果 $\sum_{i=0}^{n} f(x,y,z)_i = t$，则点位于变形球体积的表面；其中 $f(x,y,z)_i$ 为变形球的数学函数，一个典型的函数为：

$$f(x,y,z)_i = 1/((x-x_i)^2 + (y-y_i)^2 + (z-z_i)^2)$$

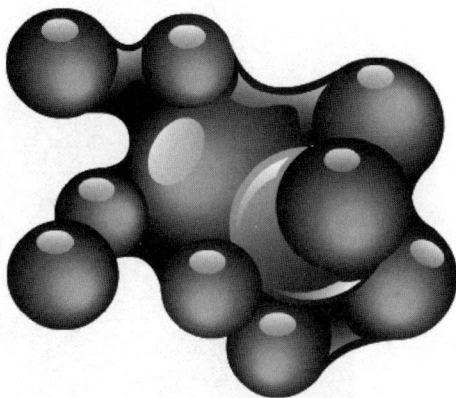

图 4-135　MetaBall（变形球）

通过这个公式可以理解下面的 MetaBall（t）运算器。MetaBall（t）Custom 运算器在此基础上，可以给各球体设置一个强度值，使各球体产生不同强度的变形。MetaBall 运

303

算器则可以求取表面通过某个点的变形球，无需设定阈值。

MetaBall 相关的运算器

表 4-36

图标	名称	功能
	MetaBall（t）	如图 4-136 所示，求阈值为 T 的、各球心位于点集 P 的 MetaBall 被坐标平面 PI 所切的断面线。输入参数 A 设定计算精度
	MetaBall（t）Custom	同上，如图 4-137 所示，点集 P 中的各点带有强度值，由 C 设定
	MetaBall	如图 4-138 所示，求通过点 X 的、各球心位于点集 P 的 MetaBall 被坐标平面 PI 所切的断面线。输入参数 A 设定计算精度

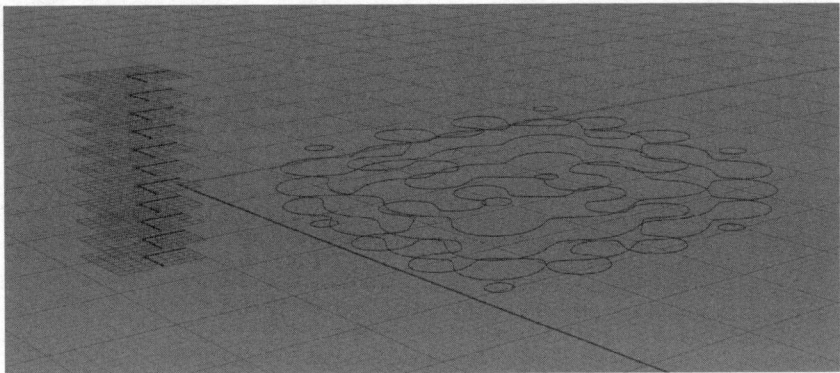

图 4-136　MetaBall（t）(用多个平面切割)

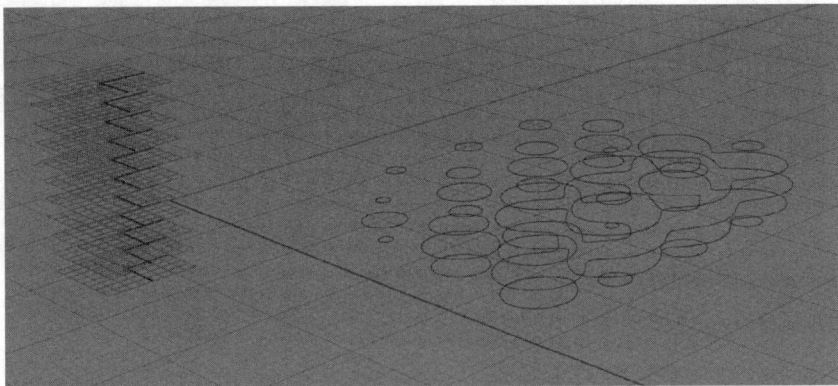

图 4-137　MetaBall（t）Custom（用多个平面切割）

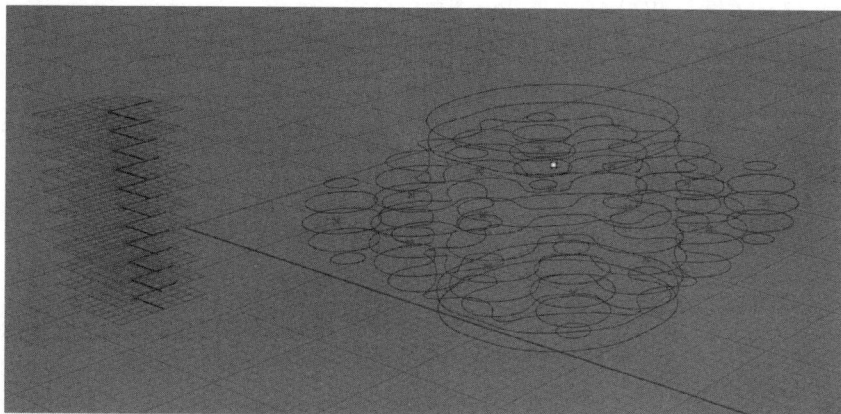

图 4-138 MetaBall（用多个平面切割）

4.6.6 案例

下面我们尝试一下制作一个 Voronoi 多边形图案（图 4-139）。

① 用 Construct Domain 运算器设置两个域，然后分别输入到 Range 运算器，另将 Number Slider 运算器设置成偶数，连接到 Range 运算器的输入参数 N，形成两个等差数列，将其中一个数列连接到 Graft Tree 运算器后，将两组数据输入到 Construct Point 运算器，形成网格形点阵。同时，将 Construct Domain 运算器的输出参数连接到 Rectangle 运算器，绘制一个矩形。结果如图 4-139 所示。

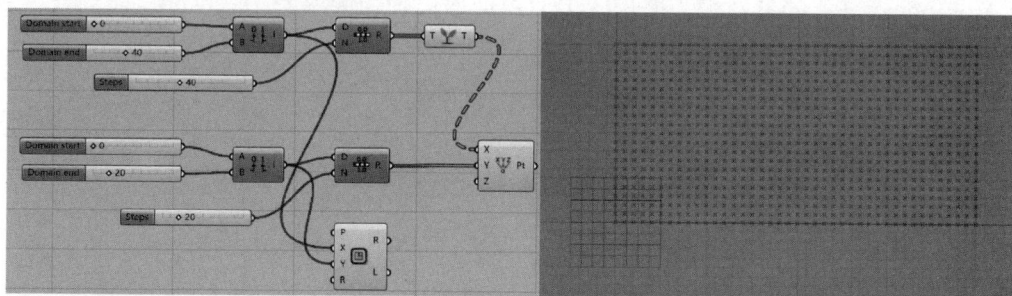

图 4-139

② 在 Range 运算器后面分别插入 Dispatch 运算器，输入参数 P 采用预设值（True，False），然后将 Dispatch 运算器的输出参数 B 连接到 Graft Tree 运算器和 Construct Point 运算器。这样做的目的是去除掉偶数位置的数据，结果如图 4-140 所示。

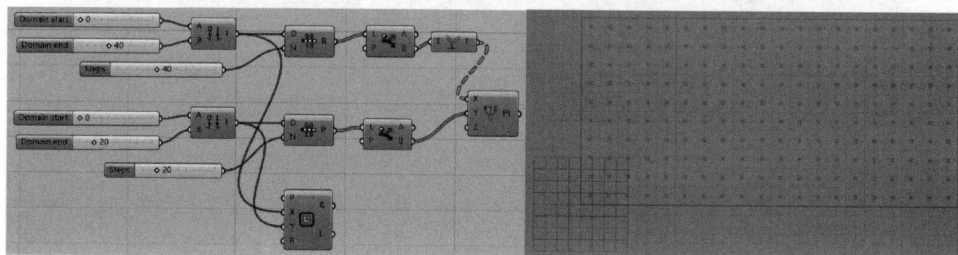

图 4-140

③ 如图 4-141 所示，用 Flatten Tree 运算器处理 Construct Point 运算器的输出参数，并用 List Length 运算器获得列表长度（点的数量）；把 Construct Domain 运算器的两个输入参数相减，再除以 Rannge 运算器的输入参数 N，得到如图 4-139 所示的初始点阵在 X 方向的单元间隔距离，用这个间隔距离的负值和正值构造一个域；用 Number Slider 运算器设置随机种子。把上述三个数据输入到 Random 运算器，生成数量等于图 4-140 中的点数、大小处于初始点阵的 X 方向的单元间隔距离的负值到正值之间的一组随机数。

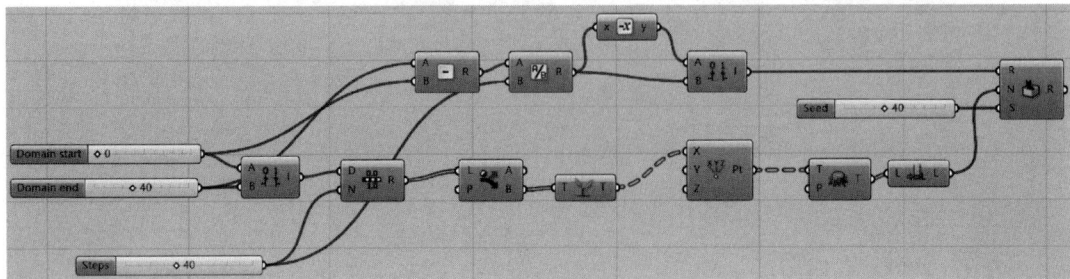

图 4-141

④ 重复以上步骤对另一组 Construct Point 运算器和 Range 运算器的输入参数进行处理，以获得 Y 方向的一组随机数。

⑤ 用 Deconstruct 运算器分解点坐标，将 X、Y 坐标分别加上上述两步骤生成的随机数，再用 Construct Point 运算器构造为呈随机状分布的点（图 4-142）。最后把这些点输入到 Voronoi 运算器的参数 P，把步骤①的矩形连接到输入参数 B。这样，我们就得到了如图 4-143 所示的 Voronoi 多边形图案。

图 4-144 为最终的程序图，案例文件为 4-12.gh。

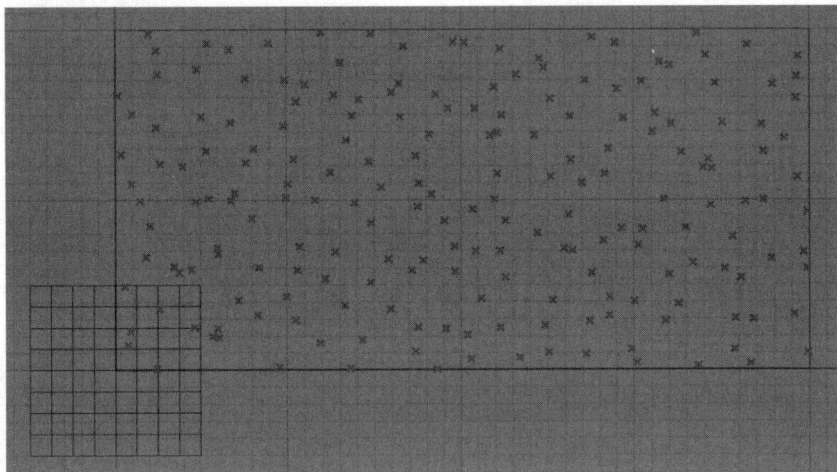

图 4-142

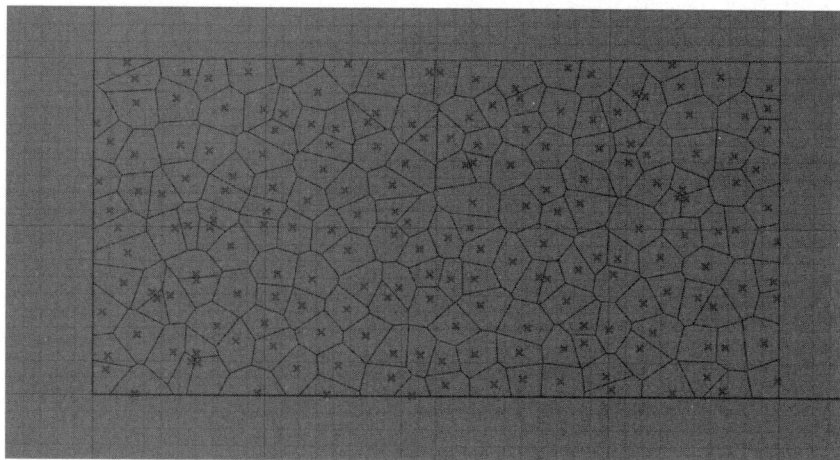

图 4-143

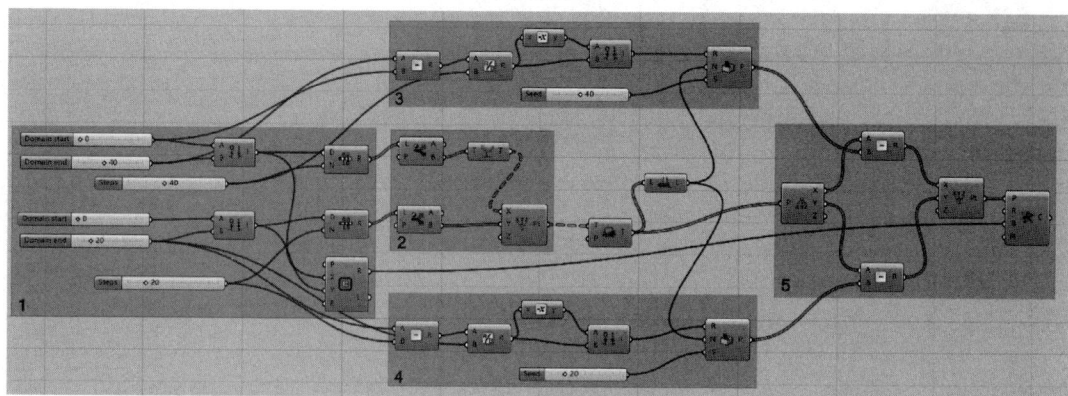

图 4-144

4.7　图形的变换与相交

4.7.1　几何变换

所谓几何变换，是指对图形对象的平移、旋转、缩放等操作。Grasshopper 的 Transform＞Euclidean 面板和 Transform＞Affine 面板给出了丰富的用于图形变换操作的运算器，如表 4-37 和表 4-38 所示。这些运算器都有一个输出参数 X，为该操作所对应的变换矩阵，我们将在随后加以介绍。

Transform＞Euclidean 面板下图形变换运算器　　　　　　　　　　　　　　**表 4-37**

图标	名称	功能
G G P X	Mirror	以坐标平面 P 为对称平面，对图形对象 G 进行镜像操作
G G T X	Move	把图形对象 G 沿向量 T 移动

307

图标	名称	功能
G E D / G X	Move Away From	移动一个图形对象 G 远离另一个图形对象 E。移动的距离为 D，负值表示朝向图形对象 E 移动
G P A B / G X	Move To Plane	把图形对象 G 沿着坐标平面的 Z 轴移动，使之落在坐标平面上。输入参数 A 设定当 G 位于坐标平面上方时是否移动，输入参数 B 设定当 G 位于坐标平面下方时是否移动
G A B / G X	Orient	把图形对象 G 从坐标平面 A 变换到坐标平面 B（对象与坐标平面的关系保持不变）。如图 4-145 所示
G A P / G X	Rotate	把对象 G 围绕坐标平面 P 的 Z 轴旋转，输入参数 A 为旋转弧度
G A C X / G X	Rotate 3D	把对象 G 围绕 C 点与向量 X 构成的旋转轴旋转，输入参数 A 为旋转弧度
G A X / G X	Rotate Axis	把对象 G 围绕直线段 X 旋转，输入参数 A 为旋转弧度
G C F T / G X	Rotate Direction	以点 C 为原点，把图形对象 G 由向量 F 方向旋转到向量 T 方向，如图 4-146 所示

注意：旋转操作的方向可以用右手表示：把右手握成拳并伸出拇指，把拇指指向旋转轴的正方向，其他手指指向的方向即为旋转操作的正方向。圆弧等的起始角和终止角也与此类似，相当于以坐标平面的 Z 轴为旋转轴。

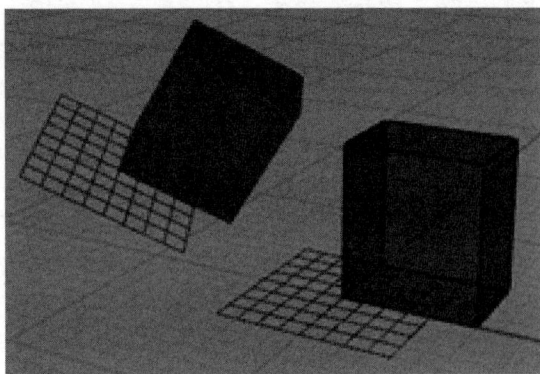

图 4-145 Orient

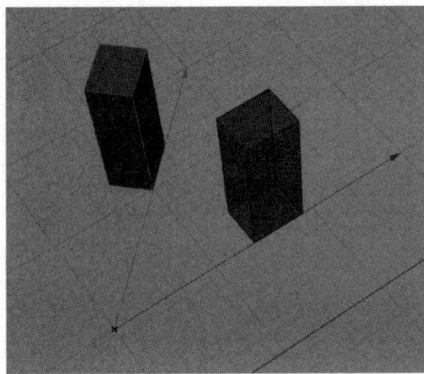

图 4-146 Rotate Direction

Transform>Affine 面板下图形变换运算器 表 4-38

图标	名称	功能
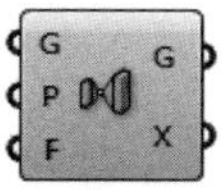	Camera Obscura	把图形 G 做相对点 P 的镜像，F 为缩放比例
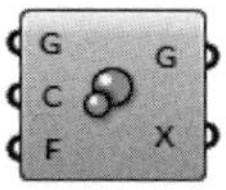	Scale	对象 G 以 C 为原点进行缩放，F 为缩放比例
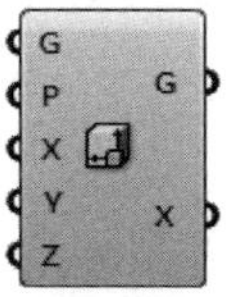	Scale NU	以坐标平面 P 的原点为缩放原点，在坐标平面 P 的 X、Y、Z 轴方向分别设置缩放比例 X、Y、Z 对 G 进行缩放
	Shear	以坐标平面 P 的原点为原点，把对象 G 进行由向量 G 到向量 T 的切变（顶面平移）。如图 4-147 所示
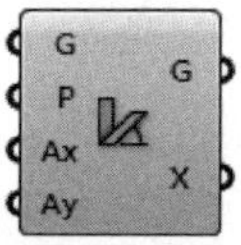	Shear Angle	把对象 G 围绕坐标平面 P 的 X 轴旋转弧度 Ax、围绕 Y 轴旋转弧度 Ay 进行切边操作
	Project	把对象 G 垂直投影到坐标平面 P
	Project Along	把对象 G 沿着向量 D 的方向投影到坐标平面 P
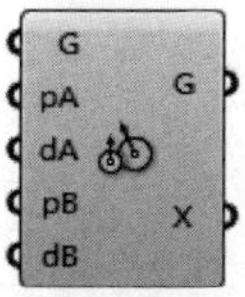	Orient Direction	把对象 G 从点 pA（原点）和向量 dA（Z 轴正方向）构成的坐标系，重新定位到 pB 和 dB 构成的坐标系（参见 Orient 运算器），并以 dB 的长度除以 dA 的长度为缩放比例进行缩放
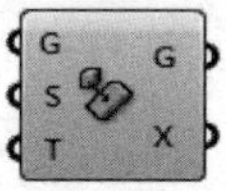	Box Mapping	把对象 G 从 Box S 映射到 Box T，如图 4-148 所示
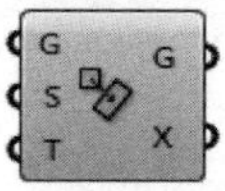	Rectangle Mapping	把对象 G 从 Rectangle S 映射到 Rectangle T，如图 4-149 所示
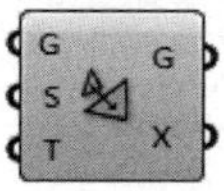	Triangle Mapping	把对象 G 从三角形 S 映射到三角形 T，如图 4-150 所示

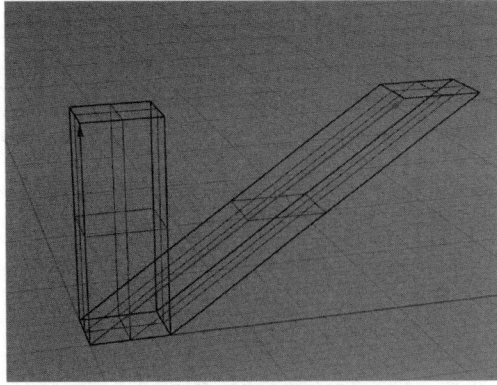

图 4-147　Shear

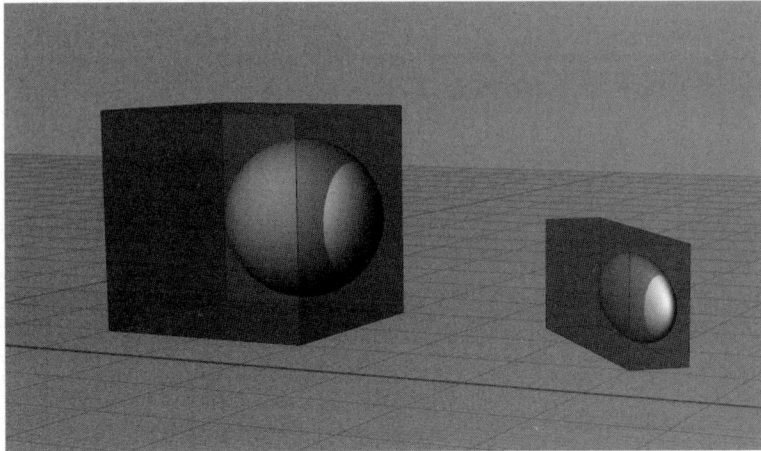

图 4-148

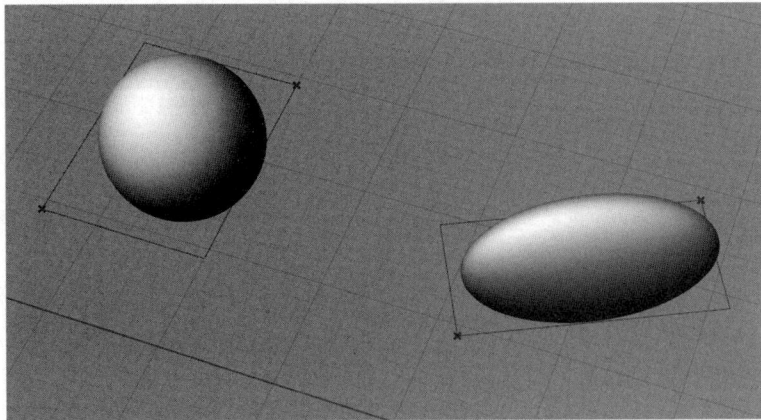

图 4-149

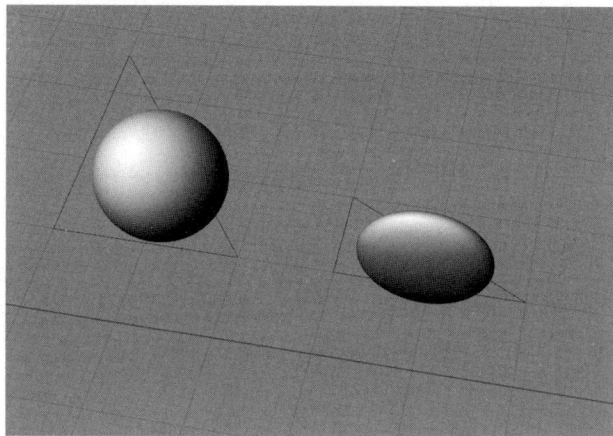

图 4-150

4.7.2　变换矩阵

矩阵（Matrix）是指纵横排列的二维数据表格，是高等数学中的常见工具，也常见于统计分析等应用数学学科中，在物理学中的电路学、力学、光学和量子物理中都有应用。图形的几何变换可以通过矩阵计算来实现。

矩阵有一套自身运算的法则，基本的乘法法则为：矩阵 A 与矩阵 B 的乘积为矩阵 C，则矩阵 C 的第 i 行第 j 列的元素 C_{ij} 等于第一个矩阵 A 的第 i 行与第二个矩阵 B 的第 j 列对应元素乘积之和。矩阵 A 的列数与矩阵 B 的行数必须相同，矩阵 C 的行数等于矩阵 A 的行数，列数等于矩阵 B 的列数。如图 4-151 所示。

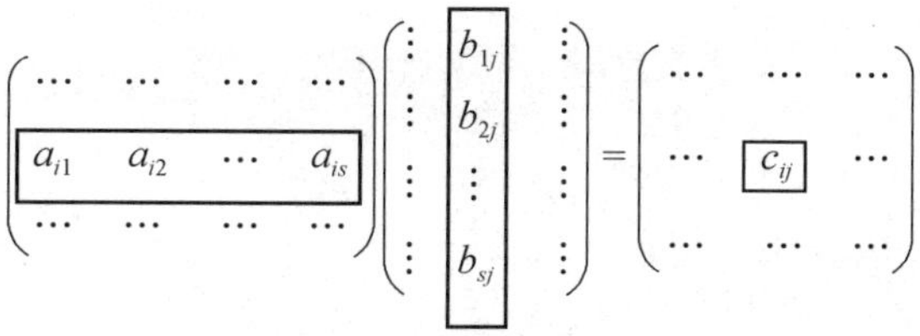

$$c_{ij}=a_{i1}\times b_{1j}+a_{i2}\times b_{2j}+\cdots+a_{is}\times b_{sj}$$

图 4-151　矩阵的乘法

图形对象的三维几何变换，可以通过 4×4（4 行 4 列）的矩阵来实现。例如一个用于平移操作的矩阵为：

$$\begin{bmatrix} 1 & 0 & 0 & T_x \\ 0 & 1 & 0 & T_y \\ 0 & 0 & 1 & T_z \\ 0 & 0 & 0 & 1 \end{bmatrix}$$

其中，T_x、T_y、T_z 分别为沿 X、Y、Z 方向移动的距离。以下面的方式把它乘以点 $(x,\ y,\ z)$ 的坐标，就得到了平移后的坐标 $(x+T_x,\ y+T_y,\ z+T_z)$。通过这样的计算，可以实现图形的平移操作。

$$\begin{bmatrix} 1 & 0 & 0 & T_x \\ 0 & 1 & 0 & T_y \\ 0 & 0 & 1 & T_z \\ 0 & 0 & 0 & 1 \end{bmatrix} \times \begin{bmatrix} x \\ y \\ z \\ 1 \end{bmatrix} = \begin{bmatrix} x+T_x \\ y+T_y \\ z+T_z \\ 1 \end{bmatrix}$$

对于不同的几何变换，都有相应的变换矩阵。上一小节讲到的各种变换操作的运算器，其输出参数 X 即为与变换操作相对应的变换矩阵。

在 Grasshopper 中，矩阵也是一种数据类型（Matrix），Transform＞Util 面板下有几

个与变换矩阵相关的运算器。其中，Transform Matrix 运算器可以显示变换矩阵的内容，如图 4-152 所示。

Transform 运算器可以直接用变换矩阵对图形对象进行变换，如图 4-153 所示，我们把 Move 运算器的输出参数的变换矩阵 X 连接到 Transform 运算器的输入参数 T，把图形对象连接到输入参数 G，就可以对图形对象进行与 Move 运算器相同的平移操作。同样，Transform 运算器可以对图形进行变换矩阵设定的各种变换操作。

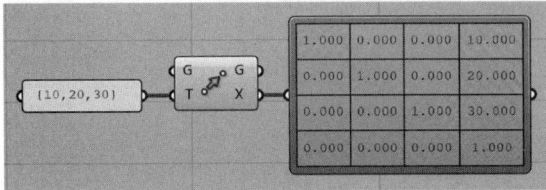

图 4-152　Transform Matrix
运算器显示变换矩阵的内容

图 4-153　Transform
运算器对图形对象进行变换

Compound 运算器可以把一系列的变换矩阵顺序相乘，得到了一个 4×4 的复合矩阵，它可以用来完成这一系列的变换，如图 4-154 所示。而 Split 运算器与 Compound 运算器相逆，它把复合矩阵分解为一系列基本的变换矩阵。

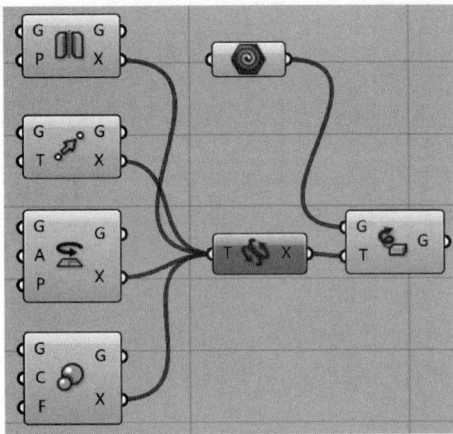

图 4-154　Compound 运算器的应用

Inverse Transform 运算器用于创建一个变换矩阵的逆矩阵，逆矩阵的作用是产生逆变换。例如一个图形 G1 以矩阵 T1 进行 Transform 变换得到 G2，如果 T1 的逆矩阵为 T2，则把 G2 以 T2 进行 Transform 变换可以得到 G1。

另外，Math＞Matrix 面板还为熟悉和了解矩阵计算的用户提供了一些运算器，可用于对一般的矩阵进行操作，我们这里不做介绍了。

4.7.3　阵列操作

Transform＞Array 面板包含了一系列用于阵列操作的运算器，这些运算器的输出端也有一个参数名为 X 的变换矩阵，如表 4-39 所示。由于这些操作实际上是对图形对象进行了多重变换操作，因此 X 往往是变换矩阵列表。和上一小节讲解的一样，如果用 Transform 运算器对其他图形对象进行基于这个矩阵列表的变换，可以得到相应的阵列结果。

Transform＞Array 面板下阵列操作运算器　　　　　表 4-39

图标	名称	功能
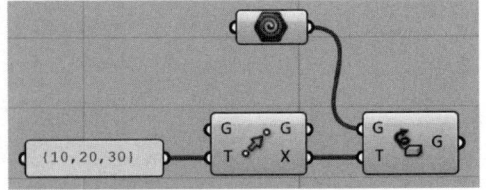	Box Array	以 Box C 设定阵列方向和间距，以 X、Y、Z 设定三个方向的数量，对图形对象 G 进行三维空间阵列操作

续表

图标	名称	功能
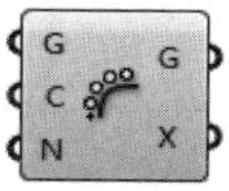	Curve Array	沿着曲线 C 对图形对象 G 进行阵列操作，输入参数 N 为阵列数量
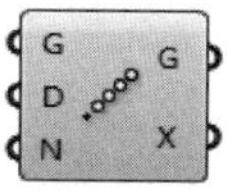	Linear Array	以向量 D 设定方向和距离，对图形对象 G 进行线性阵列操作，输入参数 N 为阵列数量
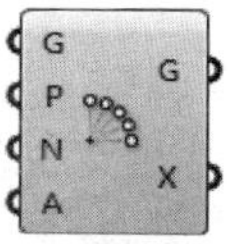	Polar Array	以坐标平面 P 的 Z 轴为旋转轴，以弧度 A 为总角度，对图形对象 G 进行旋转阵列操作。输入参数 N 为阵列数量
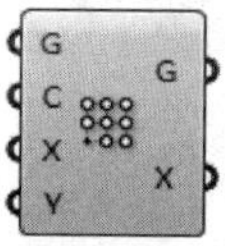	Rectangular Array	以 Rectangle C 设定阵列方向和间距，以 X、Y 设定两个方向的数量，对图形对象进行矩形阵列操作
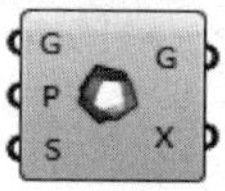	Kaleidoscope	万花筒式阵列，输入参数 P 设定万花筒正多边形的中心和方向，S 设定万花筒正多边形的边数

4.7.4　形态变换

除了基于坐标的几何变换，Grasshopper 还提供了一些基于图形的变形，即形态变换工具，位于 Tranform>Morph 面板，如表 4-40 所示。

第一种形态变换是根据长方体（Box）到扭曲长方体（TwistedBox）的变形方式，对图形对象进行变形。我们前面介绍过，扭曲长方体是一种由八个顶点设定的扭曲的长方体（特殊情况下也可能呈现为长方体形状），在 Grasshopper 中，扭曲长方体也是一种数据类型。下面的几个运算器前三个用于创建扭曲长方体，Box Morph 运算器用于进行相应的变形。

扭曲长方体相关操作运算器　　表 4-40

图标	名称	功能
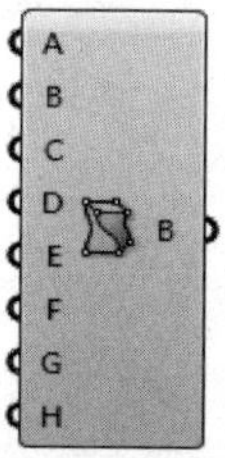	Twisted Box	通过顶点设定一个扭曲长方体。A、B、C、D 为底面逆时针顺序的四个顶点；E、F、G、H 为顶面逆时针顺序的四个顶点，与底面四个点对应
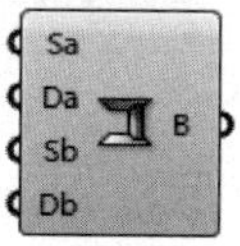	Blend Box	通过曲面 Sa、曲面 Sa 的局部 UV 参数域 Da 和曲面 Sb、曲面 Sb 的局部 UV 参数域 Db 获取的八个角点为顶点，形成扭曲长方体，如图 4-155 所示

图标	名称	功能
S D H	Surface Box	以曲面 S 及其局部 UV 参数域 D 以及与曲面垂直方向的高度 H 形成扭曲长方体。相当于把曲面的局部的四个角点以及对曲面局部进行 Offset 后形成的曲面的四个角点连接成扭曲长方体
G R T	Box Morph	把对象 G 从 Box R 映射到扭曲长方体 T，如图 4-156 所示

图 4-155　Blend Box

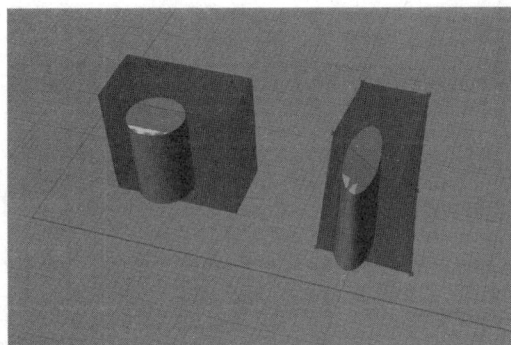

图 4-156　Box Morph

表 4-41 所列的运算器用于处理基于曲线、曲面的镜像变形和其他变形。

基于曲线、曲面的镜像变形和其他变形操作的运算器　　　　表 4-41

图标	名称	功能
G C T	Mirror Curve	把图形 G 做相对曲线 C 的镜像。输入参数 T 用于控制对称曲线长度不够时的情况：为 True，则延长对称曲线进行处理
G S F	Mirror Surface	把图形 G 做相对曲面 S 的镜像。输入参数 F 用于控制对称曲面大小不够时的情况：为 True，则延伸对称曲面进行处理
G B	Bend Deform	根据圆弧 B 使图形对象 G 发生弯曲变形，如图 4-157 所示
G C0 C1 R0 R1 S R	Flow	根据曲线 C0～C1 的变化改变图形对象 G，如图 4-158 所示。参数 R0、R1 分别设置曲线 C0、C1 是否翻转方向，参数 S 设置 G 沿曲线方向的尺度是否将适应目标曲线的尺度进行更改，参数 R 设置 G 在变换时是否保持不变形

续表

图标	名称	功能
 G P R0 R1 A R	Maelstrom	对图形对象 G 进行螺旋形变形，如图 4-159 所示。参数 R0，R1 为螺旋形的起始半径和终止半径，A 为旋转弧度，R 同上
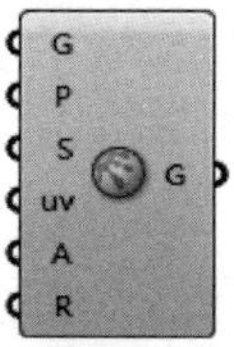 G P S uv A R	Splop	将图形对象 G 包裹到目标曲面 S，如图 4-160 所示。输入参数 P 和 uv 以坐标平面 P 的原点和曲面 S 的参数坐标设定位置关系，参数 A 设置旋转弧度，R 同上
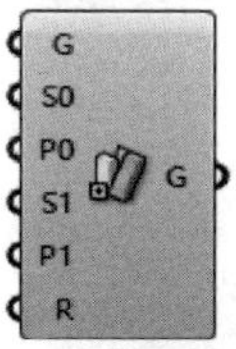 G S0 P0 S1 P1 R	Sporph	根据曲面 S0 和 S1 对图形对象 G 进行变形。输入参数 P0，P1 分别为 S0 和 S 的 UV 坐标，R 同上
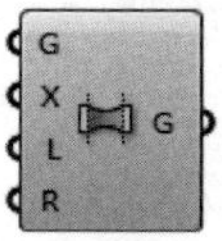 G X L R	Stretch	根据直线段 X 拉伸至新的长度 L 对图形对象 G 进行变形。R 同上
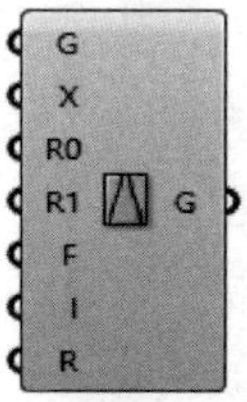 G X R0 R1 F I R	Taper	使图形对象 G 根据运算器图标所示的锥形进行变形，如图 4-161 所示。参数 X 为锥形的轴（直线段），R0、R1 设置锥形的起始半径和终止半径，F 设置锥形变形是否为单向一维的，I 设置当轴短于对象 G 时变形是发生于全对象还是长度范围内，R 同上
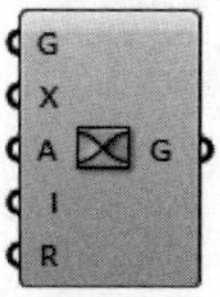 G X A I R	Twist	围绕轴 X 扭转使对象 G 变形，如图 4-162 所示。输入参数 A 为扭曲角度（弧度），I 和 R 同上
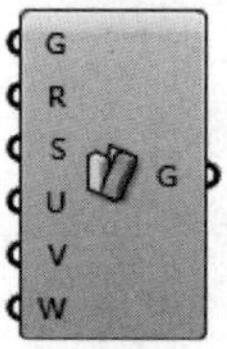 G R S U V W	Surface Morph	这是一个非常有用的运算器，它把图形对象 G 从 Box R 映射到由曲面 S 的局部（由 U、V 参数域定义）以及与曲面垂直方向的高度 W 所形成的体积
 C S T	Map to Surface	将曲线 C 的控制点从曲面 S 映射到曲面 T 后创建新的曲线

图标	名称	功能
G P G M	Point Deform	根据一组点 P 以及与之相对应的一组移动向量 M 来对图形对象 G 进行变形
G S G F	Spacial Deform	根据一组点 S 和向量 F 定义的力场来对图形对象进行变形
G S F G f	Spacial Deform (custom)	同上,增加了一个衰减参数 f 来控制力场

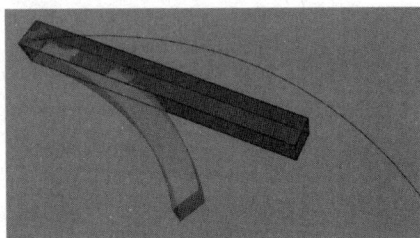

图 4-157 Bend Deform

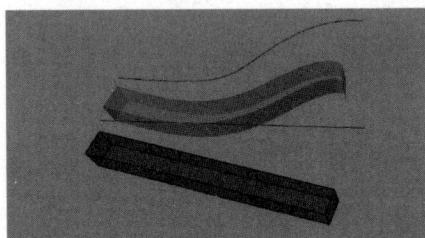

图 4-158 Flow

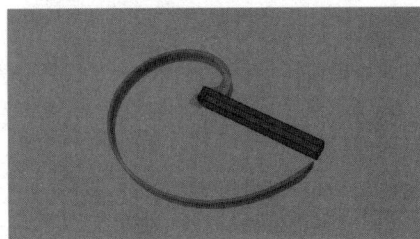

图 4-159 Maelstrom

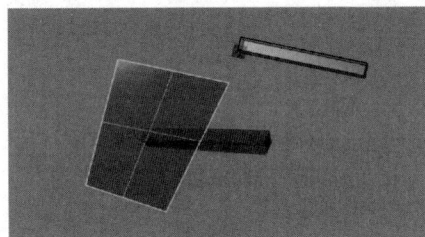

图 4-160 Splop

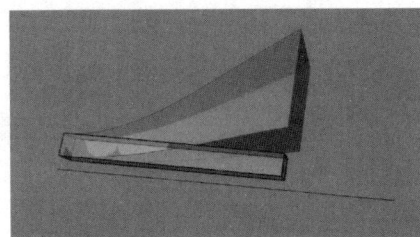

图 4-161 Taper

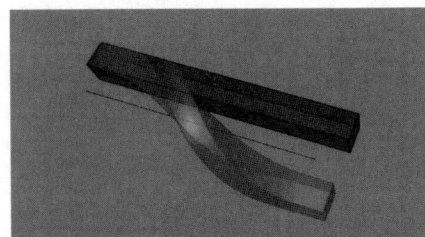

图 4-162 Twist

4.7.5 图形相交的点、线、面、体的求取

Intersect 菜单的各个面板，包含了求图形对象的各类交、并、差的运算器。Intersect＞Mathematical 面板下的运算器主要用于求直线和平面与图形的交点交线，如表 4-42 所示。这里的直线虽然用直线段作为输入参数，但它是几何意义上的直线，为无穷长，平面的输入参数为坐标平面，也是无穷大的。

Intersect＞Mathematical 面板下的运算器　　　　表 4-42

图标	名称	功能
	Brep ｜ Line	求直线 L 与 Brep B 的交点 P，如果 B 和 L 相交为直线段（例如 L 位于 B 的某个面之上），则输出参数 C 为此交线
	Curve ｜ Line	求直线 L 与曲线 C 的交点 P（可能为多个交点），输出参数 t 为各交点在 C 上的参数 t 值，N 为交点数量。注意当曲线 C 也为直线段并且和 L 共线时，结果为 C 的起点和终点
	Line ｜ Line	求两条直线 A 与 B 上距离最近的点，输出参数 pA 和 pB 为直线段 A 和 B 上的点，tA 和 tB 为点在直线段 A 和 B 上的参数 t 值
	Mesh ｜ Ray	求从点 P 出发沿着向量 D 方向的射线与 Mesh M 的第一个交点 X，输出参数 H 表示射线是否碰上了 M
	Surface ｜ Line	求直线 L 与曲面 S 的交点 P，输出参数 uv 为交点在曲面上的 UV 参数值，N 为曲面在交点处的法向量。和 Brep ｜ Line 运算器一样，如果相交为直线段，则输出参数 C 为此交线
	Brep ｜ Plane	求平面 P 与 Brep B 的交线或交面轮廓 C，如果 P 与 B 只相交于点，则输出参数 P 为交点
	Contour	求起点为 P、间距为 D、与向量 N 垂直的一组平面切割 Brep 或 Mesh S 而获得的一组断面轮廓线
	Contour（ex）	求与平面 P 平行的一组平面切割 Brep 或 Mesh S 而获得的一组断面轮廓线，可用一组数字设置各个平面与坐标平面 P 的间距（输入参数 O），当输入参数 O 没有设置时，可用一组数字设置各个平面之间的距离（输入参数 D）
	Curve ｜ Plane	求平面 P 与曲线 C 的交点 P，输出参数 t 为各交点在 C 上的参数 t 值，uv 为各交点在坐标平面 P 的坐标。注意，当曲线位于坐标平面上时，交点为曲线的起点和终点

续表

图标	名称	功能
	Line | Plane	求平面 P 与直线 L 的交点 P，输出参数 t 为交点在 L 上的参数 t 值，uv 为交点在坐标平面 P 的坐标
	Mesh | Plane	求平面 P 切割 Mesh M 的断面轮廓线
	Plane | Plane	求平面 A 和 B 相交直线上的长度为 1 的直线段
	Plane | Plane | Plane	求平面 A、B、C 之间的交点和交线，输出参数 Pt 为三个平面的交点，AB 为平面 A 和 B 的交线，AC 为平面 A 和 C 的交线，BC 为平面 B 和 C 的交线，交线长度为 1
	Plane Region	用平面 P 切割一组相交平面 B 生成封闭曲线 R
	IsoVist	求以坐标平面 P 的原点为起点的一组放射线与图形 O 的交点，输入参数 N 为 360 度内放射线的数量，R 为放射线的长度。对于每条放射线，当它与 O 相交时就获得第一个交点；当它由于长度不够而与 O 不相交，或在此方向上与 O 没有交点时，就获得放射线的终点。输出参数 P 为上述每条放射线获得的点，D 为每条放射线获得的点与原点的距离，I 用于显示 P 中的各点是交点（值为 0）还是放射线的终点（值为 −1）
	IsoVist Ray	求以一组直线段的起点为起点、直线段起点指向终点为方向的放射线与图形 O 的交点，输入参数 R 为放射线半径。其运行方式和结果与上述 IsoVist 运算器相同

Intersect＞Physical 面板下的运算器用于求曲线、曲面、网格模型等图形对象间的交点、交线及碰撞关系，如表 4-43 所示。

Intersect＞Physical 面板下的运算器　　　　　　　　表 4-43

图标	名称	功能
	Curve | Curve	求曲线 A、B 的交点 P。输出参数 tA、tB 分别为交点在曲线 A、B 上的参数 t 值。如果其中一条曲线在另一条曲线上，则交点为此曲线的端点
	Curve | Self	求曲线 C 自相交的点 P，t 为交点的参数 t 值
	Multiple Curves	求一组曲线 C 之间的交点 P。输出参数 iA、iB 为各交点所对应的相交曲线的序号，tA、tB 为各交点在相交曲线上的参数 t 值

续表

图标	名称	功能
	Brep ∣ Brep	求 Brep A 和 B 相交的交线 C 或交点 P
	Brep ∣ Curve	求 Brep B 和曲线 C 相交的交线 C 或交点 P
	Surface ∣ Curve	求曲面 S 和曲线 C 的交线 C 或交点 P。如果 S 和 C 相交为点，则输出参数 uv 为各交点在曲面 S 的 UV 参数值，N 为曲面 S 在各交点处的法向量，t 为各交点在曲线 S 上的参数 t 值，T 为曲线 C 在各交点处的切向量
	Surface Split	求曲面 S 被曲线 C 划分后的各划分面
	Mesh ∣ Curve	求曲线 C 与 Mesh M 的各个面的交点 X，输出参数 F 为各交点位于 M 上的面的序号
	Mesh ∣ Mesh	求 Mesh A、B 的交线
	Clash	对两组 Mesh A、B 执行碰撞分析，参数 D 为用于碰撞检测的距离公差，L 为限制搜索的最大结果数。输出参数 N 为检测到的碰撞数，P 为检测到的碰撞点的集合，R 为每个碰撞点对应一个的碰撞半径，i 为 A 中发生碰撞的 mesh 的序号，j 为 B 中发生碰撞的 Mesh 的序号
	Collision Many ∣ Many	判断一组图形对象间的相碰撞（有任何重叠）关系，输出参数 C 为各对象是否与其他对象相碰撞，I 为与各对象相碰撞的第一个对象的序号（没有相交对象的为一1）
	Collision One ∣ Many	判断图形对象 C 与一组对象 O 的相碰撞关系，输出参数 C 为是否相碰撞，I 为 O 中与图形对象 C 发生碰撞的第一个对象的序号

Intersect＞Region 面板下的运算器用于求取曲线被图形对象剪切后的曲线段，如表 4-44 所示。

Intersect＞Region 面板下的运算器 表 4-44

图标	名称	功能
	Split With Brep	求曲线 C 被 Brep B 切断后所得的各段曲线 C，P 为断点
	Split With Breps	求曲线 C 被一组 Brep B 切断后所得的各段曲线 C，P 为断点

图标	名称	功能
	Trim With Brep	求曲线 C 被封闭的 Brep B 剪切后所得的各段曲线,输出参数 Ci 为位于体积内部的曲线段,Co 为位于外部的曲线段
	Trim With Breps	求曲线 C 被一组封闭的 Brep B 剪切后所得的各段曲线。输出参数同上
	Trim With Region	以坐标平面 P 为计算面,求曲线 C 被封闭曲线 R 剪切后所得的各段曲线,如果 P 空缺,系统会用最贴合的坐标平面进行计算;输出参数 Ci 为位于封闭曲线内部的曲线段,Co 为位于外部的曲线段
	Trim With Regions	以坐标平面 P 为计算面,求曲线 C 被封闭一组曲线 R 剪切后所得的各段曲线。其他同上

Intersect>Shape 面板下的运算器用于对封闭曲线、体积和网格模型的交、并、差等的计算,如表 4-45 所示。

Intersect>Shape 面板下的运算器　　　　　　　　　　　　表 4-45

图标	名称	功能
	Boundry Volume	求一组边界 Brep B 围合出的封闭体
	Solid Difference	求几何体 A 减去几何体 B 的几何体
	Solid Intersection	求几何体 A、B 的相交部分的几何体
	Solid Union	求一组几何体 B 合并后的几何体
	Split Brep	求 Brep B 被 Brep C 剪切后的几何体
	Split Brep Multiple	求 Brep B 被一组 Brep C 剪切后的几何体
	Trim Solid	用几何体 T 在 Brep S 上打洞
	Region Difference	对于共面且相交的平面封闭曲线 A 和 B,求 A 的围合范围减去 B 的围合范围的轮廓曲线 R,如果给输入参数 P 设定了坐标平面,则投影到 P 上。对于有实际交点的两条任意封闭曲线 A 和 B 也可计算,这时必须设定坐标平面 P

续表

图标	名称	功能
	Region Intersection	求封闭曲线 A 与 B 的交集范围线，其他同 Region Difference 运算器
	Region Union	求一组封闭曲线 C 的并集范围线，其他同 Region Difference 运算器
	Mesh Difference	求网格模型 A 减去网格模型 B 的网格模型
	Mesh Intersection	求网格模型 A、B 的交集
	Mesh Union	求一组网格模型 M 的并集
	Mesh Split	求网格模型 M 被网格模型 S 剪切而成的若干个网格模型
	Box Slits	在一组相交的 Box B 的切口处增加缝隙，输入参数 G 设定缝隙宽度（缝隙深度为预设）；输出参数 B 为各 Box 被处理后的几何体
	Region Slits	在一组相交的平面封闭曲线 R 的切口处增加缝隙，输入参数 W 设定缝隙宽度，缝隙深度为预设，G 设定增加的缝隙深度；输出参数 R 为各曲线被处理后形成的面

4.7.6　案例

下面我们来做一个复杂的练习，在封闭的曲面上制作一个连续的 Voronoi 多边形图案，如图 4-163 所示。过程如下：

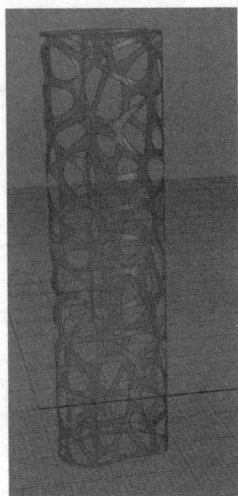

图 4-163

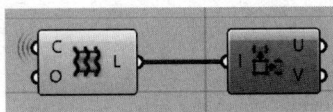

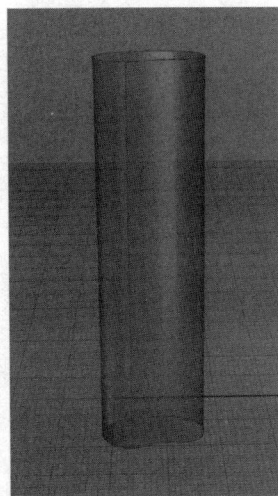

图 4-164

① 在 Rhino 打开 4-13.3dm 文件，在 Grasshopper 用 Loft 运算器将上述文件中的几个封闭曲面制作成一个放样曲面，并用 Deconstruct Domain[2] 运算器分解出曲面的 U、V 域，如图 4-164 所示。

② 类似于上一个案例，如图 4-165 所示，我们直接在曲面的 U、V 域范围内生成网格点（U 对应于 X，V 对应于 Y）。再用 Flatten Tree 运算器将网格点放在一个数据列中，用 Deconstruct 运算器分解各网格点的 X、Y、Z 坐标，用 List Length 运算器求网格的点数，以备用。

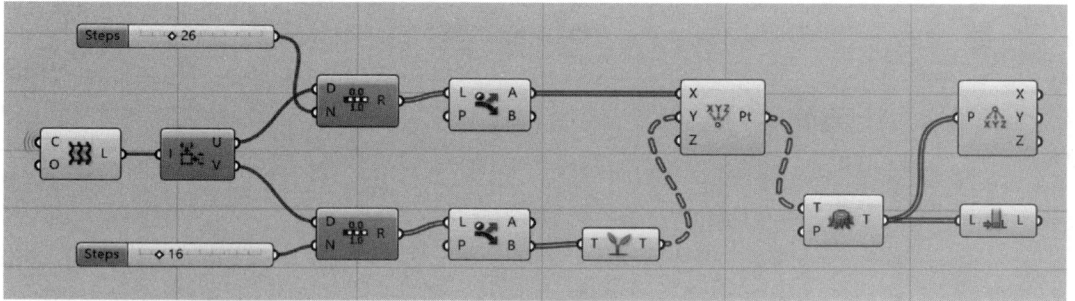

图 4-165

③ 这一步（图 4-166）我们生成两组随机数。用 Deconstruce Domain 运算器分解 U 域的最大最小值，用两者相减再除以原始网格的 X 方向的网格数，再减去一个用 Number

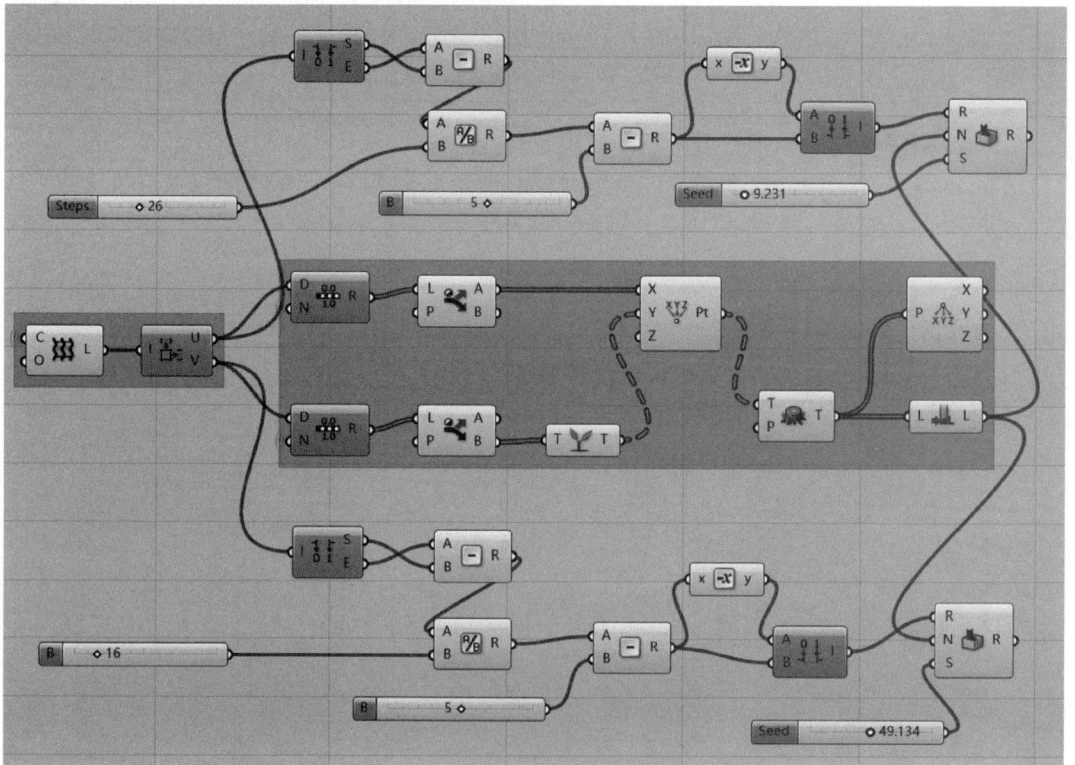

图 4-166

322

Slider 运算器设定的整数后（目的在于控制随机数的大小），以上述计算结果的正负数用 Construct Domain 运算器设定一个域，最后在此域的范围内生成一组随机数，随机数的数量为网格点的数量。用同样方式处理曲面的 V 域。

④ 如图 4-167 所示，将步骤②中 Deconstruct 运算器分解出的各网格点的 X、Y 坐标分别加上（或减去）步骤③生成的两组随机数，再把它们输入到 Construct Point 运算器构成随机分布的点阵。最后用 Flatten Tree 运算器去除点阵的树状数据结构。

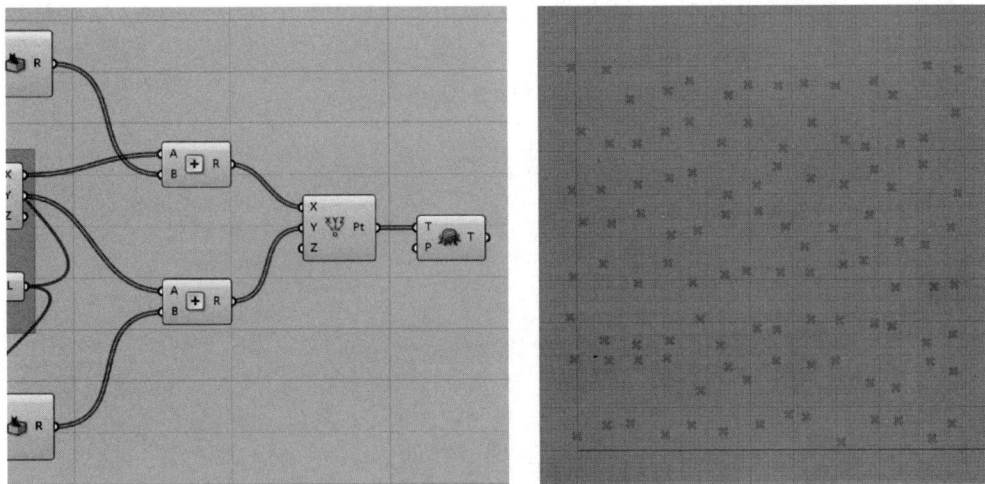

图 4-167

以下的步骤⑤和⑥是使 Vorinoi 多边形图案在曲面封闭方向能够连续的关键。

⑤ 本步骤（图 4-168）在 Y 方向复制点阵。为了程序图的清晰，我们用 Domain 运算器复制曲面的 U、V 域，在右键菜单 Wire Display 设置为 Hidden；用同样方法把步骤④的 Flatten Tree 运算器的结果复制到 Point 运算器。

用 Deconstruct Domain 运算器分解 Domain V 的最小值 S 和最大值 E，用 Vector XYZ 运算器创建两个向量 {0，－E，0} 和 {0，2E，0}，然后用 Move 运算器移动（拷贝）点阵 Pt；再用 Rectangle 运算器创建一个 X 域值范围为 Domain U、Y 域值范围为 －E～2E、位于世界坐标系 XY 平面的 Rectangle。把点阵 Pt 和拷贝的两个点阵连接到

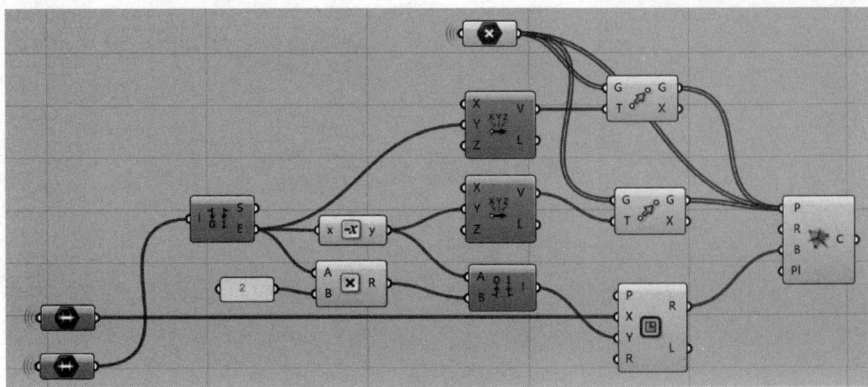

图 4-168

Vorinoi 运算器的输入参数 P，把刚创建的 Rectangle 连接到输入参数 B，这样就在世界坐标系 XY 平面生成如图 4-169 所示的 Vorinoi 多边形图案。

⑥ 本步骤（图 4-170）去除多余的多边形。首先用 Domain U 和 Domain V 创建一个 Rectangle，再用 Polygon Center 运算器求出 Vorinoi 多边形图案中每个多边形的中心，再用 Point In Curve 运算器计算各多边形的中心 Cv 与 Rectangle 的关系（位于外部、边界、内部的结果分别为 0、1、2），最后用 Cull Pattern 运算器删除中心 Cv 位于 Rectangle 外部的多边形。这里的 Cull Pattern 运算器的应用中，我们利用了数字类型到布尔类型的转化关系，即 0 转化为 False，其他数字转化为 True。这样我们就获得了我们需要的在 Y 轴方向可以首尾相接的 Vorinoi 多边形图案（图 4-171）。

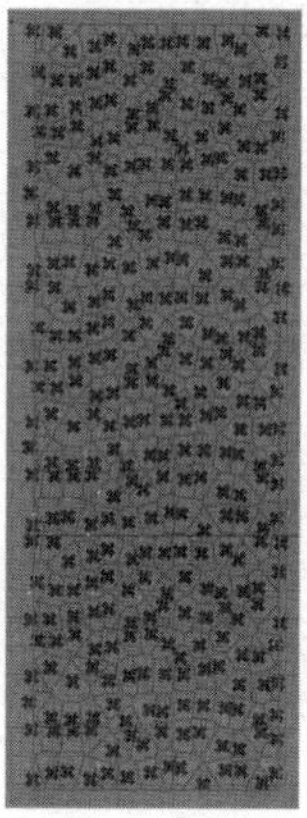

图 4-169

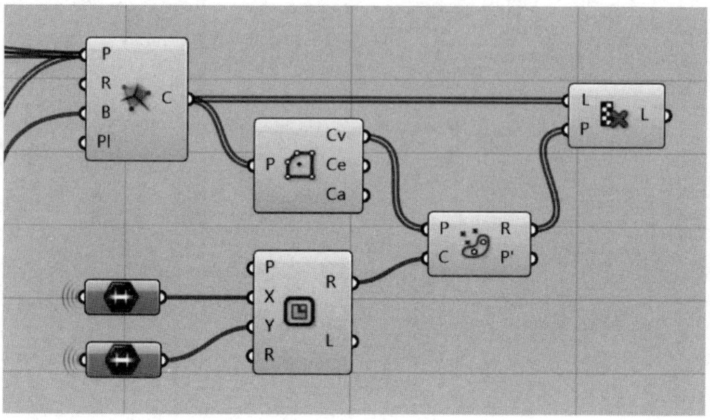

图 4-170

⑦ 如图 4-172 所示，把上面步骤的 Cull Pattern 运算器的结果连接到 Surface Morph 运算器的输入参数 G；用 Box Rectangle 运算器创建一个基底为上面步骤的 Rectangle、高度为任意正数的 Box，连接到 Surface Morph 运算器的输入参数 R；再把 Loft 曲面（复制为图 4-172 中的 Surface 数据类型运算器）及其 UV 域连接到 Surface Morph 运算器的输入参数 S、U、V，参数 W 设定一个域值，这样就把步骤⑥的图案映射到了曲面上（图 4-173）。

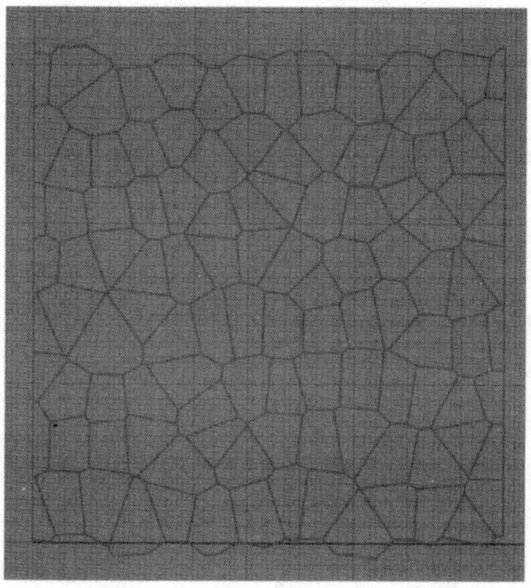

图 4-171

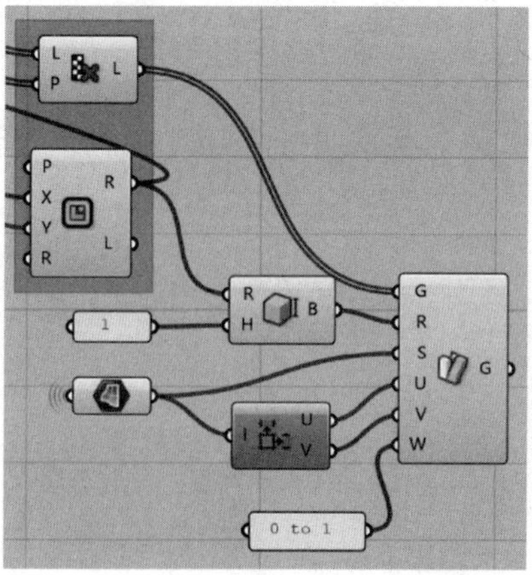

图 4-172

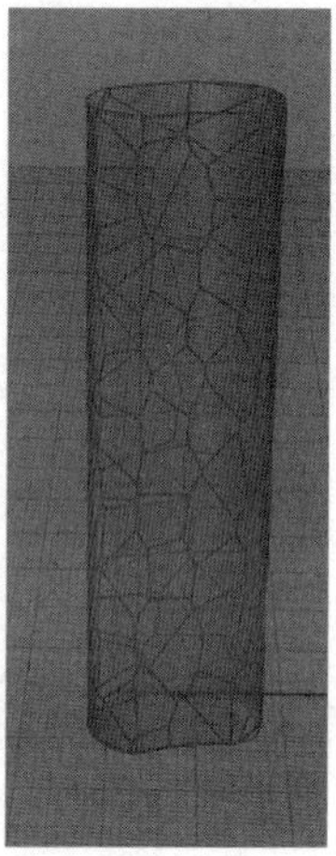

图 4-173

⑧ 如图 4-174 所示，用 Offset Curve Loose 运算器把映射到曲面的多边形进行 Offset，再用 Control Points 运算器得到各个多边形的控制点即顶点，用 Cull Index 运算器去除各多边形重复的第一个顶点后，以这些点为控制点、用 Nurbs Curve 运算器在各多边形内部创建一个周期性的曲线。然后用 Pull Curve 运算器把这些曲线投射到曲面上，用 Flatten Tree 运算器去除树状数据结构后，用 Surface Split 运算器剪切曲面形成洞口。最后用 List Item 运算器寻找被剪切洞口后的曲面，即为本案例最终结果。

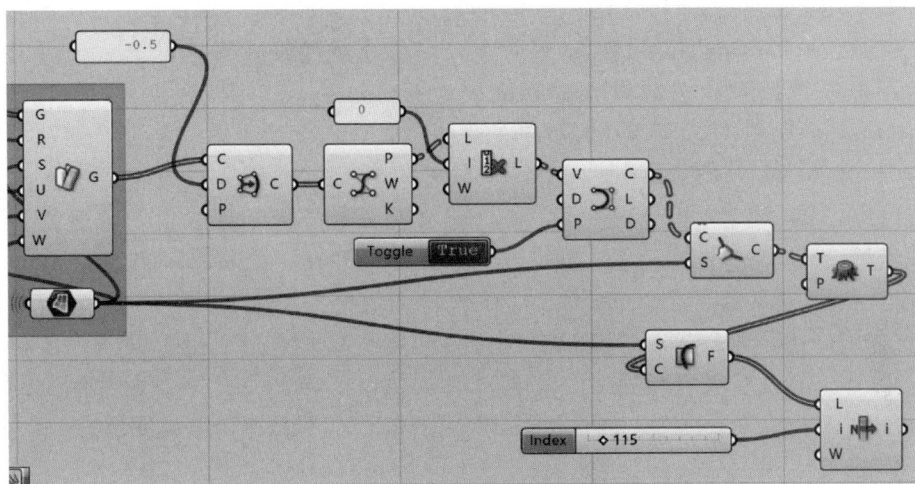

图 4-174

由于有剪切曲面的曲线跨越了封闭曲面的接缝，我们所要的被剪切洞口的曲面在 Surface Split 运算器的结果数据列中的位置并不固定，所以本例用了一个 Number Slider 来手动寻找它，也可以通过对所有面进行面积排序的办法来找到它（即面积最大的）。如果无需在 Grasshopper 中进行后续处理，也可以把 Pull Curve 运算器的结果全部 Bake 到 Rhino，然后手动进行寻找。另外，Surface Split 运算器的计算比较耗时，在进行其他部分的程序调试时，建议将它设为 Disable。本案例完整的程序如图 4-175 所示（见文件 4-13. gh）。

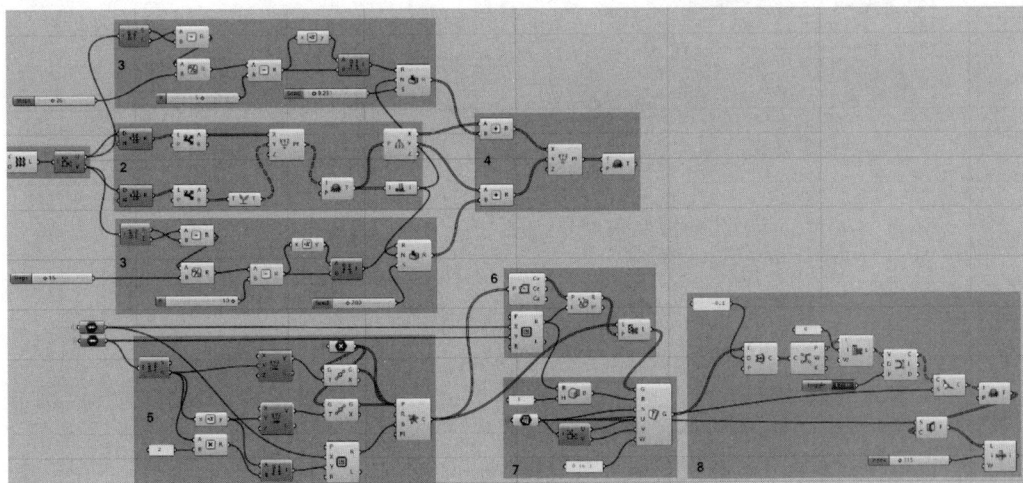

图 4-175

4.8 颜色、场以及 Grasshopper 的一些进阶功能

4.8.1 颜色

1)颜色的设置

Grasshopper 支持对颜色的操作,颜色(Color)也是一种数据类型。Params＞Input 面板下有如下几个运算器用于交互式设置颜色。

(1)Color Picker:如图 4-176 左图所示,是最直观的设置颜色的方式。可以通过点击右下角图标来选择颜色设置的方式,依次为 Eye-Dropper、RGB Space、HSV Space。按住 Eye-Dropper 吸管图标、拖动到屏幕的任一点,可以将该点的屏幕颜色赋值给输出参数;点击 RGB Space、HSV Space 图标,可以采用 RGB 或 HSV 方式设置颜色。RGB 方式即以红(R)、绿(G)、蓝(B)的值来设置颜色,可以用鼠标点击上部颜色方框中的某一点来设置;或者拖动中部的滚动条来分别设置颜色的 R、G、B 的值;滚动条 A 为 Alpha 通道,即不透明度的值;R、G、B 和 A 的取值范围均为 0～255。

HSV 方式即以色相(H)、饱和度(S)和明度(V)的值来设置颜色,色相的取值范围为 0～360,饱和度和明度的取值范围都是 0～100。在此方式下,中部的滚动条会变为 Hue、Sat、Val。具体的操作方式与 RGB 方式相同,A 同样为不透明度。

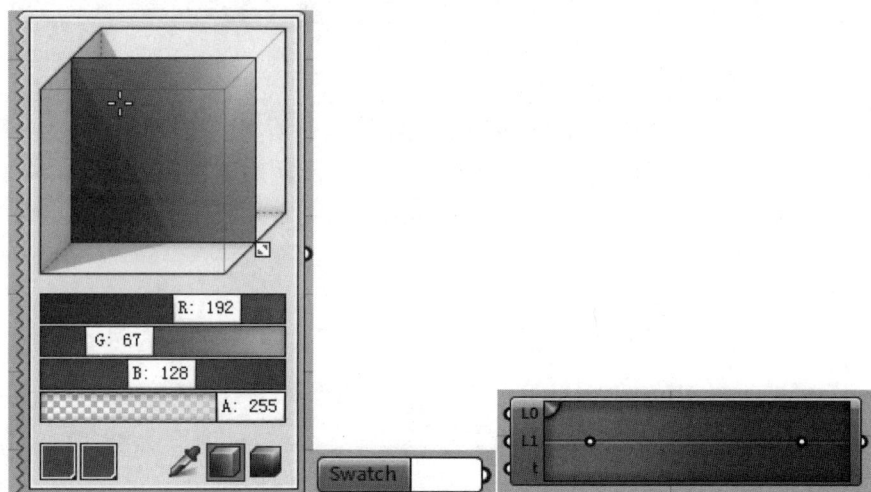

图 4-176 Color Picker、Color swatch、Gradient

(2)Color swatch:如图 4-176 中间的图标所示,点击图标右部的颜色,可以弹出类似 Color Picker 的窗口进行颜色设置。

(3)Gradient:用于在渐变色中获取颜色,如图 4-176 右图所示。输入参数 L0、L1、t 为数字,L0 表示渐变色中间那条直线的左边起点,L1 为直线的右边终点,t 为相对于 L0、L1 的位置,相当于在直线段中用参数 t 求取一个点,以此点位置处的颜色作为输出参数的值。渐变色中间直线上的小圆圈为渐变色的控制点,位置可以拖动,右键点击可以设置控制点处的颜色。单击或拖动左上方彩虹图标将增加控制点;向上或向下把控制点拖动到图标外部,可以删除控制点。

（4）Color Wheel：通过色轮内设定颜色范围一次设置多个颜色，输入参数为要设置的颜色的数量。具体使用有点复杂，这里不做详细解释。

另外，Image Sampler 运算器（图 4-177）可以获取图像中的色彩，输入参数为图像坐标系中的坐标（类似于曲面的 UV 坐标），输出参数为坐标位置的颜色。可以直接拖动图像文件到 Image Sampler 运算器来设定图像，可以双击运算器图标，在弹出的 Image Sampler Settings 对话框中进行更详细的设置，方式如下：

X Domain 和 Y Domain 设置图像坐标的值域，点击右侧图标将设置为图像的像素数量范围。Tiling 用于设置图像的"拼贴"方式，当输入坐标在图像范围之外时，Tile 方式把图像如同贴瓷砖一样复制扩

图 4-177　Image Sampler

展，再根据输入坐标获取颜色，而 Flip 把图像镜像复制扩展，Clamp 只复制图像边界的颜色进行扩展。Channel 用于设置获取颜色的何种属性，依次为颜色值（RGBA）、红色值、绿色值、蓝色值、不透明度、色相值、饱和度值、明度值。Interpolate 设置当位置不正好位于像素中心点时是否插值计算出所求位置处的颜色。File Path 显示图像文件的路径和名称，点击右侧图标，可以选择图像文件。

2）颜色的数值赋值和分析

Grasshopper 的颜色的表示方式为 R，G，B（A），如前所述，R、G、B、A 分别为颜色的红、绿、蓝和不透明度的数值，如果不透明度为 255，为完全不透明，则颜色的表示为 R，G，B，可以通过 Panel 运算器以上述方式设置色彩。

Display>Colour 面板下还有一些运算器可用于对颜色进行各种数值方式的赋值，另有几个对颜色进行分析的运算器，如表 4-46 所示。不同的色彩赋值方式对应于不同的颜色空间（颜色表示方法），相关的知识请查阅有关资料。

Display>Colour 面板下的颜色赋值运算器　　　　　　　　　　表 4-46

图标	名称	功能
	Color CMYK	用青色 C、洋红色 M、黄色 Y、黑色 K 来设定颜色
	Color HSL	用不透明度 A、色调 H、饱和度 S、亮度 L 来设定颜色。注意亮度不同于明度

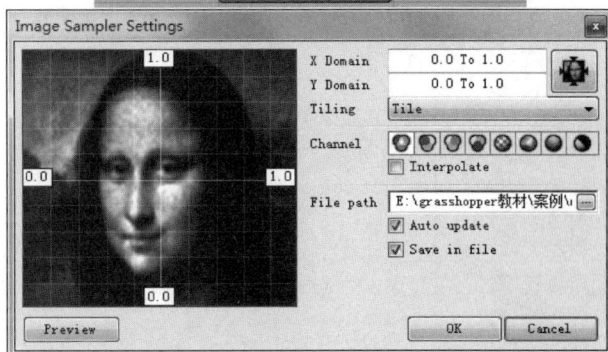

图标	名称	功能
	Color HSV	用不透明度 A、色相 H、饱和度 S、明度 V 来设定颜色
	Color L* ab	用不透明度 A、亮度 L、洋红色至绿色范围的取值 A，黄色至蓝色范围的取值 B 来设定颜色
	Color LCH	用不透明度 A、亮度 L、饱和度 C、色调角度值的柱形坐标 H 来设定颜色
	Color RGB	用不透明度 A、红色值 R、绿色值 G、蓝色值 B 来设定颜色
	Color RGB（f）	类似 Color RGB 运算器，不同点在于它用 0−1 代替 Color RGB 运算器的 0～255 的取值范围
	Color XYZ	用 CIE 1931 色彩空间的颜色的三色刺激值 X、Y、Z 来设定颜色
	Blend Color	计算颜色 A 和 B 的混合颜色，输入参数 F 为 A 和 B 的比率，取值 0～1，0 为颜色 A，1 为颜色 B
	Split AHSL	将颜色分解成不透明度 A、色调 H、饱和度 S、亮度 L
	Split AHSV	将颜色分解成不透明度 A、色相 H、饱和度 S、明度 V
	Split ARGB	将颜色分解成不透明度 A、红 R、绿 G、蓝 B

3)颜色应用案例

我们可以把颜色作为一种数据,应用于我们的建模过程,下面通过一个案例来演示。

该案例从一幅图像中获取颜色数据,并转化为模型的某种参数,其结果为一个反映了图像的三维模型,如图 4-178 所示,它以上底面大小不同的正方形台体或椎体单元呼应图像像素的明度值,排列起来构成一个垂直墙面。该案例文件为 4-14. gh,程序如图 4-179 所示。过程如下:

① 用 4Point Surface 运算器创建一垂直面并在右键菜单中选取 Reparameterize,然后提取它的 UV 域(Reparameterize 后为 0~1),再用 Range 运算器把 UV 域等分成偶数个划分数据,用 Dispatch 运算器获取偶数位置的数值后,用 Construct Point 运算器构成 UV 坐标网格,

图 4-178

最后用 Evaluate Surface 运算器获取各 UV 坐标处的坐标平面,备用。注意 Graft Tree 和 Flatten Tree 运算器的用途。

② 用 Image sampler 运算器获取图像,双击打开 Image Sampler Settings 对话框,选择图像文件,在 Channel 中选择最后一个图标 Colour Brightness,以获取图像像素的明度值,设置 X Domain 和 Y Domain 为 0.0 To 1.0(预设值),与步骤①创建的垂直面的 UV 域统一。

本案例采用的图像为 mnls-1. jpg,它是《蒙娜丽莎》图片的局部,我们事先用图像处理软件进行了裁切,并设置为灰度图像,调整了对比度。另外还把像素大小缩为步骤①创建的垂直面的大小,这样做的目的是使我们所要创建的垂直墙面上的一个构建单元对应于图像上的一个像素。利用图像处理软件一方面可以处理缩小图像时的像素合并的计算问题,另一方面可以观察图像缩小后是否还能识别。

接下来把步骤①获取的 UV 坐标点连接到 Image sampler 运算器,以获取颜色数据(明度),用 Bounds 运算器把最小、最大的明度值构成值域;再用 Construct Domain 运算器创建一个值域,最小值为 0,最大值用 Number Slider 运算器设定为一个正整数;然后把各明度值从明度范围的域映射到新创建的域,并用 Integer 运算器转化为整数(四舍五入)。这样做的目的是把不同的明度值计算为限定数量的数,即阶梯化,以限定构件的种类。

再用 Construct Domain 运算器,把我们要创建的台体或椎体单元的上底的最大边长的 1/2 和最小边长的 1/2 构成一个值域,把阶梯化的数值映射到这个值域,这样就形成了阶梯化的、像素明度值与上底面大小的对应关系。

③ 用 Rectangle 运算器构建一个边长为 1 的正方形,位于 XY 平面;再根据上一步骤计算的不同 1/2 上底边长,用 Rectangle 运算器创建一组正方形,位于与 XY 平面平行的、有一定距离(本例为 1)的坐标平面。

④ 用 Orient 运算器把上一步骤创建的图形从世界坐标系转换到垂直面上各 UV 网格

329

点处的坐标平面，再用 Ruled Surface 运算器把两组曲线连接成台体侧面，最后用 Cap Holes 封闭台体的上下底面，就获得了最终结果。它是由不超过 10 种台体或椎体单元构成的墙面。

本案例最终生成的单元数量较多，使得运算速度较慢，可以在调试过程中把步骤①的 UV 划分数量减少，以提高调试效率。

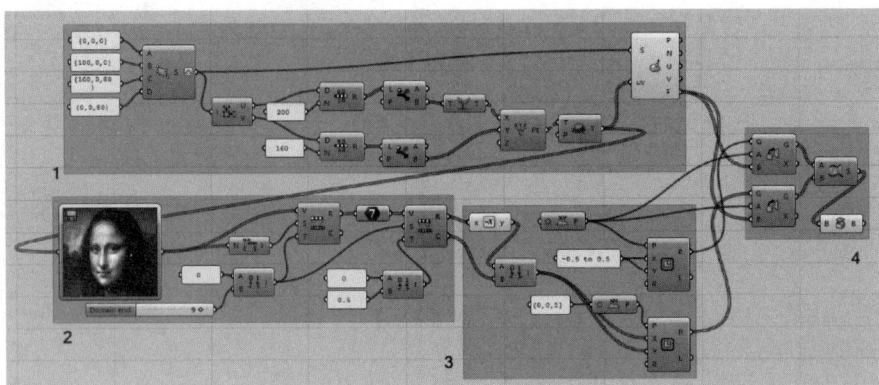

图 4-179

4.8.2 场

Grasshopper 还提供了一些创建和操作"场"(field) 的运算器，场用于描述物体在空间中的分布情况。Grasshopper 中的场是向量场，自然界的电场、引力场等都可以用向量场表示，即以方向和大小描述空间中各个位置的电场力（对电荷的作用力）、引力等的情况。

1）场的创建

Grasshopper 的场是一种独立的数据类型，场的相关运算器位于 Vector＞Field 面板，目前用于创建场的运算器有 4 个，如表 4-47 所示。

创建场的运算器　　　　　　　　　　　　　　　　　　表 4-47

图标	名称	功能
	Point Charge	模拟点电荷产生的电场。输入参数 P 为点电荷的位置，C 为电荷的大小，正数为正电荷，负数为负电荷，D 为衰减系数，B（Box）设定电场的范围（图 4-180）
	Line Charge	模拟线电荷产生的电场。输入参数 L 为直线段，用于设定线电荷的线，C 为电荷强度，B 同上（图 4-181）
	Spin Force	创建一个旋转力场。输入参数 P 设定场的坐标，S 为强度，R 为半径，D 为衰减系数，B 同上（图 4-182）

图标	名称	功能
L B F	Vector Force	按照直线 L 起点终点创建一个均匀的向量场，输入参数 B 同上（图 4-183）

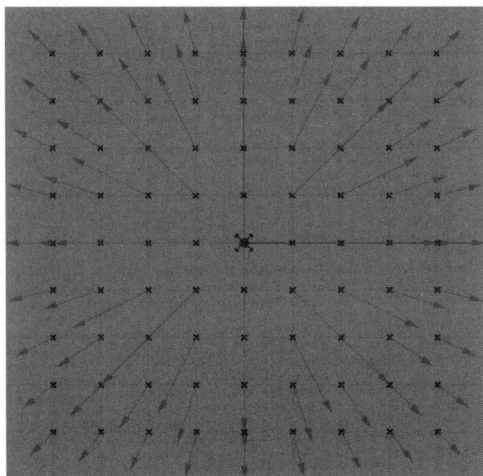

图 4-180　Point Charge 创建的场
在过点 P 的平面上的向量分布示意

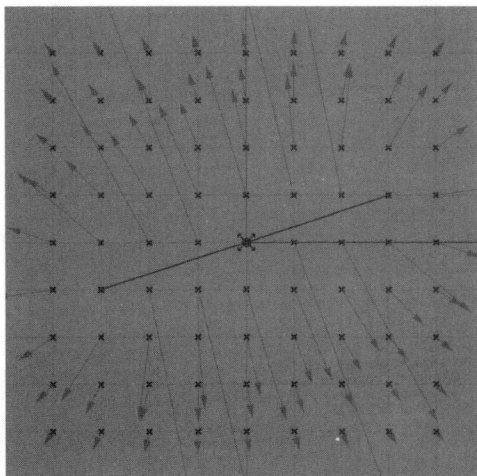

图 4-181　Line Charge 创建的场
在过线 L 的平面上的向量分布示意

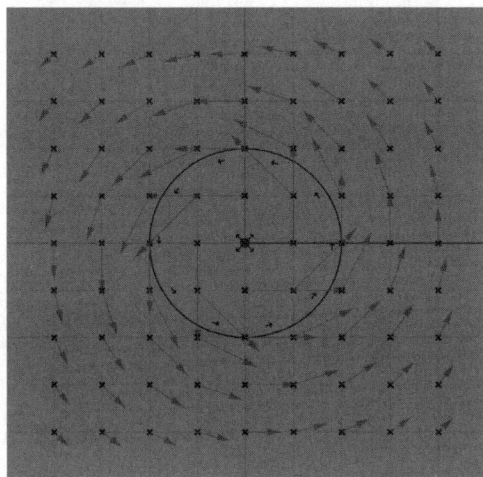

图 4-182　Spin Force 创建的场
在垂直于旋转轴的平面上的向量分布示意

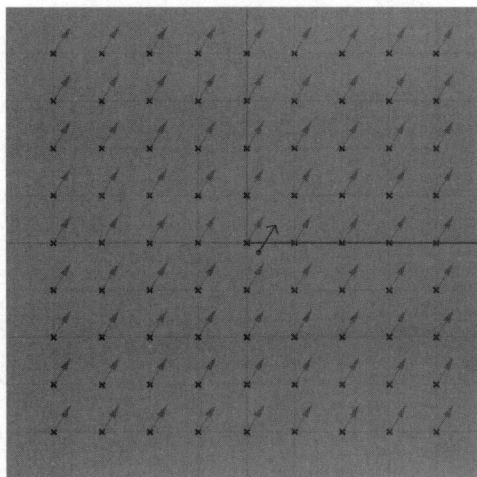

图 4-183　Vector Force 创建的场
在平行于 L 的平面上的向量分布示意

2）场的编辑和分析

表 4-48 所列运算器可用于场的编辑和分析操作。

331

编辑和分析场的运算器   表 4-48

图标	名称	功能
F F	Merge Fields	把若干个场合并为一个场
F F	Break Field	把场分解为若干个原始的场（即可创建的 4 种场）
F T P S	Evaluate Field	分析场 F 中点 P 位置的向量 T 和场强度 S（即 T 的大小）
F P N C A M	Field Line	计算场 F 经过 P 点的力线（类似于磁力线）。输入参数 N 为采样数量，A 为计算精度，M 为步长求解算法

另外，Direction Display 运算器用 Mesh 的色彩显示沿着某切割平面的场力方向分布情况，Perpendicular Display 运算器用 Mesh 的色彩显示与切割平面垂直的场力方向分布情况，Scalar Display 运算器用 Mesh 的色彩显示某切割平面的场力的大小分布情况，还有一个 Tensor Display 运算器用箭头显示场在某切割平面的向量的方向。

3）场的应用案例

下面我们应用场来建一个如图 4-184 所示的模型，步骤如图 4-185 所示。

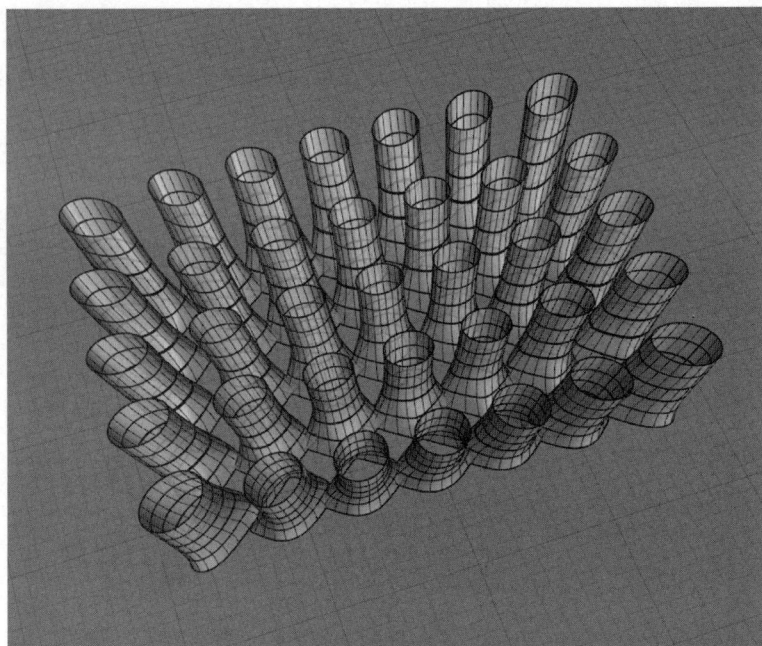

图 4-184

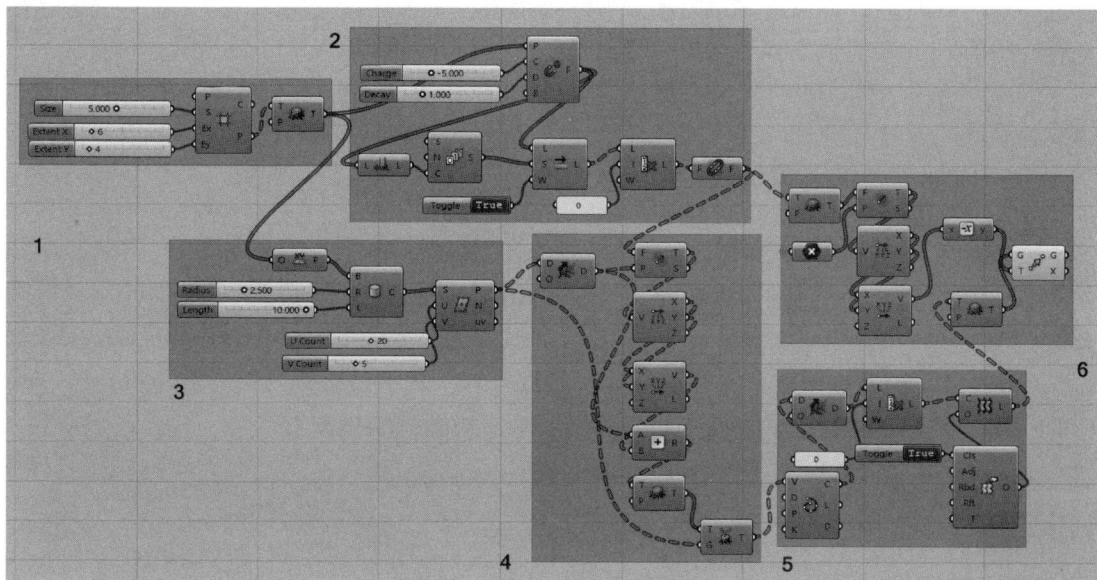

图 4-185

① 用 Square 运算器（位于 Vector＞Grid 面板）创建一个正方形网格，并用 Flatten Tree 运算器将其输出参数 P（网格点）的数据结构清除，成为一个数据列表。

② 首先放置 Point Charge 运算器，把上一步 Flatten Tree 运算器的输出端连接到其输入参数 P，并用 Number Slider 运算器设置 C（电荷）和 D（衰减度）。然后用 Serious 运算器制作一个起始值为 0、步长为 1、数量为 Point Charge 运算器创建的电场数量的等差数列。再将 Point Charge 运算器创建的电场列表、Serious 运算器分别连接到 Shift List 运算器的输入参数 L 和 i，将 W（Wrap）选项设置为 True，然后用 Cull Index 运算器清除 Shift List 运算器产生的各个列表的第 0 个数据，这样，就得到了一系列数据列表构成的数据树，第一个列表为除了第一个位置点的其他位置点的电场，第二个列表为除了第二个位置的其他位置点的电场，等等。最后用 Merge Fields 运算器将各列表的电场各自合并为一个场。这样做的目的是让电场不对相应位置的图形起作用（见下面的步骤）。

③ 用 Cylinder 运算器在各网格点处分别创建一个圆柱面，并用 Divide Surface 运算器在各圆柱面划分网格点。

④ 用 Shift Paths 运算器（输入参数 O 采用预设值－1），把 Divide Surface 运算器产生的点按各圆柱面分组。然后用 Evaluate Field 运算器分析各点处的场向量。接下来用 Deconstruct Vector 运算器分解各向量，再把 X、Y 值赋值给 Vector XYZ 运算器（Z 为预设值 0），这样做的目的是为使接下来的图形操作在 Z 方向不受影响。再用 Addition 运算器将 Shift Paths 运算器处理过的曲面网格点进行向量移动，用 Flatten Tree 运算器处理后，最后用 Unflatten Tree 运算器将移动过的点恢复成 Divide Surface 运算器产生的曲面网格点的数据结构。

⑤ 首先用 Interpolate 运算器把 Unflatten Tree 运算器输出的点连接成线，然后用 Shift Paths 运算器将各圆柱面生成的曲线各自放成一组。由于圆柱面在 U 方向的起点与终点重合，因而每一组曲线的第一条和最后一条是重合的，我们用 Cull Index 运算器删除

掉第一条（原因在于 Loft 运算器不允许第一条曲线和最后一条曲线重合）。在完成上述处理后，用 Loft 运算器将各组曲线放样成曲面。

⑥ 这一步的操作是为了让上一步得到的各个曲面移动到差不多和原先的圆柱面同样的位置。方法是类似于步骤④，求出原先的各圆柱面的下部中心点（即初始网格点，图 5-189 中的运算器 Pt）位置的向量，取负值后，用 Move 运算器移动步骤⑤生成的曲面。注意两个 Flatten Tree 运算器的作用。

本案例的 Grasshopper 见文件 4-15.gh。另外，我们在文件 4-16.3dm、4-16.gh 中演示了一个以 Rhino 中的点为球心创建随机大小的球体、以这些点为原点创建一组强度与球体体积相关的点电荷电场、之后使各球体在场中发生变形的案例（图 4-186）；案例文件 4-17.3dm、4-17.gh 演示了一个使 Rhino 的圆环面在一组随机点电荷产生的电场中发生变形的情况（图 4-187）。两个案例采用的方法和本案例类似，供读者参考。

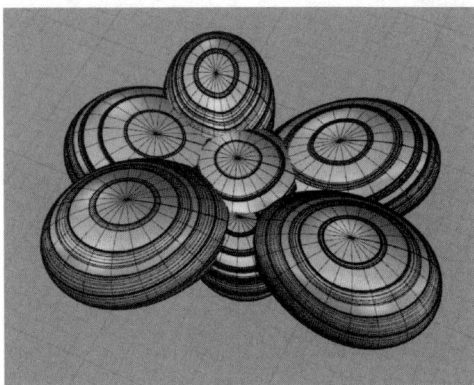

图 4-186

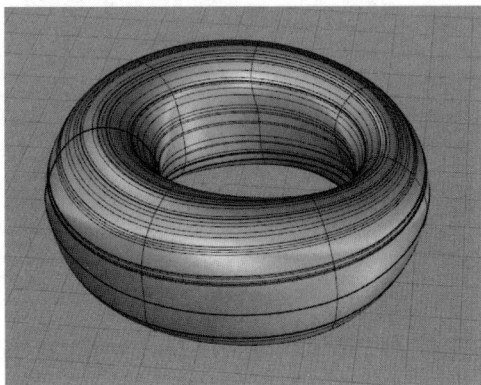

图 4-187

4.8.3　表达式

1）表达式简介

我们在第二节介绍了许多用于数值计算和操作的运算器，它们都比较直观易用，但在需要多步骤运算的情况下，使用起来比较繁琐。而表达式运算器可以把多重计算一次完成，还可以实现没有用专门的运算器提供的一些计算功能。

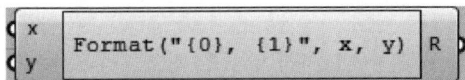

图 4-188　Expression 运算器

Grasshopper 的表达式运算器有两个：Expression 和 Evaluate，它们位于 Math＞Script 面板。图 4-188 所示为 Expression 运算器放入工作区时的情况。另外，许多运算器输入参数的右键菜单中往往会有 Expression 项，它允许输入一个表达式来对此输入参数（用 x 表示）进行预运算，之后再进行运算器的操作。

表达式即计算式，由数据（常数、变量）、函数和运算符构成。例如 a＋sin（1.57）就是一个简单的表达式，其中 a 是变量，sin（）为正弦函数，1.57 是常数，＋是运算符。对于变量的不同取值，计算机计算出表达式的结果。

Expression 运算器的输入参数即为表达式的变量，其数量可以增减。双击运算器，打开如图 4-189 的对话框，即可在 Expression 文本框里写入表达式。Expression Designer 对话框的上部，列出了一些常用的函数（Functions）、常数（Constants）、运算符（Operators）的图标，单击图标，Expression 文本框里将会自动写入相应的函数、常数和运算符，帮助编写表达式。当然，对于具有编程经验和熟悉表达式写法的用户，可以自己输入表达式，但注意有些符号难以直接用英文键盘输入。

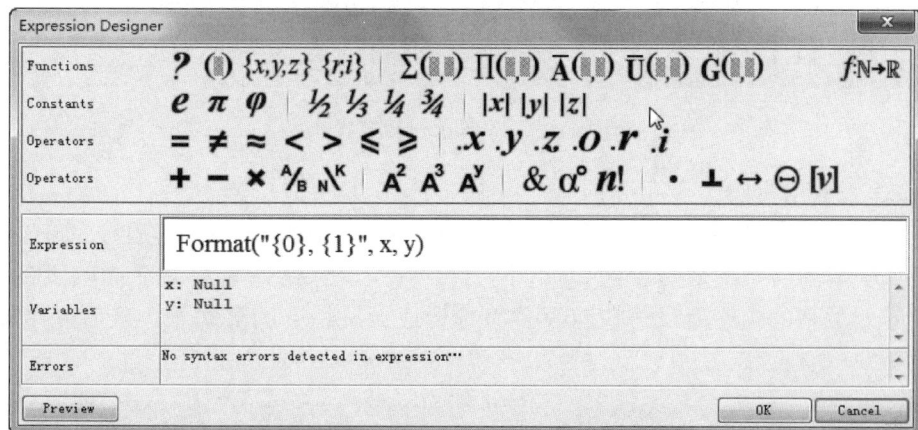

图 4-189　Expression Designer 对话框

Constants 列出了一些常用的常数，包括自然对数底数 e、圆周率 π、黄金比 ϕ、½、⅓、¼、¾；｜x｜、｜y｜、｜z｜分别为平行于世界坐标系 X、Y、Z 轴的单位向量。

Operators 所列的＋、－、×、$^A/_B$、$_N^K$、A^2、A^3、A^y 分别为加、减、乘、除、整除、平方、立方、乘方运算符；＝、≠、≈、<、>、≤、≥为数值大小判断符号。.x、.y、.z 用于求点的 X、Y、Z 坐标或向量的 X、Y、Z 分量，.o 用于求坐标平面的原点；.r、.i 用于求复数的实数和虚数部分；& 用来合并字符串；$\alpha°$ 用于将弧度计算为角度，N! 用于求阶乘；· 用于求向量的点积、⊥ 用于求向量的叉积、↔ 用于求两点之间的距离、Θ 用于求向量的夹角，[V] 用于求向量的单位向量。

Functions 列出了几个函数，其中 $\{x, y, z\}$ 以 x、z、y 三个数值构成点，$\{r, i\}$ 以两个数值构成复数，Σ() 用于求多个数的和，Π() 用于求多个数的乘积，$\bar{A}$() 用于求多个数的平均值，$\dot{G}$() 用于求多个数的几何平均数（$\sqrt[n]{x_1 + x_2 + \cdots + x_n}$），$\bar{U}$() 用于求多个数的调和平均数（数值倒数的平均数的倒数）。? 是条件判断函数，它非常有用，单击它可以在 Expression 文本框看到这个函数的写法：If（condition，true，false），这个函数的意思是如果 condition 为 True，则它的结果为 true 的值，否则为 false 的值，例如，函数为 If（$x>y$，x，y），则当 x 大于 y 时，结果为 x，否则结果为 y。

单击对话框右上角的 f:N→R，会打开一个 Expression function list 对话框，列出了可以使用的各种函数，可以实现非常强大的计算。

对于表达式来说，不同的运算符具有不同的运算顺序，即优先级，例如算数运算符具有如下的有限顺序：乘方符（˄）、负号（－）、乘除号（＊、/）、整除号（\）、求余号（％）、加减号（＋、－），它们又优先于比较运算符（＝、<>、<、>等）。优先级问题有点复杂，好在我们可以使用括号来改变计算顺序：在括号内部的符号的优先级高于括号外边的运算符，同一个括号内的运算符优先级不变。

Evaluate 运算器是 Expression 运算器的扩展，它的输入参数 F 是字符串的形式表示的表达式，其他输入参数用于设置表达式的变量，这样使得表达式的使用更加灵活。如图 4-190 所示是 Evaluate 运算器的两个例子。

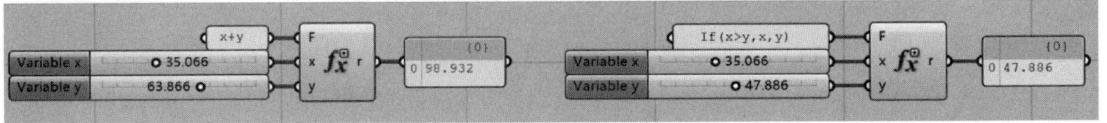

图 4-190　Evaluate 运算器

2）表达式应用案例

接下来，我们通过一个简单的案例尝试一下表达式的应用，本例先在空间中创建一系列点，再连接成为一条近似螺旋线，如图 4-191 所示。思路是先求取平面圆上的一系列点、再用等差数列的顺序值赋给它们的 Z 坐标形成螺旋线上的空间点，最后连接成曲线。步骤如下：

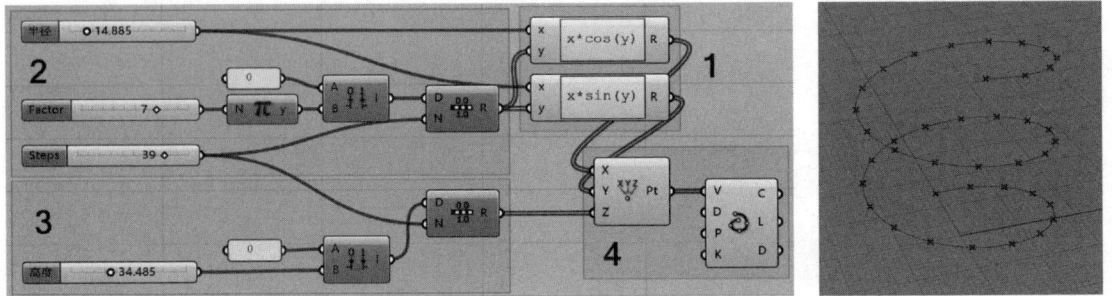

图 4-191　创建螺旋线

① 根据圆的参数方程 x＝r×cos（t）和 y＝r×sin（t），在工作区放置两个 Expression 运算器，分别输入表达式 x * cos（y）和 x * sin（y）。

② 用 Construct Domain 运算器创建一个值域，起始值为 0，终止值为若干个 π。终止值用 Pi 运算器设定，前面连接数据类型为整数的 Number Slider 运算器。这样，我们获得了上述参数方程的参数值取值范围，每 2π 为一个圆。

将此值域为参数，用 Range 运算器创建一个等差数列，其参数 N 用 Number Slider 运算器设置为可调参数，类型也为整数。

再用 Number Slider 运算器设置可调的半径，并分别将半径和上述 Range 运算器创建的数列连接到两个 Expression 运算器的输入参数，就得到了螺旋线上一系列点的 X 和 Y 坐标。

③ 用 Number Slider 运算器设置螺旋线的总高度，与步骤②一样用 Construct Domain 运算器创建取值范围为 0 到总高度的值域，并用 Range 运算器进行同样的平分，这样就获得了逐渐增大的等差数列，这就是我们需要的螺旋线上一系列点的 Z 坐标值。

④ 在工作区放置 Construct Point 运算器，并将步骤②和③生成的 X、Y、Z 坐标连接到它的输入参数，生成螺旋线上的一系列点。最后把这些点连接到 Interpolate 运算器的输入参数 V，就创建了一条通过这些点的曲线，即我们需要的近似螺旋线。

⑤ 调整各个 Number Slider 运算器的数值，观察曲线的变化。

此案例的 Grasshopper 文件名为 4-18. gh。如果参照步骤③，把半径也做成一个等差数列，可以形成一个渐开的螺旋线，读者可以尝试一下，或参见案例文件 4-19. gh。

4.8.4　Path Mapper

1）Path Mapper 运算器简介

Path Mapper 运算器具有强大的操作数据树的能力，可以用它实现各种对数据树的操作，甚至包括其他用于操作数据树的运算器的功能。Path Mapper 运算器的一般使用方法如下（图 4-192）：①在工作区放置 Path Mapper 运算器，并把要操作的数据树连接到运算器的输入端。②在右键菜单选择 Create Null Mapping，这时 Path Mapper 运算器会根据数据树的路径长度生成一个起始的路径映射式。③双击 Path Mapper 运算器，打开对话框对路径映射进行编辑。

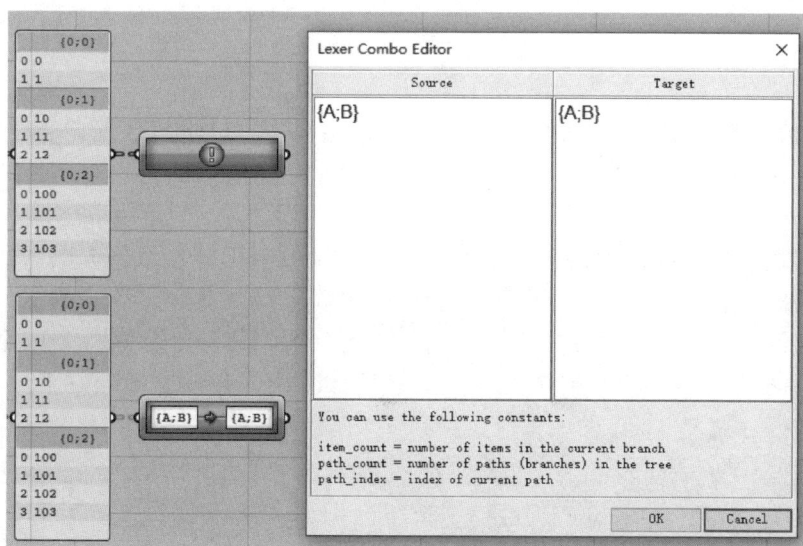

图 4-192　Path Mapper 运算器的一般使用方法

Path Mapper 运算器的功能是顺序把箭头左边（即对话框的 Source）的源路径的所有数据放置在箭头右边（对话框的 Target）的目标路径，以创建一个新的数据树，其中字母 A、B…是一个代数式，用以指代的具体的路径中的值，可以采用任意的字母，在右键菜单中选择 Create Null Mapping 时，运算器会根据路径结构自动分配字母。

如图 4-192 所示的映射式为 {A；B} → {A；B}，Path Mapper 运算器顺序提取源数据树中的每一个数据，例如当提取到路径为 {0；1} 的分枝的数据时，它把路径 {0；1} 赋值给 {A；B}，即 A＝0、B＝1，这时箭头右边的路径 {A；B} 也就等于 {0；1}，Path Mapper 运算器根据映射式，把从路径为 {0；1} 的数据分枝的数据放入目标路径为 {0；1} 的数据分枝，以此类推。由于映射式的源路径和目标路径相同，所以此时创建的数据树和原数据树是相同的。

我们再看一下图 4-193 所示的两个例子，左例的映射式为 {A；B} → {A}，Path Mapper 运算器把输入数据树的路径为 {0；0}、{0；1}、{0；2} 的数据分枝的所有数据

顺序放到路径为 {0}、{0}、{0} 的数据分枝，形成了类似于 Flatten Tree 运算器的运算结果。而右例的映射式为 {A；B} → {B}，Path Mapper 运算器把路径为 {0；0}、{0；1}、{0；2} 的数据分枝的所有数据顺序放到路径为 {0}、{1}、{2} 的数据分枝，形成了类似于 Shift Tree 运算器的运算结果。

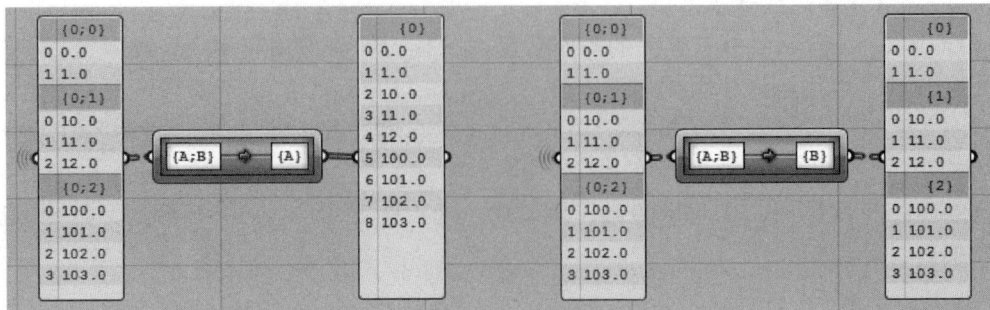

图 4-193

Path Mapper 运算器的映射式的源路径和目标路径还可以包括数据在分枝中的列表索引（用括号中的代数式表示），如图 4-194 所示。左例中，映射式为 {A；B} (n) → {A；B；n \ 2}（n \ 2 为 n 除以 2 的整除数），Path Mapper 运算器把所有路径为 {A；B}，列表索引为 n 的数据顺序放入到路径为 {A；B；n \ 2} 的数据分枝，例如图中数据 11.0 的路径为 {0；1}，列表索引为 1，因为 1 \ 2=0，所以它就被放到了路径为 {0；1；0} 的数据分枝。左例的结果是将原数据进行了进一步的分组，每两个数据位于一个数据分枝。而右例中，n%2 等于 n 除以 2 的余数，其结果是将原数据分枝中间隔一个位置的数据放到了同一个数据分枝。

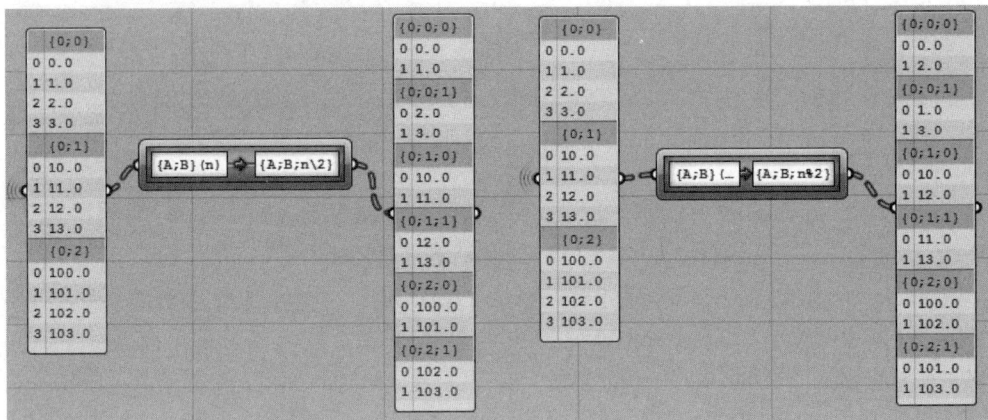

图 4-194

2）Path Mapper 应用案例

下面用一个小案例来进一步说明 Path Mapper 运算器的用法。在第三节的案例 4-3.gh 中，我们创建了一个网格，现在我们利用 Path Mapper 运算器绘制对角方向的线，案例文件为 4-20.gh，过程如下：

① 打开案例文件 4-3.gh。为了简便起见，首先在工作区放置 Simply Tree 运算器，

将输入端连接到 Construct Point 运算器的输出端；再放置 Panel 运算器，并将输入端连接到 Simply Tree 运算器的输出端，观察网格点的数据树结构。

② 放置 Vector＞Point 面板的 Point List 运算器，将输入参数 P 连接到 Simply Tree 运算器的输出端，将输入参数 S 设为 1，以显示各网格点在分枝数据列表中索引。如图 4-195 所示。

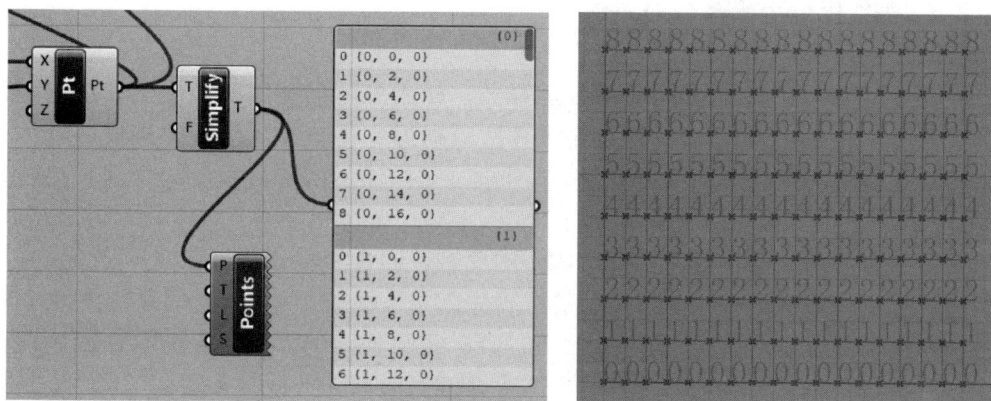

图 4-195

从图 4-195 中可以发现，如果把路径 {0} 上位置为 0 的点、路径 {1} 上位置为 1 的点、路径 {2} 上位置为 2 的点等等连接起来就可以生成一条对角斜线；同样，把路径 {0} 上位置为 1 的点、路径 {1} 上位置为 2 的点、路径 {2} 上位置为 3 的点等等连接起来就可以生成和前述一条斜线平行的对角斜线，以此类推。也就是说，每一条对角斜线上的点，它们的路径数值和列表索引值相减的结果都是相等的，而这个相减的结果对于不同对角斜线来说是不同的。

③ 我们据此采用 Path Mapper 运算器来把相同对角斜线上的点放在同样的路径上，如图 4-196 所示，Path Mapper 运算器的映射式为 {A} (i) → {A−i}。最后用 PolyLine 运算器将同样路径上的点连接起来，就得到了我们需要绘制的斜线。

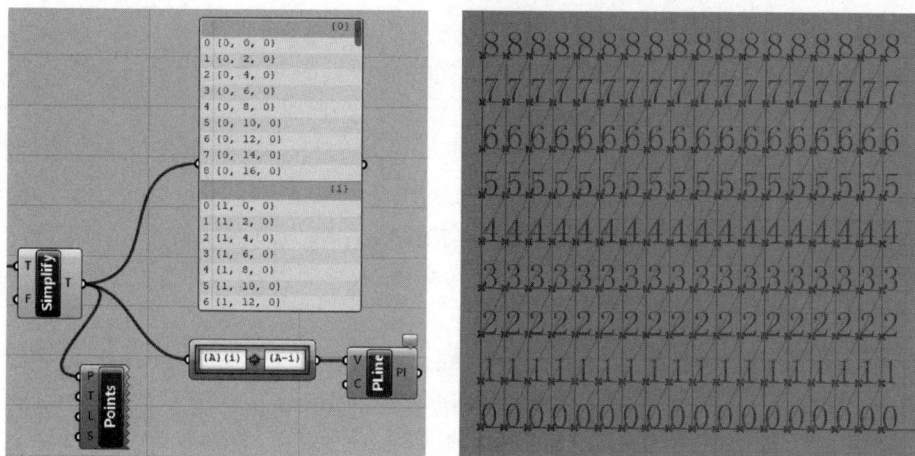

图 4-196

由于 Path Mapper 运算器产生的数据树的某些路径上会只有一个点，因此 PolyLine 运算器不能把此路径上的点连接成线，所以出现了报错警告，我们可以在 PolyLine 运算器之前，先用 Prune Tree 运算器删除数据长度小于 2 的分枝。

④ 重复步骤③，并把映射式改为 {A}（i）→ {A+i}（读者可以思考一下是为什么），绘制出另一个方向的斜线。

4.8.5 智能优化运算器 Galapagos

1）Galapagos 简介

Grasshopper 提供了一个 Galapagos 运算器，让用户可以使用智能优化算法求解，该运算器位于 Params＞Util 面板。智能优化算法是根据一些自然生活现象来模拟目标函数以寻找接近最优解的优化解的一类算法，Galapagos 提供了两种智能优化算法：遗传算法和模拟退火算法。

遗传算法模拟生物进化过程的优胜劣汰的原理，通过选择、交叉和变异算子模拟生物种群的进化过程，以此进行求解。遗传算法首先随机生成若干个个体作为初始种群，然后计算每一个个体的优劣程度（适应度，fitness）；在此基础上，选择保留一定比例的最优个体，并随机选取一定比例的个体进行交叉（两两对换部分数据）和随机选取一定比例的个体进行变异（改变部分数据），形成新一代种群；然后再对新一代种群进行适应度计算，并根据适应度重复选择、交叉和变异以形成更新一代种群，如此循环迭代直到有个体的适应度满足要求或达到了设定的迭代次数或时间停止。

模拟退火算法是模拟固体退火的过程，它根据的基本原理是物体的内能随着温度的变化而变化，温度越高内部粒子振动幅度越大，固体温度从高温下降，当下降速度足够慢的时候其内部粒子就会处于平衡状态。模拟退火算法的思路是用固体的内能来模拟目标函数，用温度来模拟控制参数，用降温来模拟参数变化。它的一般步骤为：

① 初始化，设定一个初始解空间（参数范围），在初始解空间中任取一个初始解为当前解，并设定初始温度；

② 根据当前解扰动生成新的解，如果新的解优于旧的解，则接受新的解作为当前解，如果新的解劣于旧的解，则按一定概率（与当前温度相关）接受新的解，如此循环迭代，如果出现满足要求的解则计算结束，否则达到了设定的迭代次数仍没有满足要求，则降低温度，重复此步骤继续寻找解。

③ 当温度降为 0 或达到了设定的时间仍然没有得到满足条件的解，则结束计算，以当前解输出。

图 4-197 左图所示为 Galapagos 运算器图标，从 Genome 半圆环拖动来连接计算参数，按住 shift 键可以连接多个参数，Genome 连接的对象可以是 Number Slider 或 Gene Pool，需要拖动到它们的图标完成连接。对于遗传算法来说，每一个参数就是一个基因（gene），多个参数构成了基因组（genome）；从 Fitness 半圆环拖动以连接计算结果，Fitness 只能有一个连接。

双击图标，出现如图 4-197 右图所示的 Galapagos 设置对话框。Fitness 设定是求它的最大值或最小值，Threshold 运算器可以设置可接受的 Fitness 数值，如果 Runtime Limit 设为 Enable，可以设置运算的最多时间。Evolutionary Solver 部分用于设置遗传算法的参数，其中 Max. Stagnant 设定运行多少代都没有出现更优解时停止，Population 设置种群的数量，即每一代有多少个个体，第一代种群数量可以是后续种群数量的若干倍，通过 Initial Boost 设定。Maintain 设置下一代中通过选择得到的个体的百分比，Inbreeding 设置下一代中通过交叉生成的个体的百分比。Annealing Solver 部分用于设置模拟退火算法的参数，Temperature 为初始温度，Cooling 为每轮迭代的降温幅度，Drift Rate 可以设定每轮迭代中变动变量的情况：如果为 0 则每轮迭代只有一个变量发生变动，大于 0 的 Drift Rate 可以使每轮迭代中有百分之多少变动的是随后的变量，建议采用 25%～75%。

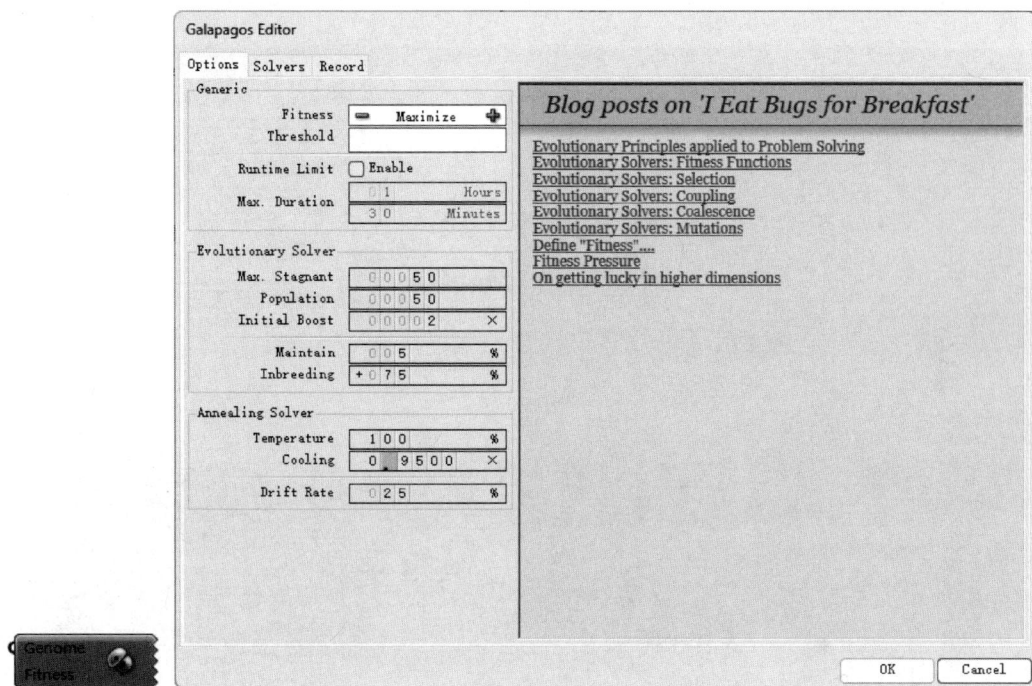

图 4-197

点击上部的 Solvers，对话框则如图 4-198 所示，左上角图标分别用于设定采用遗传算法或模拟退火算法，点击 Start Solver 按钮，就开始优化求解过程，中途可以点击 Stop Solver 图标中断求解，右上角和中间一行的图标可以设置对优化过程的不同显示。

图 4-199 所示为用 Galapagos 解题的一个小例子，题目是求平方和为 292 的三个自然数。我们用三个 Number Slider 运算器设置三个 1～60 的整数，然后求它们的平方和，减去 292 后取绝对值作为 Fitness，Genome 连接三个 Number Slider，在 Galapagos 设置中选择遗传算法，Fitness 选 Minimize，其他参数采用预设值，点击 Start Solver 后，经过迭代计算后就可以获得一个解答。

在参数较多且统一的情况下，可以采用如图 4-200 左图所示的 Gene Pool（基因池）运算器，它位于 Params>Util 面板。双击 Gene Pool 图标，打开如图 4-200 右图所示的对话框，可以对参数进行设置，Gene Count 用于设置参数的数量，Decimals 用于设置参数的精度（小数点后的位数），Minium 和 Maxium 用于设置各参数的范围。右键单击 Gene Pool 图标，可在弹出菜单中选取 1%、10% 或 100% 对基因池的参数进行不同幅度的随机化改变。

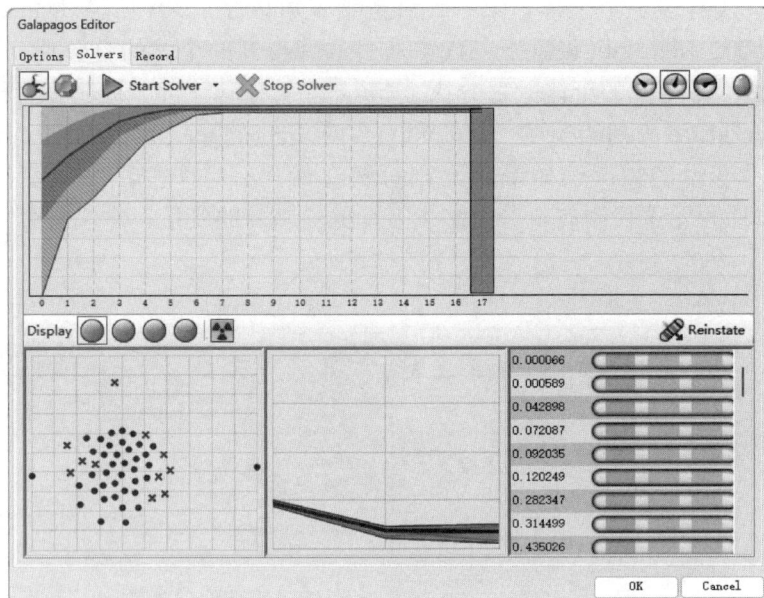

图 4-198

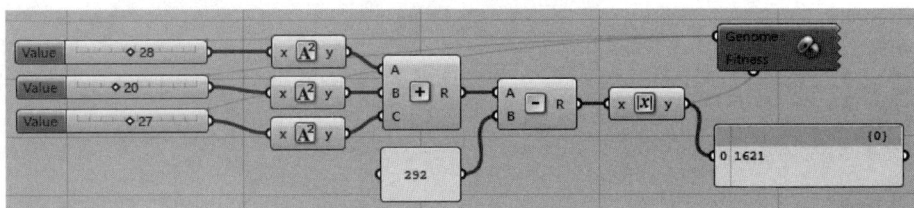

图 4-199

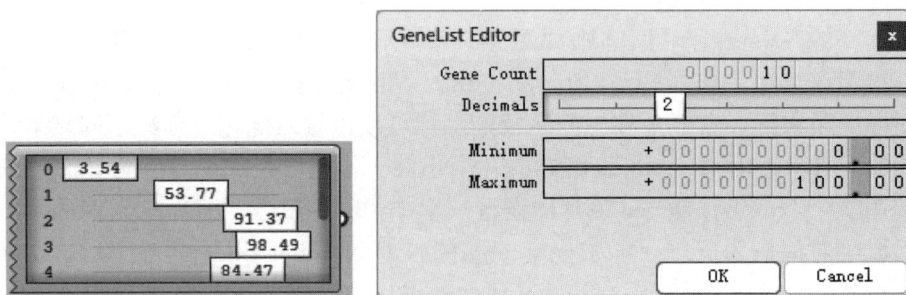

图 4-200

2）Galapagos 应用案例

在本例中，我们将 Galapagos 用于生成一个面积划分较为均等的 Voronoi 图案，程序（案例 4-21.gh）如图 4-201 所示，步骤如下：

① 用两个 Gene Pool 运算器设置数量相同的两组实数，范围为 0～100，并分别输入到 Construct Point 运算器的 X 和 Y，Z 设为 0。并用 Rectangle 运算器绘制一个 X 和 Y 均

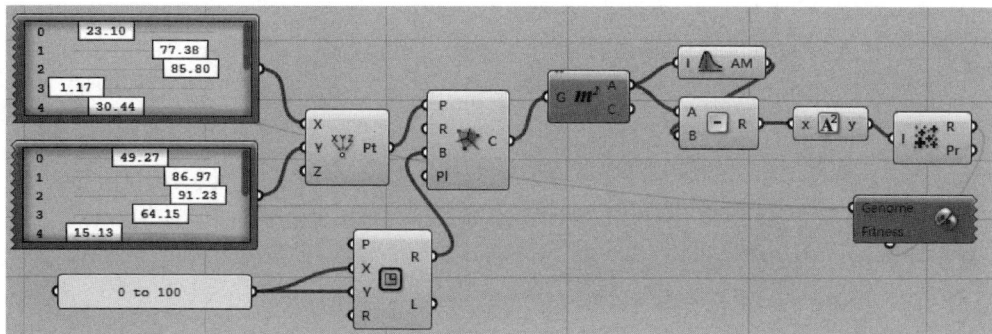

图 4-201

为 0~100 的矩形。将 Construct Point 运算器生成的点和 Rectangle 运算器生成的矩形输入到 Voronoi 运算器的输入参数 P 和 B,生成如图 4-202 左图所示的 Voronoi 图案。

② 用 Area 运算器计算 Voronoi 图案中每个多边形的面积,然后用 Average 运算器计算面积的平均值,再用各多边形面积减去面积平均值,用 Square 运算器求平方后用 Mass Addition 运算器累加。

③ 放入 Galapagos 运算器,把两个 Gene Pool 连接到 Genome 运算器,累加结果连接到 Fitness。

④ 双击 Galapagos 图标,设置 Fitness 为 Minimize,其他参数设置可采用预设值,点击 Start Solver,经过一段时间优化计算后,得到如图 4-202 中间图所示的图案。

把 Gene Pool 重新 Randoumize 之后再进行第④步,可以得到其他的面积划分较为均等的 Voronoi 图案,如图 4-202 右图所示。

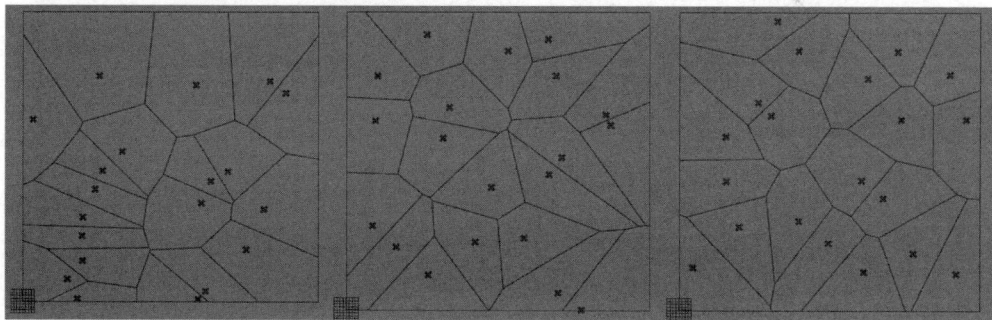

图 4-202

4.8.6　用 Python 调用 Grasshopper 运算器功能

1) GhPython Script 脚本工具简介

Grasshopper 提供了代码编程的工具,代码在 Grasshopper 中执行,称作脚本。利用脚本可以更多更好地调用 Rhino 和 Grasshopper,并可以调用其他外部功能,是十分强大的工具。Grasshopper 的脚本工具有 C♯ Script、VB Script 和 GhPython Script,分别支持不同的编程语言,可在 Maths＞Script 面板找到它们。GhPython Script 是 Rhino 7.0 中的 Grasshopper 自带的新工具,它采用 Python 编程语言,不仅可以调用 Rhino 和 Grasshopper 的核心模块，而且还可以通过 rhinoscriptsyntax 模块实现类似 RhinoScript 编程的各种功能，让熟悉 RhinoScript 的编程者可以在 Grasshopper 中使用熟悉的方式编写脚本。另外，GhPython Script 可以通过程序代码调用大部分 Grasshopper 运算器功能，使用起来非常方便。

Grasshopper 的脚本是非常强大的，本书限于目标和篇幅，不做全面的讲解介绍，在这一小节中我们将介绍在 GhPython Script 中调用 Grasshopper 运算器功能的方法。Python 编程语言在此也不做介绍，读者需要具备一些 Python 编程知识来阅读本小节内容。

GhPython Script 运算器（图 4-203 左图）的输入参数的名称、数量都可以更改，但与一般 Grasshopper 运算器不同的是，我们需要给输入参数设定其数据类型和数据结构。鼠标右键单击参数，在如图 4-204 左图所示的弹出菜单中点击 Type hint，弹出如图 4-204 右图所示菜单，可以给参数设定数据类型，可以是 float（实数）、int（整数）等各种非图形数据，或者是 Point3d（三维点）、Curve（曲线）等各种图形。在如图 4-204 左图所示的弹出菜单选择 Item Access、List Access 或 Tree Access，可以设定数据结构为单个数据、数据列表或数据树，即设定每次运行时取一个、一组或全部数据进行处理。

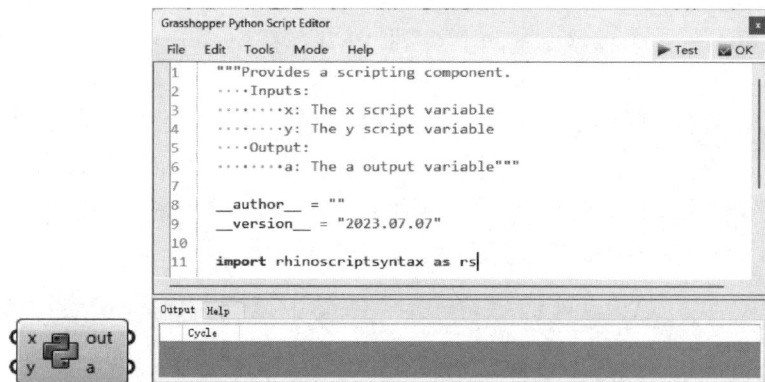

图 4-203　GhPython Script 运算器和编程窗口

在 Python 代码中调用 Grasshopper 运算器功能，需要引入模块 ghpythonlib. components。在此模块中，有大部分和 Grasshopper 运算器功能一致的函数可供使用。如下例，我们首选引入 ghpythonlib. components 模块，然后调用与 Construct Point 运算器功能一致的函数 ConstructPoint 构造一个坐标为（0，0，0）的点 ori，然后调用 XYPlane 函数（功能同 XY Plane 运算器）、以 ori 为原点构造一个坐标平面 pln，再调用 Rectangle 函数（功能同 Rectangle 运算器）基于 pln 坐标平面构建一个 x 范围为 0～20、y 范围为 0～10、倒角半径为 0 的矩形 rct，再用 Populate2D 函数（功能同 Populate 2D 运算器）在 rct 矩形范围内生成 100 个随机点，最后调用 Voronoi 函数（功能同 Voronoi 运算器）生成 Voronoi 图案输出到输出参数 a。代码如下，编程窗口和结果如图 4-205 所示。

许多 Grasshopper 运算器有一个以上的输出参数，与之功能相同的函数的结果则为列表形式，多个输出参数顺序位于列表的各项，例如本例的 Rectangle 函数的输出包括生成的矩形和矩形的边长，则用索引号 0 获取了它的矩形图形部分。

在 Python 代码中调用 Grasshopper 运算器功能可以实现一些单纯使用 Grasshopper

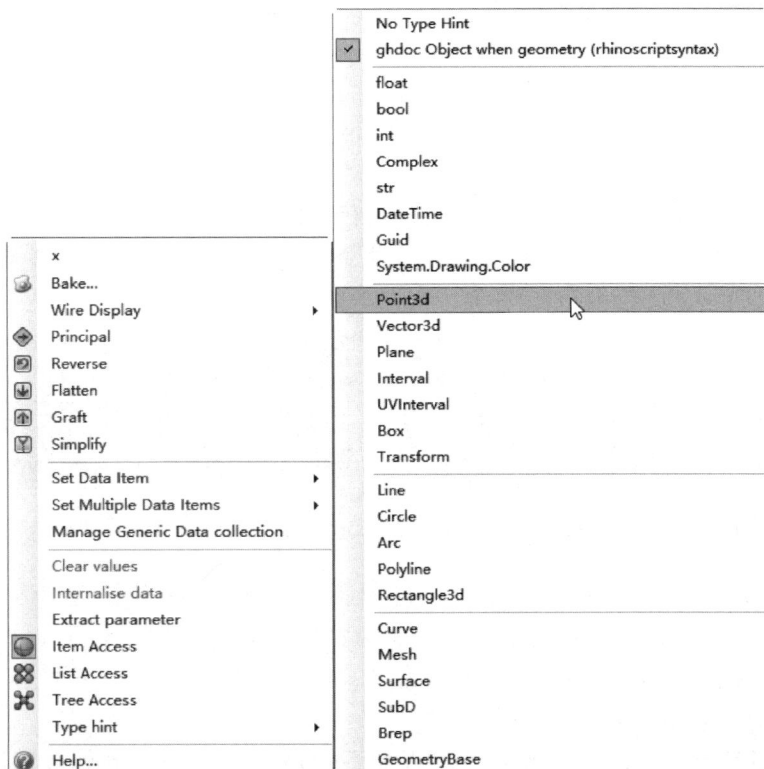

图 4-204

```
import ghpythonlib.components as gp
ori=gp.ConstructPoint(0,0,0)
pln=gp.XYPlane(ori)
rct=gp.Rectangle(pln,20,10,0)[0]
pts=gp.Populate2D(rct,100,1)
vor=gp.Voronoi(pts,boundary=rct)
a=vor
```

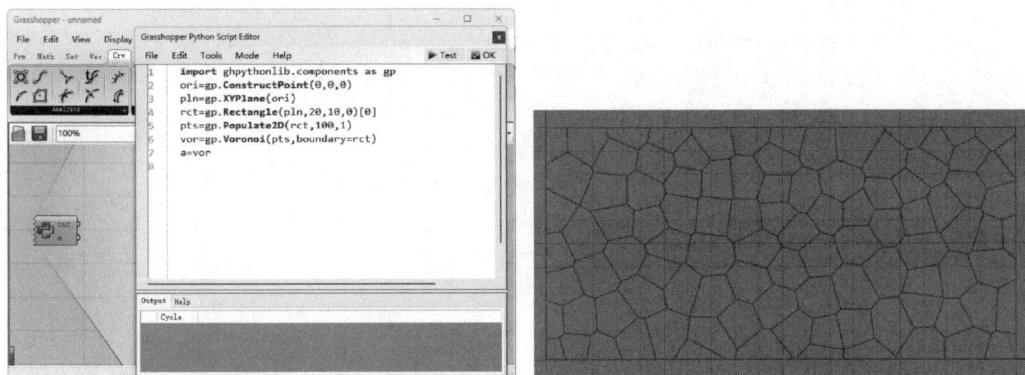

图 4-205　Python 调用 Grasshopper 运算器功能生成 Voronoi 图案

运算器无法实现的流程，特别是循环迭代，可以弥补 Grasshopper 运算器只能单向连接的问题。另外，对于数据结构的搜索配对方面的问题，采用代码编程也更为方便和易于思考。Grasshopper 的代码编程功能十分强大，为了更好地使用它，须进一步了解 Rhino 和 Grasshopper 的核心模块，它们提供了访问 Rhino 和 Grasshopper 的各种数据、图形、对象甚至界面的方法。

2) Python 调用 Grasshopper 运算器实现迭代案例

本案例演示如何用代码实现迭代以生成如图 4-206 右图所示的科克曲线（Koch curve），步骤如下：

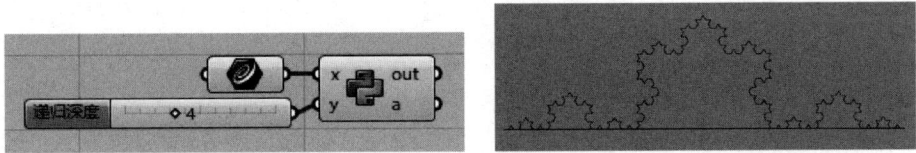

图 4-206　Python 调用 Grasshopper 运算器功能生成 Voronoi 图案

① 绘制一条直线段，然后如图 4-206 左图所示，用 Curve 数据类型运算器选择所绘直线段，另放置 Number Slider 运算器，设定为整数类型，范围为 1~10；放置 GhPython Script 运算器，把输入参数 x 设置为 Item Access，数据类型 Type hint 设置为 Curve；参数 y 设置为 Item Access 和 int。

② 双击 GhPython Script 运算器，输入如下代码，点击 Test 按钮，调试无误后，拖动 Number Slider 运算器的数字，观察结果。

```
import ghpythonlib. components as gp

def Koch(lines):
    newLines=[]
    for item in lines:
        pt01 = gp. EndPoints(item)[0]
        pt05 = gp. EndPoints(item)[1]
        vec01 = pt05 - pt01
        pt02 = pt01 + vec01 / 3
        pt04 = pt01 + vec01 * 2 / 3
        pt03 = gp. Rotate(pt04, gp. Pi(1)/3, gp. XYPlane(pt02))[0]
        line01=gp. Line(pt01, pt02); newLines. append(line01)
        line02=gp. Line(pt02, pt03); newLines. append(line02)
        line03=gp. Line(pt03, pt04); newLines. append(line03)
        line04=gp. Line(pt04, pt05); newLines. append(line04)
    return newLines

lines01 =[]
lines01. append(x)
for i in range(y):
    lines01 = Koch(lines01)
a = lines01
```

在以上的代码中，我们首先引入 ghpythonlib. components 模块，然后构造了一个函数 Koch（lines），它的输入参数为一组直线段 lines。Koch 函数对每一条直线进行以下处理：①用 ghpythonlib. components 模块的 EndPoints 函数（同 End Points 运算器）获取起点和终点，分别赋给 pt01 和 pt05；②用 pt05 减 pt01（同 Subtraction 运算器，这里采用减法运算符，也可以采用调用 Subtraction 函数的方式）获得 pt01 到 pt05 的向量 vec01，再利用向量计算获取 pt02 和 pt04；③用 Rotate 函数获取 pt03；④用 Line 函数顺序连接 pt01、pt02、pt03、pt04、pt05 生成基于这条直线段的下一级 Koch 线段。针对每一条直线段生成的下一级 Koch 线段全部放入一个列表作为返回值。这样，Koch 函数实现了根据所有输入的直线段生成下一级 Koch 线段的功能。Koch 函数对每一条直线的处理过程等同于如图 4-207 所示 Grasshopper 运算器程序。

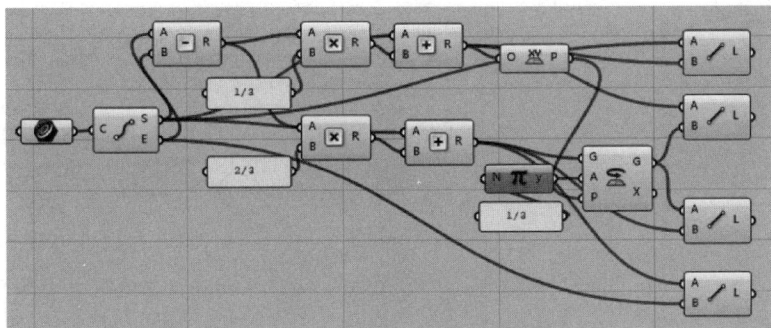

图 4-207 与 Koch（lines）函数等同的 Grasshopper 运算器程序

主程序把选择的直线植入列表，然后以此列表为参数，调用 Koch 函数，并以 Koch 函数得到的线段继续调用 Koch 函数，如此迭代，就得到了所需图案。本例以及图 4-207 所示 Grasshopper 运算器程序见案例 4-22. gh。

4.8.7 细分曲面

1）细分曲面简介

细分曲面（Subdivision surface，SubD）是 Rhino 7 提供的一种新的几何类型，可以实现更为灵活的曲面建模。许多三维建模软件都提供了细分曲面方法，广泛应用于角色建模、平滑有机形式建模、复杂对象建模等任务。

细分曲面是网格模型与光滑曲面模型的结合，它以网格模型为控制框架来生成光滑曲面，原理类似于基于控制点生成 NURBS 曲面的情况，读者可以复习一下 NURBS 曲线曲面的定义方法。Rhino 中的细分曲面即从网格模型创建光滑曲面，采用的就是 B 样条曲线曲面的数学方法，因而可以很好地转换为 NURBS 曲面。

在 Grasshopper，细分曲面 SubD 是一种独立的数据类型。Grasshopper 提供了一些创建和操作细分曲面的运算器，位于 Surface＞Sub 面板，它们的功能如表 4-49 所示。

创建和操作细分曲面的运算器 表 4-49

图标	名称	功能
	Mesh from SubD	把 SubD 模型 S 转化为近似的网格模型。输入参数 D 用于设置细分密度

图标	名称	功能
	SubD from Mesh	根据网格模型 M 生成 SubD 模型。输入参数 Cr 可以设置在网格边缘处是否为折痕边，Co 设置是否在拐角处细分，I 设置是否插值网格顶点
	MultiPipe	按照直线/曲线 Curves 构成的网络创建管状 SubD 模型，如果输入为网格模型则按照网格模型的线框创建。输入参数 NodeSize 设置管道半径；如果需要创建半径大小变化的管道，可在网络节点处或附近放置控制点，输入给 SizePoints，并在 NodeSize 设置相应的半径。参数 EndOffset 设置离网络节点最近的 SubD 控制线的距离，为 NodeSize 的倍数，StrutSize 设置离网络节点最近的 SubD 控制线位置的管道粗细，也为 NodeSize 的倍数，这两个参数控制管道在节点附近的粗细变化。参数 Segment 设置沿网络线 SubD 控制线的大致间距。KinkAngle 设置平滑网络曲线分段化处理时容许不分段的角度。CubeFit 设置是否在节点处拟合为正方体控制边，取值范围为 0~1，0 为不尝试，1 为始终尝试，具体结果取决于节点周围的线之间的接近程度和正交程度。参数 Caps 为加盖选项，0 为不加盖，1 为圆盖，2 为平盖
	SubD Fuse	对 AB 两个 SubD 模型进行熔接。参数 O 控制如何熔接，0 为求并集，1 为求交集，2 为求 A—B，3 为求 B—A；参数 S 控制交接处的细分次数
	SubD Control Polygon	提取 SubD 模型的控制多边形，输出参数类型为 Mesh 网格
	SubD Edges	提取 SubD 模型的边。输出参数 L 为直线型边，E 为曲线型边，T 为边标签，I 为边编号
	SubD Vertices	提取 SubD 所有的顶点数据 P，输出参数 I 为顶点编号，T 为顶点标签

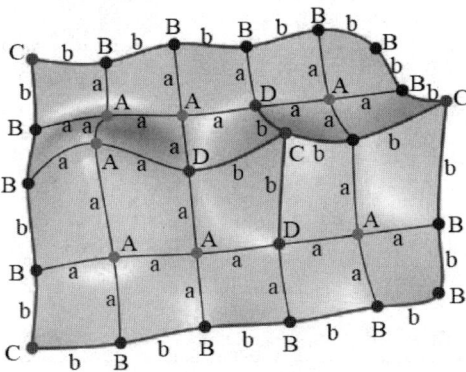

图 4-208　SubD 两种类型的边和四种类型的顶点
a：平滑边；b：折痕边
A：平滑点；B：折痕点；C：拐角点；D：飞镖点

　　SubD 模型的边标签和顶点标签是非常重要的属性，它们用来控制模型的细分形态。Rhino 的 SubD 模型有两种类型的边，即平滑（Smooth）和折痕（Crease）；顶点有四种类型，即平滑（Smooth）、折痕（Crease）、拐角（Corner）和飞镖（Dart）。如图 4-208 所示，平滑边是平滑连接两个面的边，折痕边连接两个面的硬边或边界上的边；平滑点为连接的所有边都为平滑边的顶点，折痕点为平滑连接两条折痕边的顶点，拐角点为连接两条及以上折痕边形成尖角的顶点，飞镖点为连接了一条折痕边的顶点。

表 4-50 所列两个运算器可以设置 SubD 模型的边和顶点的类型，以编辑 SubD 模型的局部形状。

设置 SubD 模型的边和顶点类型的运算器　　　　　　　　　　　　　　表 4-50

图标	名称	功能
	SubD Edge Tags	把 SubD 模型 S 的一系列边 E 的类型设置为 T。参数 T 的设置：S 为 smooth，C 为 crease
	SubD Vertex Tags	把 SubD 模型 S 的一系列顶点 V 的类型设置为 T。参数 T 的设置：S 为 smooth，C 为 crease，L 为 corner，D 为 dart

2）SubD 建模练习

下面通过一个小练习来了解一下 Grasshopper 的 SubD 建模和简单的编辑功能，我们创建如图 4-209 所示的模型，步骤如下：

图 4-209

① 放置 Number Slider 运算器，把取值最大值设置 100，然后用 Negative 运算器取它的负值，通过 Construct Domain 运算器设置阈值后，赋值给 Rectangle 运算器的输入参数 x 和 y，创建一个正方形。

② 复制 Number Slider 运算器，给 Vector XYZ 运算器的参数 z 赋值，构造一个向量，用 Move 运算器向上复制步骤①创建的正方形。

③ 用 Explode 运算器分解出步骤①的正方形的四条边，然后用 Curve Middle 运算器获取各边的中点。再用 Control Points 运算器和 Polygon Center 运算器获取步骤②的正方形的角点和中心点。可用 Point List 运算器观察 Curve Middle 运算器和 Control Points 运算器获取的各点的编号。

④ 用 4Point Surface 运算器构建三角形平面，三角形平面的三个角点分别为步骤③的 Curve Middle 运算器输出参数的编号为 0 的点、Control Points 运算器输出参数 P 的编号为 0 的点以及 Polygon Center 运算器获取的正方形中心。

以上步骤结果如图 4-210 左图所示。

⑤ 以 World YZ 坐标平面为镜像平面，用 Mirror 运算器将步骤④创建的三角形平面进行镜像，然后用 Polar Array 运算器对原三角面和镜像后的三角面进行旋转阵列，参数 N 为 4、A 为 2.0 * Pi，再用 Rectangle Array 运算器进行阵列操作，参数 C 采用步骤①的正方形。结果如图 4-210 右图所示。

⑥ 用 Simple Mesh 运算器将上一步生成的各三角形平面转化为 Mesh 模型，再用 Mesh Join 把它们合并成一个 Mesh 模型，注意输入参数需要用右键菜单的 Flatten 运算器进行预处理。然后可以用 SubD from Mesh 运算器从 Mesh 模型生成 SubD 模型。结果如

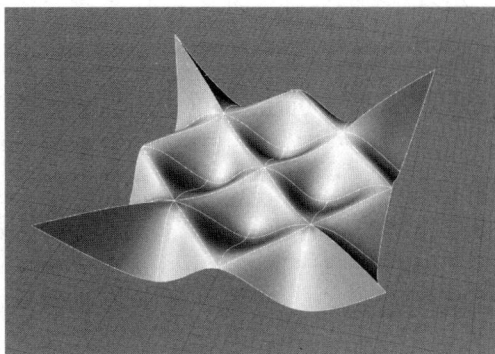

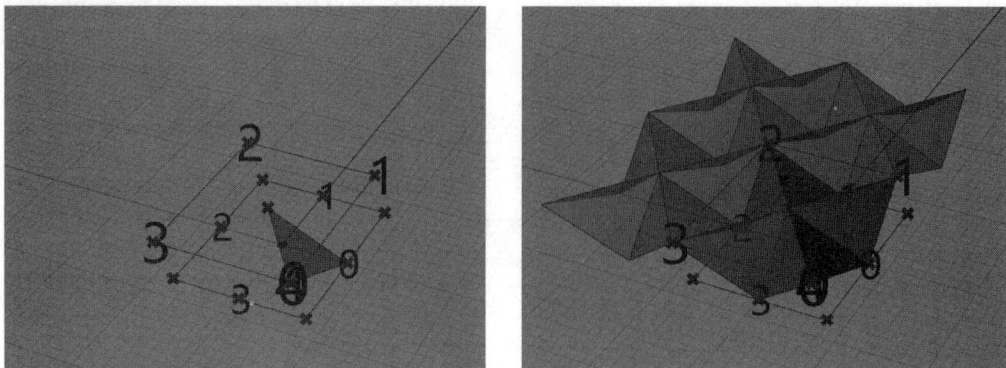

图 4-210

图 4-211 所示。

⑦ 用 SubD Edges 运算器提取上一步生成的 SubD 模型的边线，查一下它的边数，然后放置四个 Number Slider 运算器，设置成整数并以边数为最大值。放置 Sub Edge Tags 运算器，把前述四个 Number Slider 运算器连接到输入参数 E，把参数 T 设置为"C"，使 SubD 模型的四条边线设置成 crease 型。分别调整四个 Number Slider 运算器的数值，观察模型的变化，直到模型的四个角成为尖角。如图 4-212 所示。

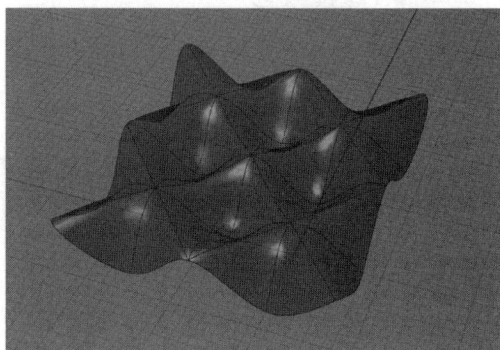

图 4-211

如果有需要，可以直接把结果的 SubD 模型连接到 Brep 类型运算器转为 Brep 模型，或者通过 Mesh from SubD 运算器获得 Mesh 模型。

以上程序如图 4-213 所示，示例文件为 4-23. gh。

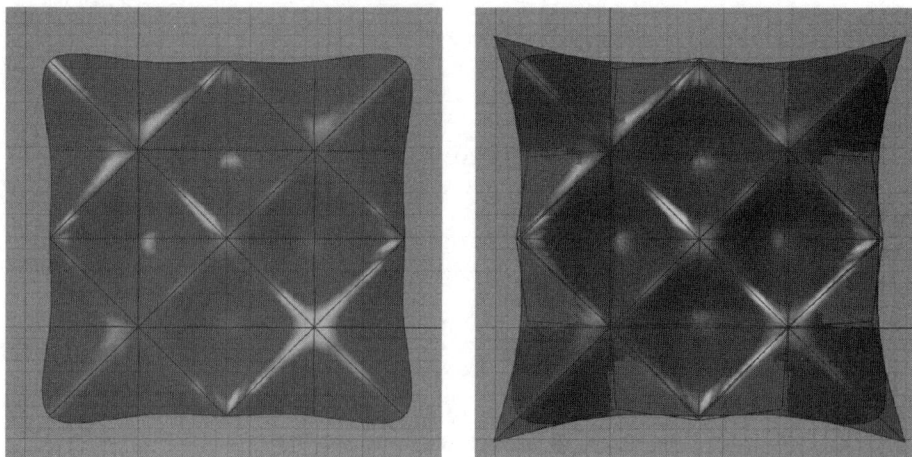

图 4-212

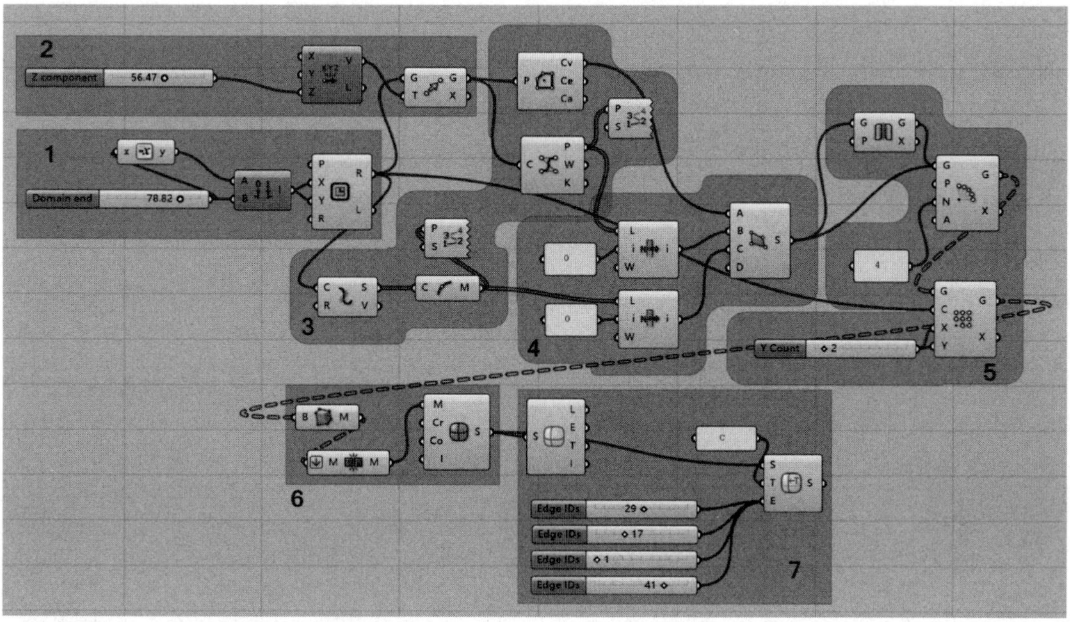

图 4-213

后　记

　　尽管随着计算机技术的进步，辅助建筑设计和表达的 CAD 类软件已经非常丰富，但设计的操作流程和内容并没有太大的变化，其核心需求也还是集中在二维制图、三维建模以及信息化建模和参数化建模这几个方面。基于此，本教材针对这些需求，分别选择了在相应领域中应用广泛、具有代表性的四款核心软件——AutoCAD、SketchUp、Revit 和 Grasshopper，旨在为建筑设计与相关领域的学习者及从业者提供这些软件的具体操作技能指导。教材聚焦于软件本身的核心功能操作，以帮助读者掌握应用这些代表性工具进行建筑设计表达与模型构建的关键技术方法。

　　回顾全书内容，我们重点讲解了以下核心操作技能：

　　1. AutoCAD 二维制图：从类型角度掌握 AutoCAD 中的各类图形要素及其绘制命令，熟练应用各种编辑命令修改和完整图形，并通过制图实践理解建筑二维制图的逻辑和流程。

　　2. SketchUp 三维建模：熟练掌握 SketchUp 的基本设置和操作，了解群组和组件各自的概念和特点，通过单线墙体块式模型和双线墙分层式模型的实践理解 SketchUp 模型的分类与建模策略，并学习模型的不同表达模式和渲染方法。

　　3. Revit Architecture 软件基本应用：理解 Revit 核心概念，掌握创建和编辑基本建筑构件的操作方法，学习建筑场地、体量的建模方法和模型渲染方法，熟悉族的概念并熟练掌握构件族的制作和应用。

　　4. 参数化建模（Grasshopper）：理解 Grasshopper 可视化编程界面和运算器的基本操作逻辑，理解其数据结构与数据匹配的常用操作，掌握使用曲线、曲面、网格等核心集合体的创建、分析和编辑，学习图形的变换与相交操作，了解一些复杂功能的实现。

　　本教材的核心并非仅仅是孤立地介绍软件操作，而在于提供清晰、步骤化的软件操作指导，帮助读者打下使用这四款代表性软件进行建筑设计工作的技术基础。掌握这些具体的操作技能，是高效利用数字工具构建设计模型、表达设计构思的前提。需要说明的是，具备同样或类似功能的软件有很多，本教材选取的仅是各类中最具代表性的软件。同时，这些软件本身功能十分庞大，本教材也难以全面覆盖，故聚焦于与建筑设计及绘图直接相关的核心操作部分，力求以适当篇幅覆盖关键内容，为读者提供扎实的入门指引和使用参考。

　　感谢所有参与本教材编写、审校和提供支持的人员。希望这本专注于核心软件操作逻辑和技能的教材，能有效助力读者开启应用 AutoCAD、SketchUp、Revit 和 Grasshopper 进行建筑设计工作的学习之旅，提升模型构建与设计表达的效率与能力。展望未来，建筑设计领域的技术也在持续演进，人工智能的深度集成更预示着工具本身将更加智能、高效和强大。本教材编写组也将时刻关注技术的进步，保持教材内容的迭代更新，以更好地服务于设计实践。